普通高等教育航空航天类专业新形态教材
陕西省"十四五"职业教育规划教材

航空工程材料及应用

（第2版）

张　琳　王仙萌　主编

国防工业出版社
·北京·

内 容 简 介

本书分为三部分。第一部分是材料科学基础理论，主要讲述材料的性能、材料的微观结构、材料的凝固、金属的塑性变形与再结晶及铁碳合金相图。第二部分是热处理理论，主要讲述热处理原理及工艺方法。第三部分是常用的工程材料及材料的选用，主要讲述金属材料（碳钢和合金钢、铸铁、有色金属、高温合金）、非金属材料、模具用特殊材料，以及零件的选材。本书梳理出课程内容中的思政点并设置有"励志园地"专栏，配套有在线开放课程以及国家职业教育材料成型与控制技术专业教学资源库课程的动画、教学视频等资源。

本书可作为高职院校和本科院校航空航天类、材料类、机械类等专业航空工程材料及热处理、金属材料与热处理和材料科学基础等课程的教材，也可作为继续教育同类专业的教材，还可供有关工程技术人员参考。

图书在版编目（CIP）数据

航空工程材料及应用／张琳，王仙萌主编．—2版．—北京：国防工业出版社，2024.1
 ISBN 978-7-118-13067-6

Ⅰ．①航… Ⅱ．①张… ②王… Ⅲ．①航空材料 Ⅳ．①V25

中国国家版本馆 CIP 数据核字（2023）第 175783 号

※

国防工业出版社出版发行

（北京市海淀区紫竹院南路23号　邮政编码100048）
三河市天利华印刷装订有限公司印刷
新华书店经售

*

开本 787×1092　1/16　印张 25　字数 566 千字
2024年1月第2版第1次印刷　印数 1—3000 册　定价 69.00 元

（本书如有印装错误，我社负责调换）

国防书店：(010) 88540777　　书店传真：(010) 88540776
发行业务：(010) 88540717　　发行传真：(010) 88540762

《航空工程材料及应用（第 2 版）》
编 委 会

主　编　张　琳　王仙萌

副主编　惠媛媛　马　丽　党　杰

参　编　蔡　松　王温栋　耿　佩

主　审　李文杰　龚小涛

前　言

本书结合技术技能人才成长规律和学生认知特点，对接国内外先进职业教育理念、产业发展的最新进展、企业生产和专业教学的具体需要，以"材料科学基础理论""热处理理论"和"常用工程材料"为主，有机整合所涉及的各种材料和多学科知识的复杂内容编写而成。

本书具有以下特色：

1. 内容具有"全面性""实用性"和"新颖性"

首先，本着"必需够用"的原则精心设计知识体系，学生入岗后急需知识和后续岗位工作所需知识均系统编入，内容"全面"；其次，重点突出工业生产中常用工程材料，尤其是航空、航天工程材料的应用，内容"实用"，便于学生在学习和工作时查阅；最后，详细地介绍一些先进的工程材料，如航空航天用先进的铝合金、钛合金、高温合金、碳/碳复合材料等，且对接国家及企业新标准，内容"新颖"。

2. 内容具有"通识性"，适用于材料类、制造类各专业

结合近几年市场调研和企业信息反馈，对材料课程从授课内容上进行大力度的改革，内容涉及面广，航空航天类、材料类、机械类等各专业可以根据需要选择教学内容。通过扩大学生的知识面，使学生对各专业具有一定的转型能力，从而很好地应对市场对人才需求的不断变化，促进就业质量和就业率。

3. 内容具有"易受性"，体现高职教育理念

内容深度上，本书注重概念性知识、基本理论、工程实际应用等知识的讲解，引入了许多典型的工程应用实例，并插入丰富的图片，每章以学习目标—知识导入—知识学习—答疑解惑—知识小结—复习思考题为主线，结构清晰、深入浅出，使学生对教材中的内容易于接受。

4. 内容编写着力于知识传授与价值引领相统一

依据课程特点，深入挖掘和梳理课程内容中所蕴含的思想政治教育元素。以中国8万吨模锻液压机、"奋斗者"号等工程案例，中国青铜器及其铸造技术等古代文明，师昌绪、高镇同、丁文江等名人故事，优秀毕业生校友事迹，手撕钢、超强铝等"卡脖子"新材料关键技术等作为思政载体，并以"励志园地"专栏融入教材中，从而助力课程教学实现"思想引领，情感教育，职业素养、工匠精神"的素质培育目标。

5. 内容体现学习需求与现代职业教育发展要求相统一

根据学生学习特点，为了满足学生可读、可看、可听的学习需求，将重点及难点知识点的动画和视频资源以二维码形式展现出来，便于学生随时查看。除此之外，本书配有"航空工程材料及应用"在线开放课程资源，并配以国家职业教育材料成型与控制技术专业教学资源库"金属材料与热处理"课程资源,从而可以满足不同类型学习者的学习需求。

本书由西安航空职业技术学院教师和航空工业陕西宏远航空锻造有限公司的技能专家合作编写完成,张琳、王仙萌担任主编。具体编写分工如下:第1、4、6、10、11章由张琳编写;第7、8、13章由王仙萌编写;第2、9、14章由惠媛媛编写;第3、12章由马丽编写;第5章由党杰编写。王温栋、耿佩和企业专家蔡松负责思政素材搜集工作。全书由张琳负责统稿,由李文杰、龚小涛负责主审。

由于编者水平和经验有限,书中的缺点和错误在所难免,敬请读者批评指正,我们会继续努力对本教材内容进行修订和完善。

编　者

欢迎访问职教数字化服务平台:

"航空工程材料及应用"
在线开放课程二维码

"金属材料与热处理"
课程二维码

目 录

第1章 绪论 ·· 1
　学习目标 ·· 1
　知识导入 ·· 1
　知识学习 ·· 2
　　1.1 材料科学与社会发展 ·· 2
　　1.2 航空工程材料概述 ·· 5
　　1.3 本课程的性质及任务 ·· 8
　答疑解惑 ·· 9
　知识小结 ·· 9
　复习思考题 ··· 10

第2章 材料的性能 ·· 11
　学习目标 ·· 11
　知识导入 ·· 11
　知识学习 ·· 12
　　2.1 材料的物理化学性能 ·· 12
　　　2.1.1 材料的物理性能 ··· 12
　　　2.1.2 材料的化学性能 ··· 14
　　2.2 材料的力学性能 ·· 15
　　　2.2.1 载荷与变形 ··· 16
　　　2.2.2 强度 ·· 16
　　　2.2.3 塑性 ·· 19
　　　2.2.4 硬度 ·· 19
　　　2.2.5 韧性 ·· 23
　　　2.2.6 疲劳极限 ·· 25
　　　2.2.7 其他力学性能 ·· 27
　　2.3 材料的工艺性能 ·· 28
　　　2.3.1 材料的铸造性能 ··· 28
　　　2.3.2 材料的锻压性能 ··· 29
　　　2.3.3 材料的焊接性能 ··· 29
　　　2.3.4 材料的热处理性能 ·· 30
　　　2.3.5 材料的切削加工性能 ··· 30
　答疑解惑 ·· 31

知识小结 ··· 31
　　复习思考题 ·· 32

第3章　材料的微观结构 ·· 34
　学习目标 ··· 34
　知识导入 ··· 34
　知识学习 ··· 35
　　3.1　晶体与非晶体 ··· 35
　　　3.1.1　晶体与非晶体的区别 ··· 35
　　　3.1.2　晶体结构的基本概念 ··· 35
　　3.2　纯金属的晶体结构 ··· 36
　　　3.2.1　常见的晶格类型 ··· 36
　　　3.2.2　金属的实际晶体结构 ··· 38
　　3.3　合金的晶体结构 ·· 41
　　　3.3.1　合金的基本概念 ··· 41
　　　3.3.2　合金的相结构 ·· 41
　　答疑解惑 ··· 43
　　知识小结 ··· 43
　　复习思考题 ·· 44

第4章　材料的凝固 ·· 46
　学习目标 ··· 46
　知识导入 ··· 46
　知识学习 ··· 47
　　4.1　金属的凝固 ··· 47
　　　4.1.1　纯金属的结晶 ·· 47
　　　4.1.2　合金的结晶 ··· 50
　　　4.1.3　合金结晶的工程应用 ··· 61
　　4.2　非金属的凝固 ··· 65
　　　4.2.1　陶瓷的凝固 ··· 65
　　　4.2.2　聚合物的凝固 ·· 65
　　答疑解惑 ··· 66
　　知识小结 ··· 66
　　复习思考题 ·· 67

第5章　金属塑性变形与再结晶 ··· 69
　学习目标 ··· 69
　知识导入 ··· 69
　知识学习 ··· 70
　　5.1　金属的塑性变形 ·· 70
　　　5.1.1　金属变形的概述 ··· 70
　　　5.1.2　金属塑性变形的方式及实质 ·· 71

5.2 金属的冷塑性变形 ·· 76
5.2.1 冷塑性变形对金属组织和性能的影响 ···························· 76
5.2.2 冷塑性变形后的金属加热时组织和性能的变化 ··················· 80
5.2.3 金属冷塑性变形的工程应用 ····································· 83
5.3 金属的热塑性变形 ·· 85
5.3.1 热塑性变形对金属组织和性能的影响 ···························· 85
5.3.2 金属热塑性变形的工程应用 ····································· 89
答疑解惑 ·· 93
知识小结 ·· 94
复习思考题 ·· 94

第6章 铁碳合金及其相图 ··· 97
学习目标 ·· 97
知识导入 ·· 97
知识学习 ·· 98
6.1 纯铁的同素异构转变 ··· 98
6.1.1 工业纯铁及其特性 ·· 98
6.1.2 纯铁的同素异构转变的意义 ····································· 98
6.2 铁碳合金相图 ·· 99
6.2.1 铁碳合金的基本组织 ··· 100
6.2.2 铁碳合金相图分析 ·· 102
6.2.3 典型铁碳合金的冷却过程分析 ··································· 104
6.2.4 含碳量对铁碳合金平衡组织和性能的影响 ······················ 112
6.2.5 铁碳合金相图在工程实际中的应用 ······························ 113
答疑解惑 ·· 115
知识小结 ·· 116
复习思考题 ·· 116

第7章 热处理原理及工艺方法 ··· 119
学习目标 ·· 119
知识导入 ·· 119
知识学习 ·· 120
7.1 钢在加热时的组织转变 ·· 120
7.1.1 奥氏体的形成 ··· 121
7.1.2 奥氏体晶粒的长大及其影响因素 ································ 122
7.2 钢在冷却时的组织转变 ·· 124
7.2.1 过冷奥氏体的等温冷却转变 ····································· 124
7.2.2 过冷奥氏体的连续冷却转变 ····································· 130
7.3 钢的退火与正火 ··· 131
7.3.1 钢的退火 ·· 131
7.3.2 钢的正火 ·· 133

7.4 钢的淬火 ... 134
7.4.1 淬火原理及方法 ... 134
7.4.2 钢的淬透性与淬硬性 ... 136
7.5 淬火钢的回火 ... 139
7.5.1 淬火钢回火时组织和性能的变化 ... 140
7.5.2 回火的种类及应用 ... 142
7.5.3 钢的回火稳定性及回火脆性 ... 143
7.6 钢的表面热处理 ... 144
7.6.1 钢的表面淬火 ... 144
7.6.2 钢的化学热处理 ... 146
7.7 热处理新技术 ... 150
答疑解惑 ... 153
知识小结 ... 154
复习思考题 ... 154

第8章 碳钢与合金钢 ... 156
学习目标 ... 156
知识导入 ... 156
知识学习 ... 157
8.1 钢的分类 ... 157
8.2 碳钢 ... 159
8.2.1 杂质元素在钢中的作用 ... 159
8.2.2 碳素结构钢 ... 160
8.2.3 碳素工具钢 ... 162
8.2.4 铸钢 ... 162
8.3 合金钢 ... 163
8.3.1 合金元素在钢中的作用 ... 164
8.3.2 合金结构钢 ... 168
8.3.3 合金工具钢 ... 184
8.3.4 特殊性能钢 ... 195
答疑解惑 ... 202
知识小结 ... 202
复习思考题 ... 203

第9章 铸铁 ... 205
学习目标 ... 205
知识导入 ... 205
知识学习 ... 206
9.1 铸铁概述 ... 206
9.1.1 铸铁的特点 ... 206
9.1.2 铸铁的分类 ... 208

9.1.3	石墨及铸铁的石墨化	209
9.1.4	影响铸铁石墨化的因素	212

9.2 灰铸铁 213
- 9.2.1 灰铸铁的成分、组织和性能特点 213
- 9.2.2 灰铸铁的孕育处理 214
- 9.2.3 灰铸铁的牌号及应用 214
- 9.2.4 灰铸铁的热处理 216

9.3 球墨铸铁 217
- 9.3.1 球墨铸铁的成分、组织与性能特点 217
- 9.3.2 球墨铸铁的球化处理 217
- 9.3.3 球墨铸铁的牌号及应用 218
- 9.3.4 球墨铸铁的热处理 220

9.4 可锻铸铁 221
- 9.4.1 可锻铸铁的成分、组织与性能特点 221
- 9.4.2 可锻铸铁的生产过程 223
- 9.4.3 可锻铸铁的牌号及应用 223

9.5 蠕墨铸铁 224
- 9.5.1 蠕墨铸铁的成分、组织和性能特点 224
- 9.5.2 蠕墨铸铁的蠕化处理 225
- 9.5.3 蠕墨铸铁的牌号及应用 225

9.6 合金铸铁 226

答疑解惑 228
知识小结 228
复习思考题 229

第10章 有色金属材料 231
学习目标 231
知识导入 231
知识学习 232

10.1 铝及铝合金 232
- 10.1.1 纯铝 233
- 10.1.2 铝合金及其强化 234
- 10.1.3 铝合金的分类、牌号及应用 239

10.2 镁及镁合金 246
- 10.2.1 纯镁 247
- 10.2.2 镁合金及其特点 247
- 10.2.3 镁合金的分类、牌号及应用 248
- 10.2.4 镁合金的热处理 252

10.3 钛及钛合金 254
- 10.3.1 纯钛 254

  10.3.2 钛合金及其特点 ····· 254
  10.3.3 钛合金的分类、牌号及应用 ····· 256
  10.3.4 钛合金的热处理 ····· 263
 10.4 铜及铜合金 ····· 264
  10.4.1 纯铜 ····· 264
  10.4.2 铜合金的分类、牌号及应用 ····· 265
 答疑解惑 ····· 272
 知识小结 ····· 272
 复习思考题 ····· 273

第 11 章 高温合金 ····· 275

 学习目标 ····· 275
 知识导入 ····· 275
 知识学习 ····· 276
 11.1 高温合金概述 ····· 276
  11.1.1 高温合金中的合金元素 ····· 277
  11.1.2 高温合金的分类 ····· 278
  11.1.3 高温合金的发展 ····· 280
 11.2 高温合金的性能要求及提高措施 ····· 283
  11.2.1 热稳定性及提高措施 ····· 283
  11.2.2 热强性及其提高措施 ····· 286
 11.3 高温合金的制备与加工 ····· 291
  11.3.1 高温合金的熔炼 ····· 291
  11.3.2 高温合金的重熔 ····· 294
  11.3.3 高温合金的加工 ····· 295
 11.4 高温合金的牌号及应用 ····· 296
  11.4.1 高温合金的牌号 ····· 296
  11.4.2 高温合金的应用 ····· 297
 11.5 高温合金的未来 ····· 304
 答疑解惑 ····· 307
 知识小结 ····· 308
 复习思考题 ····· 309

第 12 章 非金属材料 ····· 311

 学习目标 ····· 311
 知识导入 ····· 311
 知识学习 ····· 312
 12.1 陶瓷 ····· 312
  12.1.1 陶瓷的分类及性能 ····· 312
  12.1.2 传统陶瓷 ····· 313
  12.1.3 高温结构陶瓷 ····· 313

12.2 高分子材料 ·················· 319
12.2.1 工程塑料 ·················· 319
12.2.2 透明材料 ·················· 326
12.2.3 胶黏剂 ·················· 328
12.2.4 航空涂料 ·················· 330
12.3 复合材料 ·················· 332
12.3.1 复合材料概述 ·················· 332
12.3.2 非金属基复合材料 ·················· 337
12.3.3 金属基复合材料 ·················· 342
12.3.4 复合材料的成型方法 ·················· 345
答疑解惑 ·················· 348
知识小结 ·················· 348
复习思考题 ·················· 349

第13章 模具用特殊材料 ·················· 351
学习目标 ·················· 351
知识导入 ·················· 351
知识学习 ·················· 351
13.1 模具用特殊合金 ·················· 352
13.1.1 低熔点合金 ·················· 352
13.1.2 硬质合金 ·················· 356
13.2 模具用非金属材料 ·················· 358
13.2.1 环氧树脂 ·················· 358
13.2.2 聚氨酯橡胶 ·················· 360
答疑解惑 ·················· 362
知识小结 ·················· 362
复习思考题 ·················· 363

第14章 零件的选材 ·················· 364
学习目标 ·················· 364
知识导入 ·················· 364
知识学习 ·················· 365
14.1 零件选材的原则和方法 ·················· 365
14.1.1 零件选材的一般原则 ·················· 365
14.1.2 航空航天件选材的原则 ·················· 367
14.1.3 零件选材的一般方法 ·················· 368
14.2 典型零件的选材 ·················· 368
14.2.1 铸件的选材 ·················· 368
14.2.2 锻件的选材 ·················· 370
14.2.3 焊接件的选材 ·················· 371
14.2.4 塑料件的选材 ·················· 374

            14.2.5　复材件的选材 …………………………………………………… 375
        答疑解惑 ………………………………………………………………………… 380
        知识小结 ………………………………………………………………………… 380
        复习思考题 ……………………………………………………………………… 380
附录　数字资源二维码 ………………………………………………………………… 382
参考文献 ………………………………………………………………………………… 384

第1章 绪　　论

【学习目标】

知识目标

（1）了解材料与人类社会发展之间的联系。
（2）了解材料科学发展与现代文明的联系。
（3）掌握工程材料的分类和特点以及本门课程的性质和地位。

能力目标

（1）能正确区分工程材料所属大类。
（2）能对本门课程的学习产生浓厚的兴趣。

素质目标

（1）具有热爱科学、勇于探索、造福人类的意识。
（2）具有强烈的民族自豪感和爱国热情。
（3）具有不甘落后、知难而上、追赶超越的精神。

【知识导入】

　　人类飞向太空的梦想，有文字记载的至少有数千年。《墨子》记载："公输子削竹木以为鹊，成而飞之，三日不下"，是说鲁班制作的木鸟能乘风力飞上高空，三天不降落；明朝万户因第一个想到利用火箭进行飞行而名垂青史；1891 年滑翔机之父奥托•李林塔尔制成一架蝙蝠状的弓形翼飞行器，成功进行了滑翔飞行；1903 年莱特兄弟制作的以内燃机为动力的飞机上天，自此人类的飞天梦终于实现了，如图 1-1（a）所示。从此以后，人类开启了征服蓝天的历史。随着科学技术的发展，人们的航空活动日益频繁，航空技术取得了大跨越的发展，以战斗机为代表的军用飞机现已发展到第 5 代，其最大飞行速度达到了 4 倍声速，如图 1-1（b）所示。这些成果和机用材料的发展和突破是分不开的，材料的发展进步对飞机的升级换代起到了关键的支撑作用。那么，飞机是什么样的飞行器，其材料发展经历了什么样的过程呢？

图 1-1　飞机

(a) 莱特兄弟的飞机；(b) 某型号超声速战斗机。

【知识学习】

1.1　材料科学与社会发展

1. 材料与人类社会的联系

材料是人类用于制造物品、器件、构件、机器或其他产品的物质。它不仅是人类赖以生存和发展的重要物质基础，而且是人类进化的里程碑。

材料的发展与人类社会的发展息息相关。材料的发展水平和利用程度已成为人类文明进步的标志。每一种新材料的出现和应用，都会使社会生产和生活发生重大的变化，并有力地推动着人类文明的进步。历史学家依据制造生产工具的材料，将人类文明的历史划分为旧石器时代、新石器时代、青铜器时代、铁器时代、新材料时代。

(1) 旧石器时代。原始人类，如200万年前的重庆巫山人和170万年前的云南元谋人已经知道选择质地较硬的石英岩打制石器，在其后漫长岁月中，石器一直是人们进行生产的主要工具，这个时代称为旧石器时代。

(2) 新石器时代。原始社会末期，人类发现可塑性好的黏土加热会变硬，开始用火烧制陶器。我国考古发掘在很多新石器文化遗存地发现了大量的史前陶器，其中比较突出的有磁山文化、仰韶文化、马家窑文化、齐家文化、大汶口文化和龙山文化。图1-2所示为仰韶文化的著名代表陶器——西安半坡人面鱼纹彩陶盆。陶器不但被人们用于器皿，而且成为装饰品，这标志着人类利用天然材料经过技术加工改造为人工材料。

(3) 青铜器时代。在烧制陶器过程中，人们偶然发现了金属铜和锡。那时人类还不明白，这是铜、锡的氧化物在高温下被碳还原的产物。之后人类生产出了既色泽鲜艳又能浇铸成型的青铜（铜锡合金），这是人类历史上发明的第一种合金，它的出现标志着人类逐步进入了青铜器时代，同时也标志着人类进入了文明社会。奴隶社会，青铜冶炼

图 1-2　西安半坡人面鱼纹彩陶盆

技术得到很大发展。我国的青铜冶炼始于公元前 2000 年（夏代早期），晚商和西周达到鼎盛时期，典型作品有河南安阳出土的重达 875kg 的商代后母戊鼎、总质量超过 10000kg 的气势恢宏的湖北随县曾侯乙编钟（图 1-3）、西安青铜车马等青铜器和春秋晚期越国青铜兵器越王勾践剑等，这些都充分反映了当时中国冶金技术和制造工艺的高超水平。这是人类大量利用金属的开始，也是人类文明发展的重要里程碑。

(a)

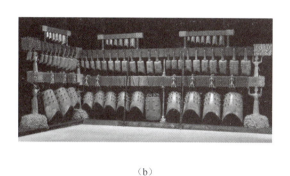
(b)

图 1-3　我国古代青铜器代表作
(a) 后母戊鼎；(b) 曾乙侯编钟。

（4）铁器时代。此后，人类发现了铁矿石并利用还原法生产铁原材料，开始用铁制造工具。因铁工具比青铜工具有更多突出的优点而被更广泛使用。生产工具由青铜器过渡到铁器，生铁冶铸技术的发明对社会进步起了巨大的推动作用。

我国从春秋战国时期便开始大量使用铁器，用生铁退火而制成可锻铸铁及以生铁炼钢的发明，促进了生产力的大发展，对农业、水利和军事的发展起到很大作用。汉代"先炼铁后炼钢"技术居世界领先地位。《天工开物》卷十四"五金·铁"中对我国古代由生铁制熟铁的生产场景进行了描绘，如图 1-4 所示。新中国成立后，我国先后建起了鞍山、攀枝花、宝钢等大型钢铁基地。

图 1-4　中国古代制熟铁的生产场景

(5) 新材料时代。随着人类文明的进步,18世纪发明了蒸汽机,19世纪发明了电动机,这对金属材料性能提出了更高要求,同时对钢铁冶金技术产生了更大推动作用。伴随着不同类型的特殊钢相继问世,如1887年高锰钢、1900年18-4-1（W18Cr4V）高速钢、1903年硅钢、1910年奥氏体镍铬（Cr18Ni8）不锈钢、镁合金、钛合金和很多稀有金属相继出现,金属材料在整个20世纪占据了结构材料的主导地位。

在先进科技的促进下,金属材料种类不断丰富的同时,一些非金属材料、复合材料也迅速发展起来,弥补了金属材料性能的不足。在机械制造业、航空、航天等各领域这些新材料的份额在逐渐增加。例如,具有良好导电和耐高温性能的有机合成材料、新型陶瓷材料和具备优异性能的复合材料的研究与应用越来越广泛。现代社会已逐渐步入金属、高分子、陶瓷和复合材料共存的时代。

2. 材料科学发展与现代文明的联系

（1）人类利用热处理技术使材料的性能潜能得到了充分的发挥。热处理技术具有悠久的历史,它是人类探索自然和智慧的结晶。早在公元前770年至222年,我们的祖先就已发现,铜铁的性能会因温度和加压变形的影响而变化。用生铁退火制成可锻铸铁用于制造农具就是热处理的应用。我国河北省易县燕下都出土的两把剑,其显微组织中存在马氏体,这也说明了淬火工艺早有应用。还有西汉中山靖王墓中出土的宝剑,心部含碳量为0.15%~0.4%,而表面的含碳量却达到了0.6%以上,说明古人早已掌握了渗碳工艺。明朝科学家宋应星在《天工开物》一书中就记载了古代的渗碳热处理等工艺。这说明早在欧洲工业革命之前,我国在金属材料及热处理方面就已经有了较高的成就,对世界文明和人类进步作出过巨大贡献。在人类的生产生活中,热处理技术发挥了极大的作用。它使已有材料的潜能得到发挥,使材料的应用范围不断拓宽。随着社会的进步,热处理技术不断改进和更新,出现了许多新型的热处理技术,如低压渗碳、表面改性技术、真空热处理和高压气淬等,并且利用计算机控制技术,使得热处理过程实现了自动化和精准控制,这些新技术也将在人类利用材料的过程中充分发挥作用。

（2）人类文明对新材料的出现和发展也起到了巨大的促进作用。1863年第一台光学显微镜的出现,促进了金相学的研究,使人们步入了材料的微观世界,从而将材料的宏观性能与微观组织联系起来;1912年发现了X射线对晶体的作用并在随后被用于晶体衍射分析,使人们对固体材料微观结构的认识从最初的假想变为科学的现实;1932年电子显微镜等仪器出现,把人们带到了微观世界的更深层次（10^{-7}m）。材料科学中用于微观组织研究的仪器如图1-5所示。同时,与材料有关的基础学科（如固体物理、量子力学、化学）等的发展以及金属学的日趋完善,大大推动了金属材料的发展。1934年位错理论的提出,解决了晶体理论计算强度与实验测得的实际强度之间存在的巨大差别的矛盾,对于人们认识材料的力学性能及设计高强度材料具有划时代的意义。

（3）人类科技的不断进步和材料科学发展相辅相成。新材料的不断出现又进一步促进了人类科技文明的进步。信息、能源和材料被称为现代技术的三大支柱。信息时代是建立在材料的基础上的。再生能源、核能、燃料电池等能源技术也以材料为支撑。例如,硅半导体的出现,促进了晶体管和集成电路的发展,没有半导体材料的工业化生产,就不可能有目前的计算机技术;磁性材料的发展,促进了信息储存,从而使计算机的存储容量和计算速度大大提高;激光材料和光导纤维的发展,更是促进了信息传输和

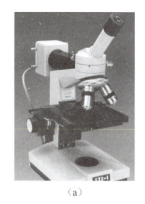  

图 1-5 材料微观组织研究仪器

（a）光学显微镜；（b）X-射线衍射仪；（c）透射电子显微镜。

信息网络的发展。

从 20 世纪中期至今，人工合成有机材料、陶瓷材料及先进复合材料迅速发展，推动了航天、航空、汽车等技术发展，以至有人将这个时代称为精密陶瓷时代、电子材料时代、复合材料时代、塑料时代或合成材料时代等。不管叫什么名称，都反映了新材料与科技进步和社会发展之间密切的关系。

3. 现代材料学已成为专门学科服务于人类社会生产

苏联在 1957 年把第一颗人造卫星送入太空，令美国人震惊不已，认识到在导弹火箭技术上的落后。在其后的十年里，美国在十多所大学中陆续建立了材料科学研究中心，并把约 2/3 大学的冶金系或矿冶系改建成了冶金材料科学系或材料科学与工程系。世界范围内也逐渐认识到了材料科学的重要性，材料科学逐渐形成强大的学科体系，它是以材料为研究对象的一门科学。现代材料学是以金属学、高分子材料、陶瓷材料等为基础，研究所有固体材料的成分、组织和性能之间关系的一门科学。现代材料科学的不断发展，必将成为人类社会发展的强大助推器，使人类社会走向更高层次的文明。

1.2 航空工程材料概述

1. 航空工程材料及其分类

飞行器零部件往往需要在超高温、超低温、高真空、高应力、强腐蚀等极端条件下工作，有的则受到重量和容纳空间的限制，需要以最小的体积和质量达到通常情况下等效的功能，有的需要在大气层中或外层空间长期运行，因而在不同工作环境下的零部件，其制造材料的性能要求不一样。材质轻、强度高、刚度好是对航空航天材料的基本要求，高的比强度和比刚度是衡量其力学性能优劣的重要参数，除此之外还应具有优良的耐高、低温性能、耐老化、耐腐蚀性能等。例如，作为飞机"心脏"的发动机，其高温部件所使用的材料要具有良好的高温持久强度、蠕变强度、热疲劳强度，在空气和腐蚀介质中要有高的抗氧化性能和抗热腐蚀性能，并应具有在高温下长期工作的组织结构稳定性。

航空航天材料按性能特点和使用范围，可分为结构材料与功能材料。结构材料主要用于制造飞行器各种结构部件，如飞机的机体、航天器的承力筒、发动机壳体等，其作用主要是承受各种载荷，包括由自重造成的静态载荷和飞行中产生的各种动态载荷。功能材料主要是指在光、声、电、磁、热等方面具有特殊功能的材料，如飞行器测控系统所涉及的电子信息材料（包括用于微电子、光电子和传感器件的功能材料），又如现代飞行器隐身技术用的透波和吸波材料，航天飞机表面的热防护材料等。在航空航天材料大家族中用量最多的就是航空工程材料，它是用以制造航空器的机身、发动机和机载设备等各类材料的总称。无论是军用飞机还是民用飞机，机体材料和发动机材料是最重要的结构材料，电子信息材料则是航空机载装置中最重要的功能材料。航空工程材料按化学组成可以分为金属材料、非金属材料和复合材料三大类。

（1）金属材料是指以金属元素或以金属元素为主构成的具有金属特性的材料的统称，包括纯金属、合金、金属间化合物和特种金属材料等。金属材料是最重要的工程材料，用量最大、应用最广泛。它主要包括黑色金属（钢、铸铁）和有色金属（铝合金、镁合金、钛合金等）。由于金属材料具有良好的物理化学性能、力学性能和工艺性能，能通过比较简单和经济的工艺方法制成零件，因而被广泛应用于航空、航天、农业机械、机床设备、电子通信设备、化工和纺织机械等各领域。世界钢铁材料年产量最大，用量已占所有金属用量的60%以上。有色金属的质量小，被大量用于航空、航天等制造业中。其中铝合金的用量最大，如波音767飞机的用材，铝合金用量占81%左右。除此之外，钛合金、镁合金等在航空航天上的应用也越来越多。以钛、镁、铝及其合金，新型钛材、铝材等，高温合金、硬质合金和高强度钢为代表的高性能金属材料与传统结构材料相比，具有高比强度、高比刚度、耐高温、耐磨损、耐腐蚀等性能，是新一代高性能结构材料发展的主要方向。

（2）非金属材料通常指以无机物为主体的玻璃、陶瓷、石墨、岩石以及以有机物为主体的塑料、橡胶、涂料、木材等一类材料。由晶体或非晶体所组成，无金属光泽，是热和电的不良导体（碳除外）。非金属材料包括无机非金属材料和有机高分子材料。无机非金属材料主要是陶瓷材料、水泥、玻璃和耐火材料。它具有不可燃性、高耐热性、高化学稳定性、较高的硬度和良好的耐压性，且原料丰富，受到材料工作者和特殊行业的广泛关注。有机高分子材料包括塑料、橡胶和合成纤维等，因具有金属材料所不具备的特性，且原料丰富、成本低和加工方便而被广泛使用。

（3）复合材料是把两种或两种以上不同性质或不同结构的材料以微观或宏观的形式组合在一起而形成的材料。它既保持所组成材料的各自特性，又具有组成后的新特性，在强度、刚度和耐蚀性等方面比单一金属都优越，且它的力学性能和功能可以根据使用需要进行设计和制造。自1940年玻璃纤维增强塑料——玻璃钢（图1-6（a））——问世以来，复合材料的品种、数量和质量都有了飞速发展，应用领域在迅速扩大。20世纪60年代碳纤维增强树脂复合材料（图1-6（b））的出现加速了航空、航天技术的发展。先进的复合材料已成功应用到飞机的机翼、前机身、方向舵、减速板、进气道侧壁等重要部位，大大提高了飞机的性能。复合材料逐渐在材料大家庭中扮演起重要的角色。

(a) (b)

图 1-6 复合材料

(a) 玻璃纤维增强塑料产品；(b) 碳纤维树脂基复合材料产品。

2. 航空工程材料的地位和作用

航空工程材料是航空现代化和科技发展的物质基础。航空工程材料的发展水平是衡量一个国家的国防科学技术和经济实力的重要标志之一，对社会文明进步有着至关重要的影响。航空关键技术的突破离不开航空工程材料的支撑，其地位与作用表现在以下几个方面：

（1）高性能航空工程材料是发展高性能航空飞行器的基础保障。以飞机的"心脏"——发动机为例，其性能的优劣制约着飞机的能力，而发动机性能的提高又与所使用的耐高温结构材料密切相关。随着飞机航程的加长和速度的提高，要求发动机推力、推重比（发动机推力与重量之比）越来越大，这就意味着发动机的压力比、进口温度、燃烧室温度以及转速都必须极大地提高。对于推重比在 15~20 以上的发动机，其涡轮前进口温度最高达 2227~2470℃。高性能航空发动机对结构材料的性能提出了更高的要求，除高比强度、高比刚度（也称比模量）外，对耐高温性能需求更为突出。由此可见，航空发动机性能的提高有赖于高性能材料的突破。

（2）轻质高强度航空工程材料对降低结构重量和提高经济效益贡献显著。轻质、高强度是航空工程材料永远追求的目标。碳纤维复合材料是 20 世纪 60 年代出现的新型轻质高强度结构材料，有数据表明其比强度和比刚度超出钢与铝合金的 5~6 倍。材料具有较高的比强度和比刚度，就意味着同样质量的材料具有更大的承受有效载荷的能力，即可增加运载能力。结构重量的减少意味着可多带燃油或其他有效载荷，不仅可以增加飞行距离，而且可以提高单位结构重量的效费比。复合材料在航空飞行器上的应用日益扩大，质量占比在不断增加。

（3）航空工程材料的可靠性事关飞行安全。飞行器是多系统集成体，所涉及的零部件达数十万计，元器件达数百万计，要用到上千种材料。飞行器要在各种状态和各种极端环境条件下飞行，如何确保其飞行安全至关重要。除设计、制造、使用和维护维修要有极其严格的质量控制要求外，材料的可靠性显得尤为关键。航空飞行史上的许多事故教训表明，材料失效是导致飞行事故的重要原因之一，大到一个结构件的断裂，小到一个铆钉或密封圈的失效，都可能导致飞行事故。因此，加强材料的可靠性评价研究对于提高飞行安全性有重要的意义。

（4）航空工程材料引领材料技术发展。由于飞行器要在各种极端环境条件下飞行，其材料所涉及的技术问题非常复杂，是材料领域争相研究的重点和热点。航空工程材料及其制备技术的突破，无疑对现代材料技术有着极强的引领和促进作用。如航空发动机对高温结构材料的需求强烈地推动高温合金、金属间化合物、陶瓷基和金属基复合材料、碳-碳复合材料以及金属陶瓷复合材料的迅速发展，首先应用于飞机结构的碳纤维增强复合材料，现已迅速推广到其他领域。飞行器的轻质化推动了复合材料的发展，使材料复合化成为新材料的重要发展趋势之一。

总之，随着经济的飞速发展和科学技术的进步，航空技术对航空工程材料的要求越来越高。未来，航空结构材料将向轻质化、高比强度、高比刚度、高韧性、耐高温、耐腐蚀、抗辐照、低成本的方向发展，航空功能材料则朝着高性能、多功能、多品种、多规格的方向发展，它们将助力人类探索星辰大海的步伐快速迈进。

【励志园地】

薪火相传 砥砺前行

一位与莱特兄弟生活在同一个时代的中国留学生，在美利坚的大地上设计、制造和驾驶了中国历史上的第一架飞机，他就是中国航空之父——冯如。他的成功仅比莱特兄弟晚5年。冯如少年壮志，下决心学习技术，用科技救国；他意志顽强、英勇果敢，在研制飞机的过程中面对一次次困难从不退缩；他潜心研究、攻坚克难，一次又一次使西方人对中国人刮目相看，他的成就极大地鼓舞了当时遭受西方列强奴役的中国人民；他淡泊名利、心系祖国，在国家最需要的时候毅然回国，誓要发展祖国航空事业，尽快使祖国富强起来。冯如的一生，是为中华的崛起而奋斗的一生，他把短暂的也是毕生的精力都献给了祖国的航空事业。

百年间，中国航空人继承前辈梦想，前赴后继，艰苦奋斗，从模仿到超越，在探索航空新技术和航空新材料的路上从未有一丝松懈。尤其是新中国成立后，中国航空取得了卓越的成绩。从歼5的首飞成功、运5的诞生、超声速歼6的研制、运10首飞成功、歼10的首飞成功……到歼20、直20、运20首飞成功，直到如今大飞机C919一飞冲天！中国人用了不到10年时间，制造出自己的大飞机，跨出了追逐大飞机梦的第一步，在世界航空领域占有了一席之地。这就是中国力量！相信不久的未来，伟大航空梦、强军梦、中国梦必将变为现实。

1.3 本课程的性质及任务

本课程是高职高专材料类和机械类专业必修的一门技术基础课，其主要目的是使学生获得有关金属学、热处理工艺及常用航空工程材料的基本理论知识，为学习后续专业课程和将来从事生产技术工作打下良好的基础。学生在学习完本课程后应达到下列基本要求：

（1）掌握常用航空工程材料的成分、组织、性能、热处理工艺之间的关系。

（2）熟悉常用的金属材料、非金属材料和复合材料的基本特性及用途；在了解材料性能和设计之间关系的基础上，可根据零件的工作条件和失效形式，正确设计和合理选材。

（3）掌握材料各种强化方法（固溶强化、细晶强化、变形强化、时效强化和热处理强化等）及其基本原理。

（4）具有正确选择零件热处理工艺方法及确定热处理工序位置的能力。

（5）能够根据结构、工艺、外界条件（温度、环境介质）改变对材料性能的影响，正确制定零件的冷、热加工工艺路线。

（6）了解与本课程相关的新材料、新技术、新工艺及其发展概况。

该课程是一门理论和实践紧密结合的课程，因此要求学生既要掌握材料最基本的理论知识，又要具备一定的实践技能，并且理论知识需要在后续的专业基础课、专业课、课程设计及专业实训等过程中反复实践，融会贯通，巩固提高。

【答疑解惑】

飞机是具有机翼和一具或多具发动机的靠自身动力驱动前进，能在大气层中飞行的密度大于空气的航空器。如果飞行器的密度小于空气，那它就是气球或飞艇。如果没有动力装置，只能在空中滑翔，则被称为滑翔机。飞行器的机翼如果不固定，靠机翼旋转产生升力，就是直升机或旋翼机。固定翼飞机是最常见的航空器型态，其动力的来源包括活塞发动机、涡轮螺旋桨发动机、涡轮风扇发动机或火箭发动机等。当今社会，飞机不仅广泛应用于民用运输和科学研究，还是现代军事里的重要武器。

飞机的发展史真正体现了一代材料、一代飞机！1903 年，莱特兄弟制造的世界上第一架飞机"飞行者一号"的主要材料是木材和布；20 世纪 20 年代，高强度的钢和铝合金逐渐代替了木材，为飞机插上了钢铁之翼；50 年代，耐热性更好的钛合金开始登上历史舞台；80 年代，高性能铝合金以其轻质高强的特性逐渐获得人们的青睐，成为飞机机体的主要结构材料；21 世纪，复合材料以其更低的密度、更高的强度以及强大的可设计性等诸多特点开始代替部分传统材料，大型客机 A350 和 B787 上高性能复合材料用量均达到飞机结构用量的 50% 以上。未来，航空材料又将走向何方？欧洲最大的飞机制造商——空中客车公司，将目光转向了纳米材料。

【知识小结】

（1）材料是人类用于制造物品、器件、构件、机器或其他产品的物质。它不仅是人类赖以生存和发展的重要物质基础，而且是人类进化的里程碑。

（2）依据制造生产工具的材料的不同，可将人类文明历史划分为旧石器时代、新石器时代、青铜器时代、铁器时代、新材料时代。

（3）航空工程材料按性能特点和使用范围可分为结构材料与功能材料。按化学组成可以分为金属材料、非金属材料和复合材料三大类，其中非金属材料包括无机非金属材料和有机高分子材料。

【复习思考题】

1-1　填空题

1. 航空工程材料按性能特点和使用范围可以分为_____和_____。
2. 航空工程材料按化学成分可以分为_____、_____、_____三大类。

1-2　问答题

1. 航空航天材料有哪些性能要求？
2. 航空工程材料的地位和作用如何？

第 2 章　材料的性能

【学习目标】

知识目标

(1) 熟悉材料的物理化学性能。
(2) 掌握材料的力学性能定义、表示含义、符号。
(3) 熟悉材料的工艺性能。

能力目标

(1) 能描述材料的物理化学性能指标、名称。
(2) 能描述材料的力学性能指标、表示含义、符号。
(3) 能使用材料的力学性能指标判定材料。
(4) 能描述材料的工艺性能指标、名称。

素质目标

(1) 具有坚韧不拔，千锤百炼的刻苦精神。
(2) 具有严谨的学习和工作态度，树立责任感和使命感。

【知识导入】

1954 年 1 月 10 日 9 时 30 分，罗马机场上有一架准备飞往伦敦的英国海外航空 781 号航班在停机坪上接受例行检查，该架飞机是当时全球首款商业运行的喷气客机——"彗星"号客机（图 2-1）。"彗星"号客机是由英国德·哈维兰航空公司依托军事技术改进而成，由 4 部"鬼影"50 喷气式发动机驱动，是当时世界上最新、最快的旅行客机。然而，这架当时世界上最先进的飞机却在升空 26min 后，在 9000m 的高空爆炸，29 名乘客和 6 名机组人员在这场空难中丧生。

这次事故震惊了全世界，此前，人们对空难的认识并无深刻印象。英国的航空专家成立了专门的调查组调查事故。更令人震惊的是，时隔不久，另一架南非航空公司 201 号班机（南非航空向英国海外航空租用的"彗星"客机）从罗马前往南非约翰内斯堡途中，也发生了同样的事故，坠毁在意大利的那不勒斯海中。在 1953 年 5 月至 1954 年 4 月的不到一年的时间里，投入航线的 9 架"彗星"号客机，竟然有 3 架以完全相同的方式在空中解体。

图 2-1 "彗星"号客机

是什么原因造成当时世界上最先进的客机在飞行中发生空中爆炸解体呢？"彗星"号客机空中爆炸解体事件给航空史带来哪些贡献，人们认识到材料性能的作用了吗？我们一起学习材料的性能知识。

【知识学习】

材料的性能包括使用性能和工艺性能。使用性能是指材料在使用过程中所表现出来的特性，主要包括物理性能、化学性能、力学性能等。工艺性能是指材料在被加工过程中表现出来的性能。

2.1 材料的物理化学性能

2.1.1 材料的物理性能

材料的物理性能是由材料的物理本质决定的，是材料在热、电、磁、光等作用下通过材料的物理本质所表现出的不同性能。通常包括密度、熔点、导热性、导电性、热膨胀性和磁性。

1. 密度

密度是指单位体积的质量，表示符号为 ρ，是材料的特性之一。不同材料的密度是不同的，并且材料的密度直接关系到由它所制造设备的自重和效能。例如，发动机中要求质轻和惯性小的活塞部分，常用密度小的铝合金制造。在航空、航天领域中，密度更是选择材料的关键性能指标之一。

常见金属材料中，一般密度小于 $4.5\times10^3\text{kg/m}^3$ 的称为轻金属，密度大于 $4.5\times10^3\text{kg/m}^3$ 的称为重金属。

对于同样强度和载荷要求，密度越小，构件质量越小。对于强度不同的材料，比强度是一个重要指标。抗拉强度与密度之比称为比强度，比强度越大的材料，对于同样载荷所使用的材料质量越小。此外，弹性模量与密度之比称为比弹性模量。

2. 熔点

材料从固态向液态转变时的温度称为熔点。纯金属都有固定的熔点。

合金的熔点取决于它的化学成分，如：钢和铸铁虽然都是铁碳合金，但是由于其中含碳量不同，所以熔点也不同。熔点是金属和合金在冶炼、铸造、焊接时重要的工艺参数。熔点高的金属称为难熔金属（如钨、钼、钒等），可以用来制造耐高温零件，它们在火箭、导弹、燃气轮机和喷气飞机等方面得到广泛应用。熔点低的金属称为易熔金属（如锡、铅等），用来制造印刷铅字（铅和锑合金）、熔丝（铅、锡、铋、镉的合金）和防火安全阀等零件。

3. 导热性

金属传导热量的能力称为导热性。金属导热能力的大小常用热导率（也称为导热系数）λ（单位为 $W/(m·K)$）表示。金属材料的热导率越大，说明其导热性越好。一般来说，金属越纯，其导热能力越强。合金的导热能力比纯金属差。金属的导热能力以银最好，铜、铝次之。

导热性好的金属其散热性也好，如在制造散热器、热交换器与活塞等零件的时候就要注意选用导热性好的金属。在制定焊接、铸造、锻造和热处理工艺时，必须考虑材料的导热性，防止金属材料在加热或冷却过程中形成较大的内应力，以免金属材料发生变形和开裂。

4. 导电性

材料导电性能和与之相反的绝缘性能，是某些零件的特殊要求。金属及合金一般有良好的导电性。银的导电性最好，铜、铝次之，但铝的电导率比铜高。高分子材料都是绝缘体，陶瓷材料更是良好的绝缘体。但有的高分子材料也有良好的导电性，某些特殊成分的陶瓷是半导体。

金属能够传导电流的能力，称为导电性。金属导电性的好坏，常用电阻率 ρ 表示。取长 1m、截面积 $1mm^2$ 的物体，在一定温度下所具有的电阻数值称为电阻率（单位 $\Omega·m$）。

电阻率越小，导电性就越好。

导电性跟导热性一样，随合金化学成分的复杂化而减弱。因而纯金属的导电性总比合金好。因此，工业上常用纯铜、纯铝做导电材料，而用导电性差的铜合金（康铜）和铁铬合金做电热元件。

5. 热膨胀性

金属材料随着温度变化而膨胀、收缩的特性称为热膨胀性。一般来说，金属受热时膨胀而体积增大，冷却时收缩而体积缩小。热膨胀性的大小用线膨胀系数 α_l 和体膨胀系数 α_v 表示。体膨胀系数近似为线膨胀系数的 3 倍。

在实际工作中考虑热膨胀性的地方颇多。例如，铺设钢轨时，在两根钢轨衔接处应留有一定的空隙，以便留给钢轨在长度方向有膨胀余地；轴与轴瓦之间要根据膨胀系数来控制间隙尺寸；在制定焊接、热处理、铸造等工艺时也必须考虑材料的热膨胀影响，做到减少工件的变形与开裂；测量工件的尺寸时也要注意热膨胀因素，做到减少测量误差。

一般地，陶瓷热膨胀系数最低，金属次之，高分子材料最高。

6. 磁性

金属材料在磁场中被磁化而呈现磁性的强弱能力称为磁性。通常用磁导率 μ（H/m）来表示。根据金属材料在磁场中受到磁化强度的不同，金属材料可以分为如下几种：

（1）铁磁性材料。在外加磁场中，能强烈地被磁化到很大程度，如铁、镍、钴等。

（2）顺磁性材料。在外加磁场中，呈现十分微弱的磁性，如锰、铬、钼等。

（3）抗磁性材料。能够抗拒或减弱外加磁场磁化作用的金属，如铜、金、银、铅、锌等。

在铁磁性材料中，铁及其合金（包括钢与铸铁）有明显磁性。镍与钴也具有磁性，但远不如铁。铁磁性材料可用于制造变压器、电动机、测量仪表等，抗磁性材料则可用作要求避免电磁场干扰的零件和结构材料。

常见金属材料的物理性能见表 2-1。

表 2-1 常见金属材料的物理性能

金属名称	元素符号	密度（20℃）$\rho/((kg \cdot m^3) \times 10^{-3})$	熔点/℃	热导率 $\lambda/(W/(m \cdot K))$	线膨胀系数（0~100℃）$\alpha_l/10^{-6} \cdot ℃^{-1}$	电阻率 $\rho/((\Omega \cdot m) \times 10^{-8})$
银	Ag	10.49	960.8	418.6	19.7	1.5
铝	Al	2.689	660.1	221.9	23.6	2.655
铜	Cu	8.96	1083	393.5	17.0	1.67~1.68（20℃）
铬	Cr	7.19	1903	67	6.2	12.9
铁	Fe	7.84	1538	75.4	11.76	9.7
镁	Mg	1.74	650	153.7	24.3	4.47
锰	Mn	7.43	1244	4.98（-192℃）	37	185（20℃）
镍	Ni	8.90	1453	92.1	13.4	6.48
钛	Ti	4.508	1677	15.1	8.2	42.1~47.8
锡	Sn	7.298	231.9	1~62.8	2.3	11.5
钨	W	19.3	3380	166.2	4.6（20℃）	5.1

2.1.2 材料的化学性能

材料的化学性能是指材料在一定环境条件下抵抗各种介质化学作用的能力，如耐腐蚀性能、抗氧化性能等。

1. 耐腐蚀性

材料在常温下抵抗氧、水及其他化学介质腐蚀破坏作用的能力，称为耐腐蚀性。材料的耐腐蚀性是一个重要指标，尤其对在腐蚀介质（如酸、碱、盐、有毒气体等）中工作的零件，其腐蚀性比在空气中更严重。因此，选择材料制造这些零件时，应特别注意金属材料的耐腐蚀性，并合理使用耐腐蚀性能良好的金属材料进行制造。

2. 抗氧化性

材料在加热时抵抗氧化作用的能力，称为抗氧化性。材料的氧化程度随温度升高而加速，例如，钢材在铸造、锻造、热处理、焊接等热加工作业时，氧化比较严重。氧化不仅造成材料过量的损耗，也会形成各种缺陷，为此常采取措施（如气体保护、真空加热等），避免材料发生氧化。

3. 化学稳定性

化学稳定性是材料的耐腐蚀性与抗氧化性的总称。材料在高温下的化学稳定性称为热稳定性。在高温条件下工作的设备（如锅炉、加热设备、汽轮机、喷气发动机等）上的部件，需要选择热稳定性好的材料来制造。

2.2 材料的力学性能

材料的力学性能是指材料在外力作用下所表现出来的性能。材料的力学性能是设计和制造零件或构件的主要依据，也是评定材料质量的重要判据。各种材料除对其成分作规定外，还要对其力学性能作必要的规定。

金属材料所受外力性质不同，将表现出各种不同的行为，显示出各种不同的力学性能。常用的力学性能指标有强度、塑性、硬度、韧性和疲劳极限等，它们是衡量材料力学性能和决定材料应用范围的重要指标。

近几年国家新标准不断推行并得到应用，但在工程实际以及很多资料和书籍中，依然能看到或用到老标准，表 2-2 列出了常用工程材料力学性能指标符号的新旧标准，供参考学习。

表 2-2 常用工程材料力学性能指标符号的新旧标准对比

力学性能	新标准		旧标准		单位
	符号	名称	符号	名称	
强度	R_m	抗拉强度	σ_b	抗拉强度	MPa
	R_{eL}、R_{eH}	下屈服强度、上屈服强度	σ_s	屈服强度	
	$R_{p0.2}$	条件（名义）屈服强度	$\sigma_{0.2}$	条件屈服强度	
塑性	$A(A、A_{11.3})$	断后伸长率	$\delta(\delta_5、\delta_{10})$	伸长率	%
	Z	断面收缩率	ψ	断面收缩率	
硬度	HBW	布氏硬度	HB 或 HBS	布氏硬度（淬火钢球压头）	
			HBW	布氏硬度（硬质合金球压头）	
韧性	K	冲击吸收能量	A_k	冲击吸收功	J
	KU_2、KU_8	U 形缺口试样在 2mm 或 8mm 锤刃下的冲击吸收能量	A_{KU}	U 形缺口冲击吸收功（2mm 锤刃）	
	KV_2、KV_8	V 形缺口试样在 2mm 或 8mm 锤刃下的冲击吸收能量	A_{KV}	V 形缺口冲击吸收功（2mm 锤刃）	
疲劳强度	σ_D	疲劳极限	σ_{-1}	疲劳极限	MPa

2.2.1 载荷与变形

1. 金属材料所受的载荷及类型

金属材料在加工及使用过程中所受的外力称为载荷。根据载荷作用性质的不同，可以分为静载荷、冲击载荷及循环载荷 3 种，具体如下：

(1) 静载荷。大小不变或变化过程缓慢的载荷。

(2) 冲击载荷。在很短的时间内（作用时间小于受力机构的基波自由振动周期的一半）以很大的速度作用在构件上的载荷。

(3) 循环荷载。它包括交变载荷和重复载荷。大小和方向随时间呈周期性变化的载荷称为交变载荷；只有大小变化而方向不变的载荷称为重复载荷。

2. 载荷下的变形

金属材料受外力作用而产生的几何形状和尺寸的变化称为变形。变形一般分为弹性变形和塑性变形两种。随外力消除而消失的变形称为弹性变形；当外力去除时不能恢复的变形称为塑性变形。

2.2.2 强度

金属在静载荷作用下，抵抗塑性变形或断裂的能力称为强度。强度的大小通常用应力来表示。

金属材料受外力作用时，为保持原来的状态，在材料内部产生与外力相抗衡的力，称为内力。单位面积上的内力称为应力。金属受到拉伸载荷或者压缩载荷（均为静载荷）时，其截面上的应力按式（2-1）计算：

$$R = F/S_0 \tag{2-1}$$

式中：R 为应力（Pa）；F 为外力（N）；S_0 为试样原始横截面积（m²）。

物体受力产生变形时，体内各点处变形程度一般并不相同。用以描述一点处变形的程度的力学量是该点的应变。应变按式（2-2）计算：

$$e = (L - L_0)/L \tag{2-2}$$

式中，e 为工程应变或延伸率；L 为试样变形后的标距长度；L_0 为试样的原始标距。

由于静载荷作用方式有拉伸、压缩、弯曲、剪切、扭转等，所以强度也分为抗拉强度、抗压强度、抗弯强度、抗剪强度和扭转强度 5 种。一般情况下以抗拉强度作为判别金属强度高低的依据。

1. 拉伸试验与拉伸曲线

金属的抗拉强度是通过拉伸试验测定的。拉伸试验是将一定形状和尺寸的金属试样装夹在拉伸试验机上，缓慢施加轴向拉伸载荷，同时连续测量力和相应的伸长量，直至试样断裂，根据测得数据，即可计算出有关的力学性能指标。

在国家标准中，对试样的形状、尺寸及加工要求均有明确的规定。通常采用圆截面比例拉伸试样，如图 2-2 所示。

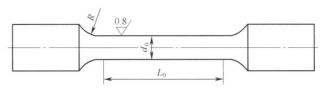

图 2-2　圆截面比例拉伸试样

图中 d_0 为试样直径，L_0 为原始标距。根据国家标准 GB/T 228.1—2021《金属材料室温拉伸试验方法》规定：比例试样分为长试样和短试样。对圆截面比例试样，长试样 $L_0=10d_0$，短试样 $L_0=5d_0$。由于短试样节省材料，一般应优先选用短试样进行拉伸试验。

拉伸试验中得出拉力与伸长量的关系曲线称为力-伸长量曲线，也可以得到应力-延伸率曲线，统称为拉伸曲线。图 2-3 所示为低碳钢的力-伸长量曲线，图中纵坐标表示拉力 F，单位为 N。横坐标表示绝对伸长量 ΔL，单位为 mm。

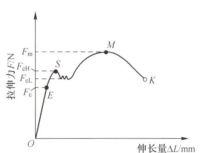

图 2-3　低碳钢的力-伸长量曲线

拉伸曲线反映了金属材料在拉伸过程中的弹性变形直至断裂的全部力学性能。由图 2-3 可知，低碳钢的拉伸过程共分为 4 个阶段。

（1）OE：弹性变形阶段。基本特征是试样在外力作用下均匀伸长，力-伸长量满足胡克定律，其比例系数定义为弹性模量。同时，当外力释放后，材料的变形能够恢复原来的状态。

（2）ES：屈服阶段。基本特征是不仅有弹性变形，还发生了塑性变形，外力释放之后再也恢复不到初始材料的长度。在屈服阶段，外力不增加，试样却继续伸长，此现象表明材料丧失了抵抗塑性变形的能力，产生了微量的塑性变形。

（3）SM：强化阶段。基本特征是为使试样继续变形，载荷必须不断增加，随着塑性变形增大，材料变形抗力也逐渐增加。该阶段的塑性变形为均匀塑性变形。

（4）MK：缩颈阶段。当载荷达到最大值（M 点）时，试样的直径发生局部收缩，称为"缩颈"。此后变形所需的载荷逐渐降低。试样在 K 点断裂。该阶段的塑性变形为不均匀塑性变形。

工程上使用的金属材料，多数没有明显的屈服现象。有些脆性材料，不仅没有屈服现象，而且不产生"缩颈"，如铸铁等。图 2-4 所示为铸铁的力-伸长量曲线。

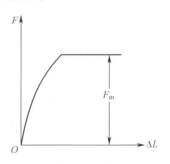

图 2-4　铸铁的力-伸长量曲线

【励志园地 1】

学习钢铁意志，努力成就梦想

由钢的拉伸曲线可知，钢在受拉力的作用下经历了 4 个阶段的变形：弹性变形阶段、屈服阶段、强化阶段和颈缩阶段。对于我们大学生来说，在校学习专业的过程也要经历类似钢拉伸的过程。学习的初始阶段就好比弹性阶段，我们会兴致勃勃，欢心去学，能够轻松应对；但随着学习内容的增多，学习难度的增加，我们会遇到各种各样的困难，这些困难会使我们感觉专业学习很累很苦，甚至于产生厌学情绪，这个阶段就好比屈服阶段，此时我们唯有不忘初心，加倍努力才能克服困难，重拾信心；在之后的学习过程中我们若能始终怀揣梦想，不怕苦不怕累，以勤为径，一路披荆斩棘，加速前进，成功的曙光就在眼前，这个阶段就好比强化阶段；最终在梦想实现的时刻到来时，就像缩颈阶段一样，我们的身体虽然疲累但身心会无比愉悦。

学习本就是一个要经历磨砺的过程，我们需要带着钢铁般的斗志，以勤为径、以苦作舟，这样才能顺利度过学习的各个阶段，学有所获、学有所成，体会到成功的喜悦。

2. 强度判据

1）屈服强度

当金属材料呈现屈服现象时对应的应力称为屈服强度。屈服强度是划分弹性区间与塑性区间的应力，它标志着塑性变形的开始，是工程应用中最为关注的材料参数之一。

对于屈服现象明显的材料（如低碳钢），屈服强度分为上屈服强度 R_{eH} 和下屈服强度 R_{eL}，上屈服强度为试样发生屈服而力首次下降前的最大应力，下屈服强度为不计初始瞬时效应时屈服阶段中的最小应力，如图 2-5 所示为应力-延伸率曲线。由于下屈服强度的数值较为稳定，因此以它作为材料抗力的指标。上屈服强度和下屈服强度的计算公式为

$$R_{eH} = \frac{F_{eH}}{S_0} \quad (2-3)$$

$$R_{eL} = \frac{F_{eL}}{S_0} \quad (2-4)$$

式中：F_{eH} 为试样发生屈服时力首次下降前的最大拉伸力（N）；F_{eL} 为不计初始瞬时效应时屈服阶段中的最小拉伸力（N）；S_0 为试样原始横截面积（mm²）。

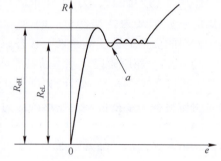

图 2-5 应力-延伸率曲线

由于有些材料（如铸铁）无明显的屈服现象，无法测定上、下屈服强度，因此用试样标距长度产生 0.2% 塑性变形时的应力作为屈服强度，称为条件屈服强度，用符号 $R_{p0.2}$ 表示。

$$R_{p0.2} = \frac{F_{p0.2}}{S_0} \quad (2-5)$$

式中：$F_{p0.2}$ 为试样标距长度产生 0.2% 塑性变形时的载荷（N）；S_0 为试样原始截面面积（mm²）。

机械零件在服役期间一般不允许产生明显的塑性变形，因此 R_{eL} 或 $R_{p0.2}$ 是机械零件设计和选材的力学性能的主要判据。

2）抗拉强度

抗拉强度是指试样被拉断前所能承受的最大拉应力，用符号 R_m 表示，单位为 MPa。

$$R_\mathrm{m} = \frac{F_\mathrm{m}}{S_0} \qquad (2\text{-}6)$$

式中：F_m 为试样被拉断前所能承受的最大拉伸力（N）；S_0 为试样原始横截面积（mm^2）。

对于塑性材料，抗拉强度表示材料抵抗大量均匀塑性变形的能力；对于脆性材料，抗拉强度表示抵抗断裂的能力。抗拉强度是机械零件设计时的一项重要依据，同时也是评定金属材料强度的重要指标之一。

2.2.3 塑性

断裂前金属材料产生永久变形的能力称为塑性。塑性指标也是由拉伸试验测得的，常用断后伸长率和断面收缩率来表示。

1. 断后伸长率

试样被拉断后，标距的伸长量与原始标距的百分比称为断后伸长率，用符号 A 表示，计算公式为

$$A = \frac{L_\mathrm{u} - L_0}{L_0} \times 100\% \qquad (2\text{-}7)$$

式中：L_u 为试样的断后标距（mm）；L_0 为试样的原始标距（mm）。

长试样的断后伸长率用符号 $A_{11.3}$ 表示；短试样的断后伸长率用符号 A 表示。相同材料的 $A > A_{11.3}$，但不能直接比较。

2. 断面收缩率

断面收缩率是指试样被拉断后，缩颈处横截面积的最大缩减量与原始横截面积的百分比，用符号 Z 表示，计算公式为

$$Z = \frac{S_0 - S_\mathrm{u}}{S_0} \times 100\% \qquad (2\text{-}8)$$

式中：S_u 为试样被拉断处的横截面积（mm^2）；S_0 为试样的原始横截面积（mm^2）。

断面收缩率不受试样尺寸的影响，因此能较准确地反映出材料的塑性。A、Z 是衡量材料塑性变形能力大小的判据，A、Z 值越大，表示材料的塑性越好。

塑性好的材料（如低碳钢、铝合金等）可用轧制、锻造、冲压等方法加工成形。另外，塑性好的机械零件在工作时若超载，也可因其发生塑性变形而避免突然断裂，提高了机械零件工作时的安全性。

2.2.4 硬度

硬度是衡量金属材料软硬程度的一种性能指标。它表征材料抵抗局部变形，尤其是塑性变形、压痕或划痕的能力。

硬度是各种零件和工具必须具备的性能指标，如机械制造业所用的刀具、量具、模具等，都应具备足够的硬度才能保证使用性能和寿命。因此，硬度是金属材料重要的力学性能之一。

硬度值又可以间接地反映金属材料的强度及金属的化学成分、金相组织和热处理工艺上的差异，而与拉伸试验相比。硬度测试试验简便易行，不破坏工件。因此硬度测试试验在工业生产中应用十分广泛。

测定硬度的试验方法很多，主要分为弹性回跳法（肖氏硬度）、压入法（布氏硬度、洛氏硬度、维氏硬度）和刻痕法（莫氏硬度）三大类，而工业生产上应用最广泛的是压入法。

1. 布氏硬度

1900 年，瑞典工程师 J. B. Brinell 提出了一种用钢球压入试样来测定材料硬度的方法，这就是布氏硬度。其基本原理是对一定直径 D 的碳化钨合金球施加试验力 F 压入被测金属材料表面，保持规定的时间后卸除试验力，在被测金属材料表面得到一直径为 d 的压痕，单位压痕面积上所承受的载荷为布氏硬度值，符号为 HBW。原理如图 2-6 所示。

$$\mathrm{HBW} = \frac{F}{A} = \frac{F}{\pi D h} = 0.102 \times \frac{2F}{\pi D(D-\sqrt{D^2-d^2})} (\mathrm{kgf/mm^2}) \qquad (2\text{-}9)$$

式中：F 为试验力（N）；A 为压痕表面积（$\mathrm{mm^2}$）；d，D，h 分别为压痕平均直径、压头直径、压痕深度（mm）。

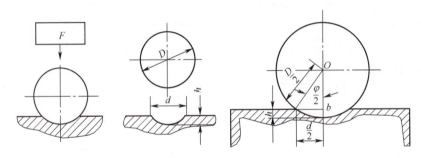

图 2-6　布氏硬度测量原理

式（2-9）中只有 d 是变数，只要测出 d 值，即可通过计算或查表得到相应的硬度值。一般，布氏硬度值不需计算，只需根据测出的压痕直径查表即可得到。d 值越大，硬度值越小；d 值越小，硬度值越大。

为保证测试同一试样的布氏硬度值有效且相同，必须保证试样厚度至少为压痕深度的 8 倍，试验力-压头球直径平方的比率 $0.102F/D^2$ 为常数。因此布氏硬度试验时，应根据被测金属材料的种类和试样厚度，选用不同直径的压头和试验力，见表 2-3。根据国标 GB/T 231.1—2018《金属布氏硬度试验》规定，压头直径有 4 种规格（10mm、5mm、2.5mm 和 1mm），$0.102F/D^2$ 的比值有 6 种规格（30、15、10、5、2.5 和 1）。

注：1kgf=9.8N。

表 2-3 按材料和布氏硬度范围选择 $0.102F/D^2$

材 料	布 氏 硬 度	试验力-压头球直径平方的比率 $0.102F/D^2$
钢	<140	30
	≥140	30
镍合金和钛合金		30
铸铁	<140	10
	≥140	30
铜及铜合金	<35	5
	35~200	10
	>200	30
轻金属及其合金	<35	2.5
	35~80	5
		10
		15
	>80	10
		15
铅、锡		1

布氏硬度表示方法为在硬度符号 HBW 前写出硬度值，符号后面依次用相应数字注明压头直径、试验力，其中压头直径和试验力之间用斜杠"/"隔开。例如，120HBW10/1000 表示用直径 10mm 的硬质合金球压头、试验力为 1000kgf（9.807kN）、试验力保持 10s 所测得的布氏硬度值为 120。布氏硬度一般不标注单位。

布氏硬度试验法测得的硬度值较准确、稳定，因压痕面积较大，能反映出较大范围内材料的平均硬度；布氏硬度与抗拉强度有近似的正比关系：$R_m = K \cdot HBW$。但布氏硬度试验法操作不够简便，不宜测试薄件或成品件。目前，布氏硬度试验法主要用来测定铸铁、有色金属及退火、正火和调质的钢材等。

2. 洛氏硬度

洛氏硬度是机械工程应用最广泛的硬度试验法，与布氏硬度不同，它不是测量压痕的直径，而是直接测量压痕的深度，表示材料或机械零件的硬度，压痕越浅表示材料或工件越硬。

洛氏硬度的试验原理如图 2-7 所示，将顶角为 120° 的金刚石圆锥体压头或直径为 1.588mm（1/16 英寸）的淬火钢球压头，先加初试验力 10kgf，压入材料表面的深度为 h_1，此时表盘上的指针指向零点，如图 2-6（a）所示；再加主试验力 140kgf，压头压入表面的深度为 h_2，表盘上的指针逆时针方向转到相应的刻度，如图 2-6（b）所示；卸除主试验力，但保持表面初试验力的条件下，因试件表面变形中的弹性部分将恢复，压头将回升一小段距离，表盘上的指针将相应地回转，如图 2-6（c）所示；最后，在试件表面留下的最终压痕深度为 h_3。用 $h(h=h_3-h_1)$ 的大小来判断材料的硬度，h 越大，硬度越小；反之，硬度越高。为符合人的思维，即数值越大越硬，规定用常数 K 减去 h

作为硬度值（每0.002mm的压痕深度为一个硬度单位），直接由硬度计表盘上读出。洛氏硬度符号HR表示。

$$HR = K - \frac{h}{0.002} \tag{2-10}$$

式中：金刚石做压头，K为100；淬火钢球做压头，K为130。

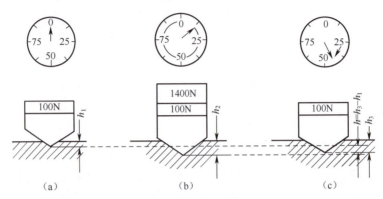

图 2-7 洛氏硬度试验原理

为了满足同一硬度计能测试不同硬度范围的材料，可采用不同的压头和试验力。按压头和试验力不同，GB/T 230.1—2018 规定洛氏硬度的标尺有9种，但常用的是HRA、HRBW、HRC三种，其中HRC应用最广泛。洛氏硬度的试验条件和应用范围见表2-3。洛氏硬度的表示方法为：在硬度符号前面写出硬度值，如58HRC、80HRA等。

洛氏硬度试验操作简便迅速、效率高，硬度值可从硬度计的表盘上直接读出；试件表面造成的损伤较小，可用于成品零件的硬度检验。但由于压痕小，所以洛氏硬度对材料组织不均匀性很敏感，测试结果比较分散，重复性差。不同标尺的洛氏硬度值无法相互比较。常用洛氏硬度的试验条件和应用范围见表2-4。

表 2-4 常用洛氏硬度的试验条件和应用范围

硬度符号	压头类型	初试验力/kgf（N）	主试验力/kgf（N）	总试验力/kgf（N）	硬度有效范围	应用举例
HRA	120°金刚石圆锥体	10（98.1）	50（490.3）	60（588.4）	20~95	硬质合金、表面淬火、硬化薄钢板等
HRBW	ϕ1.588mm淬火钢球	10（98.1）	90（882.6）	100（980.7）	10~100	铜合金、铝合金、退火钢、正火钢等
HRC	120°金刚石圆锥体	10（98.1）	140（1373）	150（1471）	20（10*）~70	淬火钢、调质钢、钛合金冷硬铸铁等

* 当金刚石圆锥表面和顶端球面是经过抛光的，且抛光至沿金刚石圆锥轴向距离尖端至少0.4mm，试验适用范围可延伸至10HRC

3. 维氏硬度

维氏硬度试验的基本原理与布氏硬度试验相同，都是根据压痕单位面积上所受的平均试验力（载荷）得出硬度值，不同的是维氏硬度的压头是两相对面夹角为136°的正四棱锥体金刚石，如图2-8所示。

维氏硬度试验设备是维氏硬度计。试验时，根据试样大小、厚薄选用 5~120kgf（49.05~1177.2N）试验力将压头压入试样表面（试样表面粗糙度≤0.2μm），保持一定时间后去除试验力，用附在维氏硬度计上的测微计测量压痕对角线长度 d_1 和 d_2，求其平均值，然后通过查表（GB/T 4340.4—2022 附表）得出或根据式（2-11）计算维氏硬度值，维氏硬度符号 HV 表示。

$$HV = \frac{F}{A} = 0.1891 \times \frac{F}{d^2} \quad (2-11)$$

式中：A 为压痕的表面积（mm^2）；d 为压痕对角线长度 d_1 和 d_2 的算术平均值（mm）；F 为试验力（N）。

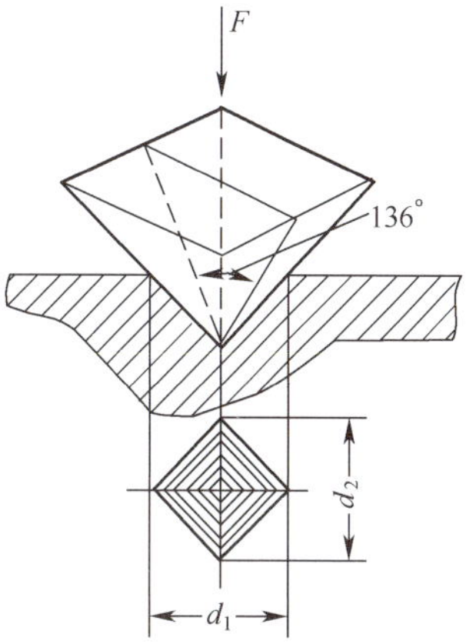

图 2-8　维氏硬度试验原理

根据国家标准（GB/T 4340.1—2009）规定，维氏硬度的表示方法为在维氏硬度符号 HV 前面写出硬度值，HV 后面依次用相应数字注明试验力和保持时间（10~15s 不标）。例如，640HV30/20，表示在 30×9.8N 试验力作用下，保持 20s 测得的维氏硬度值为 640。

维氏硬度试验法的压痕深度浅，轮廓清晰，对角线测量准确，重复性好，测量范围宽广，可以测量目前工业上所用到的几乎全部金属材料，从很软的材料（几个维氏硬度单位）到很硬的材料（3000 个维氏硬度单位）都可测量。维氏硬度试验最大的优点在于其硬度值与试验力的大小无关，只要是硬度均匀的材料，可以任意选择试验力，其硬度值不变。这就相当于在一个很宽广的硬度范围内具有一个统一的标尺。这一点优越于洛氏硬度试验。但维氏硬度试验效率低，要求较高的试验技术，对于试样表面的粗糙度值要求较小，通常需要制作专门的试样，操作麻烦费时，通常只在实验室中使用。

维氏硬度试验主要用于材料研究和科学试验方面小负荷维氏硬度试验；适用于测试小型精密零件的硬度、表面硬化层硬度和有效硬化层深度、镀层的表面硬度、薄片材料和细线材的硬度、刀刃附近的硬度等。

2.2.5　韧性

许多机械零件在服役时往往受冲击载荷的作用，如飞机起落架、冲床用的冲头、锻锤的锤杆、风动工具等。冲击载荷与静载荷的主要区别在于冲击载荷的加载速率大，即载荷以很快的速度作用于零件。

试验表明，载荷速度增加，材料的塑性、韧性下降，脆性增加，零件易发生突然断裂。显微观察表明：在静载荷下，塑性变形比较均匀地分布在各个晶粒中，而在冲击载荷作用下，塑性变形则比较集中在某些局部区域，发生不均匀塑性变形。因此，对于在冲击载荷作用下服役的零件，必须用材料的韧性来衡量。

韧性是指材料在冲击载荷作用下吸收塑性变形功和断裂功的能力，即抵抗冲击载荷而不破坏的能力。韧性的好坏用标准试样的冲击吸收能量来判定，冲击吸收能量通过冲击试验测得。

1. 冲击试验

常用的方法是摆锤式一次冲击试验法，是在专门的摆锤试验机上进行的，如图 2-9

所示。

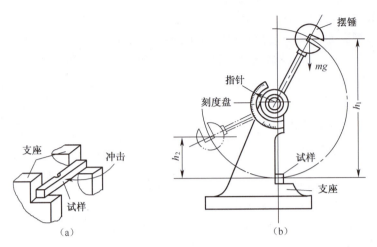

图 2-9　摆锤式一次冲击试验
(a) 试样放置；(b) 试验原理。

按 GB/T 229—2020《金属材料夏比摆锤冲击试验方法》规定，将被测材料制成标准冲击试样，如图 2-10 所示。试验时，将试样水平放在试验机支座上，注意缺口位于冲击相背方向（图 2-9 (a)）。然后将具有一定质量 m 的摆锤举至一定高度 h_1，使其获得一定位能 mgh_1，释放摆锤并一次冲断试样，然后摆锤继续升高至 h_2，此时摆锤的剩余能量为 mgh_2（图 2-9 (b)），则摆锤冲断试样失去的位能为 mgh_1-mgh_2，此即为试样变形和断裂所消耗的功，称为冲击吸收能量，以 K 表示，单位为 J，计算公式为（2-12）。

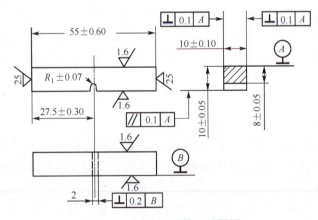

图 2-10　夏比 U 型缺口试样图

$$K = mgh_1 - mgh_2 = mg(h_1 - h_2) \tag{2-12}$$

K 值不需计算，可由冲击试验机刻度盘上直接读出。冲击试样缺口为 U 型或 V 型时分别用 KU 和 KV 表示。

2. 影响冲击吸收能量的因素

冲击吸收能量越大，材料韧性越好。冲击吸收能量与温度有关，如图 2-11 所示。K 值随温度降低而减少，在不同温度的冲击试验中，冲击吸收能量急剧变化或断口韧性急剧转变的温度区域,称为韧脆转变温度,符号 T_t。韧脆转变温度越低,材料的低温抗冲击性能越好。

冲击吸收能量还与试样形状、尺寸、表面粗糙度、内部组织和缺陷等有关。因此,冲击吸收能量一般作为选材的参考,而不能直接用于强度计算。

韧性是强度和塑性的综合表现。在实际生产中,受冲击载荷的零件大多都是受到小能量

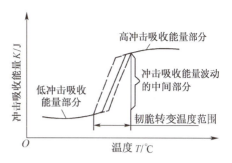

图 2-11 温度对冲击吸收能量的影响

多次冲击后失效破坏,很少因为受到大能量一次冲击而破坏。材料抵抗小能量多次冲击的能力取决于强度,抵抗大能量一次冲击的能力取决于塑性,所以在为零件选材时,不能片面追求高 K 值,K 值过高会导致零件在使用过程中因强度不足而过早失效。

2.2.6 疲劳极限

众所周知,人类由于过度疲劳会导致身体机能下降,严重会出现伤亡。工程中的许多零件,如轴、齿轮、弹簧和连杆等,长期在交变载荷的重复作用下会产生裂纹而致断裂。据统计,机械零件断裂失效中有 80% 是由于疲劳断裂引起的,它极易造成人身事故和经济损失,危害性极大。因此,研究疲劳断裂的原因、提高疲劳极限、防止疲劳事故的发生是非常重要的。

1. 疲劳断裂

金属零件或构件在交变载荷的长期作用下,由于累积损伤而引起的断裂现象称为疲劳断裂。

2. 疲劳断裂的特点

疲劳断裂与静载荷或一次冲击加载断裂相比,具有以下特点:

(1) 疲劳断裂是低应力循环延时断裂,即具有寿命的断裂。疲劳断裂应力水平往往低于材料抗拉强度,甚至屈服强度。断裂寿命随应力不同而变化,应力高寿命短,应力低寿命长。当应力低于某一临界值时,寿命可达无限长。

(2) 疲劳是脆性断裂。由于一般疲劳断裂的应力比屈服强度低,所以不论是塑性材料还是脆性材料,在疲劳断裂前均不会发生塑性变形及有形变预兆,它是在长期累积损伤过程中,经裂纹源萌生和缓慢扩展,直至某一时刻突然断裂。因此,疲劳断裂是一种潜在的突发性断裂。

(3) 疲劳断裂对缺陷(缺口、裂纹及组织缺陷)十分敏感。疲劳断裂的过程,往往是在零件的表面,有时也可在零件内部某一应力集中处产生裂纹,随着应力的交变,裂纹不断扩展,以致在某一时刻便产生突然断裂。

3. 疲劳曲线和疲劳极限

疲劳曲线是疲劳应力与疲劳寿命的关系曲线,即 S-N 曲线,它是确定疲劳极限、建立疲劳应力判据的基础。典型的金属材料碳钢、铝合金的疲劳曲线如图 2-12 所示。图

中纵坐标为循环应力的最大应力 σ_{max}；横坐标为断裂循环次数 N，常用对数值表示。可以看出，S-N 曲线由高应力段和低应力段组成。最大应力 σ_{max} 为高应力时，断裂循环次数 N 小（寿命短）；最大应力 σ_{max} 为低应力时，断裂循环次数 N 大（寿命长），随断裂循环次数增加，应力水平下降，当断裂循环次数再增加时，最大应力不降低，此时对应的应力为疲劳极限，又称为疲劳强度。通常人们规定：金属材料在重复或交变应力作用下，在规定的断裂循环次数 N 内不发生断裂时的最大应力称为疲劳极限，用符号 σ_D 表示。试验中，一般规定钢的断裂循环次数 $N=5\times10^6$ 次，铸造轻金属 $N=5\times10^7$ 次。

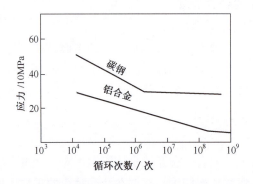

图 2-12　碳钢和铝合金的疲劳曲线

由于疲劳断裂常发生在金属材料最薄弱的部位，如热处理产生的氧化、脱碳、过热、裂纹等，钢中的非金属夹杂物、试样表面有气孔、划痕等缺陷均会产生应力集中，使疲劳极限下降。为了提高疲劳极限，加工时应提高零件的表面粗糙度和进行表面强化处理，如表面淬火、调质、氮化、喷丸等，使零件表层产生残余压应力，从而提高零件的疲劳极限。

【励志园地 2】

永不疲劳的结构疲劳专家——高镇同院士

高镇同（图 2-13），北京航空航天大学教授，1991 年当选中国科学院院士，从事结构疲劳和可靠性研究 40 余年。

高镇同来到北航时 24 岁，北航创建之初，条件十分艰苦，校园里没有宿舍，交通又不便，为了减少往返路途上所耗费的时间，他把实验室当成了家，用桌椅当床、大衣当被褥，只用两年的时间开出了全部"材料力学"的实验课。20 世纪 70 年代，在国家和航空部的关注下，高镇同指导航空系统 20 余个部门，历时 10 余年完成了一项飞机典型材料疲劳、断裂性能测试系统工程，该工程建立了中国自己飞机典型材料疲劳/断裂性能可靠性数据库，开辟出了中国飞机结构性延寿新的科学研究领域。在此期间，高镇同还提出了一系列概率统计分析方法，例如疲劳试验设计和数据处理等，经过多家单位和德国宇航研究院试用，已列为航空部部颁标准（HB/Z112-86），并出版了《疲劳性能测试》和《疲劳应用统计学》，形成了完整的疲劳统计学学科，至今仍然指导着我国疲劳可靠性领域的研究。

图 2-13　工作中的高镇同院士

如今高先生已经 90 多岁高龄了，他致力于教学科研领域，呕心沥血，培养了一大批活跃在教育科研领域的杰出人才；他帮助同学，热心社会公益事业，至今捐款 120 万余元。作为一名教师、一名优秀的共产党员，高先生为广大学子、为全体党员干部树立了一个学习的榜样，是一位"为了国家和人民事业永远不知疲劳的结构疲劳专家"。

2.2.7　其他力学性能

在航空、航天、能源和化工等工业领域，许多机件是在高温下长期工作的，如发动机、锅炉、炼油设备等，它们对材料的高温力学性能提出很高的要求。温度对材料力学性能影响很大，而且材料的力学性能随着温度的变化规律各不相同。材料在高温下力学性能的一个重要特点就是产生蠕变。

1. 蠕变现象及蠕变断裂

蠕变就是在长时间的恒温、恒定载荷作用下缓慢地产生塑性变形现象。由于这种变形而最后导致材料的断裂称为蠕变断裂。

蠕变现象很早就被人们发现，远在 1905 年 F. Philips 等就开始进行专门研究。最初研究的是铅、锌等低熔点纯金属，因为这些金属在室温下就已表现出明显的蠕变现象。以后逐步研究了较高熔点的铝、镁等纯金属的蠕变现象，进而又研究了铁、镍以及难熔金属钨、铂等的蠕变规律。对纯金属的研究后来又发展到对铁、钴、镍基合金及其他各种高温合金的研究。对这些合金，要求它们在几百度的高温下才能表现出明显的蠕变现象（例如碳钢 $>0.35T_m$，不锈钢 $>0.4T_m$，T_m 为金属材料的熔点）。

蠕变现象的研究是与工业技术的发展密切相关的。随着工作温度的提高，材料蠕变现象越来越明显，对材料蠕变强度的要求越来越高。不同的工作温度需选用具有不同蠕变性能的材料，因此蠕变强度就成为决定高温金属材料使用价值的重要因素。

2. 蠕变曲线

蠕变过程可以用蠕变曲线来描述。对于金属材料，典型的蠕变曲线如图 2-14 所示。

图 2-14 所示曲线可以分为以下几个阶段。

第Ⅰ阶段：减速蠕变阶段（图中 AB 段），在加载的瞬间产生了弹性变形 ε_0，以后随加载时间的延续变形连续进行，但变形速率不断降低。

第Ⅱ阶段：恒定蠕变阶段，如图中曲线 BC 段。此阶段蠕变变形速率随加载时间的延续而保持恒定，且为最小蠕变速率。

第Ⅲ阶段：曲线上从 C 点到 D 点断裂为止，也称加速蠕变阶段，随蠕变过程的进行，蠕变速率显著增加，直至最终产生蠕变断裂。D 点对应的 t_r 就是蠕变断裂时间，ε_r 是总的蠕变应变量。

温度和应力也影响蠕变曲线的形状。在低温（$<0.3T_m$）、低应力下实际上不存在蠕

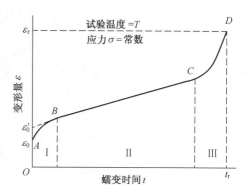

图 2-14 金属的典型蠕变曲线

变第Ⅲ阶段，而且第Ⅱ阶段的蠕变速率接近于零；在高温（$>0.8T_m$）、高应力下主要是蠕变第Ⅲ阶段，而第Ⅱ阶段几乎不存在。

3. 蠕变性能指标及其主要影响因素

材料蠕变性能常采用蠕变极限、持久强度、松弛稳定性等力学性能指标来描述。

影响蠕变性能的主要因素包括内在因素和外在因素。内在因素为化学成分、组织结构、晶粒尺寸；外在因素为应力和温度。

总之，研究材料的蠕变性能对金属材料热加工及在高温环境下工作的零件的安全性和使用寿命非常重要。

2.3　材料的工艺性能

材料的工艺性能是指材料在被加工过程中表现出的性能，如铸造性能、锻压性能、焊接性能、热处理性能及切削加工性能等。

2.3.1　材料的铸造性能

铸造生产是指熔炼金属，制造铸型，并将熔融金属浇入铸型，凝固后获得一定形状、尺寸和性能的金属零件毛坯的成形方法。

金属材料在铸造成形过程中获得形状准确、内部组织良好铸件的能力称为合金的铸造性能。它表示了合金铸造成形时的难易程度。铸件质量与合金铸造密切相关。合金的铸造性能主要包括流动性、收缩性、吸气性、氧化性、热裂倾向性和凝固温度范围等，其中流动性和收缩性对铸件质量影响较大。

1. 流动性

合金液体本身的流动能力称为流动性。流动性是合金在铸造过程中的一种综合性能，它对铸件质量有很大的影响，是影响液体充型能力的主要因素。流动性好的合金，充型能力强，易获得完整、尺寸准确、轮廓清晰、壁薄和形状复杂的铸件；有利于液态合金中非金属夹杂物和气体的上浮与排除；有利于合金的凝固收缩时的补缩作用。若流动性差，铸件就容易产生浇不到、冷隔、夹渣、气孔和缩孔等缺陷。在铸件设计和制定铸造工艺时都必须考虑合金的流动性。

影响金属流动性的因素有合金的种类和化学成分、浇注温度及铸型条件。

2. 收缩性

铸造合金从液态凝固和冷却至室温的整个过程中，产生的体积和尺寸缩减的现象，称为收缩。整个收缩过程可划分为3个阶段，即液态收缩、凝固收缩及固态收缩。

影响收缩性的因素有化学成分、浇注温度及铸件结构和铸型条件。

2.3.2 材料的锻压性能

锻压指利用金属材料所具有的塑性变形规律，在外力的作用下通过塑性变形，获得具有一定形状、尺寸和力学性能的零件或毛坯的加工方法。它是锻造与冲压的总称，又称为压力加工。

锻压性能是指金属经受塑性变形而不开裂的能力。锻压性能的优劣常用金属的塑性和变形抗力来综合衡量。塑性越好，变形抗力越小，则锻压性能越好。影响锻压性能的主要因素是内在因素和变形条件。

1. 内在因素

金属内在因素主要有化学成分和组织结构。纯金属的锻压性能比合金好，纯金属及固溶体组织（如奥氏体）锻压性能好。而金属化合物（如Fe_3C）锻压性能差，金属在单相状态下比多相状态锻压性能好。

2. 变形条件

变形条件主要有变形温度、变形速度、应力状态及坯料表面质量。

2.3.3 材料的焊接性能

焊接是通过加热或加压，或者两者并用，并且用或不用填充材料，使工件达到结合的一种方法。其实质就是通过适当的物理-化学过程，使两个分离固体表面的金属原子接近到晶格距离（0.3~0.5mm），形成金属键，从而使两个分离的固体实现永久性的连接。

1. 焊接性能

焊接性能包括两方面的内容。

（1）结合性能：金属材料在一定焊接工艺条件下，形成焊接缺陷的敏感性。决定结合性能的因素有：工件材料的物理性能，如熔点、热导率和膨胀率，工件和焊接材料在焊接时的化学性能和冶金作用等。当某种材料在焊接过程中经历物理、化学和冶金作用而形成没有焊接缺陷的焊接接头时，这种材料就被认为具有良好的结合性能。

（2）使用性能：某金属材料在一定的焊接工艺条件下其焊接接头对使用要求的适应性，也就是焊接接头承受载荷的能力，如承受静载荷、冲击载荷和疲劳载荷等，以及焊接接头的抗低温性能、高温性能和抗氧化、抗腐蚀性能等。

2. 影响因素

钢材焊接性能的好坏主要取决于它的化学组成。而其中影响最大的是碳元素，也就是说金属含碳量的多少决定了它的可焊性。钢中的其他合金元素大部分也不利于焊接，但其影响程度一般都比碳小得多。钢中含碳量增加，淬硬倾向就增大，塑性则下降，容易产生焊接裂纹。通常，把金属材料在焊接时产生裂纹的敏感性及焊接接头区力学性能的变化作为评价材料可焊性的主要指标。所以含碳量越高，可焊性越差。所以，常把钢中含碳量的多少作为判别钢材焊接性的主要标志。含碳量小于 0.25% 的低碳钢和低合金钢，塑性和冲击韧性优良，焊后的焊接接头塑性和冲击韧性也很好。焊接时不需要预热和焊后热处理，焊接过程普遍简便，因此具有良好的焊接性。随着含碳量增加，大大增加焊接的裂纹倾向，所以，含碳量大于 0.25% 的钢材不应用于制造锅炉、压力容器的承压元件。

2.3.4　材料的热处理性能

热处理是将材料在固态下加热到一定温度，进行必要的保温，并以适当的速度冷却到室温，以改变钢的内部组织，从而得到所需性能的工艺方法。它是强化金属材料、提高产品质量和寿命的主要途径之一。因此，绝大部分重要的机械零件在制造过程中都必须进行热处理。

热处理工艺性能反映钢热处理的难易程度和产生热处理缺陷的倾向，主要包括淬透性、回火稳定性、回火脆性及氧化脱碳倾向性和淬火变形开裂倾向性等。其中主要考虑其淬透性，即钢接受淬火的能力。含锰、铬、镍等合金元素的合金钢淬透性比较好，碳钢的淬透性较差。铝合金的热处理要求较严，它进行固溶处理时加热温度离熔点很近，温度的波动必须保持在 ±5℃ 以内。铜合金只有几种可以用热处理强化。

2.3.5　材料的切削加工性能

金属材料进行切削加工时的难易程度称为材料的可切削性或切削加工性。不同的工件材料，加工的难易程度也不相同。如切削铜、铝等有色金属时，切削力小，切削很轻快；切削碳钢就比合金钢容易些；切削不锈钢和耐热合金等困难就很大，刀具磨损也比较严重。

切削加工性能一般用切削后的表面质量（以表面粗糙度高低衡量）和刀具寿命来表示。影响切削加工性的因素很多，主要有材料的化学成分、组织、硬度、韧性、导热性和形变硬化等。此外，切削刀具的几何形状、耐磨性、切削速度等因素也影响切削加工性。

因此，评价材料的切削加工性能是比较复杂的。金属材料具有适当的硬度（170~230HBW）和足够的脆性时切削加工性良好。改变钢的化学成分（如加入少量铅、磷等元素）和进行适当的热处理（如低碳钢进行正火，高碳钢进行球化退火）可提高钢的切削加工性。碳素钢的强度、硬度随含碳量的增加而提高，而塑性、韧性则降低。低碳钢的塑性和韧性较高，高碳钢的强度和硬度较高，都给切削加工带来一定困难。中碳钢的强度、硬度、塑性和韧性都在高碳钢与低碳钢之间，故切削加工性较好。

钢中加入硫、铝等元素对改善切削加工性是有利的。所以一般易切削钢常含有这类元素，不过这类元素会略降低钢的强度。钢中加入铬、镍、钨、钼、钒等合金元素时，强度和硬度都提高，使切削加工困难。耐热钢、不锈钢等切削加工困难的主要原因就是合金元素含量较高所致。

铸铁的切削加工性取决于游离石墨的多少。因此，凡是能促进石墨化的元素，如硅、铝等都能改善铸铁的切削加工性；反之，凡是阻碍石墨化的元素，如锰、硫、磷等，都会降低其切削加工性。

相同成分的材料，当其显微组织不同时，其力学性能也不同，因而切削加工性就有差别。对碳素钢和合金钢来说，不同的显微组织，其切削加工性不同。按其切削加工性下降顺序排列，显微组织顺序为珠光体、索氏体、马氏体。球状珠光体的切削加工性较片状和针状珠光体的好。

【答疑解惑】

对于"彗星"号客机空难事件，英国海外航空公司进行了认真的调查。经分析发现，原因是机身顶部一个地方产生了疲劳裂纹，由于该机座舱是增压座舱，产生疲劳裂纹处承受不了舱内的压力，所以发生了爆炸解体。

金属结构在交变载荷的反复作用下就会发生疲劳破坏。对这架"彗星"号飞机来说，机身疲劳是飞机在多次起降过程中，其增压座舱壳体经历反复增压与减压所引起的。这也是航空历史上，首次发生的因金属结构疲劳而导致飞机失事的事件。针对这个问题，德·哈维兰公司对"彗星"2型飞机机身进行了加固，并采用了圆形舷窗设计，因为直角形状更容易发生疲劳。至此，这个问题人们才有了清楚的认识，并得到了较好的解决。这样，"彗星"2型飞机才能在英国皇家空军216飞行中队，安全服役11年之久。

后来德·哈维兰公司推出的"彗星"4型客机，更加注重解决疲劳破坏问题，拥有了号称"耐疲劳"的机身，从而延长了飞机的飞行寿命。将飞机结构的疲劳强度列入飞机设计强度的规范，正是"彗星"号飞机对人类航空事业的贡献。虽然它以鲜血作为代价，但毕竟迎来了今天航空事业"天高任鸟飞"的繁荣。由此可以看出，材料的性能研究，对于结构的安全使用意义重大。

【知识小结】

（1）材料的物理性能是由材料的物理本质决定的，是材料在热、电、磁、光等作用下通过材料的物理本质所表现出的不同性能。通常包括密度、熔点、导热性、导电性、热膨胀性和磁性。

（2）材料的化学性能是指材料在一定环境条件下抵抗各种介质化学作用的能力。如耐腐蚀性能、抗氧化性能等。

（3）材料的力学性能是指材料在外力作用下所表现出来的性能，主要有强度、硬度、塑性、韧性和疲劳等。

弹性：指材料在外力作用下保持和恢复固有形状和尺寸的能力。

塑性：材料在外力作用下发生不可逆的永久变形的能力。

刚度：材料在受力时抵抗弹性变形的能力。

强度：材料对变形和断裂的抗力。

韧性：材料在断裂前吸收塑性变形和断裂功的能力。

硬度：材料的软硬程度。

耐磨性：材料抵抗磨损的能力。

（4）材料的工艺性能是指材料在被加工过程中适应各种冷热加工的性能，如切削加工性能、铸造性能、锻压性能、焊接性能及热处理性能等。

【复习思考题】

2-1 填空题

1. 金属材料的性能包括_____性能和_____性能。
2. 金属的化学性能包括_____性、_____性和_____性等。
3. 铁和铜的密度较大，称为_____金属；铝的密度较小，则称为_____金属。
4. 洛氏硬度按选用的总试验力及压头类型的不同，常用的标尺有_____、_____和_____3种。
5. 500HBW5/750 表示用直径为_____mm，材质为_____的压头，在_____kgf 压力下，保持_____s，测得的硬度值为_____。
6. 韧性的符号是_____，其单位为_____。
7. 填出下列力学性能指标的符号：屈服点_____、洛氏硬度A标尺_____、断后伸长率_____、断面收缩率_____、对称弯曲疲劳强度_____。
8. 金属材料的使用性能包括_____性能、_____性能和_____性能。

2-2 单项选择题

1. 下列不是材料力学性能的是（ ）。
   A. 强度   B. 硬度   C. 韧性   D. 压力加工性能
2. 属于材料物理性能的是（ ）。
   A. 强度   B. 硬度   C. 热膨胀性   D. 耐腐蚀性
3. 试样拉断前所承受的最大标称拉应力为（ ）。
   A. 抗压强度   B. 屈服强度   C. 疲劳强度   D. 抗拉强度
4. 拉伸实验中，试样所受的力为（ ）。
   A. 冲击   B. 多次冲击   C. 交变载荷   D. 静态力
5. 常用的塑性判断依据是（ ）。
   A. 断后伸长率和断面收缩率   B. 塑性和韧性
   C. 断面收缩率和塑性   D. 断后伸长率和塑性
6. 用金刚石圆锥体作为压头可以用来测试（ ）。
   A. 布氏硬度   B. 洛氏硬度   C. 维氏硬度   D. 以上都可以
7. HRC 是（ ）的一种表示方法。
   A. 维氏硬度   B. 努氏硬度   C. 肖氏硬度   D. 洛氏硬度
8. 金属疲劳的判断依据是（ ）。
   A. 强度   B. 塑性   C. 抗拉强度   D. 疲劳强度

2-3 判断题

1. 合金的熔点取决于它的化学成分。（　　）
2. 1kg 钢和 1kg 铝的体积是相同的。（　　）
3. 导热性差的金属，加热和冷却时会产生较大的内外温度差，导致内外金属不同地膨胀或收缩，产生较大的内应力，从而使金属变形，甚至产生开裂。（　　）
4. 金属的电阻率越大，电导性越好。（　　）
5. 所有的金属都具有磁性，能被磁铁所吸引。（　　）
6. 塑性变形能随载荷的去除而消失。（　　）
7. 所有金属材料在拉伸试验时都会出现显著的屈服现象。（　　）
8. 做布氏硬度试验时，当试验条件相同时，压痕直径越小，则材料的硬度越低。（　　）
9. 洛氏硬度值是根据压头压入被测材料的残余压痕深度增量来确定的。（　　）
10. 小能量多次冲击抗力的大小主要取决于材料的强度高低。（　　）

2-4 问答题

1. 画出低碳钢力-伸长曲线，并简述拉伸变形的几个阶段。
2. 什么是金属的力学性能？金属的力学性能判据主要有哪些？
3. 下列硬度标注方法是否正确？如何改正？
   HBW210～240　　　450～480HBW　　　HRC15～20　　　HV30
4. 采用布氏硬度试验测取材料的硬度值有哪些优缺点？
5. 有一钢试样，其直径为 10mm，原始标距为 50mm，当载荷达到 18840N 时试样产生屈服现象；载荷加至 36110N 时，试样产生颈缩现象，然后被拉断；断后标距为 73mm，断裂处直径为 6.7mm，求试样的 R_{eL}、R_m、A 和 Z。

第 3 章 材料的微观结构

【学习目标】

知识目标

(1) 掌握几何晶体学的基本知识。
(2) 掌握 3 种典型晶体缺陷的概念、基本类型和结构特点及其分类。
(3) 掌握固溶体、金属化合物的概念。

能力目标

(1) 能够运用晶体结构和晶体缺陷理论理解航空工程材料的晶体结构和晶体缺陷对其性能的影响。
(2) 能够运用合金相理论理解有关航空材料在相关实际工程中的应用情况。

素质目标

(1) 具有辩证哲学思想,广阔的思维与眼界以及浓厚的科学研究兴趣。
(2) 具有爱国主义思想和关心国防建设的热情。

【知识导入】

ZnO 是一种难溶于水的氧化物。罗马人在公元前 200 年便已学会用铜和富含 ZnO 的矿石制作黄铜。在古印度和希腊历史上,都有黄铜作为治疗眼疾和皮肤病药膏的记载。19 世纪,ZnO 作为水彩涂料在欧洲流行起来。随后,ZnO 开始进入橡胶和复印纸工业,成为一种应用广泛的化学添加剂。

近年来,随着人类对于材料的认识以及技术水平的飞速发展,人们利用 ZnO 的结构特性成功研发出了新的半导体材料,如图 3-1 所示。与传统的半导体材料 GaN 比起来,ZnO 半导体具有原料丰富、价格低廉、成膜性能好、纳米形态丰富多彩、制备简单等优点,被用于制备 IASD,LD 和探测器等光电器件,在固体发光、光信息存储等节能与通信领域具有广阔的应用前景,蕴藏着巨大的经济价值。

图 3-1 ZnO 半导体材料

那么，ZnO 为什么能成为半导体材料呢？

【知识学习】

3.1 晶体与非晶体

3.1.1 晶体与非晶体的区别

固态物质按其原子（离子或分子）的排列是否有序，可分为晶体和非晶体两大类。凡内部原子（离子或分子）在三维空间呈有序、有规则排列的物体称为晶体，如图 3-2（a）所示。自然界中绝大多数固体都是晶体，如常用的金属材料、水晶、氯化钠等。凡内部原子（离子或分子）在三维空间呈无序堆积状况的物体称为非晶体，如图 3-2（b）所示，如普通玻璃、松香、石蜡等。

由于原子排列方式不同，晶体与非晶体的性能也有差异。晶体具有固定的熔点，其性能呈各向异性；非晶体没有固定熔点，性能表现为各向同性。

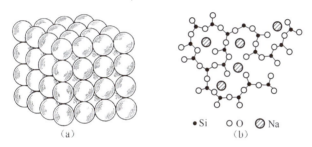

图 3-2　晶体与非晶体显微结构
(a) 晶体；(b) 非晶体。

3.1.2 晶体结构的基本概念

1. 晶格

为了便于表明晶体内部原子排列的规律，把每个原子看成是固定不动的刚性小球，并用一些几何线条将晶格中各原子的中心连接起来，构成一个空间格架，各原子的中心就处在格架的几个结点上，这种抽象的、用于描述原子在晶体中排列形式的几何空间格架，简称晶格，如图 3-3（a）所示。

2. 晶胞

构成晶格的最基本单元是晶胞，如图 3-3（b）所示。整个晶格都是由相同的晶胞周期性重复堆积而成的。

3. 晶格常数

晶胞的棱边长度 a、b、c 和棱间夹角 α、β、γ 是衡量晶胞大小和形状的 6 个参数，其中 a、b、c 称为晶格常数或点阵常数。其大小用 Å 来表示（$1\text{Å} = 10^{-8}\text{cm}$）。若 $a = b =$

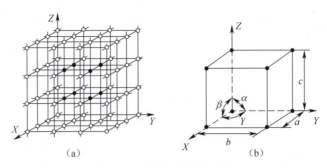

图 3-3 晶体与晶胞示意图
(a) 晶格示意图；(b) 晶胞示意图。

c，$\alpha=\beta=\gamma=90°$，这种晶胞就称为简单立方晶胞。具有简单立方晶胞的晶格称为简单立方晶格。

4. 晶面

晶面是点阵中的结点所构成的平面（图 3-4（a））。

5. 晶向

晶向是点阵中的结点所组成的直线所指的方向（图 3-4（b））。

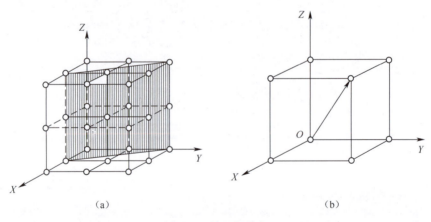

图 3-4 晶面与晶向
(a) 晶面；(b) 晶向。

3.2 纯金属的晶体结构

3.2.1 常见的晶格类型

研究表明，在金属元素中，约有 90% 以上的金属晶体都属于如下 3 种晶体结构类型。

1. 体心立方晶格

体心立方晶格的晶胞是一个立方体。在晶胞的中心和 8 个角上各有一个原子，晶胞角上的原子为相邻的 8 个晶胞所共有，每个晶胞实际上只占有 1/8 个原子。而中心的原子为该晶胞所独有。故晶胞中实际原子数为 8×1/8+1＝2（个）（图 3-5）。属于这种体心立方晶格的金属有 α-Fe、Cr、Mo、W、V 等。晶胞中原子所占体积与晶胞体积之比称为致密度，也称为密排系数，体心立方晶胞的致密度为 0.68，这表明在体心立方晶胞（或晶格）中有 68% 的体积被原子所占，其余为空隙。

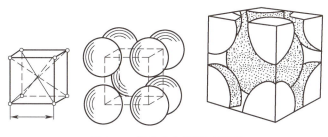

图 3-5　体心立方晶胞示意图

2. 面心立方晶格

面心立方晶格的晶胞也是一个立方体，在晶胞的每个角上和晶胞的 6 个面的中心都排一个原子，晶胞角上的原子为相邻的 8 个晶胞所共有，而每个面中心的原子为 2 个晶胞共有。所以，面心立方晶胞中原子数为 8×1/8+6×1/2＝4（个）（图 3-6）。属于这种晶格的金属有 Al、Cu、Ni、Pb、γ-Fe 等。面心立方晶胞的致密度为 0.74，这表明在面心立方晶胞（或晶格）中有 74% 的体积被原子所占，其余为空隙。

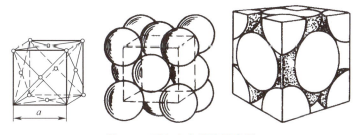

图 3-6　面心立方晶胞示意图

3. 密排六方晶格

密排六方晶格的晶胞是一个六方柱体，由 6 个呈长方形的侧面和 2 个呈六边形的底面所组成。因此，要用两个晶格常数表示。一个是柱体的高度 c，另一个是六边形的边长，在晶胞的每个角上和上、下底面的中心都排列一个原子，另外在晶胞中间还有 3 个原子。

密排六方晶胞每个角上的原子为相邻的 6 个晶胞所共有，上、下底面中心的原子为 2 个原子所共有，晶胞中 3 个原子为该晶胞独有。所以，密排六方晶胞中原子数为 12×1/6+ 2×1/2+3＝6（个）（图 3-7）。属于这种晶格的金属有铍（Be）、镁（Mg）、锌（Zn）、镉（Cd）等。密排六方晶胞的致密度为 0.74，这表明在密排六方晶胞（或晶格）中有 74% 的体积被原子所占，其余为空隙。密排六方晶胞的致密度与面心立方晶胞相同，说明这两种晶胞中原子的紧密排列程度相同。

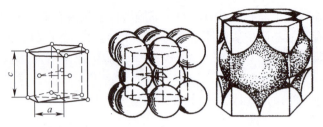

图 3-7　密排六方晶胞示意图

3.2.2　金属的实际晶体结构

如果一块晶体,其内部的晶格位向完全一致,则称这块晶体为单晶体,又称为理想晶体。以上我们讨论的情况都指这种单晶体的情况。

但在工业金属材料中,除非专门制作,否则都不是这样,即使在一块很小的金属中也含着许许多多的小晶体。每个小晶体的内部,晶格位向都是均匀一致的,而各个小晶体之间,彼此的位向都不相同。这种小晶体的外形呈颗粒状,称为"晶粒",晶粒与晶粒之间的界面称为"晶界"。在晶界处,原子排列为适应两晶粒间不同晶格位向的过渡,总是不规则的。由多个晶粒组成的晶体称为"多晶体",如图 3-8 所示。

对于单晶体,由于各个方向上原子排列不同,导致各个方向上的性能不同,即具有"各向异性"。由于多晶体是由许多位向不同的晶粒组成,其中各晶粒排列的位向不同,从而使各晶粒的有向性抵消,所以实际金属材料具有"各向同性"。

实际金属属于多晶体,由于结晶条件、原子运动及加工条件等原因,在金属中存在着各种各样的晶体缺陷,按其几何特点可以分为如下 3 类:

1. 点缺陷

即原子排列不规则的区域在空间 3 个方向尺寸都很小。晶体中的空位、间隙原子、杂质原子都是点缺陷,如图 3-9 所示。

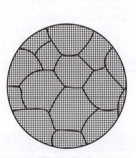 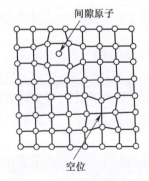

图 3-8　多晶体示意图　　　图 3-9　空位与间隙原子示意图

当晶格中某些原子由于某种原因(如热振动等)脱离其晶格结点而转移到晶格间隙,这样就形成了点缺陷,点缺陷的存在会引起周围的晶格发生畸变,从而使材料的性能发生变化,如材料的屈服强度提高和电阻增加等。

2. 线缺陷

即原子排列的不规则区在空间一个方向上的尺寸很大，而在其余两个方向上的尺寸很小，如各种类型的位错。

位错可认为是晶格中一部分晶体相对于另一部分晶体的局部滑移而造成的。滑移部分与未滑移部分的交界线即为位错线。位错主要有两种不同形式，即刃型位错和螺型位错。

1）刃型位错

如图 3-10 所示，由于相对滑移，规则排列的晶体的上半部分多出一个半原子面，多余的半原子面未延伸入原子未错动的下半部晶体中，犹如切入晶体的刀片，刀片的刃口线为位错线，这就是刃型位错。

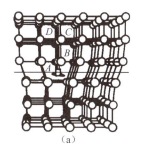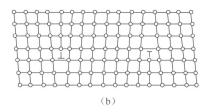

图 3-10　刃型位错示意图
(a) 立体图；(b) 平面图。

为了便于表述，通常把晶体上半部多出半列原子面的位错称为正刃型位错，用符号"⊥"表示；把晶体下半部多出半列原子面的位错称为负刃型位错，用符号"⊤"表示。刃型位错是晶格畸变的中心线，距离位错线越近，晶格畸变越大；距离位错线越远，晶格畸变越小。

2）螺型位错

如图 3-11 所示，晶体右上部的原子相对于下部的原子向后错动一个原子间距，即右上部相对于下部晶面发生错动，若将错动区的原子用线连接起来，则具有螺旋型特征，这种缺陷称为螺型位错。螺旋线的中心线即是螺型位错的位错线。

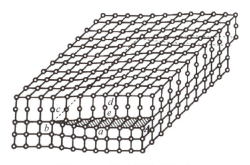

图 3-11　螺型位错示意图

实际晶体中存在大量的位错，一般用位错密度表示位错的多少。单位体积中位错线的总长度，或单位面积上位错线的根数（单位 cm^{-2}）称为位错密度。位错线附近的原子偏离了平衡位置，使晶格发生了畸变，对晶体的性能有显著的影响。大量的实验和理论研究表明，金属强度和位错密度有如图 3-12 所示的对应关系。

可见，当晶体中位错密度很低时，晶体强度很低；相反，在晶体中位错密度很高时，其强度很高。但目前的技术，仅能制造出直径为几微米的晶粒，不能满足使用上的要求，而位错密度很高易实现，如剧烈的冷加工可使密度大大提高，这为材料强度的提高提供了途径。

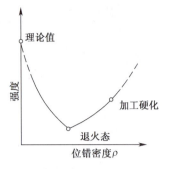

图 3-12　金属强度与位错密度的关系

【励志园地】

三地齐发力，中国"超级钢"超级飒

超级钢应用十分广泛，尤其是战斗机、航空母舰、核潜艇等均需要大量的高性能超级钢，然而我国的超级钢研究一直落后于欧美发达国家，已成为我国国防事业发展"卡脖子"的原材料之一。但是这一现象现已得到了扭转，在北京科技大学、香港大学和台湾大学的团队联合研发下，我国成功研发出了抗拉强度为 2200MPa 的超级钢。该钢不仅具有最好的强度还具有良好的延展性，比德国和美国制造出来的 1100MPa 强度的超级钢性能要好 1 倍以上，其性能之所以如此优越，主要是因为在钢材当中引入了高密度可动位错，位错之间彼此发生纠缠，使材料的强度大幅度升高，实现了超级钢的高强度和高延展性。这种超级钢一旦全面应用于军工产业，我国的航空母舰、核潜艇综合能力必然会提升一个新台阶，超级钢的研制成功对我国来说具有重要的意义。现在中国的钢铁产量占全世界 1/2 以上，我们中国人齐心合力、勇于担当、敢于挑战、善于创新，在世界钢铁工业历史上留下了闪耀的印记。

3. 面缺陷

面缺陷是晶体中原子排列不规则的区域，在空间两个方向上的尺寸很大，而另一方向上的尺寸很小。晶界和亚晶界是晶体中典型的面缺陷，如图 3-13 所示。在晶界处原子排列很不规则，亚晶界处原子排列不规则程度虽较晶界处小，但也是不规则的，可以看作是由无数刃型位错组成的位错墙。

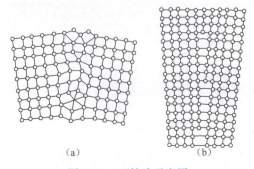

图 3-13　面缺陷示意图
（a）晶界的过渡结构示意图；（b）亚晶界结构示意图。

晶界的存在使晶格处于畸变状态，在常温下对金属塑性变形起阻碍作用。所以，金属的晶粒越细，则晶界越多，对塑性变形的阻碍作用越大，金属的强度、硬度越高。

以上各种缺陷处的晶格均处于畸变状态，直接影响到金属的力学性能，使金属的强度、硬度有所提高。

3.3 合金的晶体结构

3.3.1 合金的基本概念

由两种或两种以上的金属元素或金属元素与非金属元素组成的具有金属特性的物质，称为合金。组成合金的最基本的、独立的物质称为组元。组元通常是纯元素，但也可以是稳定的化合物。根据组成合金组元数目的多少，合金可以分为二元合金、三元合金和多元合金。

在纯金属或合金中，具有相同的化学成分、晶体结构和相同物理性能的组分称为"相"。合金中相与相之间有明显的界面。液态合金通常都为单相液体。固态下，由一个固相组成时称为单相合金，由两个以上固相组成时称为多相合金。

合金的性能一般都是由组成合金的各相的成分、结构、形态、性能和各相的组合情况所决定的。

3.3.2 合金的相结构

由于组元间相互作用不同，固态合金的相结构可分为固溶体和金属化合物两大类。

1. 固溶体

合金在固态下，组元间能够互相溶解而形成的均匀相称为固溶体。按照溶质原子在溶剂晶格中分布情况的不同，将固溶体分为以下两类。

（1）置换固溶体。当溶质原子代替一部分溶剂原子而占据着溶剂晶格中某些结点位置时，所形成的固溶体称为置换固溶体，如图3-14（a）所示。

（2）间隙固溶体。若溶质原子在溶剂晶格中并不占据结点的位置，而是处于各结点间的空隙中，则这种形式的固溶体称为间隙固溶体，如图3-14（b）所示。

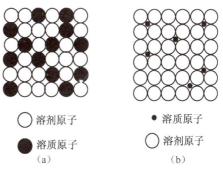

图3-14 固溶体结构示意图
(a) 置换固溶体；(b) 间隙固溶体。

不管溶质原子处于溶剂原子的间隙中或者代替了溶剂原子都会使固溶体的晶格发生畸变，如图3-15所示，使塑性变形抗力增大，结果使金属材料的强度、硬度增高。这种通过溶入溶质元素形成固溶体，使金属材料的强度、硬度升高的现象，称为固溶强化。

固溶强化是提高金属材料力学性能的重要途径之一。实践表明，适当控制固溶体中的溶质含量，可以在显著提高金属材料的强度、硬度的同时，仍能保持良好的塑性和韧性。因此，对综合力学性能要求较高的结构材料，都是以固溶体为基体的合金。

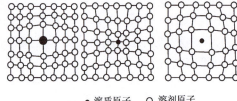

图3-15 固溶体中晶格畸变示意图
(a) 置换固溶体；(b) 间隙固溶体。

2. 金属化合物

金属化合物是指合金组元间发生相互作用而形成的具有金属特性的一种新相，一般可用分子式表示。根据形成条件及结构特点，常见的金属化合物有以下3种类型：

1) 正常价化合物

正常价化合物是指严格遵守原子价规律的化合物，它们由元素周期表中相距较远、电化学性质相差较大的元素组成，如 Mg_2Si、Mg_2Sn、Mg_2Pb、Cu_2Se 等。

2) 电子化合物

电子化合物不遵循原子价规律，而服从电子浓度规律。电子浓度是指合金中化合物的价电子数目与原子数目的比值。

电子浓度为3/2时，晶体结构为体心立方晶格，称为β相；电子浓度为21/13时，晶体结构为复杂立方晶格，称为γ相；电子浓度为7/4时，晶体结构为密排六方晶格，称为ε相。合金中常见的电子化合物见表3-1。

表3-1 合金中常见的电子化合物

合 金	$\frac{3}{2}\left(\frac{21}{14}\right)$β相	$\frac{21}{13}$γ相	$\frac{7}{4}\left(\frac{21}{12}\right)$ε相
	体心立方晶格	复杂立方晶格	密排六方晶格
Cu-Zn	CuZn	Cu_5Zn_8	$CuZn_3$
Cu-Sn	CuSn	$Cu_{31}Sn_8$	Cu_3Sn
Cu-Al	Cu_3Al	Cu_9A_{14}	Cu_5A_{13}
Cu-Si	Cu_5Si	$Cu_{31}Si_8$	Cu_3Si

3) 间隙化合物

间隙化合物是指由过渡族金属元素与原子半径较小的碳、氮、氢、硼等非金属元素形成的化合物。尺寸较大的金属元素原子占据晶格的结点位置，尺寸较小的非金属元素的原子则有规律地嵌入晶格的间隙中。按结构特点，间隙化合物分为以下两种：

(1) 间隙相。当非金属元素的原子半径与金属元素的原子半径的比值<0.59时，形成具有简单晶格的间隙化合物，称为间隙相，如 TiC、WC、VC 等。

(2) 复杂晶体结构的间隙化合物。当非金属元素的原子半径与金属元素的原子半径的比值大于0.59时，形成具有复杂晶体结构的间隙化合物，如 Fe_3C、Mn_3C、Cr_7C_3、$Cr_{23}C_6$ 等。

Fe$_3$C 是铁碳合金中一种重要的间隙化合物，通常称为渗碳体，其碳原子与铁原子半径之比为 0.61。Fe$_3$C 的晶体结构为复杂的斜方晶格，如图 3-16 所示，熔点约 1227℃，硬度高（约 1000HV），塑性和韧性很差。

金属化合物的晶格类型和性能不同于组成它的任一组元，一般熔点高、硬而脆，生产中很少使用单相金属化合物的合金。但当金属化合物呈细小颗粒均匀分布在固溶体基体上时，将使合金强度、硬度和耐磨性明显提高，这一现象称弥散强化。因此，金属化合物主要用来作为碳钢、低合金钢、合金钢、硬质合金及有色金属的重要组成相及强化相。

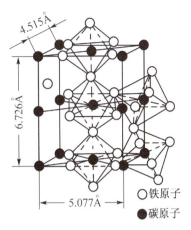

图 3-16 Fe$_3$C 的晶体结构

【答疑解惑】

晶体之所以能够呈现半导体性能的本质原因是填满电子的最高能带和导带之间的禁带宽度很窄，如果温度升高，电子可以从满带跃迁到导带成为传导电子，从而使绝缘体转变成了导体。晶体半导体的导电性能取决于禁带宽度、参与导电的载流子数目及其迁移率，而这些因素受晶体缺陷的影响，因此可以利用晶体的缺陷来改善半导体的性能。

正是利用了晶体缺陷对半导体的影响，才使得 ZnO 材料具有半导性。ZnO 晶体属于六方纤锌矿结构，如图 3-17 所示。过量的 Zn 原子可溶解在 ZnO 晶体中，进入晶格的间隙位置，从而形成间隙型离子缺陷，此时两个电子被松弛地束缚在周围，对外不表现出带电性。但是这两个电子并不稳定，很容易就会被激发到导带中去，成为准自由电子，从而使材料具有半导性。

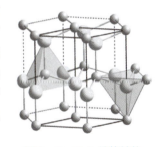

图 3-17 ZnO 晶体结构

晶体缺陷不仅能影响材料的导电性能，还能影响晶体的强度、塑性、表面活性等物理化学性能。如果能合理地利用晶体的缺陷，将能大大改善金属的各种性能，这对材料的发展有着重要的意义。

【知识小结】

（1）固态物质按其原子（离子或分子）的排列是否有序分为晶体和非晶体两大类。

（2）凡内部原子（离子或分子）在三维空间呈有序、有规则地排列的物体称为晶体。凡内部原子（离子或分子）在三维空间呈无序堆积状况的物体称为非晶体。

（3）常见金属的晶体结构主要有体心立方晶格、面心立方晶格和密排六方晶格 3 类。

（4）体心立方晶格晶胞是一个立方体，实际原子数为 2，致密度为 0.68。面心立方晶格晶胞也是一个立方体，实际原子数为 4，致密度为 0.74。密排六方晶格的晶胞是一个六方柱体，原子数为 6，致密度为 0.74。

（5）晶体根据缺陷特征可分为点缺陷、线缺陷和面缺陷。

（6）点缺陷是指原子排列不规则的区域在空间 3 个方向尺寸都很小的晶体缺陷。常见的点缺陷有晶格空位、间隙原子和置换原子。

（7）线缺陷是指原子排列不规则的区域在空间一个方向上的尺寸很大，而在其余两个方向上的尺寸很小的晶体缺陷，其具体形式是位错。位错主要有刃型位错和螺型位错。

（8）面缺陷是晶体中原子排列不规则的区域，在空间两个方向上的尺寸很大，而另一方向上尺寸很小的晶体缺陷，主要包括晶界和亚晶界。

（9）固态合金的相结构可分为固溶体和金属化合物两大类。组元间能够互相溶解而形成的均匀相称为固溶体。

（10）固溶体分为置换固溶体和间隙固溶体两类。

（11）常见的金属化合物有 3 种类型，即正常价化合物、电子化合物、间隙化合物。

【复习思考题】

3-1 填空题

1. 在体心立方和面心立方晶格中单位晶胞内原子数分别为_____和_____，其致密度分别为_____和_____。

2. 实际金属中存在有_____、_____和_____ 3 类晶体缺陷。

3. 实际金属中的点缺陷包含_____、_____和_____；线缺陷包含_____和_____；面缺陷包含_____和_____。

4. 由于组元间相互作用不同，固态合金的相结构可分为_____和_____两大类。

5. 按照溶质原子在溶剂晶格中分布情况的不同，将固溶体分为_____和_____两类。

6. 根据形成条件及结构特点，常见的金属化合物有_____、_____和_____ 3 种类型。

3-2 选择题

1. 下列材料中属于非晶体材料的是（　　）
   A. 纯铁　　　B. 纯铜　　　C. 纯铝　　　D. 纯玻璃

2. α-Fe 属于（　　）晶格。
   A. 面心立方　B. 体心立方　C. 密排六方　D. 正交

3. 下列晶体缺陷中属于线缺陷的是（　　）。
   A. 间隙原子　B. 杂质原子　C. 刃型位错　D. 晶格空位

4. 下列晶体缺陷中属于面缺陷的是（　　）。
   A. 螺型位错　B. 杂质原子　C. 刃型位错　D. 晶界

5. 构成晶格的最基本单元是（　　）。

A. 晶面　　　　B. 晶向　　　　C. 晶胞　　　　D. 晶界

3-3　判断题

1. 实际应用的金属材料在各个方向上的性能是不同的。（　　）
2. 通过溶入溶质元素形成固溶体，使金属材料的强度、硬度升高的现象称为固溶强化。（　　）
3. 位错是晶体中典型的面缺陷。（　　）
4. 在面心立方晶胞中所包含的原子数为2。（　　）
5. Cr属于体心立方晶格，γ-Fe属于面心立方晶格。（　　）

3-4　问答题

1. 金属晶格的常见类型有哪几种？
2. 晶体与非晶体最根本的区别是什么？
3. 金属中晶体缺陷有哪些？对材料有哪些影响？
4. 什么是金属化合物？常见的金属化合物有哪几种类型？

第4章 材料的凝固

【学习目标】

知识目标

(1) 掌握纯金属和合金结晶的现象及过程。
(2) 掌握金属晶粒大小与控制方法。
(3) 掌握二元合金相图的概念、建立方法及基本类型。
(4) 熟悉二元合金相图的使用和分析方法。

能力目标

(1) 能将金属结晶知识运用到生产生活实际中。
(2) 能根据相图初步判断二元合金的组织和性能。

素质目标

(1) 具有坚定的理想信念、强烈的民族自豪感。
(2) 具有努力拼搏、不断探索、开拓创新的意识。

【知识导入】

越王勾践剑，从一缕铜水到凝结成刃，从掩埋地下再到重见天日，始终笼罩着传奇的色彩。它经历2000多年的岁月，出土时依旧锋利无比，保存完好，令世人惊叹。从金属材料学的角度来讲，越王勾践剑属于铸造青铜器，铸造就是将液体金属浇铸到与零件形状相适应的铸造空腔中，待其冷却凝固后，以获得零件或毛坯的方法，如图4-1

图4-1 古代铸造与越王勾践剑

所示。在古代,一般将铜和锡的合金称为青铜。越王勾践剑寒光逼人,坚韧而锋利,充分反映了我国古代铸剑工匠的高超技艺。那么,该宝剑使用的是怎样配比的青铜合金呢?铜和锡在合金中的比例对宝剑的力学性能有什么影响?它为何如此锋利又千年不锈呢?

【知识学习】

一切物质从液态到固态的转变过程统称为凝固。如果通过凝固能形成晶体结构,则称为结晶。凡是纯元素(金属或非金属)的结晶都具有一个严格的"平衡结晶温度",高于此温度便发生熔化(处于液态),低于此温度才能进行结晶;在平衡结晶温度,液体与已结晶的晶体同时存在,达到可逆平衡。而一切非晶体物质则没有明显的平衡结晶温度,且没有晶体形成,凝固总是在某一温度范围逐渐完成。

4.1 金属的凝固

将金属材料冶炼以后,浇注到锭模或铸模中,通过冷却使液态金属转变为固态金属,便可获得一定形状的铸锭或铸件。金属(纯金属或合金)从高温液体状态冷却凝固为固态晶体的过程称为结晶。因结晶所形成的组织直接影响到金属铸件的性能,所以研究金属结晶的基本规律,对改善其组织和性能具有重要意义。

4.1.1 纯金属的结晶

1. 金属的结晶条件

自然界的一切自发转变过程,总是由较高能量状态趋向能量较低的状态。物质中能够自动向外界释放出其多余的或能够对外做功的这一部分能量称为自由能(F)。同一物质的液体与晶体,由于其结构不同,在不同温度下的自由能变化是不同的,如图4-2所示。可见,两条曲线的交点即液、固态的能量平衡点,对应的温度T_0即理论结晶温度或熔点。温度低于T_0时,由于液相的自由能高于固相,液体向晶体的转变伴随着能量降低,因而有可能发生结晶。换句话说,要使液态金属进行结晶,就必须使其实际结晶温度低于理论结晶温度,造成液体与晶体间的自由能差$\Delta F = F_液 - F_晶 > 0$,即具有一定的结晶驱动力

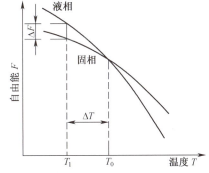

图4-2 同一物质的液体和晶体
在不同温度下的自由能变化

才行。理论结晶温度与实际结晶温度之差称为"过冷度",即$\Delta T = T_0 - T_1$。实际上,金属都是在过冷情况下结晶的,过冷是金属结晶的必要条件。过冷度的大小主要受冷却速度的影响,金属的冷却速度越快,过冷度也就越大,液态和固态之间的自由能差也越大,即其所具有的结晶驱动力越大,结晶倾向越大。其次,金属种类不同,过冷度大小也不同,金属纯度越高,过冷度越大。

2. 冷却曲线

金属的结晶过程可以用热分析法来研究，热分析法的装置如图4-3所示。通过实验将液体金属缓慢冷却过程中的温度与时间的关系绘制成曲线，该曲线称为冷却曲线，纯金属的冷却曲线如图4-4所示。由图可见，液态金属缓慢冷却时，随着热量向外散失，温度不断下降。但当冷却到某一温度时，温度并不随时间的增长而下降，而是出现一个水平线段，该水平段所对应的温度就是纯金属的实际结晶温度 T_1。平台的出现是因为金属结晶时放出的结晶潜热（结晶时从液相转变为固相所放出的热量）补偿了金属向环境散热引起的温度下降。冷却速度越慢，测得的实际结晶温度便越接近于理论结晶温度。

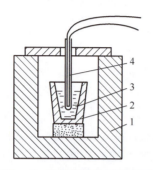 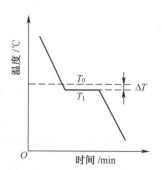

图4-3 热分析法装置示意图　　　　　图4-4 纯金属的冷却曲线
1—电炉；2—坩埚；3—金属液；4—热电偶。

金属的理论结晶温度 T_0 是在无限缓慢冷却条件下（平衡条件下）所测得的。而且在实际生产中，由于金属结晶的冷却速度都很快，过冷度大，所以金属液的实际结晶温度 T_1 总是低于理论结晶温度 T_0 较多。

3. 纯金属的结晶

1）纯金属的结晶过程

纯金属的结晶过程是通过形核和长大两个基本过程进行的。图4-5所示为金属的结晶过程。在液态金属从高温冷却到结晶温度的过程中，会产生大量尺寸不同、短程有序的原子集团（晶胚），它们极不稳定，时聚时散。当过冷至结晶温度以下时，某些尺寸较大的晶胚开始变得稳定，成为晶核，如图4-5（a）所示。当晶核形成后，晶核周围的原子按固有规律向晶核聚集，使晶核长大。而且在晶核不断长大的同时，液体中又

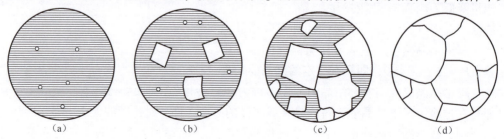

图4-5 金属的结晶过程示意图
（a）晶核形成；（b）晶核长大；（c）晶体长大至互相接触；（d）结晶完毕。

有新的晶核形成，如图4-5（b）所示。当相邻晶体长大至彼此接触时，被迫停止长大，而只能向尚未凝固的液体部分伸展，未完全长大的晶体继续长大，剩余的液相继续形核，如图4-5（c）所示。直至液态金属结晶完毕，就得到了由许多外形不规则、位相不同、大小不同的晶粒组成的多晶体，如图4-5（d）所示。

实际金属往往是不纯净的，内部含有很多未熔的杂质粒子。那些晶体结构和晶格参数与金属晶体相似的杂质的存在，常常能够成为晶核的基底，促进晶核在其表面上形成。这种依附于杂质而生成晶核的过程称为非自发形核，形成的结晶核心称为非自发晶核。

需要注意的是，自发形核和非自发形核在金属结晶中是同时存在的，而非自发形核在实际生产中比自发形核更为重要。

2）树枝晶

当过冷度较大，尤其是金属中存在杂质时，金属晶体常以树枝状的形式长大。在晶核开始长大的初期，因其内部原子规则排列的特点，故外形也是比较规则的。但随着晶核的继续长大，形成了晶体的顶角和棱边，由于顶角和棱边处散热条件好，故以较快速度生成晶体的主干（也称一次晶轴）。在主干长大过程中，又不断生出分枝（二次、三次晶轴），树枝间最后被填充。结晶的形态如同树枝，因此称为"树枝晶"。树枝晶形成长大过程如图4-6所示。金属的冷却速度越大，过冷度越大，树枝晶成长的特点越明显，实际金属的树枝晶如图4-7所示。在树枝晶成长过程中，由于液体的流动、枝晶轴本身的重力作用和彼此间的碰撞、杂质元素的影响等种种原因，会使某些枝晶轴发生偏斜或折断，以致造成晶粒中的镶嵌块、亚晶界以及位错等各种缺陷。

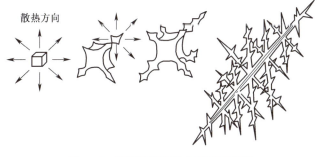

图4-6 树枝晶形成长大过程示意图

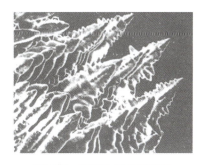

图4-7 实际金属的树枝晶

4. 金属晶粒大小与控制

金属结晶后，获得由大量晶粒组成的多晶体。在一般情况下，晶粒越小，由于晶界面积越大，金属的强度、塑性和韧性就越好。所以工程上使晶粒细化，是提高金属力学性能的重要途径之一，这种方法称为细晶强化。

晶粒大小用晶粒度（单位面积或单位体积内的晶粒数目）表示。晶粒大小主要取决于形核率 N 和长大率 G。形核率是指单位时间内在单位体积中产生的晶核数，长大率是指单位时间内晶核长大的线速度。当形核率大于长大率时就可以获得细小的晶粒。生产中为了细化晶粒，提高金属铸件的力学性能，常采用以下方法：

（1）增加过冷度。金属结晶时的形核率、长大率与过冷度的关系如图4-8所示。

金属结晶时，随着过冷度的增加，形核率 N 和长大率 G 均增加，但增加速度不同。当过冷度较小时，形核率增加速度小于长大率；当过冷度较大时，形核率增加速度大于长大率（实践证明：金属结晶时的过冷往往只能处于该曲线的上升部分）。因此增大过冷度可使晶粒细化。工业上用金属模代替砂模，在模外加强冷却，在砂模外加冷铁等提高冷却速度增大过冷度，但该方法受铸件尺寸限制。

（2）变质处理。在浇注前向液态金属中加入一定量的难溶金属或合金元素（称变质剂），增加非自发晶核从而达到细化晶粒的目的，这种方法称为变质处理。例如，钢液中加入钛、锆、钒，铸铁液中加入 Si-Ca 合金等。

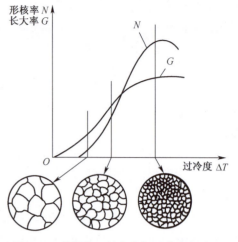

图 4-8 形核率、长大率与过冷度的关系

（3）附加振动。在金属液结晶过程中，对其采用机械振动、电磁振动、超声波振动等措施，可使枝晶破碎、折断，这样不仅可使已形成的晶粒因破碎而细化，而且破碎了的细小枝晶又可起到新晶核的作用，从而提高形核率，使晶粒细化。

4.1.2 合金的结晶

合金的结晶同纯金属的结晶一样，也遵循形核与长大的基本规律。但由于合金成分中包含两个以上的组元，其结晶过程除受温度影响外，还受到化学成分及组元间不同作用等因素的影响，故结晶过程比纯金属复杂。通常用合金相图来分析合金的结晶过程。

合金相图也称为平衡图或状态图。它是表示在平衡条件下（极其缓慢冷却）合金状态、成分和温度之间关系的图形。根据相图可以了解在平衡状态下不同成分合金在不同温度下所存在的相，还可以了解合金在缓慢加热和冷却过程中的相变规律。在生产实践中，相图是分析合金组织及变化规律的重要工具，也是确定热加工工艺的重要依据。

1. 二元合金相图的建立

二元合金相图建立的方法有热分析法、热膨胀法、金相分析法、磁性法、电阻法、X 射线晶体结构分析法等，其中最常用的是热分析法。以 Cu-Ni 合金为例，利用热分析法建立二元合金相图的过程如下：

（1）配制一系列不同成分的铜镍合金：① w_{Cu} = 100%；② w_{Cu} = 80%，w_{Ni} = 20%；③ w_{Cu} = 60%，w_{Ni} = 40%；④ w_{Cu} = 40%，w_{Ni} = 60%；⑤ w_{Cu} = 20%，w_{Ni} = 80%；⑥ w_{Ni} = 100%。

（2）用热分析法测出上述合金的冷却曲线，如图 4-9（a）所示。从冷却曲线可看出，与纯金属不同的是合金有两个相变点，上相变点是结晶开始的温度，下相变点是结晶终了的温度。因放出结晶潜热使结晶时的温度下降缓慢，所以合金的结晶是在一定温度范围内进行的，在冷却曲线上出现两个转折点。

（3）将各个合金的相变点标注在温度-成分坐标图中，并将开始结晶的各相变点（A、1、2、3、4、B）连起来成为液相线，将结晶终了的各相变点（A、$1'$、$2'$、$3'$、$4'$、B）连起来成为固相线，即绘成了 Cu-Ni 合金相图，如图 4-9（b）所示。

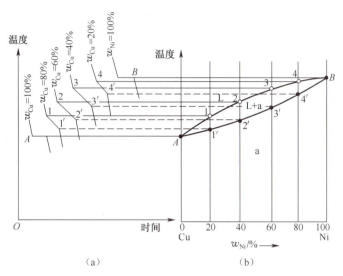

图 4-9 Cu-Ni 合金相图的建立
（a）Cu-Ni 合金冷却曲线；（b）Cu-Ni 合金相图。

【励志园地 1】

伟大的华夏文明与智慧

早在 3000 多年前，中国古代劳动人民已经认识到，用途不同的青铜器所要求的性能不同，用以铸造青铜器的金属成分比例也应有所不同。《周礼·考工记》里明确记载了制作不同青铜器具所需的铜锡比例："金有六齐，六分其金而锡居一，谓之钟鼎之齐；五分其金而锡居一，谓之斧斤之齐；四分其金而锡居一，谓之戈戟之齐；三分其金而锡居一，谓之大刃之齐；五分其金而锡居二，谓之削杀矢之齐；金锡半，谓之鉴燧之齐。"这个关于铜锡合金的配方比例，是否合乎科学呢？近代中外学者运用先进的科技方法对商周青铜器进行了化学定量分析。例如，对著名的后母戊鼎定量分析的结果是：铜占 84.77%，锡占 11.64%，铅占 2.79%，这一数据基本符合铜与锡的六与一之比。《周礼·考工记》的上述记载，是世界上最早的合金配比的经验科学总结。

除此之外，通过不断的探索和创新，中国古代青铜器铸造技术得到了飞速发展。在商周时期，典型的铸造法为"合范法"，该方法一般用来制造大型工具和器物，其代表作为著名的后母戊方鼎和四羊方尊。到了春秋时期，出现了新的铸造法，名为"失蜡法"（熔模铸造），该方法在合范法的基础上进行了改良，被大量用在了精密仪器的制作中。到了战国时期，铸造法除了考虑器具的实用性外，开始重视器具的外观，于是出现了多种用于器具装饰的艺术，如镶嵌、鎏金、错金等。

中国古代青铜器是华夏文明史上的瑰宝，其科学的合金配比和高超的铸造技术，充分体现了古代中国人民的智慧和创造力。

2. 二元合金相图的基本类型

1）匀晶相图

当两组元在液态和固态均能无限互溶时所构成的相图，称为二元匀晶相图。具有这类相图的合金系主要有 Cu-Ni、Cu-Au、Fe-Cr、Au-Ag 等合金。下面以 Cu-Ni 合金为例分析匀晶相图。

（1）相图分析。如图 4-10（a）所示，A 点（1083℃）为纯铜的熔点；B 点（1452℃）为纯镍的熔点。1 点为纯组元铜，2 点为纯组元镍，由 1 点向右至 2 点，镍的含量由 0% 逐渐增加至 100%，铜的含量由 100% 逐渐减少至 0%。Aa_1B 线为液相线；Ab_1B 线为固相线。液相线以上为液相区（用 L 表示），合金处于液态；固相线以下，合金全部形成均匀的单相固溶体（用 α 表示），处于固态，此区为固相区；液相线与固相线之间为液相与固相共存的两相区（L+α）。

（2）合金的冷却过程。由于 Cu、Ni 两组元能以任何比例形成单相 α 固溶体。因此，任何成分的 Cu-Ni 合金的冷却过程都相似。现以 $w_{Ni}=60\%$ 的 Cu-Ni 合金为例分析其冷却过程。

$w_{Ni}=60\%$ 的 Cu-Ni 合金的成分垂线与液、固相线分别交于 a_1 点和 b_3 点，当液态合金缓冷到 t_1 温度时，开始从液相中结晶出 α 相，随温度继续下降，α 相的量不断增多，液相的量不断减少。缓冷至 t_3 温度时，液相消失，结晶结束，全部转变为 α 相。温度继续下降，合金组织不再发生变化。该合金的冷却过程可用冷却曲线和冷却时组织转变示意图表示，如图 4-10（b）所示。

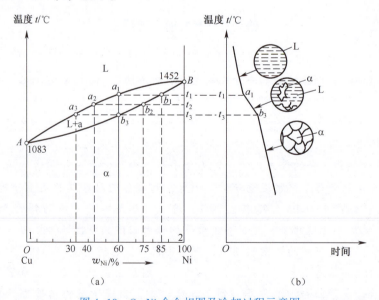

图 4-10　Cu-Ni 合金相图及冷却过程示意图
(a) Cu-Ni 合金相图；(b) $w_{Ni}=60\%$ 的 Cu-Ni 合金冷却过程示意图。

在结晶过程中，液相和固相的成分通过原子扩散在不断变化，液相 L 成分沿液相线由 a_1 点变化至 a_3 点，固相 α 成分沿固相线由 b_1 点变化至 b_3 点。在 t_1 温度时，液、固两相的成分分别为 a_1、b_1 点在横坐标上的投影，α 相成分为 $w_{Ni}=85\%$；温度降为 t_2 时，液、固两相的成分分别为 a_2、b_2 点在横坐标上的投影，α 相成分为 $w_{Ni}=75\%$，与 α 相平衡共存的剩余液相成分约为 $w_{Ni}=45\%$；温度降至 t_3 时，α 相成分约为 $w_{Ni}=60\%$。

（3）晶内（枝晶）偏析。如上所述只有在非常缓慢冷却和原子能充分进行扩散条件下，固相的成分才能沿固相线均匀变化，最终得到与原合金成分相同的均匀 α 相。但在实际生产中，一般冷却速度较快，原子来不及充分扩散，致使先结晶的固相含高熔点组元镍较多，后结晶的固相含低熔点组元铜较多，在一个晶粒内呈现出心部含镍多、表层含镍少。这种晶粒内部化学成分不均匀的现象称为晶内偏析，又称枝晶偏析。铸件的枝晶偏析如图 4-11 所示。晶内偏析会降低合金的力学性能（如塑性、韧性）、加工性能和耐蚀性。枝晶偏析与冷却速度有关，冷却速度越大，液、固相线间距越大，枝晶偏析越严重。因此，生产上常将铸件加热到固相线以下 100~200℃长时间保温，以使偏析原子充分扩散、达到成分均匀，消除枝晶偏析的目的，这种热处理工艺称为均匀化退火。

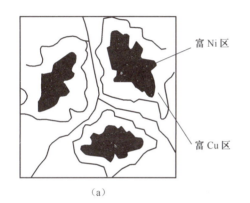 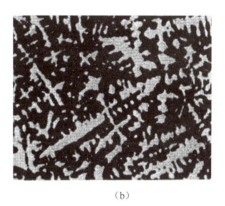

图 4-11　铸件的枝晶偏析

（a）枝晶偏析示意图；（b）Cu-Ni 合金枝晶偏析的显微组织。

（4）二元合金的杠杆定律。在二元合金相图的两相区内，利用杠杆定律可以确定某一成分的合金在一定温度时两平衡相的成分和相对量。如图 4-12（a）所示，w_b 成分的合金在 T_1 温度时 L+α 两相平衡共存。过 b 点作水平线分别与液相线和固相线交于 a 点和 c 点，a 点和 c 点对应的成分点 w_a 和 w_c 分别代表该合金在 T_1 温度时液相 L 和固相 α 的成分。

根据杠杆定律，液相所占百分比为

$$w_L = \frac{bc}{ac} \times 100\%$$

固相所占百分比为

$$w_\alpha = \frac{ab}{ac} \times 100\%$$

由图 4-12（b）可以看出，如果把 abc 看作一根杠杆，Q_L 和 Q_α 与它们的杠杆臂成反比。此关系符合力学中的杠杆定律，故也称为杠杆定律。必须指出，杠杆定律只适用于相图中的两相区，即只能在两相平衡状态下使用。

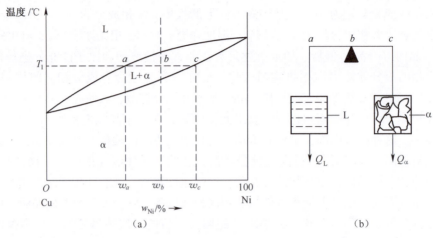

图 4-12 杠杆定律的应用图例

2）共晶相图

合金的两组元在液态下无限互溶，在固态下有限溶解并发生共晶转变所形成的相图，称为共晶相图。如 Al-Si、Pb-Sn、Pb-Sb、Ag-Cu 等合金都可形成共晶相图。下面以 Pb-Sn 合金为例分析共晶相图。

（1）相图分析。如图 4-13 所示，A 点（327.5℃）是纯铅的熔点，B 点（232℃）是纯锡的熔点，C 点（183℃，$w_{Sn}=61.9\%$）为共晶点。ACB 线为液相线，液相线以上合金均为液相；$AECFB$ 线为固相线，固相线以下合金均为固相。α 和 β 是 Pb-Sn 合金在固态时的两个基本组成相，α 是锡溶于铅中所形成的固溶体，β 是铅溶于锡中所形成的固溶体。E 点（183℃，$w_{Sn}=19.2\%$）和 F 点（183℃，$w_{Sn}=97.5\%$）分别为锡溶于铅中和铅溶于锡中的最大溶解度。由于固态下铅与锡的相互溶解度随温度的降低而逐渐减小，所以 ED 线和 FG 线分别表示锡在铅中和铅在锡中的溶解度曲线，也称固溶线。

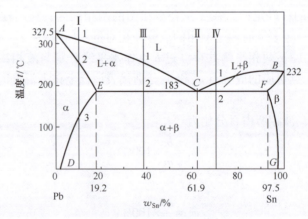

图 4-13 Pb-Sn 合金相图

相图中包含有 3 个单相区：液相区（L）、α 相区和 β 相区。3 个两相区：L+α、L+β 和 α+β 相区。1 个三相共存（L+α+β）的水平线 ECF。成分相当于 C 点的液相（L_C）在冷却到 ECF 线所对应的温度时，将同时结晶出成分为 E 点的 α 固溶体（$α_E$）及成分

为 F 点的 β 固溶体（$β_F$），其反应式为

$$L_C \xrightleftharpoons{183℃} α_E + β_F$$

这种在一定温度下，由一定成分的液相同时结晶出两种固定成分固相的转变，称为共晶转变。共晶转变是在恒温下进行的，发生共晶转变的温度称为共晶温度。发生共晶转变的成分是一定的，该成分（C 点成分）称为共晶成分，C 点为共晶点。共晶转变生成的组织称为共晶体或共晶组织。ECF 线称为共晶线。C 点成分的合金称为共晶合金；E 点~C 点之间的合金均称为亚共晶合金；C 点~F 点之间的合金称为过共晶合金。

（2）典型合金的冷却过程。由于不同成分的 Pb-Sn 合金的结晶过程不同，所以选取 4 种不同成分的 Pb-Sn 合金进行分析，分别如下：

① 含 Sn 量小于 E 点的合金的冷却过程。以合金Ⅰ（$w_{Sn}=10\%$）为例，其冷却过程示意图如图 4-14 所示。

当合金液缓冷到 1 点时，从液相中开始结晶出锡溶于铅中的 α 固溶体。随着温度的下降，α 固溶体的量不断增多，其成分沿 AE 线变化；液相的量不断减少，成分沿 AC 线变化。当冷却到 2 点时，合金全部结晶为 α 固溶体，这一过程实际上是匀晶结晶过程。在 2 点至 3 点温度之间，α 固溶体不发生变化。

当冷却到与 ED 线相交的 3 点时，锡在铅中的溶解度达到饱和。温度下降到 3 点以下时，多余的锡以 β 固溶体的形式从 α 固溶体中析出，随温度的下降，β 固溶体的量不断增多。为区别于从液相中直接结晶出的 β 固溶体（初生 β 相），将这种从 α 固溶体中析出的 β 固溶体称为二次 β 相（或次生 β 相），用 $β_Ⅱ$ 表示。在 $β_Ⅱ$ 析出的过程中，α 固溶体的成分沿 ED 线变化，$β_Ⅱ$ 固溶体的成分则沿 FG 线变化。合金Ⅰ的室温组织为 $α+β_Ⅱ$，其显微组织如图 4-15 所示，图中黑色基体为 α 固溶体，白色颗粒为 $β_Ⅱ$ 固溶体。

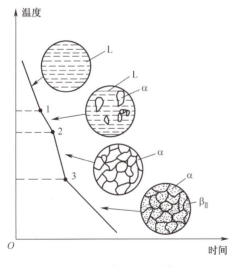
图 4-14　合金Ⅰ的冷却过程示意图

图 4-15　合金Ⅰ的显微组织

凡成分在 D 点~E 点之间的合金，其冷却过程均与合金Ⅰ相似，室温组织都是由 $α+β_Ⅱ$ 组成，只是两相的相对量不同，合金成分越靠近 E 点，室温下 $β_Ⅱ$ 固溶体的量越多。

成分在 F 点~G 点之间的合金，其冷却过程与合金 I 基本相似，但室温组织为 $\beta+\alpha_{II}$。

② 共晶合金的冷却过程。共晶合金 II（w_{Sn} = 61.9%）的冷却过程示意图如图 4-16 所示。

合金由液态缓慢冷却到 C 点（183℃）时发生共晶转变。由图 4-13 可知，C 点是两段液相线 AC 和 BC 的交点，从相图 $AECA$ 区看，应从成分为 C 点的合金液 L_C 中结晶出成分为 E 点的固相 α_E，从 $BCFB$ 区看，应从合金液 L_C 中结晶出成分为 F 点的固相 β_F，也就是应从液相中同时结晶出 α_E 和 β_F 两种固相组成的两相组织（共晶体）。由于在同一恒温下同时结晶出的两种固相得不到充分长大，故组织中的两种固相都较细小，且成层片状交替分布。在 C 点温度以下，液相完全消失，共晶转变结束。继续冷却时，固溶体溶解度随温度的降低而减少，共晶组织中的 α_E 和 β_F 固溶体的成分将分别沿着 ED 和 FG 固溶线发生变化，分别析出 β_{II} 和 α_{II}。由于从共晶体中析出的二次相 β_{II} 和 α_{II} 数量较少，且 β_{II} 和 α_{II} 常与共晶体中的同类相混在一起，在显微镜下难以辨别出来，故可忽略不计。合金 II 的室温组织为 $(\alpha+\beta)$，其显微组织如图 4-17 所示，图中黑色为 α 固溶体，白色为 β 固溶体。

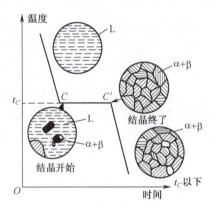

图 4-16　共晶合金的冷却过程示意图

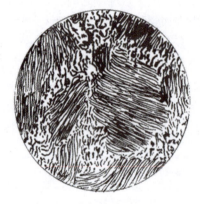

图 4-17　共晶合金的显微组织

③ 亚共晶合金（含锡量在 E 点~C 点之间的合金）的冷却过程。以合金 III（w_{Sn} = 39%）为例，其冷却过程示意图如图 4-18 所示。

合金由液态缓慢冷却到 1 点时，从液相中开始结晶出 α 固溶体。随温度下降，液相的量不断减少，成分沿 AC 线变化；α 固溶体的量不断增多，成分沿 AE 线变化。当温度降至 2 点（183℃）时，α 固溶体达到 E 点成分，而剩余的液相达到 C 点的共晶成分，因此发生共晶转变，此转变一直进行到剩余液相全部转变成共晶组织为止。此时，合金由初生相 α 固溶体和共晶体（$\alpha_E+\beta_F$）所组成。当合金冷却到 2 点温度以下时，由于固溶体溶解度的降低，从 α 固溶体（包括初生的 α 固溶体和共晶组织中的 α 固溶体）中不断析出 β_{II} 固溶体，而从 β 固溶体（共晶组织中的 β）中不断析出 α_{II} 固溶体，直到室温为止。

在显微镜下，除了在初生的 α 固溶体中可观察到 β_{II} 固溶体外，共晶体中析出的二次相很难辨认。所以亚共晶合金 III 的室温组织为 $\alpha+\beta_{II}+(\alpha+\beta)$，其显微组织如图 4-19 所示，图中黑色树枝状为初生 α 固溶体，黑白相间分布的是 $(\alpha+\beta)$ 共晶体，

初生 α 固溶体内的白色小颗粒是 $β_{II}$ 固溶体。

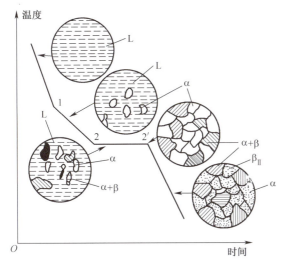 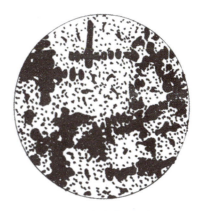

图 4-18 亚共晶合金的冷却过程示意图　　　图 4-19 亚共晶合金显微组织

凡成分在 E 点~C 点之间的亚共晶合金，其冷却过程均与合金Ⅲ相似。室温组织都是由 α+$β_{II}$+（α+β）所组成，只是成分不同，各相的相对量不同，越接近 C 点，初生 α 相量越少，而共晶体（α+β）量越多。

④ 过共晶合金（含锡量在 C 点~F 点之间的合金）的冷却过程。以合金Ⅳ（w_{Sn} = 70%）为例，其冷却过程示意图如图 4-20 所示。

过共晶合金的冷却过程与亚共晶合金类似，只是由液相析出的初生相为 β 固溶体，共晶转变结束至室温从 β 固溶体中析出的是 $α_{II}$ 固溶体，所以室温组织为 β+$α_{II}$+（α+β）。其显微组织如图 4-21 所示，图中卵形白亮色为初生 β 固溶体，黑白相间分布的是共晶体（α+β），初生 β 固溶体内的黑色小颗粒为次生 $α_{II}$ 固溶体。

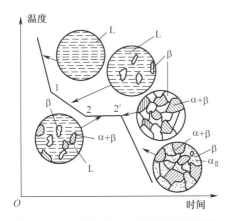 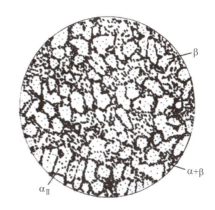

图 4-20 过共晶合金的冷却过程示意图　　　图 4-21 过共晶合金的显微组织

凡成分在 C 点~F 点之间的过共晶合金，其冷却过程均与合金Ⅳ相似。室温组织都是由 β+$α_{II}$+（α+β）所组成。只是各相的相对量不同，越接近共晶成分，初生 β 相量越少，共晶体（α+β）量越多。

根据以上分析可知,在 Pb-Sn 合金相图中仅出现了 α 和 β 两个固相。图 4-13 中各区就是以合金的相构成的,α 和 β 称为组成相。但不同成分的合金,由于结晶条件不同,各组成相将以不同的形状、数量、大小相互结合,因而在显微镜下可观察到不同的组织。在金属显微组织中具有相同特征的部分,称为组织组分。图 4-22 为标准组织组分的 Pb-Sn 合金相图,图中的 α、$α_{II}$、β、$β_{II}$ 及 (α+β) 均为合金的组织组分。

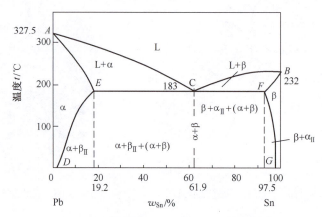

图 4-22　标准组织组分的 Pb-Sn 合金相图

(3) 重力偏析。亚共晶或过共晶合金结晶时,若初生相与剩余液相的密度相差很大,则密度小的相将上浮,密度大的相将下沉。这种由于密度不同而引起合金成分和组织不均匀的现象,称为重力偏析,又称区域偏析。

重力偏析会降低合金的力学性能和加工工艺性能。重力偏析不能用热处理来减轻或消除。为减轻或消除重力偏析,可采用加快冷却速度,使偏析相来不及上浮或下沉;浇注时对液态合金加以搅拌;在合金中加入某些元素,使其形成与液相密度相近的化合物,并首先结晶成树枝状的"骨架"悬浮于液相中,以阻止先析出相的上浮或下沉。

3) 包晶相图

两组元在液态无限互溶,在固态有限互溶,冷却时发生包晶转变的相图,称为包晶相图,如 Pt-Ag、Ag-Sn、Sn-Sb 合金相图等。现以 Pt-Ag 合金相图为例,对包晶相图及其合金的结晶过程进行分析。

(1) 相图分析。Pt-Ag 合金相图如图 4-23 所示。相图中存在 3 种相:Pt 与 Ag 形成的均匀液相 L 相;Ag 溶于 Pt 中的有限固溶体 α 相;Pt 溶于 Ag 中的有限固溶体 β 相。e 点为包晶点。e 点成分的合金冷却到 e 点所对应的温度(包晶温度)时发生以下反应:

$$α_c + L_d \xrightleftharpoons{\text{恒温}} β_e$$

这种由一种液相与一种固相在恒温下相互作用而形成另一种固相的转变称为包晶转变。发生包晶转变时三相共存,它们的成分确定,反应在恒温下平衡地

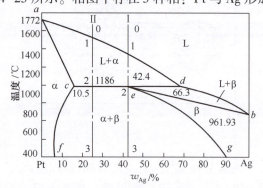

图 4-23　Pt-Ag 合金相图

进行。水平线 ced 称为包晶转变线。cf 为 Ag 在 Pt 中的溶解度线，eg 为 Pt 在 Ag 中的溶解度线。

（2）典型合金的冷却过程。包晶相图中 e 点以左的合金发生包晶转变后，组织只发生溶解度的变化，因此在此范围内选取两种成分的 Pt-Ag 合金进行分析。

① 合金Ⅰ（$w_{Ag}=42.4\%$）的冷却过程示意图如图 4-24 所示。液态合金冷却到 1 点时开始结晶出 α 固溶体。随着温度的下降，α 固溶体的量不断增多，其成分沿 ac 线变化；液相的量不断减少，成分沿 ad 线变化。合金冷到 2 点温度时由 d 点成分的 L 相与 c 点成分的 α 相组成。此两相在 2 点（e 点）温度发生包晶转变，生成的 β 相包围在未反应的 α 相外面。转变结束后 L 相与 α 相全部反应耗尽，完全形成 e 点成分的 β 固溶体。温度继续下降时，从 β 相中析出 $α_Ⅱ$。最后室温组织为 $β+α_Ⅱ$。

在合金结晶过程中，如果冷速较快，包晶转变时原子扩散不能充分进行，则生成的 β 固溶体中会发生较大的偏析。原 α 相中 Pt 含量较高，而原 L 相中含 Pt 量较低，这种现象称为包晶偏析。由于包晶转变是合金高温阶段的转变，因此包晶偏析可通过扩散退火来消除。

② 合金Ⅱ（$w_{Ag}=25\%$）的冷却过程示意图如图 4-25 所示。液态合金冷却到 1 点温度时开始结晶出 α 固溶体。随着温度的下降，在 1 点和 2 点之间液相 L 越来越少，其成分沿 ad 线变化，α 固溶体越来越多，其成分沿 ac 线变化。冷却至 2 点温度时，合金由 d 点成分的液相 L 和 c 点成分的 α 相组成，两相在 2 点温度发生包晶反应，生成 β 固溶体。与合金Ⅰ不同，合金Ⅱ在包晶反应结束之后，除了形成 β 相外，还剩余有部分 α 相。在随后的冷却过程中，从 β 相和 α 相中将分别析出 $α_Ⅱ$ 和 $β_Ⅱ$，所以最终室温组织为 $α+β+α_Ⅱ+β_Ⅱ$。

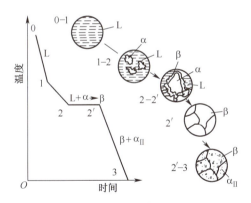

图 4-24 合金Ⅰ的冷却过程示意图

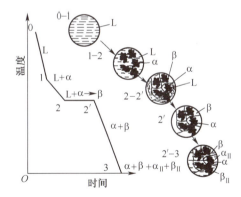

图 4-25 合金Ⅱ的冷却过程示意图

4）具有共析反应的相图

在一定的温度下，自一定成分的固相中同时析出两种化学成分和晶格结构完全不同的固相的转变过程称为共析转变或共析反应。图 4-26 所示为具有共析反应的二元合金相图，其固态转变部分的相图形状与共晶相图相似。d 点成分的合金从液相经匀晶反应生成 γ 相后，继续冷却到 d 点温度时，发生共析反应。共析反应的形式类似于共晶反应，而区别在于共析反应是由一个固相（γ 相）在恒温下同时析出两个固相（c 点成分

的 α 相和 e 点成分的 β 相），反应式为

$$\gamma_d \xrightleftharpoons{\text{恒温}} \alpha_c + \beta_e$$

共析反应在恒温下进行，该温度（d 点温度）称为共析温度；发生共析反应的成分称为共析成分，共析成分（d 点成分）是一定的；共析反应生成的层片相间的两相混合物称为共析体或共析组织。由于共析反应是在固态合金中进行的，转变温度低，原子扩散困难，易达到较大的过冷度，因此共析产物比共晶产物要细密得多。

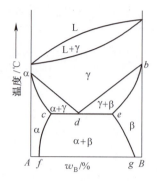

图 4-26　具有共析反应的二元合金相图

3. 合金性能与相图的关系

合金的性能取决于合金的成分和组织，合金的某些工艺性能（如铸造性能）还与合金的结晶特点有关。相图既可表明合金成分与组织间的关系，又可表明合金的结晶特点。因此，合金性能与合金相图之间存在一定的联系。了解相图与性能的联系规律，就可以利用相图大致判断出不同成分合金的性能特点，并作为选用和配制合金、制定工艺的依据。

1）合金的力学性能、物理性能与相图的关系

图 4-27 所示为匀晶相图和共晶相图中合金强度和硬度随成分变化的一般规律。当合金形成单相固溶体时，其强度和硬度随成分呈曲线变化，合金性能与组元性质及溶质元素的溶入量有关。当溶剂和溶质一定时，溶质的溶入量越多，固态合金晶格畸变越大，则合金的强度、硬度越高，而导电率下降，并在某一成分时达到极值。一般地，形成单相固溶体的合金具有较好的综合力学性能，但达到的强度、硬度有限。

对于形成复相组织的合金，在两相区内，合金的强度随成分呈直线关系变化，大致是两相性能的算术平均值。在共晶点处，若形成细小、均匀的共晶组织时，其强度和硬度可达到最高值（图 4-27 中虚线所示）。

2）合金的工艺性能与相图的关系

图 4-28 所示为合金的铸造性能与相图的关系。合金的铸造性是指合金铸造时表现出来的工艺性能，主要包括流动性和收缩性。单相固溶体合金的铸造性能与液相线和固相线之间的水平距离及垂直距离有关，距离越大，流动性下降，分散缩孔增大，合金的铸造性能变差。这主要是由于距离越大，过冷度越大，生长成树枝状晶体的倾向越大。大量细长的树枝状晶体阻碍液态合金在型腔内的流动，致使流动性和补缩能力下降，因而分散缩孔增加。

一般情况下，单相固溶体合金的铸造性能较差，而且切削加工性较差，不易断屑，工件表面粗糙度高。但单相固溶体变形抗力小，塑性好，故宜进行锻压成形。当合金形成两相混合物时，合金的铸造性能与合金中共晶体的数量有关。共晶体数量越多，铸造性能越好。因此，在其他条件许可的前提下，铸造材料应尽量选择共晶成分或接近共晶成分的合金。当合金形成两相混合物时，通常合金的可锻性较差，但切削加工性较好。

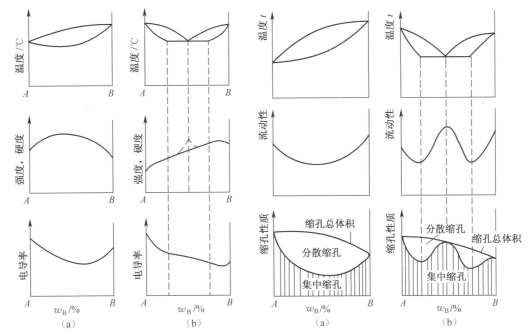

图 4-27 合金力学性能、物理性能与相图的关系
(a) 单相固溶体；(b) 复相组织。

图 4-28 合金的铸造性能与相图的关系
(a) 单相固溶体；(b) 复相组织。

4.1.3 合金结晶的工程应用

合金结晶在工程中的典型应用是包晶转变的应用和铸造生产。

1. 包晶转变的应用

合金发生包晶转变时生成的固相 β 会包围在先生成的固相 α 的外面，这一特点在生产实际中有重要的意义。

1) 在轴承合金中的应用

滑动轴承是一种重要的机器零件，其价格昂贵，更换困难。为了减少轴承工作时的磨损，延长其寿命，需要轴承材料是具有足够塑性和韧性的基体及均匀分布的硬质点所组成的组织。硬质点一般是金属化合物，所占的质量为 5%～50%。软的基体能使轴承具有良好的磨合性，不会因受冲击而开裂。硬的质点使轴承具有小的摩擦因数和较好的抗咬合性能。

这些合金先结晶出硬的化合物 β，然后通过包晶反应形成软的固溶体 α，并把硬的化合物质点包围起来，从而得到在软的基体上分布着硬化合物质点的组织。在轴运转时，轴承合金软的基体很快被磨损而凹下去，储存润滑油，硬的质点凸起来便比较抗磨，支承轴所施加的压力，这样就保证了理想的摩擦条件和极低的摩擦因数。Sn-Sb 系轴承合金就属此例。

图 4-29 所示是 Sn-Sb（$w_{Sb}<20\%$）合金的平衡组织。图中的白色块状组织是初生 β 相，β 相是以 Sn-Sb 化合物为基

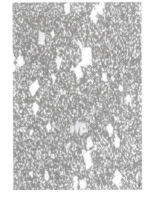

图 4-29 Sn-Sb（$w_{Sb}<20\%$）合金的平衡组织

的固溶体。基体组织是 α + $β_{II}$，其中，α 相呈黑色，是包晶反应的产物；$β_{II}$ 呈白色的点状，由 α 相产生。

2) 包晶转变的细化晶粒作用

在铝及铝合金中添加少量的钛，可获得显著的细化晶粒效果。当含钛量超过 0.15% 以后，合金首先从液体中结晶出初晶 $TiAl_3$，然后在 665℃ 发生包晶转变：L + $TiAl_3$→α。$TiAl_3$ 对 α 相起非均匀形核作用，α 相依附于 $TiAl_3$ 上形核并长大。由于从液体中结晶出的 $TiAl_3$ 细小而弥散，因此非均匀形核作用的效果很好，细化晶粒作用显著。

同样，在铜及铜合金中加入少量的铁与镁，在镁合金中加入少量的锆或锆的盐类，均因在包晶转变前形成大量细小的化合物，起非均匀形核作用，从而具有良好的细化晶粒效果。

这种向合金中人为地加入某些物质以细化晶粒改善组织的处理称为变质处理（或孕育处理）。

加入到合金中起非均匀形核作用的物质就是变质剂（或称为孕育剂）。铸造生产中，为了获得均匀细小晶粒的铸件，可以在浇注之前对合金液进行变质处理，例如铸造铝硅合金的变质处理和灰铸铁的孕育处理。

2. 铸造生产

铸造生产是指将熔融金属浇入具有一定形状的铸型，金属结晶后即可获得一定形状和尺寸的零件毛坯（称为铸件）的成形方法。利用各种液态合金和特定形状的模具，通过适当的工艺控制（如合金的浇注温度、成分、冷却速度等），能铸造出很小到很大的形状复杂的铸件。铸件的成形质量与合金的结晶过程有着密切的联系。铸造方法有砂型铸造和特种铸造之分。图 4-30 所示为最常见的砂型铸造生产过程。

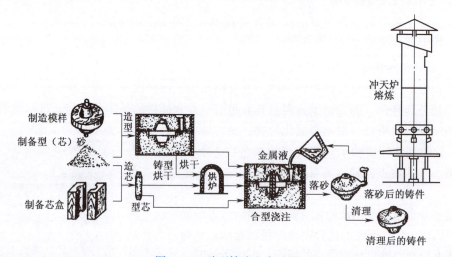

图 4-30 砂型铸造生产过程

1) 铸件的组织及性能与结晶过程的关系

金属结晶时的条件（如合金的浇注温度、成分、冷却速度等）对铸件的组织及性能有很大的影响。

液态金属在铸型内凝固时，由于表层到心部的结晶条件（冷却速度、散热情况）

不同，得到的铸件的组织由表到里是不均匀的。以形状最简单的铸锭为例，将一个铸锭沿纵向及横向剖开并加以浸蚀后，观察到的组织形貌如图4-31所示。金属铸锭的组织明显地可分为3个区。

（1）表层细晶粒区。当金属液浇入锭模时，由于模壁温度很低，使表层液态金属产生强烈的冷却，过冷度很大，形核率高，因而在铸锭表层形成细小、致密、均匀的等轴晶粒。

（2）柱状晶粒区。在细晶粒区形成的同时，模壁温度升高，金属液冷却速度变慢，过冷度减小，形核率下降。同时，垂直于模壁方向散热最快，而且在其他方向上晶粒间相互抵触，长大受限，因此形成柱状晶粒。

（3）中心粗大等轴晶粒区。当结晶进行到铸锭中心时，剩余的金属液内部温差减小，散热已无明显的方向性，趋于均匀冷却状态。又由于中心处过冷度小，形核率下降，晶核等速长大，所以形成较粗大的等轴晶粒。

由于铸锭3个区域晶粒的形状和大小不同，所以性能也表现出明显的不均匀性。表层细晶粒区的晶粒细小，组织致密，力学性能好，但该区很薄，对铸锭性能影响不大。柱状晶粒区的组织比中心等轴晶粒区致密，力学性能具有方向性，沿结晶方向力学性能好。但晶粒间常因非金属夹杂物和低熔点杂质的存在从而形成脆弱面，在经轧制或锻造时易产生开裂。中心粗大等轴晶粒无脆弱面，但组织疏松，杂质较多，力学性能较低。在铸锭或铸件中，除组织不均匀外，还存在与金属结晶关系非常密切的缺陷，如成分偏析、缩孔、缩松等，这些缺陷也会影响铸锭或铸件的质量和性能。其中偏析包括枝晶偏析和宏观偏析（宏观范围内化学成分的不均匀）。缩孔是指形成于铸件冒口附近的比较大的孔洞，又称集中缩孔。缩松（分散缩孔）往往形成于铸件最后凝固部位（如中心部位）。

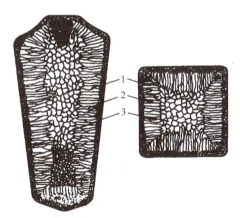

图4-31 金属铸锭的组织形貌
1—表层细晶粒；2—柱状晶粒；3—中心粗大等轴晶粒。

铸锭或铸件结晶过程中造成的内部组织的不均匀，以及偏析、缩孔、缩松等缺陷是导致其力学性能较低的一个重要原因，这也是铸态组织的铸锭在制造构件前必须进行锻造或铸件一般用于力学性能要求不高的场合的原因。在尽量避免或消除铸造缺陷的前提下，合理地控制铸件的柱状晶粒区和中心等轴晶粒区的比例，是改善铸造产品性能的重要途径。

2) 定向凝固技术

目前,铸造生产中应用的定向凝固技术就是一种人为地获得柱状晶粒的技术。它是在合金凝固过程中采用强制手段,使凝固熔体中建立起特定方向的温度梯度,从而使金属熔体沿着与热流相反的方向凝固,获得具有特定取向柱状晶的技术。定向凝固原理如图 4-32 所示。定向凝固技术获得的组织是一维或二维晶粒,且沿某一晶体学方向整齐排列,可以是单相固溶体,也可以是共晶体。

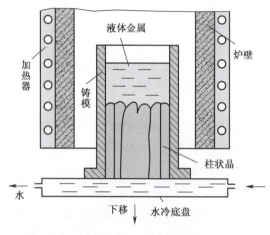

图 4-32 定向凝固原理

定向凝固柱状晶铸件与用普通方法得到的铸件相比,前者不但可以减少偏析、疏松等,而且形成了取向平行于主应力轴的柱状晶粒,基本上消除了垂直应力轴的横向晶界,极大地提高了材料的单向力学性能,热强性能也有了进一步提高。图 4-33 所示为定向凝固和普通凝固的航空发动机涡轮叶片的组织相貌。

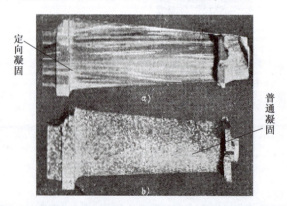

图 4-33 定向凝固和普通凝固的航空发动机涡轮叶片的组织相貌

定向凝固技术还是制备单晶最有效的方法。如在定向凝固合金基础上发展出的完全消除晶界和晶界元素的单晶高温合金,热强性更高。采用高梯度定向凝固技术,在较高的冷却速率下,可以得到具有超细枝晶组织的单晶高温合金材料。目前,几乎所有现代航空发动机都采用单晶叶片,第三代的单晶合金制造的涡轮叶片,工作温度可达1240℃。

总之，定向凝固技术已成为富有生命力的工业生产手段，应用日益广泛。

【励志园地2】

铸造强则装备强，装备强则铸造盛

铸造业的发展标志着一个国家的生产实力，今天的中国已成为世界铸造大国，连连创造出令世界瞩目的成就。

(1) 首次研制。在国内尚无各种研制技术可借鉴、国外对此技术工艺严密封锁的情况下，首次研制出了国内最大、最复杂的高温合金精密铸造机匣铸件，填补了国内在大型客机发动机用高温合金整体机匣铸造技术上的空白。

(2) 首次攻克。成功攻克国内首台F级50MW重型燃气轮机核心部件——高温涡轮叶片——的铸造技术，打破国外长期技术垄断，成为全世界第五个具备重型燃气轮机制造能力的国家。

(3) 首次研发。攻克了困扰我国航空工业数十年的高温合金真空冶炼和航空发动机耐高温单晶空心叶片铸造难关，打破了国外的技术垄断。

(4) 首款自产。首款自产蠕铁RuT450材质国六天然气发动机YCK13N汽缸盖铸造技术取得重大突破。

一次次技术的攻克，一件件精密铸件的成功研制，都推动着精密铸造产业的不断发展，助力中国铸造向铸造强国迈进。

4.2 非金属的凝固

4.2.1 陶瓷的凝固

陶瓷，也称无机非金属材料。它的凝固过程是结晶的过程，但其结晶过程比金属材料的结晶过程复杂。结晶的基本规律与金属的相同，结晶时也需要一定的过冷度，也是晶核形成与长大的过程。且结晶过程的组织变化规律与合金相似，也需要用相图来分析。

4.2.2 聚合物的凝固

1. 高聚物的结晶与低分子化合物的结晶具有相似性

它们的结晶速度和晶粒尺寸都受过冷度的影响；随过冷度的增加，形核率增加，晶粒尺寸减小；结晶过程都具有形核与长大的规律；形核也有均匀形核和非均匀形核之分，如高聚物的均匀形核是高分子链靠热运动组成有序排列形成晶核，非均匀形核则以残余的结晶分子、分散颗粒、容器壁为中心来形核；非均匀形核所需过冷度小。

2. 高聚物的结晶与低分子化合物的结晶具有差异性

首先，不是所有的高聚物凝固时都能形成晶体，而且对于能发生结晶的高聚物来说，其结晶过程具有不完全性。通常50%的分子发生了结晶，最高约95%。也就是说一部分大分子链凝固时有序排列形成了晶核并长大，总有另一部分大分子链始终是无序排列，仅仅是凝固的过程。而且高聚物的结晶主要受大分子的结构所决定，只有结构上规则的分子，才能形成晶体。无序的分子，具有边块（如聚苯乙烯中的苯环）的分子及链分枝的分子，以及具有弧形基体的分子结晶的可能性都很低。

其次，高聚物结晶过程具有不完善性。即大分子链形成晶核后不能长大到适当尺寸甚至不长大，后期是非晶态的凝固过程。

最后，高聚物的结晶速度慢。即使在最有利的情况下，熔融液的凝固过程也是很缓慢的。

【答疑解惑】

现代金属材料学研究表明，锡青铜的力学性能与合金中的锡含量有密切关系，锡含量为5%~7%的锡青铜，塑性最好，适于冷、热加工。锡含量大于10%的锡青铜，强度较高，适于铸造，但青铜中锡的含量越高，其硬度就会越大，脆性也会越大。现代工业中使用的锡青铜的锡含量一般都在3%~14%之间，若锡含量超过14%，合金的韧性会逐渐降低，很容易折断。同时，锡青铜具有优良的耐腐蚀性，它在大气、海水、淡水和蒸汽中的抗腐蚀性高，其耐腐蚀性随着锡含量的增加而有所提高。高锡含量（8%~10%）的青铜既不容易产生应力腐蚀破裂，也不产生脱锡腐蚀。

为了不造成永久损坏，相关研究人员通过无损检测的手段，得出越王勾践剑所用青铜的锡含量为15%~18%，这和现代工业中常用的青铜已经十分接近，这样的锡含量使得越王勾践剑既有足够的强度和硬度，又不至于轻易被折断。同时研究发现：越王勾践剑不同部位采用了不同的金属配比，剑脊含铜多增加了剑身的韧性，剑刃含锡多增加了硬度和锋利度，剑身整体较高的含锡量是该剑千年不锈的重要原因之一。而且更令人惊奇的发现是：在显微镜下放大500倍后，其剑刃和剑身的"树枝晶"是连成一片的，也就是说越王勾践剑是一次性铸造成型的，打破了传统的越王勾践剑是"复合剑、剑身与剑刃选材不同"的说法。

【知识小结】

（1）一切物质从液态到固态的转变过程统称为凝固。如果通过凝固能形成晶体结构，则称为结晶。

（2）金属都是在过冷情况下结晶的，过冷是金属结晶的必要条件。金属的冷却速度越快，过冷度越大，金属纯度越高，过冷度也越大。

（3）纯金属与合金的结晶过程是通过形核和长大两个基本过程进行的。

（4）在一般情况下，晶粒越小，由于晶界面积越大，金属的强度、塑形和韧性就越好。晶粒细化是提高金属力学性能的重要途径之一。

（5）生产中常用的细化晶粒的方法：增加过冷度，变质处理，附加振动。

（6）合金相图也称为平衡图或状态图。它是表示在平衡条件下（极其缓慢冷却）合金状态、成分和温度之间关系的图形。在实际生产中，合金通常在非平衡条件结晶，冷却速度较快，就会出现枝晶偏析现象。

（7）相图既可表明合金成分与组织间的关系，又可表明合金的结晶特点。了解相图与性能的联系规律，就可以利用相图大致判断出不同成分合金的性能特点，并作为选用和配制合金、制定工艺的依据。

【复习思考题】

4-1　填空题

1. 金属的结晶条件是_____。过冷度是_____和_____之间的差值，其大小主要受冷却速度的影响，冷却速度_____，过冷度_____。
2. 纯金属与合金的结晶都是_____和_____的过程。
3. 在一般情况下，金属结晶后晶粒_____，由于晶界面积越大，金属的强度、塑性和韧性就_____。
4. 生产中为了细化晶粒，常采用的方法有_____、_____、_____。
5. 合金相图是表示在平衡条件下（极其缓慢冷却）合金_____、_____和_____之间关系的图形。
6. 二元合金相图的基本类型有_____、_____、_____ 3种。
7. 金属结晶时冷却速度较快造成的晶粒内部化学成分不均匀的现象称为_____，生产中通过_____来消除它。
8. 匀晶转变、共晶转变和包晶转变都是在_____温度下进行的。
9. 一般形成单相固溶体的合金具有_____的综合力学性能。
10. 在其他条件许可的前提下，铸造材料应尽量选择_____的合金，压力加工合金常选用_____合金。

4-2　选择题

1. 金属的冷却速度越快，过冷度（　　）。
   A. 越小　　　　B. 越大　　　　C. 不变
2. 金属的实际结晶温度总是（　　）理论结晶温度。
   A. 高于　　　　B. 等于　　　　C. 低于
3. 液态合金在平衡状态下冷却时，结晶终止的温度线称为（　　）。
   A. 液相线　　　B. 固相线　　　C. 共晶线　　　D. 共析线
4. 由一种液相生成一种固相和另一种固相的反应称为（　　）。
   A. 匀晶转变　　B. 共晶转变　　C. 共析转变　　D. 包析转变
5. 发生共晶转变或共析转变时，二元合金的温度（　　）。
   A. 升高　　　　B. 降低　　　　C. 不变
6. 一种合金的室温组织为 α+β$_{II}$+（α+β），那么它的组成相为（　　）。
   A. 4个　　　　B. 3个　　　　C. 2个　　　　D. 1个
7. 合金冷却速度较快造成结晶后组织中化学成分不均匀的现象称为（　　）。
   A. 过冷　　　　B. 偏析　　　　C. 位错
8. 为了消除枝晶偏析，需要进行专门的热处理，这种热处理称为（　　）。

  A. 再结晶   B. 均匀化退火   C. 回火   D. 正火

9. 单相固溶体合金的硬度较低，塑性较高，（   ）较好。

  A. 焊接性   B. 铸造性   C. 可锻性   D. 热处理性能

10. 铸造生产中，尽量选取（   ）的合金。

  A. 亚共晶成分   B. 共晶成分或接近共晶成分   C. 过共晶成分

4-3　判断题

1. 依附于杂质而生成晶核的过程称为自发形核。（   ）
2. 金属结晶的必要条件是过冷。（   ）
3. 一般情况下，金属晶粒越小，金属的力学性能越好。（   ）
4. 在浇注前向液态金属中加入一定量的钛元素可达到细化晶粒的目的。（   ）
5. 金属纯度越高，过冷度越大。（   ）

4-4　问答题

1. 为什么铸造用合金常选用接近共晶成分的合金，压力加工合金常选用单相固溶体成分合金？
2. 变质处理的实质是什么？
3. 分析铸锭结晶后形成 3 个不同晶粒区的原因。

第 5 章　金属塑性变形与再结晶

【学习目标】

知识目标

（1）了解金属塑性变形的实质和方式。

（2）掌握冷塑性变形对金属组织和性能的影响以及冷塑性变形后的金属加热时组织和性能的变化。

（3）掌握热塑性变形对金属组织和性能的影响。

（4）熟悉金属冷、热变形的区别，了解金属冷塑性变形和热塑性变形的工程应用。

能力目标

（1）能判断金属材料的冷、热加工状态。

（2）能对冷塑性变形后的金属加热时组织和性能的变化进行分析和控制。

（3）能运用金属塑性变形与再结晶的知识解释或解决生产及生活中的相关技术问题。

素质目标

（1）具有坚定的理想信念、强烈的民族自豪感。

（2）具有不甘落后、坚持不懈、努力拼搏的品质。

（3）树立自立自强、自主创新的意识。

【知识导入】

大约在公元前 2000 多年，我国古人已应用冷锻工艺制造工具，如甘肃威武皇娘娘台齐家文化遗址出土的红铜器物如刀、凿、锥和一些饰物均经过冷锻，锤击痕迹非常明显。1953 年和 20 世纪 70 年代在河南安阳殷墟出土的殷代（公元前 14—前 11 世纪）冷锤打的金箔碎片厚仅 0.01mm，厚度差不超过 ±0.001mm。到北宋时期，文献中已有冷锻铁铠甲的记载。沈括著《梦溪笔谈》（成书于 1086 年）卷十九《器用》载："凡锻甲之法，其始甚厚，不用火，令（冷）锻之，比原厚三分减二乃成，其末留筈头许，不锻，隐然如瘊子，欲以验未锻时厚薄，如浚河留笋土也，谓之'瘊子甲'。"明代宋应星著《天工开物》（成书于 1634 年）有冷锻锯条的记载，用"熟铁锻成薄片，不钢，亦不淬。出火退烧后，频加冷锤坚性，用锉开齿"。除了冷锻，商代中期（公元前 14

世纪）用陨铁制造武器，采用了加热锻造工艺。1972 年河北藁城和 1977 年北京市平谷县出土的商代铁刃铜钺，经研究分析确定铁刃是用陨铁加热锻造成形（厚 2mm），再与青铜钺身铸成一体的。中国古人对冷锻和热锻的研究应用（图 5-1），是后人利用和改良锻造技术的基础。那么什么是锻造？锻造过程中金属发生了什么变化使得锻件具有优良的力学性能呢？

图 5-1　中国古人锻造场景

【知识学习】

5.1　金属的塑性变形

5.1.1　金属变形的概述

1. 变形过程中的名词概念

（1）应力：是指作用在材料任一截面单位面积上的力。同截面垂直的称为"正应力"或"法向应力"，用符号"R"表示；同截面相切的称为"剪应力"或"切应力"，用符号"τ"表示。

（2）应变：是指物体形状尺寸所发生的相对改变。物体内部某处的线段在变形后长度的改变值同线段原长之比值称为"线应变"，用符号"e"表示；物体内两互相垂直的平面在变形后夹角的改变值称为"剪应变"或"角应变"；变形后物体内任一微小单元体体积的改变同原单位体积之比值称为"体积应变"。

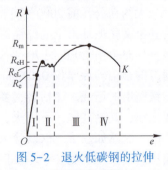

图 5-2　退火低碳钢的拉伸应力应变曲线

2. 金属变形的类型

如图 5-2 所示，金属的变形按不同的变形阶段分为弹性变形（阶段 Ⅰ）和塑性变形（阶段 Ⅱ、Ⅲ、Ⅳ）两种。

(1) 弹性变形：应力 R 和应变 e 为线性关系。

弹性变形的特点是：变形可逆，去除外力后完全恢复，变形消失；服从胡克定律，即应力与应变成正比：$R=Ee$ 或 $\tau=G\gamma$，其中 E 为弹性模量、G 为切变模量，反映材料对弹性变形的抗力。

弹性变形的实质是：在应力作用下，材料内部原子间距在较小的范围内偏离了平衡位置，但未超过其原子间的结合力。材料表现为晶格发生了伸长（缩短）或歪扭。原子的相邻关系还未发生改变，故外力去除后，原子间结合力便可以使变形完全恢复。

(2) 塑性变形：材料在应力 R_e 到 R_m 之间发生均匀塑性变形。塑性变形是不能恢复的永久性变形。当应力大于弹性极限时，材料不但发生弹性变形，而且还发生塑性变形，即在外力去除后，其变形不能得到完全的恢复，而具有残留变形或永久变形。当金属塑性变形时所受的应力超过其所能承受的最大应力时，就会发生断裂。金属压力加工（如锻造、冲压、挤压、轧制、拉拔）正是利用金属塑性变形的特征改变材料的形状，从而生产一定形状和尺寸的制品。

5.1.2 金属塑性变形的方式及实质

材料在外力作用下发生塑性变形，依材料的性质、外界环境和受力方式不同，进行塑性变形的方式也不相同，通常发生塑性变形的方式有滑移、孪生、蠕变、流动。

1. 单晶体的塑性变形

常温下，单晶体塑性变形的基本方式是滑移和孪生。但在大多数情况下都是以滑移方式进行的。

1) 滑移

滑移是指在切向应力作用下，晶体的一部分相对另一部分沿一定晶面（滑移面）和晶向（滑移方向）发生相对的滑动，即晶体中产生层片之间的相对位移。金属的滑移不破坏晶体内部原子排列的规律性，但产生的位移在应力去除后不能恢复。大量层片中间滑动的积累，就构成了金属的宏观塑性变形。单晶体受拉伸时，外力 F 作用在滑移面上的应力 f 可分解为正应力 R 和剪切应力 τ，如图5-3（a）所示。图5-3（b）所示为 Zn 单晶的滑移。

正应力 R 只能使晶体的晶格距离加大，从而使晶体产生弹性伸长，不能使原子从一个平衡位置移动到另一平衡位置，不能产生塑性变形。正应力超过原子间结合力时将晶体拉断。切应力 τ 则使晶体产生弹性歪扭，并在超过滑移抗力时引起滑移面两侧的晶体发生相对滑移，图5-4为单晶体在切应力作用下的变形情况。图5-4（a）所示为单晶体未受到外力作用时，原子处于平衡位置。当切应力较小时，晶格发生了弹性歪扭，如图5-4（b）所示。若此时去除外力，则切应力消失，晶格弹性歪扭也随之消失，晶体恢复到原始状态；当切应力继续增大到超过原子间结合力时，则某个晶面两侧的原子将发生相对滑移，滑移的距离为原子间距的整数倍，如图5-4（c）所示。此时如果使切应力消失，晶格的弹性歪扭可以恢复，但已经滑移的原子不能回复到变形前的位置，即产生了塑性变形，如图5-4（d）所示。如果切应力继续增大，则其他晶面上的原子

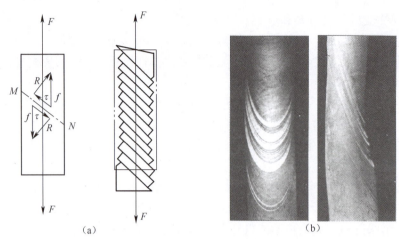

图 5-3 单晶体的滑移
(a) 单晶体滑移示意图；(b) Zn 单晶的滑移。

也产生滑移，从而使晶体塑性变形继续下去。许多晶面上都发生滑移后就形成了单晶体的整体塑性变形，从外观上看单晶体的形状和尺寸发生了变化，其表面出现了滑移产生的台阶。

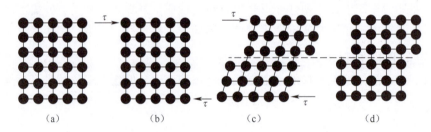

图 5-4 单晶体在切应力作用下的变形示意图
(a) 变形前；(b) 弹性变形；(c) 滑移；(d) 塑性变形。

通常，在各种晶体中，滑移并不是沿着任意的晶面和晶向发生的，而总是沿着晶体中原子排列最紧密的（密度最大）的晶面和该晶面上原子排列最紧密的晶向进行的。这是因为最密晶面间的面间距和最密晶向间的原子间距最大，因而原子结合力最弱，故在较小切应力作用下便能引起它们之间的相对位移。由图 5-5 可知 Ⅰ-Ⅰ 晶面原子排列最紧密（原子间距小），面间距最大（$a/\sqrt{2}$），面间结合力最弱，故常沿这样的晶面发生滑移。而 Ⅱ-Ⅱ 晶面原子排列最稀（原子间距大），面间距较小（$a/2$），面间结合力较强，故不易沿此面滑移。通常将发生滑移的最密排晶面称为滑移面，将滑移滑动的最密排方向称为滑移方向，一个滑移面和该面上的一个滑移方向构成一个可以滑移的方式，称为"滑移系"。图 5-6 所示为 3 种典型金属晶格的滑移系。

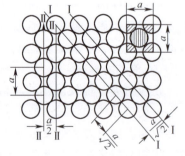

图 5-5 滑移面示意图

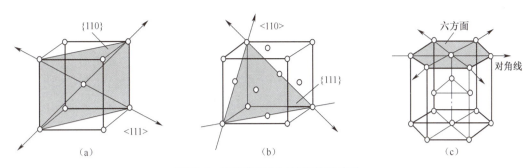

图 5-6　3 种典型金属晶格的滑移系
(a) 体心立方晶格；(b) 面心立方晶格；(c) 密排六方晶格。

滑移系对金属的性能有较大的影响：晶体中滑移系越多，晶体发生滑移的可能性越大，材料的塑性越好；滑移面密排程度高，滑移面上滑移方向个数越多，材料塑性越好。

例如：体心立方晶格（BCC）的 α-Fe 和面心立方晶格（FCC）的 Al 及 Cu，虽然都有 12 个滑移系，但 α-Fe 的滑移面密排程度较面心立方晶格的 Al 及 Cu 低，且滑移面上滑移方向少，所以 α-Fe 的塑性不如铜及铝；具有密排六方晶格（HCP）的 Mg、Zn 等，滑移系仅有 3 个，因此塑性较立方晶系金属差。

上述的滑移是指滑移面上每个原子都同时移动到与其相邻的另一个平衡位置上，即做刚性移动。但显微观察发现，滑移时并不是整个滑移面上的原子一齐做刚性移动，而是通过晶体中的位错线沿滑移面的移动来实现的，如图 5-7 所示。晶体在切应力作用下，位错线上面的两列原子向右做微量移动到"●"位置，位错线下面的一列原子向左做微量移动到"●"位置，这样就使位错在滑移面上向右移动一个原子间距。在切应力作用下，位错继续

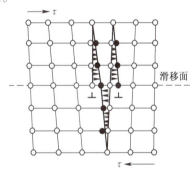

图 5-7　刃型位错运动时的原子位移

向右移动到晶体表面上，就形成了一个原子间距的滑移量，如图 5-8 所示。结果，晶体就产生了一定量的塑性变形。由于位错前进一个原子间距时，一齐移动的原子数目并不多（只有位错中心少数几个原子），而且它们的位移量都不大，因此，使位错沿滑移面移动所需的切应力也不大。位错的这种容易移动的特点称作位错的易动性。可见，少

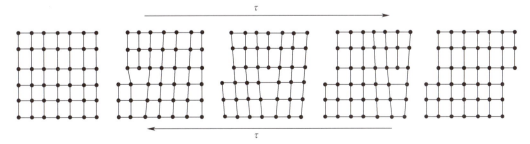

图 5-8　刃型位错移动产生滑移的示意图

量位错的存在，显著降低了金属的强度。但当位错数目超过一定值时，随着位错密度的增加，强度、硬度逐渐提高，这是由于位错之间以及位错与其他缺陷之间存在相互作用，使位错运动受阻，滑移所需切应力增加，金属强度提高。生产中利用锻造加工提高金属的强度、硬度，实质上就是人为地增加了金属中位错的数量并使位错的运动受阻。

大量的理论研究证明，滑移是由于滑移面上位错运动而造成的。滑移只能在切应力的作用下沿晶体中原子密度最大的晶面和晶向发生。滑移的实质是在切应力的作用下位错发生了运动。

2）孪生

孪生是指在切应力作用下，晶体的一部分相对于另一部分沿一定晶面（孪生面）和晶向（孪生方向）产生剪切变形（切变），如图5-9所示。产生切变的部分称为孪生带，或简称为孪晶。图5-10所示为Sb_2Te_3的孪晶。

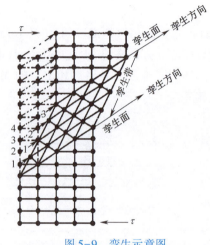
图 5-9　孪生示意图
（双点画线是晶格在变形前的位置）

图 5-10　Sb_2Te_3 的孪晶

通过孪生这种方式的变形，使孪生面两侧的晶体形成了孪生面对称关系。整个晶体经变形后只有孪生带中的晶格位向发生了变化，而孪生带两边外侧晶体的晶格位向没有发生变化，但相距一定距离。可依据图5-11从外观上识别晶体的滑移与孪生。

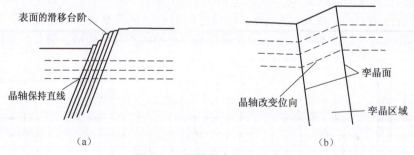

图 5-11　滑移与孪生的识别
（a）滑移造成的表面台阶；（b）孪生形成的表面浮凸。

孪生与滑移的主要区别是：孪生变形时，孪生带中相邻原子间的相对位移为原子间距的分数值，且晶体位向发生变化，与未变形部分形成对称；而滑移变形时，滑移的距离是原子间距的整数倍，晶体的位向不发生变化。孪生变形所需的临界切应力远大于滑移的临界切应力。因此，只有当滑移很难进行时，晶体才发生孪生变形，对比见表5-1。

表5-1　滑移与孪生的区别

		滑　移	孪　生
相同点		①切变；②沿一定晶面、晶向进行；③不改变结构	
不同点	晶体位向	不改变（对抛光面观察无重现性）	改变，形成镜面对称关系（对抛光面观察有重现性）
	位移量	滑移方向上原子间距的整数倍，且较大	小于孪生方向上的原子间距，较小
	对塑变的贡献	很大，总变形量大	有限，总变形量小
	变形应力	有一定的临界分切压力	临界分切应力远高于滑移
	变形条件	一般先发生滑移	滑移困难时发生
	变形机制	全位错运动的结果	不全位错运动的结果

2. 多晶体的塑性变形

实际中使用的金属都是多晶体，多晶体是由大小、形状、位向都不完全相同的晶粒组成，各晶粒之间由晶界相连。多晶体的塑性变形可以分为晶内变形和晶间变形。晶粒内部的塑性变形称为晶内变形，晶粒之间相互移动或转动称为晶间变形。

1）多晶体塑性变形的不均匀性

在多晶体内，对单个晶粒来说发生的是晶内变形，其塑性变形的方式和单晶体的塑性变形方式一样，即主要以滑移和孪生方式变形。而对晶粒之间来说，由于晶界的存在以及各晶粒位向不同，故各晶粒在外力作用下所受的应力状态和大小是不同的。因此，多晶体发生晶间变形时并不是所有晶粒都同时进行滑移，而是随着外力的增加，晶粒按先后次序分批地进行滑移。在外力作用下，滑移面和滑移方向与外力成45°角的一些晶粒受力最大，习惯称它为软位向。而受力最小或接近最小的晶粒称为硬位向。软位向晶粒首先产生滑移，而硬位向晶粒最后产生滑移。如此一批批地进行滑移，直至全部晶粒都发生变形为止。由此可见，多晶体金属的晶间变形将会在不同晶粒间逐批发生，是个不均匀的塑性变形过程，并且滑移的同时还伴随着晶粒的转动，所以多晶体的塑性变形比单晶体的复杂得多。

2）晶界对变形的阻碍作用

在多晶体中，当一个晶粒的某一滑移系在切应力作用下发生滑移动作，即位错发生运动。在遇到晶界时，由于各个晶粒的位向不同，位错不能直接从一个晶粒移动到另一晶粒，便塞积起来。加之晶界处的杂质原子也往往较多，使晶体的晶格畸变增大，造成滑移时位错运动的阻力较大，晶体难以发生变形。可见，晶界的存在使得多晶体金属中的滑移抗力比单晶体中的大，即多晶体金属的强度高。这一规律可通过由两个晶粒组成的金属及其在承受拉伸时的变形情况显示出来。由图5-12可以看出，在远离夹头和晶界处晶体变形很明显，即变细了，而靠近晶界处，变形不明显，其截面基本保持不变，出现了"竹节"现象。

图 5-12 由两个晶粒组成的金属试样的变形
(a) 变形前；(b) 变形后。

由于通常在室温下晶粒间结合力较强，晶界强度比晶粒本身的大。因此，金属的塑性变形和断裂多发生在晶粒内部，而不是晶界上。多晶体的塑性变形主要是晶内变形，晶间变形只起次要作用。

3) 晶粒大小对材料强度的影响

材料晶粒越细，晶界总面积越大，晶界对变形的阻碍作用越明显，对塑性变形的抗力便越大，金属的强度越高。对纯金属、单相合金或低碳钢都发现室温屈服强度和晶粒大小有以下关系：

$$R_{eL} = R_o + kd^{-1/2} \tag{5-1}$$

式中：R_o 为阻止单个位错滑移的摩擦力；d 为晶粒的平均直径；k 为比例常数。

这是个经验公式，但又表达了一个普遍规律。该公式常称为霍尔-佩奇（Hall-Petch）关系。

材料的晶粒越细，不仅强度越高，而且塑性与韧性也较高。晶粒越细，单位体积中晶粒数量就越多，变形时同样的变形量便可分散在更多的晶粒中发生，晶粒转动的阻力小，晶粒间易于协调，产生较均匀的变形，不至于造成局部的应力集中，从而引起裂纹的过早产生和发展。因而材料在断裂前便可发生较大的塑性变形量，具有较高的冲击载荷抗力。

所以，生产中通过各种方法（凝固、压力加工、热处理）使材料获得细而均匀的晶粒，细化晶粒是目前提高材料力学性能的有效途径之一。

5.2　金属的冷塑性变形

按变形温度的不同，金属的塑性变形可以分为 3 种形式。

(1) 冷变形是指在再结晶温度以下的变形。变形后具有明显的加工硬化现象（冷变形强化如冷挤压、冷轧、冷冲压等）。

(2) 热变形是指在再结晶温度以上的变形。在其变形过程中，其加工硬化随时被再结晶所消除。因而，在此过程中表现不出加工硬化现象，如热轧、热锻、热挤压等。

(3) 温变形是指介于冷、热变形之间的变形，加工硬化和再结晶同时存在，如温锻、温挤压等。

5.2.1　冷塑性变形对金属组织和性能的影响

金属的冷塑性变形机理有晶内变形（以滑移和孪生为方式）和晶间变形（晶粒间的相对滑动和转动）两种。但在冷态条件下，由于晶界强度高于晶内，所以冷塑性变形主要是晶内变形，晶间变形只起次要作用。

1. 冷塑性变形对组织的影响

1）形成纤维状组织

金属在外力作用下产生塑性变形时，随着金属外形拉长其晶粒也相应地被拉长。当变形量很大时，各晶粒将会被拉长成细条状或纤维状，晶界模糊不清，金属中的夹杂物和第二相也被拉长，这种组织称为纤维组织，如图 5-13 所示。形成纤维组织后，金属的性能有明显的方向性，例如沿纤维组织方向的强度和塑性明显高于垂直于纤维组织方向。

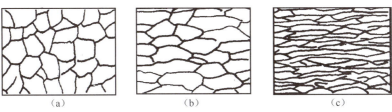

图 5-13　变形前后晶粒形状的变形示意图
（a）变形前；（b）变形中；（c）变形后形成纤维组织。

2）晶粒内产生亚结构

金属经大的塑性变形时，由于位错的密度增大并发生交互作用，大量位错堆积在局部地区，并相互缠结，形成不均匀的分布，使晶粒分化成许多位向略有不同的小晶块，从而在晶粒内产生亚结构（亚晶粒），如图 5-14 所示。

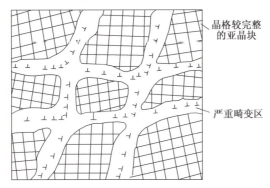

图 5-14　金属冷变形后的亚结构

3）产生形变织构

金属发生塑性变形时，各晶粒的晶格位向会沿变形方向发生转变，当变形量很大时，各晶粒的位向将与外力方向趋于一致，晶粒趋向于整齐排列，这种现象称为择优取向，所形成的有序结构称为形变织构。图 5-15 所示为典型的形变织构。

形变织构会使金属性能呈明显的各向异性，在多数情况下对金属的后续加工或使用不利。例如，用有织构的板材冲压筒形零件时，由于不同方向上的塑性差别很大，使变形不均匀，导致零件边缘不齐，厚薄不匀，即出现"制耳"现象，如图 5-16 所示。但织构在某些情况下是有利的，例如制造变压器铁芯的硅钢片，利用织构可使变压器铁芯的磁导率明显增加，磁滞损耗降低，从而提高变压器的效率。

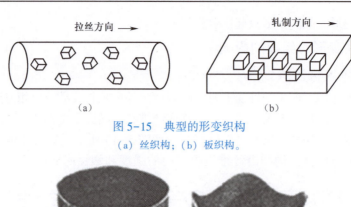

图 5-15　典型的形变织构
(a) 丝织构；(b) 板织构。

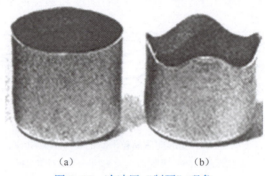

图 5-16　冷冲压"制耳"现象
(a) 无制耳；(b) 有制耳。

通常，形变织构很难消除，生产中为避免织构产生，常将零件的较大变形量分为几次变形来完成，并增加"中间退火"工序。

4) 造成晶内及晶间破坏

在冷变形过程中不发生软化过程的愈合作用，因滑移（位错的运动及其受阻、双滑移、交叉滑移等）、孪晶等过程的复杂作用以及各晶粒所产生的相对转动与移动，造成了在晶粒内部及晶粒间界处出现一些显微裂纹、空洞等缺陷使金属密度减少，这是造成金属显微裂纹的根源。

2. 冷塑性变形对金属性能的影响

冷塑性变形对金属的性能影响非常明显，主要表现在以下几个方面。

1) 产生加工硬化（变形强化）

金属发生塑性变形时，不仅晶粒外形发生变化，而且晶粒内部结构也发生变化。

(1) 加工硬化及其实质。冷塑性变形时，多晶体主要是晶内滑移变形，实质上是位错的移动和增殖的过程。在变形量不大时，先是在变形晶粒的晶界附近出现位错堆积。随着变形量的增大，晶粒破碎成为细小的亚晶粒，变形量越大，晶粒被破碎得越严重，亚晶界越多，位错密度越大。这种在亚晶界处大量堆积的位错，以及它们之间的相互干扰，均会阻碍位错的运动，使金属塑性变形抗力增大，强度和硬度显著提高。这种随着变形程度增加，金属强度和硬度显著提高、塑性和韧性明显下降的现象称为加工硬化或变形强化。图 5-17 表示低碳钢（实线）和纯铜（虚线）的强度和塑性随变形程度增加而变化的情况。

(2) 加工硬化在生产中的实际意义。首先，可利用加工硬化来强化金属，提高其强度、硬度和耐磨性。尤其是对纯金属和不能用热处理方法来提高强度的金属，冷变形加工是它们的主要强化手段。使用冷挤压、冷轧等加工方法可大大提高钢和其他材料的强度和硬度。例如，65Mn 弹簧钢丝经冷拉后，抗拉强度可达 2000~3000MPa，比一般钢材的强度提高 4~6 倍。还有用来制作坦克履带的高锰钢（如 ZGMn13），不能热处理强化，它的主要强化手段就是加工硬化。当高锰钢受到激烈摩擦或剧烈冲击时，其表面部分就会产生微量塑性变形，随之产生强烈的加工硬化，使其硬度和强度快速提高，从而能够作为耐磨钢使用。图 5-18 为 Q345（16Mn）钢的自行车链条经 5 次轧制总变形量为 65% 时性能对比。

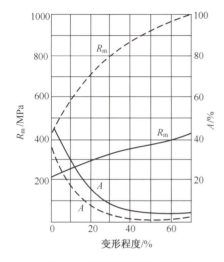

图 5-17 冷塑性变形对金属力学性能的影响

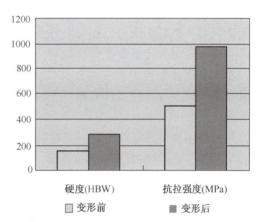

图 5-18 Q345（16Mn）钢的自行车链条经 5 次轧制总变形量为 65% 时性能对比

其次，加工硬化有利于金属进行均匀变形。这是由于金属变形部分产生了加工硬化，使继续变形主要发生在未变形或较小变形的区域，所以使金属的塑性变形均匀地分布于整个工件上，而不至于集中在局部而导致工件断裂。但加工硬化使金属塑性降低，给进一步变形带来困难。为了使金属材料能继续变形，必须在加工过程中安排"中间退火"以消除加工硬化，这样就增加了能耗和成本。例如，冲压加工中筒形件的拉深变形正是利用了板料已变形部分的加工硬化使得变形均匀进行。但对于深筒件却不能一次拉深成形，拉深到一定程度必须安排退火工序后才能继续拉深。

再次，加工硬化（变形强化）还可以提高零件在使用过程中的安全性。若零件在工作过程中产生应力集中或过载现象，往往由于金属能产生变形强化，使过载部位在发生少量塑性变形后提高了屈服点，并与所受的应力达到平衡，变形就不会继续发展，从而提高了零件的安全性。但是，这种安全保护是暂时的。由于零件塑性的降低，则脆断的危险性会提高。

总之，加工硬化的弊端多于优点，大多数时候应尽量地避免出现加工硬化。

2) 产生残余应力

残余应力是指外力去除后，残留在金属内部的应力。它主要是由于金属在外力作用下内部变形不均匀造成的。金属表层和心部之间变形不均匀而形成的宏观范围内的应力称为宏观残余应力（或称第一类内应力）；相邻晶粒之间或晶粒内部不同部位之间变形不均匀形成的微观范围内的应力称为微观残余应力（或称第二类内应力）；由于位错等晶体缺陷的增加而形成晶格畸变产生的残余应力称为晶格畸变应力（或称第三类内应力）。通常，外力对金属做的功绝大部分在变形过程中转化为热而散失，只有很少的能量转化为应力残留在金属中，使其内能增加。3类残余应力中第三类内应力占绝大部分，它是使金属强化的主要因素，但会使金属材料的耐腐蚀性下降。第一类或第二类应力虽然在变形中占的比例不大，但大多数情况下，不仅会降低金属强度，还会因随后的应力松弛或重新分布引起金属变形。金属经塑性变形后的残余应力是不可避免的，残余应力的存在不但会造成工件的变形、开裂，而且会使金属的耐蚀性降低。为了消除和降低残余应力，通常要对工件进行退火处理。例如，经拉深成形的黄铜弹壳在280℃左右进行去应力退火，可以避免变形和应力腐蚀。

无论是哪一类残余应力，都可以分为拉应力和压应力两种。当拉应力局部集中超过材料的强度极限时，会造成工件被拉裂，它是裂纹产生的主要原因。因此，生产中若能合理控制和利用残余压应力，可使其变为有利因素。例如，生产中对工件进行喷丸处理、表面滚压处理等，使工件表面产生一定的塑性变形而形成残余压应力，从而可提高其疲劳强度。

另外，冷塑性变形还使金属的某些物理性能和化学性能发生变化，例如金属的电阻增加，耐蚀性、磁导率和热导率降低等。

5.2.2 冷塑性变形后的金属加热时组织和性能的变化

经过冷塑性变形后的金属，发生了一系列组织和性能变化，造成金属内部能量较高而处于不稳定状态，所以塑性变形后的金属总有恢复到能量较低、组织较为稳定的倾向。但在室温下由于原子活动能力弱，这种不稳定状态不会发生明显变化。如果进行加热，因原子活动能力增强，可使金属恢复到变形前稳定状态。冷变形金属在加热时组织和性能的变化如图5-19所示。随加热温度升高，发生回复、再结晶和晶粒长大3个过程。

1. 回复（恢复）

当加热温度较低时，原子活动能力较弱，只能回复到平衡位置，冷变形金属的显微组织没有明显变化，强度、硬度略有减小，塑性略有上升，但残余应力显著降低，其物理和化学性能也基本恢复到变形前的状况，称这一阶段为"回复"。

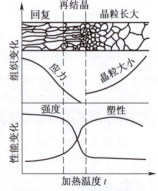

图5-19 冷变形金属在加热时组织和性能的变化

由于回复加热温度较低，晶格中的原子仅能做短距离扩散。因此，金属内凡只需要较小能量就可开始运动的缺陷将首先移动，如偏离晶格结点位置的原子回复到结点位置，空位在回复阶段中向晶体表面、晶界处或位错处移动，使晶格恢复到较规则形状。晶格畸变减轻，残余应力降低。但因亚组织尺寸没有明显改变，位错密度未显著减少，即造成加工硬化的主要因素尚未消除，而力学性能在回复阶段变化不大。

生产中，利用回复现象可将已产生加工硬化的金属在较低温度下加热，使其残余应力基本消除，从而保留其强化的力学性能，这种处理称为低温去应力退火。例如，冷拔钢丝卷制的弹簧，卷成之后要进行 200~300℃ 的去应力退火，以消除内应力使其定型。

2. 再结晶

当继续升高温度时，由于原子活动能力加强，金属的显微组织发生明显变化，破碎的、拉长的晶粒变为均匀细小的等轴晶粒，这一变化过程也是通过形核和晶核长大方式进行的，故称为再结晶。但再结晶前后晶格类型没有改变，所以再结晶不是相变过程。

再结晶后金属的强度、硬度显著降低，塑性、韧性提高，加工硬化得以消除。再结晶过程不是一个恒温过程，而是在一定温度范围进行的，通常再结晶温度是指再结晶开始的温度（发生再结晶所需的最低温度）。它与金属的预变形及纯度等因素有关。金属的预变形度越大，晶体缺陷就越多，则组织越不稳定，因此，开始再结晶的温度越低。当预变形达到一定量后，再结晶温度趋于某一低值，这一温度称为最低再结晶温度，如图 5-20 所示。实验证明：各种纯金属的最低再结晶温度与其熔点间的关系如下：

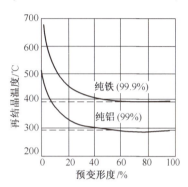

图 5-20 金属的再结晶温度与预变形度的关系

$$T_{再} \approx 0.4 T_{熔} \tag{5-2}$$

式中：$T_{再}$ 为纯金属的最低再结晶温度（℃）；$T_{熔}$ 为纯金属的熔点（K）。

金属中的微量杂质或合金元素，常会阻碍原子扩散和晶界迁移，从而显著提高再结晶温度。例如，纯铁的最低再结晶温度约为 450℃，加入少量的碳形成低碳钢后，再结晶温度升高到 500~650℃。

由于再结晶过程是在一定时间内完成的，所以提高加热速度可使再结晶在较高的温度下发生，而延长保温时间，可使原子有充分的时间进行扩散，使再结晶过程能在较低的温度下完成。

将冷塑性变形加工的工件加热到再结晶温度以上，保持适当时间，使变形晶粒重新结晶为均匀的等轴晶粒，以消除加工硬化和残余应力的退火工艺称为"再结晶退火"，此退火工艺也常作为冷变形加工过程中的中间退火，以恢复金属材料的塑性便于后续加工。为了缩短退火周期，常将再结晶退火的加热温度定在最低再结晶温度以上 100~200℃。

3. 晶粒长大

再结晶完成后，若继续升高温度或延长保温时间，再结晶后均匀细小的晶粒会逐渐长大。晶粒的长大，实质上是一个晶粒的边界向另一个晶粒迁移的过程，将另一晶粒中的晶格位向逐步地改变为与这个晶粒的晶格位向相同，于是另一晶粒便逐渐地被这一晶粒"吞并"而成为一个粗大晶粒，如图 5-21 所示。

通常，经过再结晶后获得均匀细小的等轴晶粒，此时晶粒长大的速度并不很快。若原先变形不均匀，经过再结晶后得到大小不等的晶粒，由于大小晶粒之间的能量相差悬殊，因此，大晶粒很容易吞并小晶粒而越长越大，从而得到粗大的晶粒，使金属力学性能显著降低，晶粒的这种不均匀长大现象称为"二次再结晶"或"聚合再结晶"。

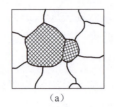 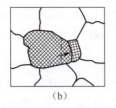 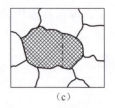

图 5-21 晶粒长大示意图

(a)"吞并"长大前的两个晶粒；(b) 晶界移动，晶格位向转向，晶界面积减小；
(c) 晶粒"吞并"另一晶粒而成为一个晶粒。

4. 影响再结晶后晶粒大小的因素

冷变形金属经过再结晶退火后的晶粒的大小对金属的强度、塑性和韧性有很大影响。再结晶退火后的晶粒大小主要与加热温度、保温时间和退火前的变形度有关。

（1）加热温度与保温时间。再结晶退火加热温度越高，原子的活动能力越强，越有利于晶界的迁移，退火后得到的晶粒越粗大，再结晶退火温度对晶粒大小的影响如图 5-22 所示。此外，当加热温度一定时，保温时间越长，则晶粒越粗大，但其影响不如加热温度大。

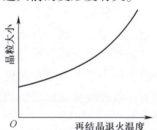

图 5-22 再结晶退火温度对晶粒大小的影响

（2）变形度。如图 5-23 所示，当变形程度很小时，由于金属的晶格畸变很小，不足以引起再结晶，故晶粒大小没有变化。当变形程度在 2%~10% 范围内时，由于变形程度不大，金属中仅有部分晶粒发生变形，且很不均匀，再结晶时形核数目很小，晶粒大小极不均匀，因而有利于晶粒的吞并而得到粗大的晶粒，这种变形程度称为临界变形度。生产中应尽量避开在临界变形度范围内加工。当变形度超过临界变形度后，随着变形的增大，各晶粒变形趋于均匀，再结晶时形核率越来越高，故晶粒越细小均匀。但当变形程度大于 90% 时，晶粒又可能急剧长大，这种现象是因形成织构造成的。

为了生产使用方便，通常将加热温度和变形度对再结晶后晶粒度的影响用再结晶全图来表示，如图 5-24 所示为纯铁的再结晶全图。再结晶全图是制定金属变形加工和再结晶退火工艺的主要依据。

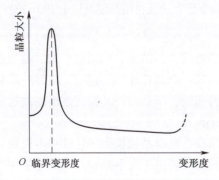 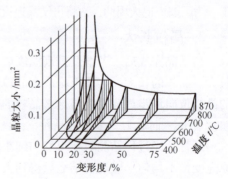

图 5-23 再结晶退火时的晶粒大小与变形度的关系   图 5-24 纯铁的再结晶全图

5.2.3 金属冷塑性变形的工程应用

金属冷塑性变形典型的工程应用是冲压加工、冷挤压。

1. 冲压加工

1) 冷冲压的定义及特点

冷冲压是利用冲模对金属板料施加压力，使其产生分离或变形获得所需零件的工艺方法。通常是在常温下进行加工，又称为冷冲压。冲压加工的特点如下：

（1）冲压件的尺寸精度由模具来保证，具有一模一样的特征，所以质量稳定，互换性好。

（2）由于利用模具加工，所以可以获得其他加工方法不能或难以制造的壁薄、质量小、刚性好、表面质量高、形状复杂的零件。

（3）冲压加工一般不需要加热毛坯，也不像切削加工那样大量切削金属，所以它不但节能，而且节约金属。

（4）生产效率高。普通压力机每分钟可生产几十件冲压件，而高速压力机每分钟可生产几百甚至上千件。

（5）应用广泛，例如在航空、航天、机械、电子信息、交通、兵器、日用电器及轻工等产业领域都有冲压加工。冲压可以制造钟表及仪表中的小型精密零件，也可以制造汽车、拖拉机的大型覆盖件。加工的材料种类也广泛，包括黑色金属、有色金属以及某些非金属材料。

（6）主要缺点是由于属于冷塑性变形，因而有加工硬化现象，严重时会使金属失去进一步变形能力。

2) 冲压加工的基本工序及应用

冲压加工工序按成形特点不同可以分为分离工序和成形工序。

分离工序是指该道冲压工序完成后，材料变形部分的应力达到了该材料破坏应力R_m的数值，造成材料断裂而分离，又叫冲裁工序，如冲孔、落料等工序。图 5-25 为分离工序的示意图。若使材料沿封闭曲线相互分离，封闭曲线以内的部分作为冲裁件时，称为落料；若使材料沿封闭曲线相互分离，封闭曲线以外的部分作为冲裁件时，则称为冲孔。生产生活中的许多冲压产品都需首先进行冲裁加工，因此应用很广泛。图 5-26 所示为典型的冲裁件。

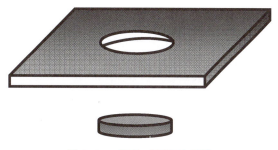

图 5-25 分离工序的示意图

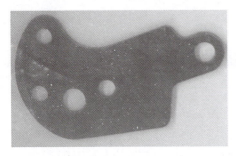 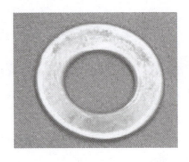

图 5-26 典型的冲裁件

成形工序是指该道冲压工序完成后，材料变形部分的应力超过了该材料屈服应力 R_{eL} 的数值但未达到破坏应力 R_m 的数值，从而使材料产生塑性变形，并且改变了材料原有的形状和尺寸，如弯曲、拉深、翻边等工序。图 5-27 为典型的成形件。

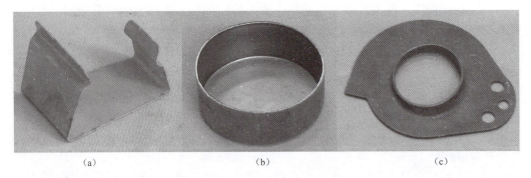

图 5-27 典型的成形件
(a) 弯曲件；(b) 拉深件；(c) 翻边件。

需要指出的是：冲压加工中的加工硬化的影响是不可忽略的，它具有双重作用，所以对产品的质量影响很大。例如，深筒形件的拉深变形中，加工硬化一方面保证工件各部分均匀变形和增加工件的强度和硬度，另一方面造成工件材料塑性降低使得材料进一步拉深变形困难。发生"硬化"了的金属若不及时进行再结晶退火，继续拉深就会造成工件底部拉裂，如图 5-28 所示。

图 5-28 深筒件的拉裂

2. 冷挤压

冷挤压是在回复温度以下（通常是室温下），将金属坯料放在挤压模筒内，用强大的压力作用于模具，迫使坯料产生定向塑性变形并从模具中挤出，从而获得所需零件或半成品的成形加工方法，主要用于塑性较好的低碳钢、镁合金和铝合金等的加工。其加工原理和典型产品如图 5-29 所示。

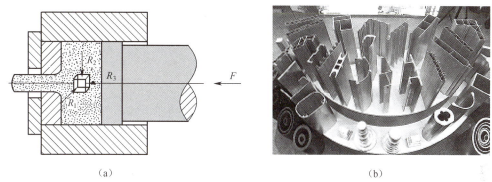

图 5-29 冷挤压加工原理和典型产品
(a) 挤压成形示意图；(b) 典型冷挤压件。

冷挤压有如下优点：

（1）冷挤压在不破坏金属的前提下使金属体积作出塑性转移，达到少切削或无切削成形。这样就避免了在切削加工时形成的大量金属废屑，从而大大节约了钢材和各种金属原材料。

（2）冷挤压一般在冷挤压机上进行，也可在普通压力机上进行。操作方便，生产率高。

（3）可加工形状复杂的零件。

（4）由于冷挤压时利用了金属材料冷变形的冷作硬化特性，挤压件强度大、刚性高而且质量小，可用低强度钢材代替高强度钢材。

（5）冷挤压件的质量高。目前冷挤压件尺寸精度可达 IT7 级，个别尺寸公差可控制在 0.015 以内。表面粗糙度 Ra 可达 $1.6\sim0.2\mu m$。

（6）冷挤压件由于节约原材料、生产率高、零件质量高，所以成本低。

总之，虽然金属冷加工时变形抗力大，设备吨位大，变形过程存在加工硬化的问题，但是由于冷加工件的高精度，低消耗等优点，已在生产中占据了很重要的地位。

5.3 金属的热塑性变形

5.3.1 热塑性变形对金属组织和性能的影响

1. 热塑性变形的概念和变形机理

1) 热塑性变形的概念

在再结晶温度以上进行的塑性变形加工是热塑性变形，又称为热加工；在再结晶温度以下进行的塑性变形加工是冷塑性变形，又称为冷加工。例如，钨的最低再结晶温度为1200℃，即使在稍低于1200℃的高温下进行变形加工仍属于冷加工，铅的最低再结晶温度在室温以下，因此，它在室温的变形加工便属于热加工。生活中我们会遇到这样的情况：将铁丝反复地弯拧多次就会断开，而对于锡纸反复揉搓都不会断裂，这可以用热加工和冷加工来解释。

在再结晶温度以上加工时，塑性变形造成的加工硬化会随即被发生的回复、再结晶的软化作用所抵消，因此金属显示不出加工硬化现象，始终保持稳定的塑性状态。在再结晶温度以下变形时尤其是室温时的冷加工不会发生再结晶过程，故必然导致加工硬化现象的存在，继续变形金属就会开裂。

实际生产中的热加工（锻造、轧制），往往由于变形速度快，再结晶过程来不及消除加工硬化的影响，因而需要用提高加热温度的方法来加速再结晶过程，故生产中金属的实际热加工温度总是高于再结晶温度很多。金属中含有少量杂质或合金元素种类和含量较多时，热加工温度还应高一些。

2) 热塑性变形的变形机理

金属的热塑性变形机理有晶内变形、晶间滑移和扩散蠕变3种。在通常情况下，由于高温时原子间距加大，原子的热振动和扩散速度增加，位错的滑移运动比低温时来得容易，且滑移系增多，滑移的灵便性提高，晶界对位错运动的阻碍作用也减弱，所以热塑性变形的主要机理仍然是晶内滑移。其次，由于金属热态下晶界强度降低，使得晶界滑移易于进行，因此与冷塑性变形相比晶界滑移的变形量要大得多。但在常规热塑性变形条件下，晶界滑移相对于晶内滑移变形量还是很小的。只有在微细晶粒的超塑性变形条件下，加之扩散蠕变的配合，晶界滑移才起主要作用。扩散蠕变是在应力作用下由空位的定向移动引起的，直接为塑性变形作贡献，也对晶界滑移起调节作用。变形温度越高，晶粒越细，应变速率越低，扩散蠕变所起的作用越大。

总之，在晶内滑移的主要作用、晶界滑移的辅助作用、扩散蠕变的协调作用下，热态下金属的塑性变形能力比冷态下高，变形抗力明显降低。

2. 热塑性变形对金属组织和性能的影响

热塑性变形过程中的加工硬化虽然得到了消除，但使金属的组织和性能发生如下变化：

1) 改善组织，细化晶粒

对于铸态组织金属（如铸锭），粗大的晶粒经塑性变形及再结晶后会变成细小的等轴（细）晶粒。图5-30所示为热轧对铸态金属晶粒组织的改善作用。对于经轧制或挤压的钢坯或型材，在以后的热加工中通过塑性变形与再结晶，其晶粒组织一般也可得到改善，晶粒变得细小，力学性能得到提高。图5-31所示为TC11钛合金铸锭开坯后，320mm大规格棒材的高、低倍组织。之后经过3火加热，8次反复镦拔且锻后水冷的改锻工艺处理，得到细小的晶粒组织，如图5-32所示。

2) 锻合内部缺陷

铸态组织金属经过热塑性变形后，其内部的疏松、空隙和微裂纹等缺陷会被压实锻

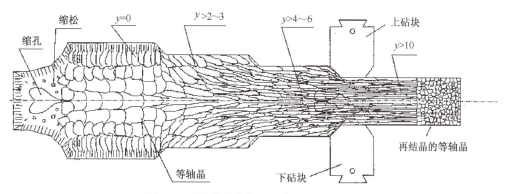

图 5-30 热轧对铸态金属晶粒组织的影响

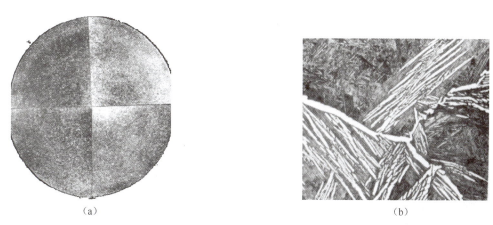

图 5-31 TC11 钛合金铸锭开坯后,棒材的高、低倍组织
(a) 低倍组织;(b) 原始 β 相粗大的网篮组织。

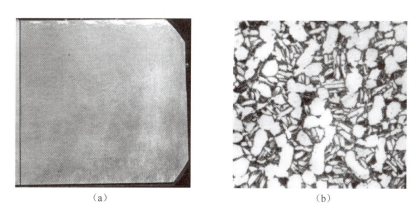

图 5-32 TC11 钛合金棒材改锻后的组织
(a) 低倍模糊晶;(b) 高倍细小双态组织。

合,使金属的致密度得到提高。通常锻合缺陷经历两个阶段:缺陷区发生塑性变形,使空隙两壁闭合;在高温和压应力作用下,使金属焊合成一体。但是没有足够大的变形,不能实现空隙闭合,且很难达到宏观缺陷焊合,足够大的压应力,能实现微观缺陷锻合，因此锻造生产中常要求有足够大的变形量。金属铸态组织中的缺陷被锻合后，力学性能得到提高。碳钢（$w_C=0.3\%$）铸态与锻态的力学性能比较如表 5-2 所列。

表 5-2　碳钢（$w_C=0.3\%$）铸态与锻态的力学性能比较

状态	R_m/MPa	R_{eL}/MPa	A/%	Z/%	K/J
铸态	500	280	15	27	28
锻态	530	310	20	45	56

3) 形成稳定的流线

在热塑性变形过程中，随变形程度增加，金属内粗大树枝晶沿主变形方向伸长，与此同时，晶间富集的杂质和非金属夹杂物的走向也逐渐与主变形方向一致，形成纤维组织（或称"流线"）。由于再结晶的结果，被拉长的晶粒变成细小的等轴晶，而流线却很稳定地保留下来直至室温。图 5-33 所示为典型的热加工流线。

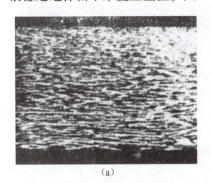
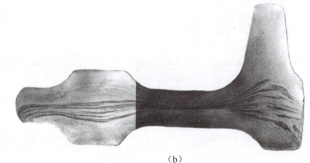

图 5-33　典型的热加工流线
(a) 低碳钢热加工后的流线；(b) 航空某发动机 V 级盘 970℃锻后空冷的低倍流线。

热塑性变形形成的流线也使金属的性能表现出各向异性，表 5-3 所列为 45 钢（轧制空冷状态）的力学性能与流线方向关系。

(1) 纵向（平行纤维方向），韧性、塑性增加。

(2) 横向（垂直于纤维方向），韧性、塑性降低但抗剪切能力显著增强。

表 5-3　45 钢（轧制空冷状态）的力学性能与流纹方向关系

取样方向	R_m/MPa	R_{eL}/MPa	A/%	Z/%	K/J
平行流纹方向	715	470	17.5	62.8	49.6
垂直流纹方向	675	440	10	31	24

因此，热加工时应力求工件的流线连续合理分布，尽量使流线方向与工件工作时所承受的最大拉应力方向一致，而与外加切应力或冲击力的方向相垂直。图 5-34 所示为吊钩中的流线分布情况，其中图 (a) 中的流线沿吊钩外形轮廓连续分布，所以较为合理，承载能力大，而图 (b) 所示的是直接采用型材切削加工制成的零件，其流线被切断，使零件的轮廓与流线方向不符，力学性能降低。

必须指出，仅仅通过热处理的方法是不能改变或消除工件中的流线分布的，而只能通过热塑性变形来改善流线的分布情况。

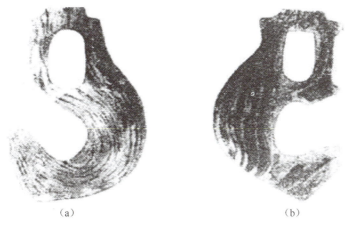

图 5-34 吊钩中的流线分布
(a) 合理；(b) 不合理。

4）破碎和改善碳化物分布

高速钢、高铬钢、高碳工具钢等，其内部含有大量的碳化物。通过锻造或轧制，可使这些碳化物被打碎并均匀分布，从而改善了它们对金属基体的削弱作用。图 5-35 为高速钢 W18Cr4V 的锻前和锻后组织对比，从图中可以看出锻前粗大的鱼骨状碳化物被打碎，均匀地分布在金属基体上。细小均匀分布的碳化物会使金属的使用性能大大改善。

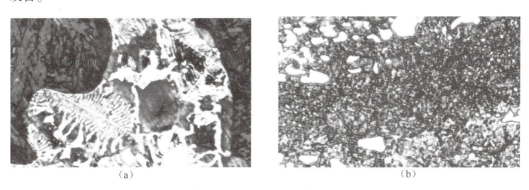

图 5-35 高速钢 W18Cr4V 的锻前和锻后组织对比
(a) W18Cr4V 铸态组织（×420）；(b) W18Cr4V 锻造组织（×210）。

由以上可知，通过热塑性变形可使铸态金属的组织和性能得到明显改善。因此，凡是受力复杂、载荷较大的重要零件一般都要采用热塑性变形加工（如锻造、挤压）的方法来制造。应当指出，只有在正确的加工工艺条件下才能改善组织和性能。例如，若热加工温度过高，便有可能形成粗大的晶粒，若热加工温度过低，则可能使金属产生加工硬化、残余应力，甚至产生裂纹。

5.3.2 金属热塑性变形的工程应用

金属热塑性变形的典型应用为锻造生产。大多数的锻造方法为了提高金属的塑性，往往需要将金属加热到再结晶温度以上甚至更高的温度，因而金属发生的是热塑性变形。锻造生产根据使用工具和生产工艺的不同分为自由锻、模锻和特种锻造。

1. 自由锻

利用冲击力或压力使金属在上下两个平板或V型砧之间产生变形，从而得到所需形状及尺寸的锻件。图5-36所示为大型锻件的自由锻。

图5-36 大型锻件的自由锻

特点：工艺灵活、工具简单、锻件精度差、生产效率低、操作水平要求高，适于单件小批量生产。

2. 模锻和特种锻造

模锻是利用压力设备和模具使坯料成形。特点是工艺定型、生产效率高、工具复杂、锻件精度高、专用设备多，适于批量生产。特种锻造指的是在特种设备上进行的模锻。特点是设备专用、生产效率高，只能生产某一类型产品，适于大批量生产。图5-37所示为常见的模锻方法。图5-38所示为典型模锻件。

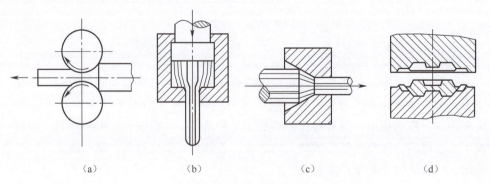

图5-37 常见的模锻方法

(a) 辊锻；(b) 热挤压；(c) 热拉拔；(d) 锤上模锻。

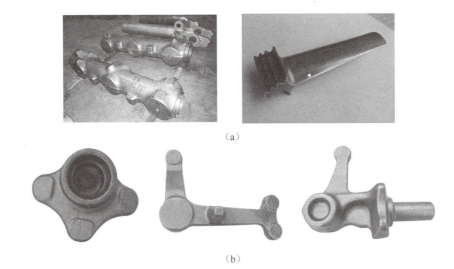

图 5-38 典型模锻件
(a) 航空锻件；(b) 汽车锻件。

【励志园地 1】

大国重器，诠释中国实力

重型燃气轮机的制造技术已成为一个国家科技水平、综合国力的重要标志之一。其核心热端部件——涡轮盘是燃气轮机制造的关键技术，也是制约重型燃气轮机国产化的瓶颈。重型燃气轮机涡轮盘的尺寸大，直径、投影面积分别达到 2.2m 以上、4.2m²，是航空发动机涡轮盘直径的 4 倍、投影面积的 10 倍。超大尺寸高温合金涡轮盘核心制造技术一直处于国外绝对封锁状态，长期被西方国家垄断。如何突破封锁，不受制于人？自立自强、自主创新是出路，拥有自己的锻造成形大设备是关键！

经过不懈努力拼搏，2013 年我国自主设计制造的 8 万 t 模锻液压机（图 5-39）亮相于世人面前，一举打破了苏联 7.5 万 t 模锻液压机保持 51 年的世界纪录，拉开了中国航空制造装备赶超世界先进水平的序幕。2021 年 12 月，在大国重器——8 万 t 模锻压力机——的助力下，目前我国最大规格的、适合在 650℃ 高温条件下使用的、1200MPa 强度等级、重 13.5t、直径 2380mm 的特大型 GH4706 合金涡轮盘整体模锻件首锻成功，其使用寿命可达 10 万~20 万 h，打破了该项技术被国外长期垄断的局面。

现在我国万吨以上的模锻压力机已经超过 10 台，它们将为"中国制造"，锻造更加强劲的未来。

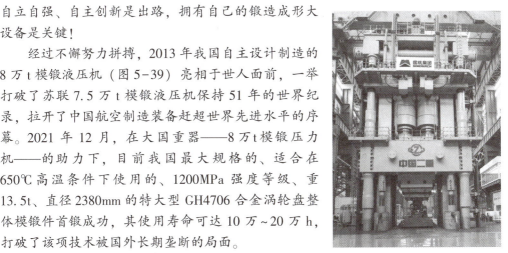

图 5-39 8 万 t 模锻液压机

3. 低应变速率下热变形

低应变速率下热变形在工业中典型应用是超塑性加工。金属及合金在特定的组织条件，即低的变形速率（$e = 10^{-2} \sim 10^{-4}/s$）、一定的变形温度（约为熔点 1/2）和均匀的细晶粒度（晶粒平均直径为 0.5~5μm）以及一定的温度条件及变形速度下进行变形时，可呈现出异乎寻常的塑性（延伸率可超过 100%，甚至 1000% 以上），如钢超过500%、纯钛超过 300%、锌铝合金超过 1000%。而变形抗力则大大降低（常态的 1/5 左右，甚至更低），这种现象称为超塑性。超塑性状态下的金属在拉伸变形过程中不产生缩颈现象，其必需应力仅为常态金属变形应力的几分之一至几十分之一。

对于直径较小、高度大的筒形件，普通拉深成形往往需要多次拉深才能成形。若用超塑性成形可以一次拉深成型，而且质量很好，零件性能无方向性。图 5-40 为超塑性板料拉深示意图。板料拉深时需先将超塑性板料（进行微细晶处理）的法兰部分加热到一定温度，并在外围加油压，即可一次拉深出薄壁深筒件。板料的拉深 H/d_0 可为普通拉深件的 15 倍，且工件壁厚均匀、无凸耳、无各向异性。

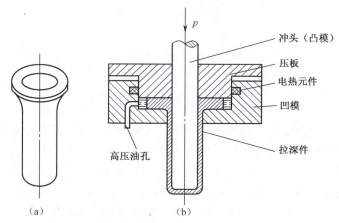

图 5-40 超塑性板料拉深示意图
(a) 拉深件；(b) 拉深过程。

总之，冷塑性变形和热塑性变形有着明显的区别，总结对比如下：
（1）冷变形性能变化是单向的，热变形性能变化是双向的，不显现加工硬化。
（2）冷变形属冷作强化（加工硬化），热变形属细晶强化。
（3）冷变形晶体可能被破坏，晶内、晶界可能产生微裂纹，甚至宏观裂纹，此外还有残余应力。
（4）热变形不易产生织构。
（5）冷变形组织和性能一般更均匀（加工工件本身决定）。
（6）冷加工尺寸精度更高，表面粗糙度值更小。

【励志园地 2】

打铁还需自身硬，无须扬鞭自奋蹄

中国有传统俗语"打铁还需自身硬"，其蕴含的意思是：自己得先有打铁的技巧和力气，才能打出坚固耐用的铁器。西安航空职业技术学院优秀毕业生任先锋的事迹把这句话的含义体现得淋漓尽致。

任先锋（图5-41）为西航职院2012届航空材料精密成型技术专业毕业生，就业于贵州安大航空锻造有限责任公司。自工作以来，他勤奋努力，潜心学习，把精益求精、追求卓越作为奋斗目标。他认真细致，一丝不苟，对遇到的生产难题和易造成质量问题的产品生产过程进行详细记录是他日常的习惯，生产前对锻件可能发生的质量问题与防止措施进行仔细推敲与研究是他必做的事情。他守正创新、勇毅

图5-41　工作中的任先锋

前行，遇到问题总能勤于思考，并基于生产数据和经验努力探索新的操作方法，力求突破传统，用巧妙的"点子"解决生产难题。2017年至今，他向公司累计上报小改小革、合理化建议十余项，为提高生产效率及产品质量作出了突出贡献。他面对困难敢于担当，在2020年疫情导致的生产被压缩等困难面前，他积极想办法、冲锋在前，带领班组克服了重重困难，为公司完成全年既定任务作出了大贡献。他能乐于分享，带领班组成员齐头并进，在提升本人技能水平的同时，积极做好传、帮、带工作，及时分享自己的工作经验。

经过十来年的磨砺，现在他已成长为公司的技术能手和骨干专家，任4000t电动螺旋压力机班长、安大公司一级技能专家、国家高级技师、获第五届航空工业技术能手、所在班组获得2021年度贵州省工人先锋号。在2021年，他个人斩获安大公司职业技能大赛"模锻工"比赛第一名，荣获贵州省"最美军工职工"和贵州省"最美劳动者"等荣誉称号。

打铁还需自身硬，一个人要想成功，就必须向榜样学习，立鸿鹄志，做奋斗者，知行合一，不断增强自身综合实力。

【答疑解惑】

锻造是一种利用锻压机械对金属坯料施加压力，使其产生塑性变形以获得具有一定机械性能、一定形状和尺寸锻件的加工方法，是锻压（锻造与冲压）的两大组成部分之一。根据锻造温度，其可以分为热锻、温锻和冷锻。大多数钢、有色金属及其合金都有一定的塑性，因此它们均可在冷态或热态下进行锻造加工。锻造过程中，在外力的作用下金属发生了塑性变形从而使其内部晶体结构发生改变，产生了大量位错，除了尺寸和形状发生改变外，金属的组织、性能也得到了改善和提高。通过锻造能消除金属在冶炼过程中产生的铸态疏松等缺陷，优化微观组织结构，同时由于保存了完整的金属流线，锻件的力学性能一般优于同样材料的铸件。因此，机械中负载高、工作条件严峻的重要零件，除形状较简单的可用轧制的板材、型材或焊接件外，多采用锻件。

【知识小结】

（1）金属的变形按不同的变形阶段分为弹性变形和塑形变形，弹性变形在去除外力后完全恢复，变形消失，而塑形变形在外力去除后是不能恢复的永久性变形。

（2）通常将发生滑移的最密排晶面称为滑移面，将滑移滑动的最密排方向称为滑移方向，一个滑移面和该面上的一个滑移方向构成一个可以滑移的方式，称为滑移系。

（3）晶体中滑移系越多，晶体发生滑移的可能性便越大，材料的塑性越好；滑移面密排程度高，滑移面上滑移方向个数越多，材料塑性越好。

（4）滑移是由于滑移面上位错运动而造成的，滑移的实质是在切应力的作用下位错发生了运动。

（5）孪生与滑移的主要区别。（熟悉理解）

（6）在多晶体中，单个晶粒内发生的塑性变形是晶内变形，晶间变形是在不同晶粒间逐批发生的不均匀的塑性变形过程，并且滑移的同时伴随着晶粒转动。晶界对滑移有阻碍作用。细化晶粒是全面提高金属力学性能的有效途径。

（7）冷塑性变形对组织的影响：形成纤维状组织；晶粒内产生亚结构；产生形变织构；造成晶内及晶间破坏。

（8）加工硬化及其意义。（重点掌握理解）

（9）冷变形金属在加热时，随加热温度升高会发生回复、再结晶和晶粒长大3个过程。重点掌握回复和再结晶过程中组织和性能的变化，熟悉理解影响再结晶后晶粒大小的因素。

（10）在再结晶温度以上进行的塑性变形加工是热塑性变形，又称为热加工；在再结晶温度以下进行的塑性变形加工是冷塑性变形，又称为冷加工。

（11）热塑性变形对金属组织和性能的影响：改善组织，细化晶粒；锻合内部缺陷；形成稳定的流线；破碎和改善碳化物分布。

【复习思考题】

5-1 填空题

1. 常温下，单晶体塑性变形的基本方式是_____和_____。但在大多数情况下都是以_____方式进行的。

2. 通常将发生滑移的最密排晶面称为_____，将滑移滑动的最密排方向称为_____，一个滑移面和该面上的一个滑移方向构成一个可以滑移的方式称为_____。

3. 滑移只能在_____的作用下沿晶体中原子密度最大的晶面和晶向发生。滑移的实质是在_____的作用下位错发生了运动。

4. 材料晶粒越细，金属的强度_____，而且塑性与韧性也_____。

5. 冷塑性变形对金属性能的影响为：_____、_____。

6. 冷塑性变形后的金属加热时，随加热温度升高，发生_____，_____和_____3个过程。

7. 在_____以上进行的塑性变形加工是热塑性变形，在再结晶温度以下进行的塑性变形加工是冷塑性变形，又称为冷加工，其中_____过程中会发生再结晶现象，从而消除加工硬化。

5-2 选择题

1. 滑移只能在（　　）作用下沿晶体中原子密度最大的晶面和晶向发生。
   A. 正应力　　　　B. 切应力　　　　C. 复合应力

2. 晶界对滑移有（　　）作用。
   A. 阻碍　　　　　B. 促进　　　　　C. 无影响

3. 加工硬化使金属的（　　）。
   A. 强度增大、塑性降低　　　　B. 强度增大、塑性增大
   C. 强度减小、塑性增大　　　　D. 强度减小、塑性减小

4. 冷变形金属再结晶后（　　）。
   A. 形成等轴晶，强度升高　　　B. 形成柱状晶、塑性下降
   C. 形成柱状晶，强度升高　　　D. 形成等轴晶、塑性升高

5. 以下不属于加工硬化现象的是（　　）。
   A. 冷轧钢板的过程中会越轧越硬以致轧不动
   B. 铁丝弯曲次数越多越费力
   C. 金属零件或构件在冲压时，其塑性变形处伴随着强化
   D. 钢淬火后硬度增加

6. 金属冷、热加工描述错误的是（　　）。
   A. 热加工是在再结晶温度以上进行
   B. 热加工可以提高材料塑性
   C. 冷加工必须在零度以下进行
   D. 冷、热加工是根据再结晶温度划分

7. 下面哪句话是正确的（　　）。
   A. 随着冷塑性变形程度增大，材料的强度和硬度将会降低
   B. 随着冷塑性变形程度增大，材料的韧性和塑性将会升高
   C. 将金属加热至一定的温度，可以恢复材料的塑性
   D. 退火使材料的硬度、强度升高，塑性降低

8. 再结晶和重结晶都有晶核形成和晶核长大两个过程，它们的主要区别在于是否有（　　）的改变。
   A. 温度　　　B. 晶体结构　　　C. 应力状态　　　D. 以上答案都对

9. 钨在1100℃变形加工是（　　）。
   A. 热变形　　　B. 冷变形　　　C. 温变形

10. 不能通过再结晶退火细化晶粒的是（　　）。
    A. 锻件　　　B. 挤压件　　　C. 铸件

5-3 判断题

1. 弹性变形随载荷的去除而消失。（　　）
2. 在再结晶温度以下进行的塑性变形加工是热塑性变形。（　　）

3. 喷丸处理能显著提高材料的疲劳强度,原因是合理利用了残余应力。(   )
4. 发生硬化了的金属若不及时进行再结晶退火,继续拉深就会造成工件底部拉裂。(   )
5. 金属板材深冲压时形成制耳是由于纤维组织造成的。(   )
6. 回复阶段残余应力显著降低。(   )
7. 再结晶后金属的加工硬化现象得以消除。(   )
8. 再结晶温度是指发生再结晶所需的最高温度。(   )
9. 加工硬化的弊端多于优点,大多数时候应尽量地避免出现加工硬化。(   )
10. 再结晶是形核与长大的过程,所以再结晶过程中发生了相变。(   )

5-4　问答题

1. 为什么 Zn、α-Fe、Cu 表现出来的塑性不同?
2. 为什么室温下钢的晶粒越细,其强度、硬度越高,塑性、韧性也越好?
3. 把铅板在室温反复弯折,硬度增加,停止弯折一段时间后,硬度下降;而低碳钢板反复弯折,硬度增加,停止弯折后硬度不下降,为什么?(铅的熔点为327℃,钢板熔点为1527℃)
4. 钨在1100℃加工,铜在840℃加工,它们属于何种加工?(钨的熔点为3410℃,铜的熔点为1083℃)
5. 为什么在冷拔铜丝时,如果总变形量很大,则中间需要穿插数次退火?中间退火温度选多高合适?(铜的熔点为1083℃)

第6章　铁碳合金及其相图

【学习目标】

知识目标

(1) 掌握纯铁的同素异构转变及意义。
(2) 掌握铁碳合金的基本组织及性能，铁碳相图上点、线、相区的含义。
(3) 熟悉典型铁碳合金结晶过程。
(4) 掌握含碳量对铁碳合金平衡组织和性能的影响。
(5) 了解铁碳合金相图在工程实际中的应用。

能力目标

(1) 能识读铁碳合金相图，会识别铁碳合金的基本相及组织。
(2) 能根据铁碳合金相图判断合金的组织和性能。
(3) 能根据铁碳合金相图初步确定合金的热加工工艺参数。

素质目标

(1) 具有坚定的理想信念、强烈的民族自豪感。
(2) 具有勇于探索、锐意创新、敢为人先的品质。
(3) 具有艰苦奋斗、无私奉献的精神。

【知识导入】

"南海一号"是南宋初期一艘在海上丝绸之路向外运送瓷器时失事沉没的木质古沉船（图6-1），1987年在阳江海域被发现，2007年12月完成整体打捞。至2019年3月，"南海一号"共清理出船载文物已达14万余件，除了陶瓷这类人们熟知的中国特产，还在船舱里面发现大量的铁锅和铁钉。通过对"南海一号"出水铁器样品的金相组织观察判断：出水铁锅残片主要为共晶白口铸铁，其金相组织主要为低温莱氏体，是铸造而成的；铁钉组织主要为铁素体，局部为亚共析钢组织，铁钉的铁素体组织中包含夹杂物并呈带状分布，推断铁钉是锻造制成的。这些铁器为什么有着不同的组织？这些组织有什么特点？为什么要用不同的成型方法加工铁器？让我们通过本章的学习来寻找答案。

图 6-1 "南海一号" 沉船

【知识学习】

以铁和碳为组元的二元合金称为铁碳合金。工业上应用最多、用途最广泛的铁碳合金是钢和铸铁，简称为钢铁。钢铁材料在人类社会发展史上扮演着重要的角色，它造就了人类文明。

6.1 纯铁的同素异构转变

6.1.1 工业纯铁及其特性

工业纯铁是指含杂质为 0.10%～0.20% 的纯铁，有一定的强度，塑性好，硬度低。其力学性能大致为：R_m = 180～230MPa；$R_{p0.2}$ = 100～170MPa；A = 30%～50%；Z = 70%～80%；K = 128～160J；硬度为 50～80HBW。纯铁的熔点为 1538℃，其冷却曲线如图 6-2 所示。纯铁在 1538℃ 结晶为体心立方晶格（BCC）的 δ-Fe，在 1394℃ 时晶体结构发生转变，变为面心立方晶格（FCC）的 γ-Fe，在 912℃ 时再次发生转变，变为体心立方晶格（BCC）的 α-Fe，这种在不同温度下具有不同晶体结构的特性称为同素异构转变。纯铁的同素异构转变如下：

$$\alpha\text{-Fe} \xrightleftharpoons{912℃} \gamma\text{-Fe} \xrightleftharpoons{1394℃} \delta\text{-Fe}$$

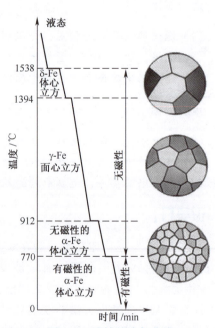

图 6-2 纯铁的冷却曲线

6.1.2 纯铁的同素异构转变的意义

纯铁的这种固态下的同素异构转变称为重结晶，它与钢的合金化及热处理有密切的关系。

1. 钢的合金化

纯铁的塑性和韧性很好,但是强度低,所以工业上一般都是用铁碳合金来做工程构件。碳可以溶于 γ-Fe 和 α-Fe 中,以间隙原子的形式存在,形成铁碳合金。在 1394℃ 时,碳溶于 γ-Fe 中,这时碳存在于面心立方的八面体空隙中,如图 6-3(a)所示。在 912℃ 时,碳溶于 α-Fe 中,这时碳存在于体心立方的八面体空隙中,如图 6-3(b)所示。其实碳也能溶于 δ-Fe,但最大溶解度在 1495℃ 时仅为 0.09%,没有什么实用意义。碳原子溶于纯铁的晶格间隙中形成的铁碳合金,力学性能大大提高,铁碳合金在工业中有着非常广泛的应用。

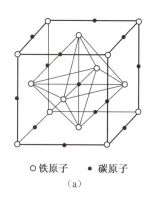
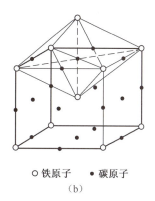

○铁原子　●碳原子　　　　　　　○铁原子　●碳原子
　　　(a)　　　　　　　　　　　　　　(b)

图 6-3　铁碳合金的晶体结构
(a) 碳溶于 γ-Fe 中;(b) 碳溶于 α-Fe。

2. 钢的热处理

古时候人们就发现:将烧得通红的兵器快速地放入水中,能使其变得锋利无比。这其实就是在利用纯铁的同素异构转变对钢进行热处理。只有具有相变的金属才能进行热处理,纯铁的同素异构转变对于通过热处理更好地发挥钢铁材料的潜能具有非常重要的意义,它是钢铁材料能够进行热处理的内因和依据。

6.2　铁碳合金相图

铁碳合金相图是指在平衡条件下(极其缓慢加热或冷却)、不同成分的铁碳合金在不同温度下所处状态或组织的图形,是研究钢和铸铁的重要理论基础。利用铁碳合金相图对典型成分的铁碳合金的结晶过程进行分析,可进一步掌握铁碳合金成分—温度—组织—性能之间的关系,从而合理地对零件进行选材,是制定锻造、热处理、冶炼和铸造等工艺的依据。

铁和碳可形成一系列稳定化合物(Fe_3C、Fe_2C、FeC),但含碳量大于 6.69% 的铁碳合金的脆性极大,没有实用价值,而且 Fe_3C 又是一个稳定的化合物,可以作为一个独立的组元,因此我们所研究的铁碳合金相图实际上是 $Fe-Fe_3C$ 相图,如图 6-4 所示。

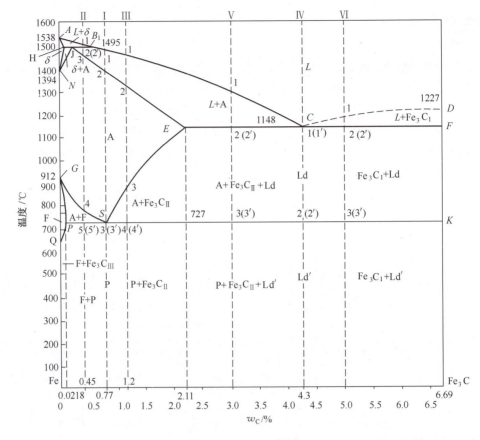

图 6-4 Fe-Fe₃C 相图

6.2.1 铁碳合金的基本组织

铁和碳形成的合金在液态时可以无限互溶；在固态时由于含碳量和温度的不同，碳可以溶于铁中形成固溶体，也可以与铁形成金属化合物，或者形成固溶体与金属化合物组成的机械混合物。因此，铁碳合金固态时的基本组织有以下几种。

1. 铁素体

铁素体是碳溶解在 α-Fe 中形成的间隙固溶体，用符号 F 表示。铁素体仍保持 α-Fe 的体心立方晶格，而碳原子处于 α-Fe 的晶格间隙中。由于体心立方晶格的间隙小，因此其溶解碳量极微。碳在 α-Fe 中的最大溶解度只有 0.0218%（727℃），室温时的溶解度只有 0.0008%，因此铁素体室温时的性能与纯铁相似，强度、硬度低，塑性和韧性好。在显微镜下观察，铁素体呈灰色并有明显大小不一的颗粒形状，晶界曲折，如图 6-5 所示。

2. 奥氏体

奥氏体是碳溶解在 γ-Fe 中形成的间隙固溶体，用符号 A 表示。奥氏体仍保持 γ-Fe 的面心立方晶格，碳原子也处于 γ-Fe 的晶格间隙中。由于面心立方晶格的间隙较大，因此溶碳能力也较大。碳在 γ-Fe 中的最大溶解度为 2.11%（1148℃）。奥氏体是铁碳合金高温固态时的单相组织，强度、硬度较低，但具有很好的塑性和韧性，所以生产中常将工件加热到具有奥氏体组织的温度进行锻造。奥氏体的显微组织与铁素体的显微组织相似，呈多边形晶粒，但晶界较铁素体平直，如图 6-6 所示。

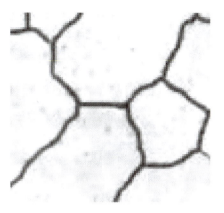

图 6-5　铁素体的显微组织　　　　　　图 6-6　奥氏体的显微组织

3. 渗碳体

渗碳体是铁和碳形成的一种具有复杂晶格的金属化合物，用化学式 Fe_3C 表示。渗碳体是钢和铸铁中常见的固相。渗碳体的含碳量为 6.69%，硬度很高（约 1000HV），但极脆，塑性、韧性几乎为零。

渗碳体在铁碳合金中常以片状、球状、网状等形式与其他相共存，它是钢中的主要强化相，其形状、大小、数量和分布对钢的性能有很大影响。

渗碳体在一定的条件下，能分解成单质铁和单质石墨：$Fe_3C \rightarrow 3\,Fe+G$（石墨）。这一特性是对铸铁进行石墨化的依据，详见第 9 章。

4. 珠光体

珠光体是铁碳合金在 727℃发生共析转变的产物，是由铁素体和渗碳体组成的机械混合物，用符号 P 表示。珠光体的平均含碳量为 0.77%，在 727℃以下温度范围内存在，性能介于铁素体和渗碳体之间，强度比铁素体高，脆性比渗碳体低，具有较好的综合力学性能，它是钢的主要组织。在显微镜下观察，珠光体呈层片状特征，表面具有珍珠光泽，因此得名，如图 6-7 所示。

5. 莱氏体

莱氏体是含碳量为 4.3%的铁碳合金在 1148℃发生共晶转变的产物，是由奥氏体和渗碳体组成的机械混合物，用符号 Ld 表示，又称为高温莱氏体，如图 6-8 所示。具有莱氏体组织的合金继续冷却到 727℃时，其中的奥氏体发生共析转变生成珠光体，故室温时的组织是由珠光体和渗碳体组成的机械混合物，称为低温莱氏体（又称变态莱氏体），用符号 Ld′表示。无论是高温莱氏体还是低温莱氏体，由于其基体相都为渗碳体，因此硬度很高，塑性、韧性极差。莱氏体是白口铸铁的基本组织，表现出的性能是硬而且脆，所以白口铸铁很少被用来制作工程构件。

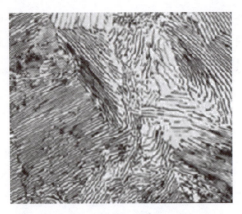
图 6-7 珠光体的显微组织

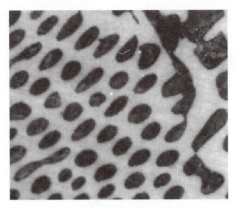
图 6-8 莱氏体的显微组织

6.2.2 铁碳合金相图分析

相图中的线是把具有相同转变性质的各个成分合金的转变开始点和转变终了点分别用光滑曲线连接起来得到的，代表了铁碳合金内部组织发生转变的界限。

1. 各特征点的含义

相图中主要的特性点及其意义见表 6-1。

表 6-1　相图中各点的温度、含碳量及含义

符号	温度/℃	$w_C \times 100$	含　义
A	1538	0	纯铁的熔点
B	1495	0.53	包晶转变时液态合金的成分
C	1148	4.30	共晶点
D	1227	6.69	Fe_3C 的熔点
E	1148	2.11	碳在 γ-Fe 中的最大溶解度
F	1148	6.69	Fe_3C 的成分
G	912	0	α-Fe ⇌ γ-Fe 同素异构转变点
H	1495	0.09	碳在 δ-Fe 中的最大溶解度
J	1495	0.17	包晶点
K	727	6.69	Fe_3C 的成分
N	1394	0	γ-Fe ⇌ δ-Fe 同素异构转变点
P	727	0.0218	碳在 α-Fe 中的最大溶解度
S	727	0.77	共析点
Q	600（室温）	0.0057（0.0008）	600℃（或室温）时碳在 α-Fe 中的溶解度

2. 各特征线的含义

1）一般特征线

ABCD 线——液相线，该线以上全部为液相，结晶时液相的成分变化线。

AHJECF 线——固相线，该线以下全部为固相，结晶时固相的成分变化线。
BC 线——奥氏体结晶开始线。
JE 线——奥氏体结晶终了线。
GP 线——奥氏体转变成铁素体的终了线。
CD 线——Fe_3C_I 结晶开始线。

2) 3条重要的特征线

PQ 线——碳在铁素体中的溶解度线，温度由727℃降至室温时，会析出 Fe_3C_{III}。对于工业纯铁和低碳钢，由于 Fe_3C_{III} 沿晶界析出，使其塑性、韧性下降，因而应重视 Fe_3C_{III} 的存在与分布。在含碳量较高的铁碳合金中，Fe_3C_{III} 可忽略不计。

ES 线——Fe_3C_{II} 析出线，又称 A_{cm} 线，是碳在奥氏体中的溶解度线。凡是含碳量大于0.77%的铁碳合金从1148℃冷至727℃时，奥氏体中的含碳量从2.11%减少到0.77%。在这个过程中，奥氏体中过剩的碳以渗碳体形式析出。通常把从奥氏体中析出的渗碳体称为二次渗碳体，用 Fe_3C_{II} 表示，从液态中直接析出的渗碳体称为一次渗碳体，用 Fe_3C_I 表示。

GS 线——铁素体析出开始线，又称 A_3 线。它是合金冷却过程中自奥氏体中析出铁素体的开始线，也是加热合金时铁素体转变为奥氏体的终了线。

3) 3条重要的水平转变线

$Fe-Fe_3C$ 相图由包晶、共晶和共析3个转变组成，现说明如下：

HJB 线——包晶线，凡是含碳量在0.09%~0.53%的铁碳合金，缓冷至1495℃（*HJB* 水平线）都将发生包晶转变：

$$L_B+\delta_H \xrightleftharpoons{1495℃} A_J$$

转变的产物是奥氏体（A）。

PSK 线——共析线，又称 A_1 线，凡是含碳量大于0.0218%的铁碳合金，缓冷至727℃（*PSK* 水平线）都将发生共析转变：

$$A_S \xrightleftharpoons{727℃} P(F_P+Fe_3C_K)$$

转变的产物是成分为 P 点的铁素体和成分为 K 点的渗碳体，构成交替重叠的层片状的机械混合物，即珠光体（P）。

ECF 线——共晶线，凡是含碳量在2.11%~6.69%的铁碳合金，缓冷至1148℃（*ECF* 水平线）都将发生共晶转变：

$$L_C \xrightleftharpoons{1148℃} Ld(A_E+Fe_3C_F)$$

转变的产物是成分为 E 点的奥氏体和成分为 F 点的渗碳体构成的机械混合物，即莱氏体（Ld）。

3. 相区

（1）单相区。相图中有5个基本相，对应着5个单相区，它们分别是 L、δ、F、A、Fe_3C。其中 Fe_3C 相区因具有固定的化学成分，所以是一条垂直线 *DFK*。

（2）两相区。相图中有7个两相区，分别位于相邻的两个单相区之间，它们分别是 L+δ、L+A、L+Fe_3C_I、δ+A、F+A、A+Fe_3C_{II} 以及 F+Fe_3C_{III}。

6.2.3 典型铁碳合金的冷却过程分析

1. 铁碳合金的分类

按 Fe-Fe$_3$C 相图中碳的含量及室温组织的不同,铁碳合金分为工业纯铁、钢和白口铸铁 3 类。

(1) 工业纯铁($w_C \leq 0.0218\%$)。

室温组织为 F+Fe$_3$C$_{\text{Ⅲ}}$。

(2) 钢(0.0218%<$w_C \leq 2.11\%$)。

共析钢:$w_C = 0.77\%$,室温组织为 P。

亚共析钢:0.0218%<w_C<0.77%,室温组织为 F+P。

过共析钢:0.77%<$w_C \leq 2.11\%$,室温组织为 P+Fe$_3$C$_{\text{Ⅱ}}$。

(3) 白口铸铁(2.11%<$w_C \leq 6.69\%$)。

共晶白口铸铁:$w_C = 4.3\%$,室温组织为 Ld′。

亚共晶白口铸铁:2.11%<w_C<4.3%,室温组织为 P+Fe$_3$C$_{\text{Ⅱ}}$+Ld′。

过共晶白口铸铁:4.3%<$w_C \leq 6.69\%$,室温组织为 Ld′ + Fe$_3$C$_{\text{Ⅰ}}$。

【励志园地 1】

大国崛起 钢铁辉煌

1949 年,我国钢产量只有 15.8 万 t,不足当时美国半天的钢产量。一代又一代的中国钢铁人,薪火相传,生生不息,用自力更生、艰苦奋斗,不停探索,不断突破,锐意创新的劲头,铸就了我国钢铁工业的辉煌。

到 2018 年,我国钢产量达到 9.28 亿 t,占据了世界的半壁江山,有力地支撑了国民经济腾飞和国防现代化建设,为中国成长为世界第二大经济体立下了汗马功劳。从无到有,百炼成钢,如今的中国钢铁工业已然傲视全球,钢铁技术、装备、管理实现整体输出,科技创新取得重大突破,智能制造大步前行,行业国际组织掌门人开始有了中国人的身影,中国钢铁国际交流日益频繁,国际合作日益深化,国际地位不断提高。现在的中国,鳞次栉比的高楼大厦;纵横交错的铁路和高速公路;国产航空母舰、导弹驱逐舰的成功下水;"神舟"飞船巡游太空;奥运场馆惊艳世界;港珠澳大桥连通三地……每一项重点工程、每一个"大国重器"无一不在诠释着钢铁的作用和贡献,无一不在述说钢铁人的奉献和荣光。

风云激荡 70 年,我国钢铁工业的发展记录了几代钢铁人不懈地奋斗与努力,见证了中华民族的智慧与勤劳。钢铁,筑腾飞之基,造前进之路,炼一国之魂。

2. 典型铁碳合金的冷却过程

1) 共析钢的冷却过程

图 6-4 中合金 I 为 $w_C = 0.77\%$ 的共析钢,其冷却过程示意图如图 6-9 所示。如

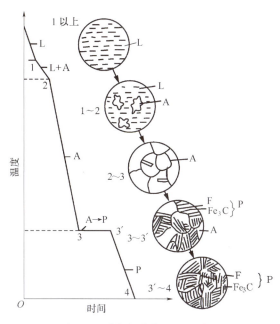

图 6-9 共析钢冷却过程示意图

图 6-4 所示，合金在 1 点温度以上全部为液相。当缓冷至 1 点温度时，开始从液相中结晶出奥氏体，奥氏体的量随温度下降而不断增多，其成分沿 JE 线变化，液相的量逐渐减少，其成分沿 BC 线变化。冷却至 2 点温度时，液相全部结晶为与原合金成分相同的奥氏体。合金在 2 点至 3 点（S 点）温度范围内为单一奥氏体。冷却至 3（3'）点（727℃）时，开始发生共析转变，从共析成分（$w_C=0.77\%$）的奥氏体中同时析出成分为 P 点的铁素体和成分为 K 点的渗碳体，构成交替重叠的层片状两相组织珠光体 P，即

$$A_S \xrightleftharpoons{727℃} P(F_P + Fe_3C_K)$$

该转变在 3~3' 点恒温进行。共析转变生成的铁素体和渗碳体又称共析铁素体和共析渗碳体。由于在固态下原子扩散较困难，故共析组织均匀、细密。

在 3 点（3' 点）温度以下继续缓冷时，共析铁素体的成分沿 PQ 线变化，将有少量的 3 次渗碳体（Fe_3C_{III}）从铁素体中析出，并与共析渗碳体混在一起，不易分辨，由于在钢中影响不大，故可忽略不计。

共析钢的室温组织为珠光体。珠光体显微组织一般为层片状，当放大倍数较低时，只能看到白色基体的铁素体和黑色条状的渗碳体，如图 6-10（a）所示；放大倍数较高时，可清楚看到渗碳体是由黑色边缘围绕着的白色条状，如图 6-10（b）所示。

2）亚共析钢的冷却过程

图 6-4 中合金 II 为 $w_C=0.45\%$ 的亚共析钢，其冷却过程示意图如图 6-11 所示。

合金在 1 点温度以上全部为液相。当缓冷至 1 点时开始从液相中结晶出 δ 相，且随温度的下降 δ 相的量不断增多，其成分沿 AH 线变化，液相的量逐渐减少，其成分沿 AB 线变化。冷却至 2（2'）点（1495℃）时在恒温下发生包晶转变（$L_B + δ_H \rightleftharpoons A_J$）生成奥氏体，直至 δ 相消耗完毕。包晶转变结束后，合金中除了奥氏体（J 点成分）外还有剩余的液相。在 2~3 点之间，随着温度的下降，从剩余的液相中不断地结晶出奥氏体，

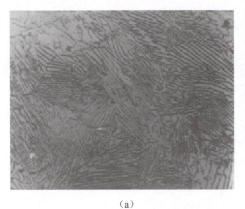
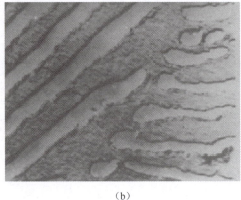

(a)　　　　　　　　　　　　　　　　(b)

图 6-10　共析钢的显微组织

(a) 放大倍数较低；(b) 放大倍数较高。

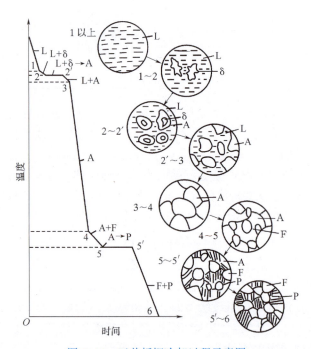

图 6-11　亚共析钢冷却过程示意图

奥氏体的成分沿 JE 线变化，剩余液相越来越少，其成分沿 BC 线变化。冷却至 3 点时合金全部形成与原合金成分相同的奥氏体。在 3~4 点之间，是奥氏体的冷却过程，没有相变。当合金冷却至 4 点时，开始从奥氏体中析出铁素体。随温度降低，铁素体的量不断增多，其成分沿 GP 线变化，而奥氏体的量逐渐减少，其成分沿 GS 线向共析成分接近，在 4 点至 5 点间组织为奥氏体和铁素体。当合金缓冷至 5 (5′) 点 (727℃) 时，剩余奥氏体的含碳量达到共析成分 ($w_C = 0.77\%$)，在恒温下发生共析转变生成珠光体，此转变一直进行到奥氏体消耗完毕。温度继续下降，铁素体的成分沿 PQ 线变化，由铁素体中析出极少量的三次渗碳体，可忽略不计。故亚共析钢的室温组织为铁素体和珠光体，显微组织如图 6-12 所示，图中白色部分为铁素体，黑色部分为珠光体。

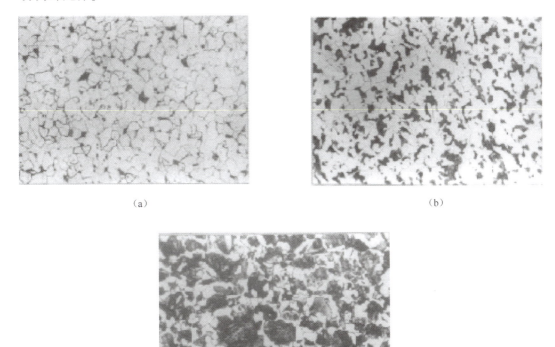

图 6-12 亚共析钢的显微组织
(a) $w_C = 0.1\%$; (b) $w_C = 0.25\%$; (c) $w_C = 0.45\%$。

所有亚共析钢的冷却过程均相似，其室温组织都是由铁素体和珠光体组成。所不同的是随含碳量的增加，珠光体量增多，铁素体量减少。

3) 过共析钢的冷却过程

图 6-4 中合金 Ⅲ 为 $w_C = 1.2\%$ 的过共析钢，其冷却过程示意图如图 6-13 所示。合金在 3 点以上的冷却过程与合金 Ⅰ 的 3 点以上相似。当合金冷却至 3 点时，奥氏体的含碳量达到饱和，碳以二次渗碳体（$Fe_3C_Ⅱ$）的形式析出，呈网状沿奥氏体晶界分布。继续冷却，二次渗碳体的量不断增多，奥氏体的量不断减少，其成分沿 ES 线变化。当冷却到 4(4′) 点（727℃）时，剩余奥氏体的含碳量达到共析成分（$w_C = 0.77\%$），在恒温下发生共析转变生成珠光体，直至奥氏体消耗完毕。温度继续下降，合金组织基本不变。故过共析钢的室温组织为珠光体和网状二次渗碳体，显微组织如图 6-14 所示，图中呈片状黑白相间的组织为珠光体，白色网状组织为二次渗碳体。

所有过共析钢的冷却过程均相似，其室温组织都是由珠光体和网状二次渗碳体组成。所不同的是随含碳量的增加，网状二次渗碳体的量相对增多，珠光体的量相对减少。

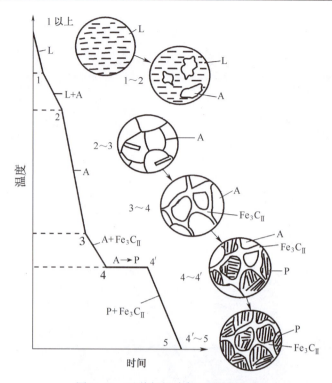

图 6-13 过共析钢冷却过程示意图

4) 共晶白口铸铁的冷却过程

图 6-4 中合金Ⅳ为 $w_C = 4.3\%$ 的共晶白口铸铁，其冷却过程示意图如图 6-15 所示。合金在 1 点（C 点）温度以上为液相。缓冷至 1（1'）点（1148℃）时，在恒温下发生共晶转变，即从一定成分（C 点成分）的液相中同时结晶出成分为 E 点的奥氏体和成分为 F 点的渗碳体，直至液相消耗完毕。共晶转变生成的奥氏体和渗碳体又称共晶奥氏体和共晶渗碳体。由奥氏体和渗碳体组成的共晶体即为莱氏体，其转变式为

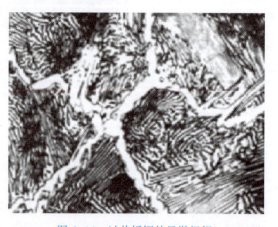

图 6-14 过共析钢的显微组织

$$L_C \xrightleftharpoons{1148℃} Ld(A_E + Fe_3C_F)$$

莱氏体的性能与渗碳体相似，硬度很高，塑性极差。继续冷却，从共晶奥氏体中不断析出二次渗碳体，奥氏体的含碳量沿 ES 线向共析成分接近。当缓冷至 2（2'）点（727℃）时，奥氏体的含碳量达到共析成分（$w_C = 0.77\%$），在恒温下发生共析转变，直至全部转变为珠光体。二次渗碳体保留至室温。因此，共晶白口铸铁的室温组织是由珠光体和渗碳体（二次渗碳体和共晶渗碳体）组成的两相组织，即变态莱氏体（Ld'）。共晶白口铸铁的显微组织如图 6-16 所示，图中黑色部分为珠光体，白色基体为渗碳体

(其中共晶渗碳体与二次渗碳体混在一起，无法分辨)。

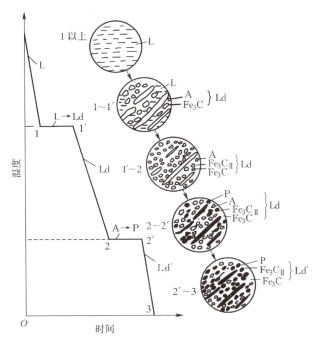

图 6-15　共晶白口铸铁冷却过程示意图

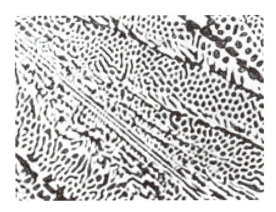

图 6-16　共晶白口铸铁的显微组织

5) 亚共晶白口铸铁的冷却过程

图 6-4 中合金 V 为 w_C = 3.0% 的亚共晶白口铸铁，其冷却过程示意图如图 6-17 所示。

合金在 1 点温度以上为液相。缓冷至 1 点温度时，从液相中开始结晶出奥氏体（又称为初生奥氏体）。随温度降低，奥氏体的量不断增多，其成分沿 JE 线变化，液相的量逐渐减小，其成分沿 BC 线变化。冷却至 2 (2′) 点（1148℃）时，剩余液相的成分达到共晶成分（w_C = 4.3%），在恒温下发生共晶转变，直至全部转变为莱氏体。在 2 点至 3 点之间冷却时，奥氏体（包括初生奥氏体和共晶奥氏体）的成分沿 ES 线变化，并不断析出二次渗碳体。当冷却至 3 (3′) 点（727℃）时，奥氏体的含碳量达到共析成

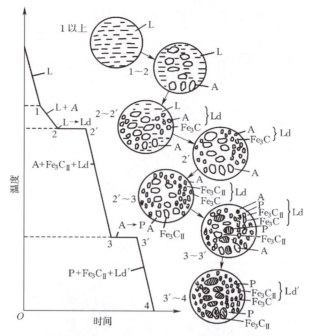

图 6-17 亚共晶白口铸铁冷却过程示意图

分（$w_C = 0.77\%$），在恒温下发生共析转变，直至全部转变为珠光体。故亚共晶白口铸铁的室温组织为"珠光体+二次渗碳体+变态莱氏体"，即"$P + Fe_3C_{II} + Ld'$"，显微组织如图 6-18 所示，图中黑色块状或树枝状为珠光体，黑白相间的基体为变态莱氏体，二次渗碳体与共晶渗碳体混在一起，无法分辨。

图 6-18 亚共晶白口铸铁的显微组织

所有亚共晶白口铸铁的室温组织均由"珠光体+二次渗碳体+变态莱氏体"组成。不同的是随含碳量的增加，组织中变态莱氏体的量相对增多，其他组织的量相对减少。

6）过共晶白口铸铁的冷却过程

图 6-4 中合金Ⅵ为 $w_C = 5.0\%$ 的过共晶白口铸铁，其冷却过程示意图如图 6-19 所示。

合金在1点温度以上为液相。缓冷至1点温度时，从液相中结晶出板条状一次渗碳体。随温度降低，一次渗碳体的量不断增多，液相的量不断减少，其成分沿 DC 线变化。冷却至2（2'）点（1148℃）时，剩余液相成分达到共晶成分（$w_C=4.3\%$），在恒温下发生共晶转变，直至全部转变为莱氏体。在2点至3点之间冷却时，共晶奥氏体的成分沿 ES 线变化，不断析出二次渗碳体，但二次渗碳体在组织中难以辨认。继续冷却到3（3'）点（727℃）时，奥氏体的含碳量达到共析成分（$w_C=0.77\%$），在恒温下发生共析转变，直至全部转变为珠光体。故过共晶白口铸铁的室温组织为变态莱氏体和一次渗碳体，显微组织如图6-20所示，图中白色条状为一次渗碳体，黑白相间的基体为变态莱氏体。

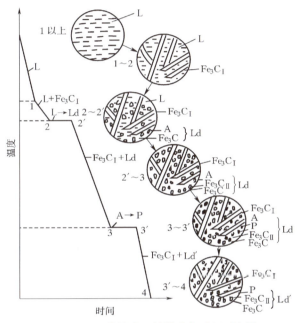

图6-19　过共晶白口铸铁冷却过程示意图

图6-20　过共晶白口铸铁的显微组织

所有过共晶白口铸铁的室温组织均由变态莱氏体和一次渗碳体组成。不同的是随含碳量的增加，组织中一次渗碳体的量相对增多，变态莱氏体的量相对减少。

6.2.4 含碳量对铁碳合金平衡组织和性能的影响

1. 含碳量对铁碳合金平衡组织的影响

综上所述，任何成分的铁碳合金在室温下的组织均由铁素体和渗碳体两相组成。只是随含碳量的增加，铁素体量相对减少，而渗碳体量相对增多，并且渗碳体的形状和分布也发生变化，因而形成不同的组织。室温时，随含碳量的增加，铁碳合金的组织变化如下：

$$F+Fe_3C_{III} \rightarrow F+P \rightarrow P \rightarrow P+Fe_3C_{II} \rightarrow P+Fe_3C_{II}+Ld' \rightarrow Ld' \rightarrow Ld' + Fe_3C_I$$

含碳量与缓冷后相及组织组成物之间的定量关系如图 6-21 所示。

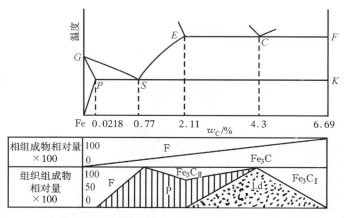

图 6-21 铁碳合金的含碳量与缓冷后相及组织组成物之间的定量关系

从图中可以看出，随着含碳量的增加，组织中渗碳体的数量增加，而且渗碳体的形态也发生变化。先是分布在铁素体晶界上的细小的 Fe_3C_{III}，后变为分布在铁素体基体上的层片状渗碳体，进而是网状分布在原奥氏体晶界上的 Fe_3C_{II}，最后是作为低温莱氏体基体的 Fe_3C_I。

2. 含碳量对铁碳合金力学性能的影响

如图 6-22 所示，当含碳量小于 0.9% 时，随含碳量增加，钢的强度和硬度直线上升，而塑性和韧性不断下降。这是由于随含碳量的增加，钢中渗碳体量增多、铁素体量减少所造成的；当含碳量大于 0.9% 以后，由于二次渗碳体沿晶界已形成较完整的网，因此钢的强度开始明显下降，但硬度仍在增高，塑性和韧性继续降低。

为保证工业用钢具有足够的强度，一定的塑性和韧性，钢的含碳量一般不超过 1.3%。对于含碳量大于 2.11% 的白口铸铁，由于组织中有大量的渗碳体，硬度高，塑性和韧性极差，既难以切削加工，又不能用锻压方法加工，所以除用作少数耐磨零件外，在工程上很少直接应用。

3. 含碳量对铁碳合金工艺性能的影响

（1）切削加工性。低碳钢中铁素体较多，塑性好，切削加工时产生切削热大，易粘刀，不易断屑，工件表面粗糙度值大。高碳钢中渗碳体多，刀具磨损严重，故切削加工性也差。中碳钢中铁素体和渗碳体的比例适当，切削加工性好。一般认为钢的硬度在

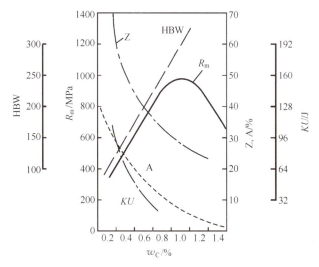

图 6-22 含碳量对钢力学性能的影响

250HBW 左右时，切削加工性较好。当高碳钢中的渗碳体呈球状时，也可改善切削加工性。

（2）可锻性。金属的可锻性与它的塑性和变形抗力有着密切的关系。塑性越好，变形抗力越小，则可锻性越好。当钢被加热到高温时能得到单相奥氏体组织，可锻性好。低碳钢的可锻性最好，随着含碳量的增加钢的可锻性下降。白口铸铁无论在高温或低温，因组织中含有硬而脆的莱氏体，所以不能锻造。

（3）铸造性能。合金的铸造性能与含碳量有关。随着含碳量的增加，钢的结晶温度范围增大，流动性下降，分散缩孔增大。但随着含碳量的增加，液相线温度降低，过热度（浇注温度与液相线温度之差）增加，提高了钢液的流动性。铸铁因其液相线温度比钢低，其流动性比钢好。亚共晶铸铁随着含碳量的增加，结晶温度范围变窄，流动性增加。共晶成分铸铁的流动性最好。过共晶铸铁随着含碳量的增加，流动性变差，枝晶偏析严重，分散缩孔增大。所以，铸铁件一般选择共晶成分或接近共晶成分的铁碳合金。

（4）可焊性。钢可焊性的好坏主要取决于它的化学组成，其中影响最大的是碳元素的含量。随着钢中含碳量的增加，淬硬倾向增大，钢的塑性下降，可焊性下降。所以，为了保证获得优质焊接接头，应优先选用低碳钢（含碳量小于 0.25% 的钢）。对于含碳量大于 0.5% 的钢，因为可焊性差一般不用，如果要用，应采取必要的焊接工艺措施。铸铁由于含碳量高，塑性差，强度低，属于可焊性很差的材料，不宜用来制造焊接结构件。

6.2.5 铁碳合金相图在工程实际中的应用

1. 在选材方面的应用

铁碳合金相图所表明的成分、组织与性能之间的关系，为合理选用钢铁材料提供了依据。以相图为依据，依照工件的使用条件和性能要求就可以选择合适的材料。例如，对于要求塑性、韧性好的各种型材和建筑用钢，应选用含碳量低于 0.25% 的钢；对于承受冲击载荷并要求较高强度、塑性和韧性的机械零件，应选用含碳量为 0.25%～0.55% 的钢；要求硬度高、耐磨性好的各种工具，应选用含碳量大于 0.55% 的钢；形状复杂、不受冲击、要求耐磨的铸件（如冷轧辊、犁铧等），应选用白口铸铁。

2. 在铸造方面的应用

首先，根据 Fe-Fe$_3$C 相图中的液相线可以确定不同成分合金的浇注温度。浇注温度一般在液相线以上 50～100℃。由相图可知，随合金含碳量增加，合金的熔点越来越低，所以碳钢的熔化温度与浇注温度都比铸铁的高得多。其次，由铁碳合金相图还可以判断合金铸造性能的好坏。共晶成分的合金熔点最低，结晶温度范围小，故流动性好、分散缩孔少、偏析小，因而铸造性能最好。所以，在铸造生产中，共晶成分附近的铸铁得到了广泛的应用。铸钢的熔点高，结晶温度范围较大，故铸造性能比铸铁的差。常用铸钢的含碳量规定在 0.15%～0.6% 之间，在此范围的钢，其结晶温度范围较小，铸造性能好。

3. 在锻造方面的应用

钢在室温时是由铁素体和渗碳体组成的复相组织，塑性较差，变形困难，当将其加热到单相奥氏体状态时，可获得良好的塑性，易于锻造成形。含碳量越低，其锻造性能越好。而白口铸铁无论是在低温还是高温，组织中均有大量硬而脆的渗碳体，故不能锻造。对于碳钢，铁碳合金相图是确定其锻造温度范围的依据。为保证钢不产生过热和过烧，一般始锻、始轧温度控制在固相线以下 100～200℃ 范围内，且随含碳量的增加而降低。为保证金属在终锻前具有足够的塑性，又要使锻件能获得细小的再结晶组织，终锻温度应高于再结晶温度。碳钢的始锻温度一般为 1150～1250℃，终锻温度为 750～850℃。

4. 在焊接方面的应用

根据铁碳合金相图可以判断合金的焊接性。铁碳合金的焊接性与含碳量有关，随含碳量增加，组织中渗碳体量增加，钢的脆性增加，塑性下降，导致钢的冷裂倾向增加，焊接性下降。含碳量越高，铁碳合金的焊接性越差。除此之外，在焊接过程中，由于高温熔融焊缝与母材各区域的距离不同，导致各区域受到焊缝热影响的程度不同，因此可以根据铁碳合金相图来分析不同温度各区域在随后的冷却过程中可能会出现的组织和性能的变化情况，从而采取措施，保证焊接质量。此外，一些焊接缺陷往往采用焊后热处理的方法加以改善，相图为焊接和焊后对应的热处理工艺提供了依据。

5. 在热处理方面的应用

由于铁碳合金在加热或冷却过程中有相的变化，故钢和铸铁可通过不同的热处理（如退火、正火、淬火、回火及化学热处理等）来改善性能。根据 Fe-Fe$_3$C 相图可确定各种热处理操作的加热温度。以钢的热处理为例，铁碳合金相图的左下角部分是确定热处理加热温度的参考依据，其中的共析转变线（*PSK* 线）、铁素体析出开始线（*GS* 线）和碳在奥氏体中的溶解度线（*ES* 线）是平衡条件下钢发生组织转变的 3 条温度线。利用这 3 条线可以确定共析钢、亚共析钢、过共析钢的完全奥氏体化温度，从而制定出相匹配的热处理加热温度。

在使用铁碳合金相图时，应注意以下几个问题：该相图反映的是在极缓慢加热或冷却的平衡条件下铁碳合金的相状态，而实际生产中的加热或冷却速度却很快，此时，不能用Fe-Fe$_3$C相图分析问题；Fe-Fe$_3$C相图只能给出平衡条件下的相、相的成分和各相的相对重量，不能给出相的形状、大小和分布；相图只反映铁碳二元合金中相的平衡状态，而实际生产中使用的钢和铸铁，除了铁和碳以外，往往含有或有意加入了其他元素，当其他元素的含量较高时，相图将发生变化。

【励志园地2】

老骥伏枥 壮心不已

王国栋：1942年生，中国工程院院士，东北大学教授，我国著名的金属压力加工专家（图6-23）。王国栋院士对钢研究有"瘾"：少年时，他生长于钢都鞍山，誓言要做顶天立地的钢铁工人；青年时，他求学当时的东北工学院，毕业后被分配到小钢厂，从夹钳做起，发志炼出好钢；中年时，他穿梭于实验室和工厂之间，把成果镌刻在钢铁生产线上。奔腾的钢花日夜飞溅，雄伟的轧机阵阵轰鸣是王国栋院士最喜欢也最熟悉的场景。

图6-23　工作中的王国栋院士

钢铁，大国筋骨。挺起民族钢铁的"脊梁"，让"国之重器"不再受制于人，王国栋院士情愿为此奋斗一生！从教40多年来，他领衔研发的超级钢、新一代控轧控冷技术等攻克了高端钢铁领域的关键难题，助推我国从钢铁大国向钢铁强国迈进。到了晚年，他虽已桃李满天下，却仍老骥伏枥壮心不已，继续攻关突破。正是像王国栋院士这样的一大批科学家，坚持不懈、默默奉献，挺起了钢铁的脊梁，却累弯了自己的腰。

【答疑解惑】

"南海一号"沉船中的铁锅和铁钉之所以有着不同的组织，是因为制造它们所使用的合金的成分是不一样的。铁锅残片主要为共晶白口铸铁，其金相组织主要为低温莱氏体，根据铁碳合金相图可知该合金的含碳量为4.3%。低温莱氏体是由珠光体和渗碳体组成的机械混合物，基体相为渗碳体，因而其硬度很高，塑性、韧性差。铁钉的组织主要为铁素体，局部为亚共析钢组织，即"铁素体+珠光体"，根据铁碳合金相图可以判断出该合金的含碳量低于0.4%。铁素体的强度、硬度低，塑性和韧性好，珠光体则具有较好的综合力学性能。白口铸铁塑性、韧性差，但耐磨性好，且铸造性能优良，因此常用来铸造器具，而以铁素体为主要相且含有珠光体组织的钢塑性优良，特别适合用锻造的方法成形。

【知识小结】

（1）纯铁的塑性、韧性较好，强度、硬度低，它在不同温度下具有不同晶体结构的特性称为同素异构转变，又称为重结晶。

（2）铁碳合金的基本组织有：铁素体（F）、奥氏体（A）、渗碳体（Fe_3C）、珠光体（P）和莱氏体（Ld），其中铁素体、奥氏体和渗碳体是铁碳合金的基本相。

（3）铁素体的强度、硬度低，塑性和韧性好。奥氏体是铁碳合金高温固态时的单相组织，强度、硬度较低，但具有很好的塑性和韧性。渗碳体的硬度很高，但极脆，塑性、韧性几乎为零，是钢中的主要强化相。

（4）珠光体的性能介于铁素体和渗碳体之间，强度比铁素体高，脆性比渗碳体低，具有较好的综合力学性能。无论是高温莱氏体还是低温莱氏体，由于其基体相都为渗碳体，因此硬度很高，塑性、韧性极差。

（5）铁碳合金相图是指在平衡条件下（极其缓慢加热或冷却）、不同成分的铁碳合金在不同温度下所处状态或组织的图形。

（6）铁碳合金的特征点、特征线、相区的含义。

（7）铁碳合金的分类。

（8）任何成分的铁碳合金在室温下的组织均由铁素体和渗碳体两相组成。当含碳量小于0.9%时，随含碳量增加，钢的强度和硬度直线上升，而塑性和韧性不断下降；当含碳量大于0.9%以后，钢的强度开始明显下降，但硬度仍在增高，塑性和韧性继续降低。

【复习思考题】

6-1 填空题

1. 钢和铸铁主要由铁元素和碳元素组成，故又称为_____。

2. 纯铁在1538℃时结晶为_____晶格的δ-Fe，在1394℃时变为_____晶格的γ-Fe，在912℃时再次变为_____晶格的α-Fe，这种在不同温度下具有不同晶体结构的特性称为_____。

3. 铁碳合金固态时的基本相有_____、_____、_____3种，基本组织有_____、_____、_____、_____、_____5种。

4. 铁素体是碳溶于_____中形成的_____固溶体；奥氏体是碳溶于_____中形成的固溶体；渗碳体是_____；珠光体是_____和_____组成的机械混合物；莱氏体_____和_____组成的机械混合物。

5. 钢的含碳量范围是_____，主要组织是_____；铸铁的含碳量范围是_____，主要组织是_____。

6. 任何成分的铁碳合金在室温下的组织均由_____和_____两相组成。随含碳量的增加，_____的量相对减少，而_____量相对增多，并且渗碳体的形状和分布也发生变化，因而形成不同的组织。

7. 为保证工业用钢具有足够的强度，一定的塑性和韧性，钢的含碳量一般不超过_____。

6-2 单项选择题

1. 工业纯铁中含碳量（　　）。
   A. ≤0.0532%　　　B. ≤0.0351%　　　C. ≤0.0218%
2. 纯铁在室温下是（　　）晶格。
   A. 密排六方　　　B. 面心立方　　　C. 体心立方
3. 下列符号表示奥氏体的是（　　）。
   A. F　　　B. A　　　C. P　　　D. S
4. 下列化学式表示渗碳体的是（　　）。
   A. FeC　　　B. Fe_2C　　　C. Fe_3C
5. 珠光体是一种（　　）。
   A. 固溶体　　　B. 金属化合物　　　C. 机械混合物
6. 下列几项中谁的硬度最大？（　　）。
   A. 珠光体　　　B. 铁素体　　　C. 奥氏体　　　D. 渗碳体
7. 下列哪一项不是铁碳合金的基本相？（　　）
   A. 珠光体　　　B. 铁素体　　　C. 奥氏体　　　D. 渗碳体
8. 铁碳合金共析转变的温度是（　　）。
   A. 1148℃　　　B. 727℃　　　C. 1228℃
9. 铁碳合金相图上 *ECF* 线是（　　）。
   A. 共晶线　　　B. 共析线　　　C. 液相线　　　D. 固相线
10. 钢和铸铁的含碳量分界是（　　）。
    A. 0.0218%　　　B. 0.77%　　　C. 2.11%

6-3 判断题

1. 熟铁就是将生铁加热后形成的铁碳合金，成分没有差别。（　　）
2. 珠光体具有较好的综合力学性能，它是钢的主要组织。（　　）
3. 奥氏体的溶碳能力比铁素体的大。（　　）
4. 铸铁中含有较多的渗碳体，硬度大，塑性差。（　　）
5. 随着含碳量的增加，铁碳合金的硬度越来越小，塑性韧性越来越好。（　　）

6-4 问答题

1. 默画简化的 $Fe-Fe_3C$ 相图，说明图中特性点、线的含义，填写各区域的相和组织组成物。
2. 根据 $Fe-Fe_3C$ 相图解释下列现象：

（1）在进行热轧和锻造时，通常将钢材加热到 1000~1250℃；
（2）钢铆钉一般用低碳钢制作；
（3）在 1100℃时，含碳量为 0.4%的钢能进行锻造，而含碳量为 4.0%的铸铁不能锻造；
（4）室温下含碳量为 0.9%的碳钢比含碳量为 1.2%的碳钢强度高；
（5）室温下含碳量为 1.0%的碳钢比含碳量为 0.5%的碳钢硬度大。

第 7 章　热处理原理及工艺方法

【学习目标】

知识目标

(1) 掌握钢在加热和冷却时的组织转变。
(2) 掌握钢的整体热处理方法和表面热处理方法。
(3) 熟悉热处理新技术。

能力目标

(1) 能为零件选择合理的热处理工艺方法。
(2) 根据指定的热处理工艺卡片，能够完成热处理工艺设备的操作。
(3) 能初步制定合理的热处理工艺。

素质目标

(1) 具有严谨踏实、一丝不苟的职业精神。
(2) 具有精雕细琢、追求卓越的工匠精神。
(3) 具有千锤百炼、精益求精的做事风格。

【知识导入】

剑，古代兵器之一（图 7-1）。素有"百兵之君"的美称。中国传统宝剑从材质上分，一般包括青铜剑和铁剑两种。青铜剑产生在商代，当时的剑一般较短，约为 20～

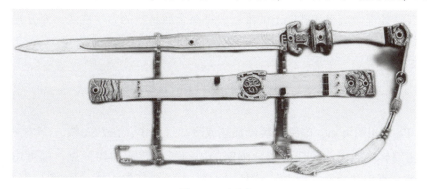

图 7-1　宝剑

40cm，呈柳叶形或锐三角形。春秋时期，吴越两国以铸青铜剑精良闻名于当世，技术精湛、工艺华美，可称举世无匹，尤其是剑身的表面处理，不但具有神秘华丽的花纹，在2500年后的今天，仍然寒光四射、锋锐如新。随着冶炼技术的发展，铁剑的硬度逐渐提高而被称作钢剑。钢剑的硬度并非越硬越好，因为"过刚易折"。所以一把好剑应是既能"削铁如泥"，又能不折不裂，即"刚柔并济"。但要达到这一点，是十分困难的。因此，中国传统宝剑的制作工艺就显得十分复杂而神秘。那么，中国宝剑为何有如此好的力学性能呢？究竟选择了什么热处理方法能够使它流芳百世？

【知识学习】

热处理原理是把钢在固态下加热到一定温度，进行必要的保温，并以适当的速度冷却到室温，以改变钢的内部组织，从而得到所需性能的工艺方法。其工艺曲线如图7-2所示。

钢的热处理目的在于消除毛坯（如铸件、锻件等）中缺陷，改善其工艺性能，为后续工序作好组织准备；而且热处理能显著提高钢的力学性能，从而充分发挥钢材的潜力，提高工件的使用性能和使用寿命。因此，热处理在机械制造工业中占有十分重要的地位。

据初步统计，在机床制造中，60%~70%的零件要经过热处理，在汽车、拖拉机制造中，需要热处理的零件多达70%~80%，至于工模具及滚动轴承，则要100%进行热处理。总之，大多数机器零件，尤其是重要的零件都需要经过热处理后才能使用。

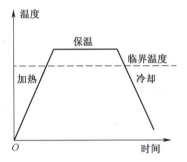

图7-2 热处理工艺曲线

根据加热和冷却方法不同，常用的热处理大致分类如下。

（1）整体热处理。对工件进行整体穿透加热。常用的方法有退火、正火、淬火、回火等。

（2）表面热处理。对工件表层进行加热与冷却，以改变表层的组织和性能。常用的方法有感应加热表面淬火、火焰加热表面淬火、激光加热表面淬火等。

（3）化学热处理。通过改变工件表层的化学成分，来改变其组织和性能。常用的方法有渗碳、碳氮共渗、渗氮等。热处理的目的消除毛坯中的缺陷，改善工艺性能，为切削加工或热处理做组织和性能上的准备；提高金属材料的力学性能，充分发挥材料的潜力，节约材料延长零件使用寿命。

7.1 钢在加热时的组织转变

由 Fe-Fe$_3$C 相图可知，碳钢在缓慢加热或冷却过程中，在 *PSK* 线、*GS* 线和 *ES* 线上都要发生组织转变。因此，任一成分碳钢的固态组织转变的相变点，都可由 *PSK* 线、*GS* 线和 *ES* 线来确定。通常把 *PSK* 线称为 A_1 线；*GS* 线称为 A_3 线；*ES* 线称为 A_{cm} 线。而该线上的相变点，则相应地用 A_1 点、A_3 点、A_{cm} 点来表示。

应当指出，A_1、A_3、A_{cm}点是平衡相变点，是碳钢在极其缓慢的加热或冷却情况下测定的。但在实际生产中，加热和冷却速度都比较快，因此，钢的相变过程不可能在平衡相变点进行。加热转变在平衡相变点以上进行；冷却转变在平衡相变点以下进行。升高和降低的幅度，随加热和冷却速度的增加而增大。为了区别于平衡相变点，通常将加热时的各相变点用A_{c1}、A_{c3}、A_{ccm}表示；冷却时的各相变点用A_{r1}、A_{r3}、A_{rcm}表示。图7-3为这些相变点在Fe-Fe_3C相图上的位置示意图。

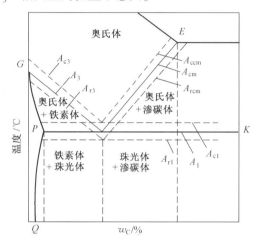

图7-3　钢加热和冷却时各临界点的实际位置

7.1.1　奥氏体的形成

大多数热处理工艺需要将钢加热到临界温度以上（A区域）才能进行，所以加热转变主要包括A的形成和晶粒长大两个过程。

1. 奥氏体的形成

以共析钢为例，共析钢在A_1点以下全部为珠光体组织，组织中的铁素体具有体心立方晶格，A_1点时其$w_C = 0.0218\%$；渗碳体具有复杂晶格，其$w_C = 6.69\%$。而加热到A_{c1}点以上时，珠光体变成具有面心立方晶格的奥氏体，其$w_C = 0.77\%$。由此可见，奥氏体化必须进行晶格的改组和铁、碳原子的扩散，其转变过程遵循晶核形核和晶核长大的基本规律，并通过以下4个阶段来完成，如图7-4所示。

1) 奥氏体晶核的形成

实验证明，奥氏体晶核会优先在铁素体和渗碳体相界面上形成。这是由于相界面处原子排列比较紊乱，处于能量较高状态，且奥氏体的碳的质量分数介于铁素体和渗碳体之间，故在两相的相界面上，为奥氏体的形核提供了良好的条件。

2) 奥氏体晶核的长大

奥氏体晶核形成后，由于它一面与渗碳体相接，另一面与铁素体相接，因此，奥氏体晶核的长大是相界面往渗碳体与铁素体方向同时推移的过程。它是通过铁、碳原子的扩散，使邻近的渗碳体不断溶解，致使铁素体晶格改组成为面心立方晶格来完成的。

3) 残余渗碳体的溶解

在奥氏体形成过程中，由于渗碳体的晶体结构和碳的质量分数与奥氏体有很大差异,所以当铁素体全部消失后,仍有部分渗碳体尚未溶解,这部分未溶的渗碳体将随着保温时间的延长,将逐渐溶入奥氏体中,直至完全消失为止。

4) 奥氏体的均匀化

残余奥氏体完全溶解后,奥氏体的碳浓度是不均匀的,在原渗碳体处碳浓度较高,而原铁素体处碳浓度较低,只有延长保温时间,通过碳原子的扩散,才能得到成分均匀的奥氏体。图7-4所示为钢的奥氏体化过程。

由上可知,热处理的保温,不仅是为了将工件热透,而且也是为了获得均匀的奥氏体组织,以便冷却后能得到良好的组织和性能。

亚共析钢和过共析钢加热到A_{c1}点以上时,珠光体转变成奥氏体,得到的组织为奥氏体和先析的铁素体或渗碳体,称为不完全奥氏体化。只有加热到A_{c3}或A_{ccm}以上,先析相会继续向奥氏体转变或溶解,获得单一的奥氏体组织,才是完全奥氏体化。

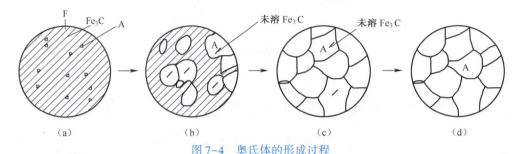

图7-4 奥氏体的形成过程

(a) A形核;(b) A长大;(c) 残余Fe_3C溶解;(d) A均匀化。

2. 影响奥氏体转变的因素

1) 加热温度

加热温度越高,铁、碳原子的扩散速度越快,且铁的晶体改组也越快,因而加速了奥氏体的形成。

2) 加热速度

如图7-5所示,加热速度越快($v_2>v_1$),转变开始温度越高($t_2>t_1$),转变终了温度也越高($t'_2>t'_1$),完成转变所需的时间越短($\tau_2<\tau_1$),即奥氏体转变速度越快。转变开始温度越高,转变终了温度也越高,完成转变所需要的时间越短,即奥氏体转变速度越快。

3) 钢的原始组织

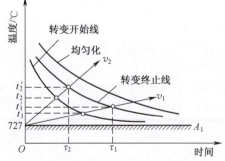

图7-5 加热速度对奥氏体转变的影响

若钢的成分相同,其原始组织越细、相界面越多,奥氏体的形成速度就越快。例如,相同成分的钢,由于细片状珠光体比粗片状珠光体的相界面积大,故细片状珠光体的奥氏体形成速度快。

7.1.2 奥氏体晶粒的长大及其影响因素

奥氏体形成后继续加热或保温,在伴随着残余渗碳体的溶解和奥氏体的均匀化同时，奥氏体的晶粒将发生长大。其结果使钢件冷却后的力学性能降低，尤其是塑性和韧性明显下降；奥氏体晶粒粗大，也是淬火变形和开裂的重要原因。所以，为了获得细晶粒的奥氏体组织，有必要了解奥氏体晶粒在其形成后的长大过程及控制方法。

1. 奥氏体晶粒度

奥氏体晶粒度是指将钢加热到相变点（亚共析钢为A_{c3}，过共析钢为A_{c1}或A_{ccm}）以上某一温度，并保温给定时间得到的奥氏体晶粒大小。奥氏体晶粒大小用以下两种方法表示：一种是用晶粒尺寸表示，例如晶粒的平均直径、晶粒的平均表面面积或单位表面面积内的晶粒数目；另一种是用晶粒度N表示，它是将放大100倍的金相组织与标准晶粒号图片进行比较来确定的。一般将N小于4的称为粗晶粒，N在5~8之间的称为细晶粒，N大于8以上称为超细晶粒。

2. 奥氏体晶粒的长大

在加热转变中，新形成并刚好互相接触时的奥氏体晶粒，称为奥氏体起始晶粒，其大小称为奥氏体起始晶粒度。奥氏体起始晶粒一般都很小，但随温度进一步升高，时间继续延长，奥氏体晶粒将不断长大。钢开始冷却时的奥氏体晶粒称为实际晶粒，其大小称为实际晶粒度。奥氏体实际晶粒度直接影响钢热处理后的组织与性能。

实践证明，不同成分的钢，在加热时奥氏体晶粒长大的倾向是不相同的，如图7-6所示。有些钢随着加热温度的升高，奥氏体晶粒会迅速长大，称这类钢为本质粗晶粒钢（图7-6中的曲线1），而有些钢的奥氏体晶粒不易长大，只有当温度超过一定值时，奥氏体晶粒才会突然长大，称这类钢为本质细晶粒钢（图7-6中的曲线2）。生产中，需经热处理的工件，一般都采用本质细晶粒钢制造。

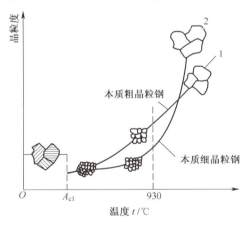

图7-6 奥氏体晶粒长大倾向示意图

3. 影响奥氏体晶粒长大的因素

1) 加热温度和保温时间

加热温度越高，保温时间越长，奥氏体晶粒长得越大。通常加热温度对奥氏体晶粒长大的影响比保温时间更显著。

2) 加热速度

当加热温度确定后，加热速度越快，奥氏体晶粒越细小。因此，快速高温加热和短时间保温,是生产中常用的一种细化晶粒的方法。

3) 钢中合金元素的含量

大多数合金元素均能不同程度地阻碍奥氏体晶粒长大,尤其是与碳结合力较强的合金元素(如铬、钼、钨、钒等),由于它们在钢中形成难溶于奥氏体的碳化物,并弥散分布在奥氏体晶界上,能阻碍奥氏体晶粒长大,而锰、磷则促使奥氏体晶粒长大。

7.2 钢在冷却时的组织转变

生产实践和科学实验证明,即使是同一化学成分的钢,当加热到高温奥氏体状态后,若采用不同的冷却方法,其奥氏体转变后的组织和性能都有很大的差别(表7-1)。这是由于热处理生产中,冷却速度比较快,因此奥氏体组织转变不符合 $Fe-Fe_3C$ 相图所示的变化,从而导致性能上的差别。由于冷却速度较快,奥氏体被过冷到共析温度以下才发生转变,在共析温度以下暂存的、不稳定的奥氏体称为过冷奥氏体。

表7-1 45钢不同方法冷却后的力学性能(加热温度840℃)

冷却方式	力学性能				
	R_m/MPa	R_{eL}/MPa	A/%	Z/%	硬 度
炉冷	530	280	32.5	49.3	160~200HBW
空冷	670~720	340	15~18	45~50	170~240HBW
水冷	1100	720	7~8	12~14	52~60HRC

过冷奥氏体的冷却有两种方式:一种是等温冷却转变,即将钢件奥氏体化后,迅速冷却至临界点 A_{r1} 或 A_{r3} 以下某一温度并保温,使奥氏体在该温度下发生组织转变,然后再冷却到室温,如图7-7中的线1所示,另一种是连续冷却转变,即将钢件奥氏体化后,以不同的冷却速度连续冷却至室温,在连续冷却过程中奥氏体发生组织转变,如图7-7中的线2所示。

为了研究奥氏体的冷却转变规律,通常是根据上述两种冷却方式,分别绘出过冷奥氏体等温转变曲线和过冷奥氏体连续冷却转变曲线,这两种曲线能正确说明奥氏体冷却条件与相变的关系。

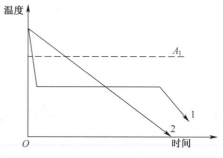

图7-7 等温冷却和连续冷却示意图

7.2.1 过冷奥氏体的等温冷却转变

奥氏体在相变点 A_1 以下处于不稳定状态,必定会发生相变。但过冷到 A_1 以下的奥氏体并不立即发生相变,而是要经过一个孕育期后才开始转变,过冷奥氏体在不同温度下的等温转变,将使钢的组织与性能发生明显的变化,而奥氏体等温转变曲线是研究过冷奥氏体等温转变的工具。

1. C 曲线的建立与分析

把用共析钢制的同样尺寸（$\phi1.5mm$ 的圆片）的试样分成若干组，使其奥氏体化后，然后把各组试样分别投入 A_{r1} 点以下不同温度，如 650℃、600℃、500℃、350℃、230℃ 的恒温盐浴炉中进行等温转变，并每隔一定时间取出其中一个放于显微镜下观察它们的组织变化。测定奥氏体在各个温度下组织转变开始时间与终了时间，最终的组织和性能。将测定结果绘在温度—时间坐标图中，把各试样转变开始点连接起来，形成转变开始线；把各试样转变终了点连接起来，形成转变终了线。这样就得到过冷奥氏体等温转变曲线如图 7-8 所示。因为曲线形状像英文字母"C"，所以也称为 C 曲线。因为过冷奥氏体等温转变曲线是反映时间-温度-组织转变关系的曲线，又称为"TTT"曲线。这个曲线由于过冷奥氏体在不同过冷度下转变经历的时间相差很大，从不足 1s 至长达几天，在等温转变开始线的左边为过冷奥氏体区，处于尚未转变而准备转变阶段，这段时间称为"孕育期"。在不同等温温度下，孕育期的长短不同。对共析钢来讲，过冷奥氏体在等温转变的"鼻尖"（约 550℃）附近等温时，孕育期最短，即说明过冷奥氏体最不稳定，易分解，转变速度最快。在高于或低于 550℃ 时，孕育期由短变长，即过冷奥氏体稳定性增加，转变速度较慢。转变终了线右边为转变结束区，两条 C 曲线之间为转变过渡区。在 C 曲线下面还有两条水平线：一条是马氏体开始转变线 M_s，一条是马氏体转变终了线 M_f，在两条水平线之间为马氏体转变区。

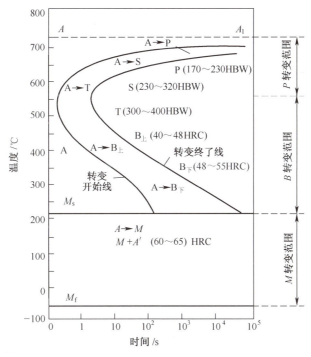

图 7-8 过冷奥氏体等温转变曲线

2. 影响 C 曲线的因素

1) 含碳量

如图 7-9 所示，在过冷奥氏体转变为珠光体之前，亚共析钢有先共析铁素体析出，过共析钢有先共析渗碳体析出。因此，分别在 C 曲线左上部多了一条先共析铁素体析出线（图 7-9（a））和先共析渗碳体析出线（图 7-9（b））。

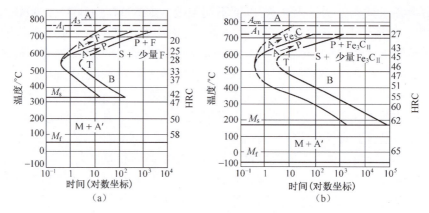

图 7-9 亚共析钢和过共析钢的 C 曲线
(a) 亚共析钢的 C 曲线；(b) 过共析钢的 C 曲线。

奥氏体含碳量不同，C 曲线位置不同。在正常热处理加热条件下，亚共析钢随奥氏体含碳量增加，C 曲线逐渐右移，过冷奥氏体稳定性增高；过共析钢随奥氏体含碳量增加，C 曲线逐渐左移，过冷奥氏体稳定性减小；共析钢 C 曲线最靠右，过冷奥氏体最稳定。

2）合金元素

除钴以外，所有的合金元素溶入奥氏体后均能增大过冷奥氏体的稳定性，使 C 曲线右移。其中一些碳化物形成元素（如铬、钼、钨、钒等）不仅使 C 曲线右移，而且还使 C 曲线形状发生改变。

3）加热温度和保温时间

加热温度越高，保温时间越长，奥氏体成分越均匀，晶粒也越粗大，晶界面积越小，使过冷奥氏体稳定性提高，C 曲线右移。

3. 过冷奥氏体等温转变产物的组织及性能

根据共析钢过冷奥氏体在不同温度区域内转变产物和性能的不同，可分为高温、中温及低温转变区，即珠光体型、贝氏体型和马氏体型的转变。

1）高温等温转变——珠光体型转变

共析钢的过冷奥氏体在 $A_1 \sim 550℃$（鼻尖）温度范围内，将发生奥氏体向珠光体转变。分为以下 3 类：

(1) 珠光体。形成温度为 $A_1 \sim 650℃$，片层较厚，一般在 500 倍以下的光学显微镜下即可分辨。用符号"P"表示，如图 7-10（a）所示。

(2) 索氏体。形成温度为 650~600℃，片层较薄，一般在 800~1000 倍光学显微镜下才可分辨。用符号"S"表示，如图 7-10（b）所示。

(3) 托氏体。形成温度为 600~550℃，片层极薄，只有在电子显微镜下才能分辨。用符号"T"表示，如图 7-10（c）所示。

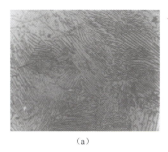 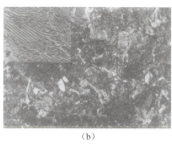 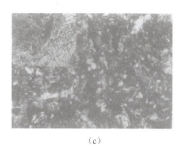

(a)　　　　　　　　　　(b)　　　　　　　　　　(c)

图 7-10　珠光体组织示意图

(a) 珠光体；(b) 索氏体（左上角为电子显微组织）；(c) 托氏体（左上角为电子显微组织）。

珠光体、索氏体和托氏体实际上都是铁素体和渗碳体的机械混合物，仅片层粗细不同，并无本质差异。

2) 中温等温转变——贝氏体型转变

转变温度在 C 曲线鼻尖至 M_s 点之间，即 550～230℃ 的温度范围。转变产物由含碳量过饱和 α 固溶体和碳化物组成的复相组织，这种组织称为贝氏体，用符号 B 表示。由于转变时过冷度较大，只有碳原子扩散，铁原子不扩散，因此过冷奥氏体向贝氏体的转变是半扩散型相变。贝氏体可分为上贝氏体和下贝氏体两种。

(1) 在 550～350℃ 之间，转变产物在光学显微镜下呈羽毛状，如图 7-11 所示。铁素体形成许多密集而互相平行的扁片，其间断断续续分布着渗碳体颗粒，这种组织称为上贝氏体（$B_上$），其硬度为 40～45HRC，但强度低，塑性差，脆性大，生产上很少采用。

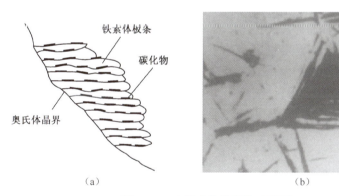

(a)　　　　　　　　　　(b)

图 7-11　上贝氏体的结构示意图

(a) $B_上$ 组织示意图；(b) $B_上$ 显微组织。

(2) 在 350℃～M_s 之间，转变产物在光学显微镜下呈黑色竹叶状，如图 7-12 所示。铁素体形成竹叶状，其内分布着极细小的渗碳体颗粒，这种组织为下贝氏体（$B_下$），硬度为 45～55HRC。

贝氏体的碳化物不是连续分布，而是由许多细颗粒或薄片呈断续分布，其次，贝氏体中的铁素体碳浓度高于珠光体，呈过饱和固溶状态。

与上贝氏体比较，下贝氏体有较高的硬度和强度，同时塑性、韧性也较好，并有高的耐磨性。因此，生产中常采用等温淬火的方法来获得下贝氏体组织。

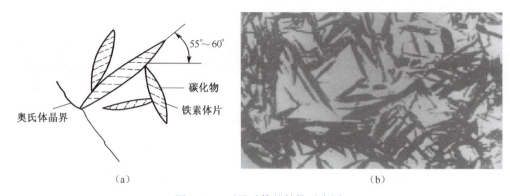

图 7-12 下贝氏体的结构示意图

(a) $B_下$ 组织示意图；(b) $B_下$ 显微组织。

3) 低温转变——马氏体型转变

(1) 马氏体的组织。转变温度在 M_s 及 M_f 之间。转变特点是：过冷度极大，转变温度很低，碳原子和铁原子的动能很小，都不能扩散。从而形成了碳在 α-Fe 中的过饱和固溶体，称为马氏体，用符号 M 表示。

共析钢奥氏体过冷到 230℃（M_s）时，开始转变为马氏体，随着温度下降，马氏体逐渐增多，过冷奥氏体不断减少，直至 -50℃（M_f）时，过冷奥氏体才全部转变成马氏体。

马氏体组织形态有片状（针状）和板条状两种。其组织形态主要取决于奥氏体的含碳量，奥氏体中 w_C>1.0%时，马氏体呈凸透镜状，称为片状马氏体，又称高碳马氏体，观察金相磨片其断面呈针状。一个奥氏体晶粒内，先形成的马氏体针较为粗大，往往贯穿整个奥氏体晶粒，而后形成的马氏体不能穿越先形成的马氏体。因此，越是后形成的马氏体尺寸越小，整个组织是由长短不一的马氏体针组成，如图 7-13（a）所示。片状马氏体显微组织如图 7-13（b）所示。w_C<0.25%时，马氏体呈板条状，故称板条马氏体，又称低碳马氏体。其由许多相互平行的板条构成一个马氏体板条束，如图 7-14（a）所示。板条马氏体显微组织如图 7-14（b）所示。若 w_C 介于 0.25%～1.0%，则为片状和板条状马氏体的混合组织。

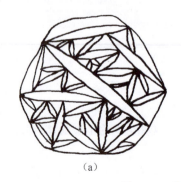

图 7-13 片状马氏体的组织形态和显微组织

(a) 片状马氏体的组织形态；(b) 片状马氏体的显微组织。

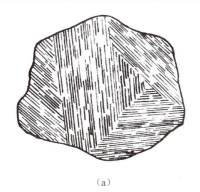
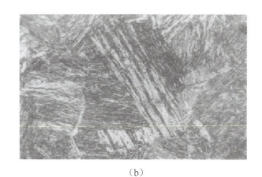

(a)　　　　　　　　　　　　　　　(b)

图 7-14　板条马氏体的组织形态和显微组织

(a) 板条马氏体的组织形态；(b) 板条马氏体的显微组织。

（2）马氏体的性能。高硬度是马氏体性能的主要特点。马氏体的硬度主要受其含碳量的影响，如图 7-15 所示。随马氏体含碳量增加，其硬度也随之升高，当含碳量达到 0.6% 以后，其硬度的变化趋于平缓。合金元素的存在对钢中马氏体的硬度影响不大。马氏体强化是钢的主要强化手段之一，广泛应用于工业生产中。马氏体强化的主要原因是过饱和碳引起的晶格畸变，即固溶强化。此外，马氏体在转变过程中产生的大量晶体缺陷（如位错、孪晶等）和引起的组织细化，以及过饱和碳以弥散碳化物形式的析出都对马氏体强化有不同程度的贡献。

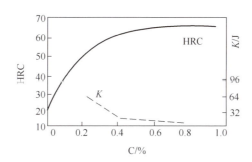

图 7-15　马氏体的硬度、韧性与含碳量

共析钢过冷奥氏体等温转变产物见表 7-2。

表 7-2　过冷奥氏体等温转变产物（以共析钢为例）

转变类型	转变产物	形成温度/℃	转变机制	显微组织特征	HRC	获得工艺
珠光体	P	$A_1 \sim 650$	扩散型	粗片状，F、Fe_3C 相间分布	5~20	退火
	S	650~600		细片状，F、Fe_3C 相间分布	20~30	正火
	T	600~550		极细片状，F、Fe_3C 相间分布	30~40	等温处理
贝氏体	$B_上$	550~350	半扩散型	羽毛状，短棒状 Fe_3C 分布于过饱和 F 条之间	40~50	等温处理
	$B_下$	350~M_s		竹叶状，细片状 Fe_3C 分布于过饱和 F 针上	50~60	等温淬火
马氏体	$M_针$	$M_s \sim M_f$	无扩散型	针状	60~65	淬火
	$M_板条$	$M_s \sim M_f$		板条状	50	淬火

7.2.2 过冷奥氏体的连续冷却转变

1. 过冷奥氏体连续冷却转变曲线

在实际生产中,过冷奥氏体大多是在连续冷却中转变的,如钢退火时的炉冷、正火时的空冷、淬火时的水冷等。转变后获得组织、性能都是以连续冷却转变为依据,因此研究过冷奥氏体在连续冷却时的组织转变规律有重要的意义。

图 7-16 所示是用热膨胀法测定的共析碳钢连续冷却转变曲线。由图可见,连续冷却转变曲线只有 C 曲线的上半部分,没有下半部分,即连续冷却转变只发生珠光体和马氏体转变,而不发生贝氏体转变。

图 7-16 中 P_s 线为过冷奥氏体向珠光体转变的开始线;P_f 线为过冷奥氏体向珠光体转变终了线;K 线为过冷奥氏体向珠光体转变的终止线,它表示当冷却速度线与 K 线相交时,过冷奥氏体不再向珠光体转变,剩余过冷奥氏体时间(对数坐标)一直冷却到 M_s 线以下发生马氏体转变。与连续冷却转变曲线相切的冷却速度线 v_k,是过

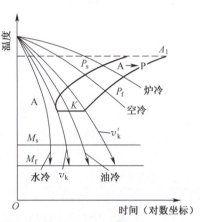

图 7-16 共析钢连续冷却转变曲线

冷奥氏体在连续冷却过程中不发生分解,全部转变为马氏体的最小冷却速度,也称为马氏体临界冷却速度。

2. C 曲线在连续冷却转变中的应用

由于过冷奥氏体的连续冷却转变曲线测定比较困难,且有些使用广泛的钢种,其连续冷却曲线至今尚未测出,所以目前生产上常用 C 曲线代替连续冷却转变曲线定性地、近似地分析过冷奥氏体的连续冷却转变。图 7-17 就是应用共析碳钢的等温转变曲线分析奥氏体连续冷却时的转变情况。图中冷却速度 v_1 相当于随炉冷却的速度,根据它与 C 曲线相交的位置,可估计出奥氏体将转变为珠光体;冷却速度 v_2 是相当于在空气中冷却的速度,根据它与 C 线相交的位置,可估计出奥氏体将转变为索氏体;冷却速度 v_3 相当于油冷的速度,根据它与 C 曲线相交的位置,可估计出有一部分奥氏体将转变为托氏体,剩余的奥氏体冷却到 M_s 线以下开始转变为马氏体,最终得到托氏体、马氏体和残余奥氏体的混合组织;冷却速度 v_4 是相当于水冷的速度,它不与 C 曲线相交,一直过冷到 M_s 线以下开始转变为马氏体;冷却速度 v_k 与 C 曲线鼻尖相切,v_k 为该钢的马氏体临界冷却速度。

必须指出,用 C 曲线来估计连续冷却过程是很粗略的、不精确的,随着实验技术的发展,将有更多的、更完善的连续冷却转变曲线被测得,用它来解决连续冷却过程才是合理的。

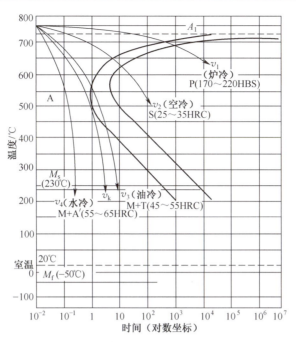

图 7-17　共析钢过冷奥氏体等温转变曲线在连续冷却方式中的应用

7.3　钢的退火与正火

7.3.1　钢的退火

退火是将工件加热到临界点以上或在临界点以下某一温度保温一定时间后，以缓慢的冷却速度（炉冷、坑冷、灰冷）进行冷却的热处理工艺。

根据钢的成分、组织状态和退火目的的不同，退火工艺可分为完全退火、等温退火、球化退火、均匀化退火、去应力退火等。退火的目的是降低钢件的硬度以利于切削加工；消除残余应力，以防钢件变形与开裂；细化晶粒，改善组织，以提高钢的力学性能，并为最终热处理作好组织准备。

1. 完全退火

将钢件加热到完全奥氏体化（A_{c3} 以上 30～50℃）后，随之缓慢冷却，获得接近平衡组织的退火工艺。生产中为提高生产率，一般随炉缓冷至 600℃ 左右，将工件出炉空冷。

完全退火可降低钢的硬度，以利于切削加工；消除残余应力，稳定工件尺寸，以防变形或开裂；细化晶粒，改善组织，以提高力学性能和改善工艺性能，为最终热处理作好组织准备。完全退火所需时间很长，特别是对于某些合金钢往往需要数十小时，甚至数天时间，因此是一种费时的工艺。

完全退火主要用于亚共析钢的铸件、锻件、热轧型材和焊接结构件等，不能用于过共析钢。因为加热到 A_{ccm} 温度以上，在随后缓冷过程时，会沿奥氏体晶界析出网状二次渗碳体，使钢的强度和韧性降低。

2. 等温退火

等温退火的加热工艺与完全退火相同。但钢经奥氏体化后，等温退火以较快速度冷却到珠光体转变温度区间的某一温度，等温一定时间，使过冷奥氏体发生珠光体转变，然后以较快的速度（一般为空冷）冷至室温。图 7-18 所示为某合金钢完全退火与等温退火工艺比较。可见完全退火需要 15~20h 以上，而等温退火所需要的时间则明显缩短。

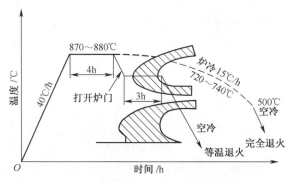

图 7-18　高速工具钢的完全退火与等温退火工艺曲线

3. 球化退火

它是将共析钢或过共析钢加热到 A_{c1} 以上 20~40℃，保温一定时间后，随炉缓冷到 500℃ 左右出炉空冷，或快冷到略低于 A_{r1} 温度，保温后出炉空冷，使钢中碳化物球状化的退火工艺。

球化退火主要目的是降低共析钢或过共析钢硬度，提高塑性，改善切削加工性能，获得均匀的组织，改善热处理工艺性能，为以后的淬火做好组织准备。

球化退火主要用于共析钢或过共析钢工件的热加工之后，因为这些钢的组织中常出现粗片状珠光体和二次渗碳体，使钢的切削加工性能变差，且淬火时易产生变形和开裂。采用球化退火可使珠光体中的片状渗碳体和网状二次渗碳体球状化，变成球状（颗粒状）的渗碳体。这种在铁素体基体上均匀分布着球状渗碳体的组织，称为球状珠光体，如图 7-19 所示。对于存在有严重网状二次渗碳体的钢，可在球化退火前先进行一次正火处理，将渗碳体网破碎。

4. 均匀化退火（扩散退火）

它是将铸锭、铸件或锻坯加热到 A_{c3} 以上 150~200℃，保温 10~15h，然后再随炉缓冷至 350℃，出炉空冷的工艺。均匀化退火主要用于优质合金钢的铸锭、铸件或锻坯，目的是使钢中成分能进行充分扩散而达到均匀化。

均匀化退火因为加热温度高、加热时间长，造成晶粒粗大，所以随后往往还要进行一次完全退火来细化晶粒。

5. 去应力退火（又称低温退火）

它是将工件缓慢加热到 A_{c1} 以下 100~200℃（一般为 500~600℃），保温一定时间，

图7-19 球状珠光体显微组织

随炉缓冷至200℃出炉空冷的工艺。由于加热温度低于A_1点，钢在去应力退火过程中不发生组织变化。其主要目的是消除工件在铸、锻、焊和切削加工过程中产生的内应力，稳定尺寸，减少变形。

去应力退火主要用于消除铸件、锻件、焊接件、冷冲压件以及机加工工件中的残余应力。如果这些残余应力不消除，工件在随后的机械加工或长期使用过程中，将引起变形或开裂。

常用退火工艺比较见表7-3。

表7-3 常用退火工艺比较

名称	目的	工艺制度	组织	应用
完全退火	细化晶粒，消除铸造成分不均匀，降低硬度，提高塑性	加热到$A_{c3}+20\sim50℃$，炉冷至550℃左右空冷	F+P	亚共析钢的铸、锻、轧件，焊接件
球化退火	降低硬度，改善切削性能，提高塑性韧性，为淬火作组织准备	加热到$A_{c1}+20\sim40℃$，炉冷到500℃左右空冷，或快冷到略低于A_{r1}温度，保温后出炉空冷	片状珠光体和网状渗碳体组织转变为球状	共析、过共析钢及合金钢的锻件、轧件等
均匀化退火	改善或消除成分偏析，使成分均匀化	加热到$T_m-100\sim200℃$，先缓冷，后空冷	粗大组织（组织严重过热）	合金钢铸锭及大型铸钢件或铸件
去应力退火	消除残余应力，提高尺寸稳定性	加热到500~650℃缓冷至200℃空冷	无变化	铸、锻、焊、冷压件及机加工件

7.3.2 钢的正火

正火：将工件加热到A_{c3}或A_{ccm}以上30~80℃，保温后从炉中取出在空气中冷却。

与退火的区别是冷速快，组织细，强度和硬度有所提高。当钢件尺寸较小时，正火后组织为S，而退火后组织为P。钢的退火与正火工艺参数如图7-20所示。

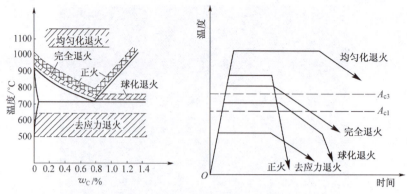

图 7-20 钢的退火与正火工艺参数

1. 正火的应用

（1）用于普通结构零件，作为最终热处理，细化晶粒以提高力学性能。

（2）用于低、中碳钢作为预先热处理，获得合适的硬度便于切削加工。

（3）用于过共析钢，消除网状 Fe_3C_{II}，有利于球化退火的进行。

2. 退火和正火的选择

从前面的学习中知，退火与正火在某种程度上有相似之处，在实际生产中又可替代，那么，在设计时根据什么原则进行选择呢？可从以下三方面予以考虑。

1）从切削加工性上考虑

切削加工性又包括硬度、切削脆性、表面粗糙度及对刀具的磨损等。一般金属的硬度在 170~230HB 范围内，切削性能较好。过高则太硬，难以加工，且刀具磨损快；过低则切屑不易断，造成刀具发热和磨损，加工后的零件表面粗糙度值很大。可见，对于低、中碳结构钢以正火作为预先热处理比较合适，高碳结构钢和工具钢则以退火为宜。至于合金钢，由于合金元素的加入，使钢的硬度有所提高，故中碳以上的合金钢一般都采用退火以改善切削性。

2）从使用性能上考虑

如工件性能要求不太高，随后不再进行淬火和回火，那么往往用正火来提高其力学性能，但若零件的形状比较复杂，正火的冷却速度有形成裂纹的危险，应采用退火。

3）从经济上考虑

正火比退火的生产周期短，耗能少，且操作简便，故在可能的条件下，应优先考虑以正火代替退火。

7.4 钢 的 淬 火

7.4.1 淬火原理及方法

淬火就是将钢件加热到 A_{c3} 或 A_{c1} 以上 30~50℃，保温一定时间，然后快速冷却（一般为油冷或水冷），从而得马氏体的一种热处理工艺。

淬火的目的就是获得马氏体。但淬火必须和回火相配合，否则淬火后得到了高硬度、高强度，但韧性、塑性低，不能得到优良的综合力学性能。

淬火是一种复杂的热处理工艺，又是决定产品质量的关键工序之一。淬火后要得到细小的马氏体组织又不至于产生严重的变形和开裂，就必须根据钢的成分、零件的大小、形状等，结合 C 曲线合理地确定淬火加热和冷却方法。

1. 淬火加热温度的选择

马氏体针叶大小取决于奥氏体晶粒大小。为了使淬火后得到细而均匀的马氏体，首先要在淬火加热时得到细而均匀的奥氏体。因此，加热温度不宜太高，只能在临界点以上 30~50℃。淬火工艺参数如图 7-21 所示。

对于亚共析钢：A_{c3}+(30~50℃)，淬火后的组织为均匀而细小的马氏体。

对于过共析钢：A_{c1}+(30~50℃)，淬火后的组织为均匀而细小的马氏体和颗粒状渗碳体及残余奥氏体的混合组织。如果加热温度过高，渗碳体溶解过多，奥氏体晶粒粗大，会使淬火组织中马氏体针变粗，渗碳体量减少，残余奥氏体量增多，从而降低钢的硬度和耐磨性。

2. 淬火冷却介质

淬火冷却是决定淬火质量的关键，为了使工件获得马氏体组织，淬火冷却速度必须大于临界冷却速度 $v_{临}$，而快冷会产生很大的内应力，容易引起工件的变形和开裂。所以，冷却速度既不能过大又不能过小，理想的冷却速度如图 7-22 所示，但到目前为止还没有找到十分理想的冷却介质能符合这一理想的冷却速度的要求。

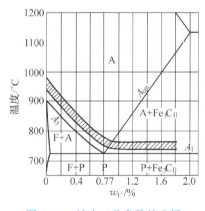

图 7-21 淬火工艺参数的选择　　图 7-22 淬火理想的冷却速度

最常用的冷却介质是水和油，水在 650~550℃ 范围内具有很大的冷却速度（>600℃/s），可防止珠光体的转变，但在 300~200℃ 时冷却速度仍然很快（约为 270℃/s），这时正发生马氏体转变，具有如此高的冷却速度，必然会引起淬火钢的变形和开裂。若在水中加入 10% 的盐（NaCl）或碱（NaOH），可将 650~550℃ 范围内的冷却速度提高到 1100℃/s，但在 300~200℃ 范围内冷却速度基本不变，因此水及盐水或碱水常被用作碳钢的淬火冷却介质，但都易引起材料变形和开裂。而油在 300~200℃ 范围内的冷却速度较慢（约为 20℃/s），可减少钢在淬火时的变形和开裂倾向，但在 650~550℃ 范围内的冷却速度不够大（约为 150℃/s），不易使碳钢淬火成马氏体，只能用于合金钢。常用淬火油为10#、20#机油。

此外,还有硝盐浴(55%KNO_3+45%$NaNO_2$另加3%~5%H_2O)、碱浴(85%KOH+15%$NaNO_2$,另加3%~6%H_2O)及聚乙烯醇水溶液(浓度为0.1%~0.3%)和三硝水溶液(25%$NaNO_3$+20%KNO_3+20%$NaNO_2$+35%H_2O)等作为淬火冷却介质,它们的冷却能力介于水与油之间,适用于油淬不硬,而水淬开裂的碳钢零件。

3. 淬火方法

为了使工件淬火成马氏体并防止变形和开裂,单纯依靠选择淬火介质是不行的,还必须采取正确的淬火方法。最常用的淬火方法有如下4种,如图7-23所示。

1)单液淬火法

将加热的工件放入一种淬火介质中一直冷到室温。

这种方法操作简单,容易实现机械化、自动化,如碳钢在水中淬火、合金钢在油中淬火。但其缺点是不符合理想淬火冷却速度的要求,水淬容易产生变形和裂纹,油淬容易产生硬度不足或硬度不均匀等现象。

2)双液淬火法

将加热的工件先在快速冷却的介质中冷却到300℃左右,立即转入另一种缓慢冷却的介质中冷却至室温,以降低马氏体转变时的应力,防止变形开裂。如形状复杂的碳钢工件常采用水淬油冷的方法,即先在水中冷却到300℃后在油中冷却;而合金钢则采用油淬空冷,即先在油中冷却后在空气中冷却。

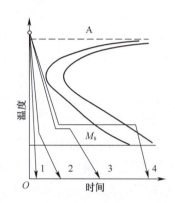

图7-23 各种淬火方法示意图
1—单液淬火法;2—双液淬火法;
3—分级淬火法;4—等温淬火法。

3)分级淬火法

将加热的工件先放入温度稍高于M_s的硝盐浴或碱浴中,保温2~5min,使零件内外的温度均匀后,立即取出在空气中冷却。

这种方法可以减少工件内外的温差和减慢马氏体转变时的冷却速度,从而有效地减少内应力,防止产生变形和开裂。但由于硝盐浴或碱浴的冷却能力低,只能适用于零件尺寸较小,要求变形小,尺寸精度高的工件,如模具、刀具等。

4)等温淬火法

将加热的工件放入温度稍高于M_s的硝盐浴或碱浴中,保温足够长的时间使其完成B转变。等温淬火后获得$B_下$组织。

下贝氏体与回火马氏体相比,在碳量相近,硬度相当的情况下,前者比后者具有较高的塑性与韧性,适用于尺寸较小、形状复杂、要求变形小、具有高硬度和强韧性的工具、模具等。

7.4.2 钢的淬透性与淬硬性

1. 淬透性和淬硬性的概念

淬透性是指钢在淬火时获得淬硬层的能力。淬硬层一般规定为工件表面至半马氏体

（马氏体量占50%）之间的区域，它的深度称为淬硬层深度。不同的钢在同样的条件下淬硬层深不同，说明不同的钢淬透性不同，淬硬层较深的钢淬透性较好。

淬硬性是指钢以大于临界冷却速度冷却时，获得的马氏体组织所能达到的最高硬度。钢的淬硬性主要取决于马氏体的含碳量，即取决于淬火前奥氏体的含碳量。

2. 影响淬透性的因素

1) 化学成分

C曲线距纵坐标越远，淬火的临界冷却速度越小，则钢的淬透性越好。对于碳钢，钢中含碳量越接近共析成分，其C曲线越靠右，临界冷却速度越小，则淬透性越好，即亚共析钢的淬透性随含碳量增加而增大，过共析钢的淬透性随含碳量增加而减小。除Co和Al（>2.5%）以外的大多数合金元素都使C曲线右移，使钢的淬透性增加，因此合金钢的淬透性比碳钢好。

2) 奥氏体化温度

奥氏体化温度越高，奥氏体晶粒越粗，未溶第二相越少，淬透性越好。这是因为奥氏体晶粒粗大使晶界减少，不利于珠光体的形核，从而避免淬火时发生珠光体转变，而有利于发生马氏体转变。

3. 淬透性的表示方法及实际意义

钢的淬透性必须在统一标准的冷却条件下测定和比较，其测定方法很多。过去为了便于比较各种钢的淬透性，常利用临界直径D_C表示钢获得淬硬层深度的能力。

临界直径就是指圆柱形钢棒加热后在一定的淬火介质中能全部淬透的最大直径。

对同一种钢，$D_{C油}<D_{C水}$，因为油的冷却能力比水低。目前，国内外都普遍采用"顶端淬火法"（图7-24（a））测定钢的淬透性曲线，比较不同钢的淬透性。

1) 淬透性的表示方法

"顶端淬火法"——国家规定试样尺寸为$\phi25\times100$mm；水柱自由高度65mm；此外应注意加热过程中防止氧化、脱碳。将钢加热奥氏体化后，迅速喷水冷却。显然，在喷水端冷却速度最大，沿试样轴向的冷却速度逐渐减小。据此，末端组织应为马氏体，硬度最高，随距水冷端距离的加大，组织和硬度也相应变化，将硬度随水冷端距离的变化绘成曲线，称为淬透性曲线，如图7-24（b）所示。

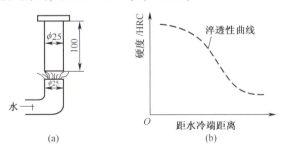

图7-24 钢淬透性的测定及淬透性曲线
（a）顶端淬火法；（b）淬透性曲线。

不同钢种有不同的淬透性曲线，工业上用钢的淬透性曲线几乎都已测定，并已汇集成册可查阅参考。由淬透性曲线就可比较出不同钢的淬透性大小。

此外对于同一种钢,因冶炼炉冷不同,其化学成分会在一个限定的范围内波动,对淬透性有一定的影响,因此钢的淬透性曲线并不是一条线,而是一条带,即表现出"淬透性带"。钢的成分波动越小,淬透性带越窄,其性能越稳定,因此淬透性带越窄越好。

2) 淬透性的实际意义

淬透性是机械零件设计时选择材料和制定热处理工艺的重要依据。

淬透性不同钢材,淬火后得到的淬硬层深度不同,所以沿截面的组织和机械性能差别很大。图7-25所示为淬透性不同的钢制成直径相同的轴经调质后力学性能的对比。图7-25(a)表示全部淬透,整个截面为回火索氏体组织,力学性能沿截面是均匀分布的;图7-25(b)表示仅表面淬透,由于心部为层片状组织(索氏体),冲击韧性较低。由此可见,淬透性低的钢材力学性能较差,因此机械制造中截面较大或形状较复杂的重要零件,以及应力状态较复杂的螺栓、连杆等零件,要求截面力学性能均匀,应选用淬透性较好的钢材。

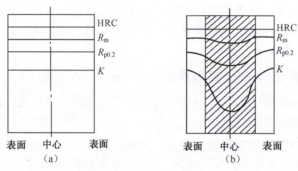

图 7-25 淬透性不同的钢调质后机械性能
(a) 全淬透;(b) 未淬透。

受弯曲和扭转力的轴类零件,应力在截面上的分布是不均匀的,其外层受力较大,心部受力较小,可考虑选用淬透性较低的、淬硬层较浅(如为直径的 $1/3 \sim 1/2$)的钢材。有些工件(如焊接件)不能选用淬透性高的钢件,否则容易在焊缝热影响区内出现淬火组织,造成焊缝变形和开裂。

4. 钢的淬火缺陷

1) 过热与过烧

淬火加热温度过高或保温时间过长,晶粒过分粗大,以致钢的性能显著降低的现象称为过热。工件过热后可通过正火细化晶粒予以补救。若加热温度达到钢的固相线附近时,晶界氧化和开始部分熔化的现象称为过烧。工件过烧后无法补救,只能报废。防止过热和过烧的主要措施是正确选择和控制淬火加热温度和保温时间。

2) 变形与开裂

工件淬火冷却时,由于不同部位存在着温度差异及组织转变不同时所引起的应力称为淬火冷却应力。当淬火冷却应力超过钢的屈服点时,工件将产生变形;当淬火冷却应力超过钢的抗拉强度时,工件将产生裂纹,从而造成废品。为防止淬火变形和裂纹,须从零件结构设计、材料选择、加工工艺流程、热处理工艺等各方面全面考虑,尽量减少淬火冷却应力，并在淬火后及时进行回火处理。

3）氧化与脱碳

工件加热时，介质中的氧、二氧化碳和水等与金属反应生成氧化物的过程称为氧化。加热时由于气体介质和钢铁表层碳的作用，使表层含碳量降低的现象称为脱碳。氧化和脱碳使工件表面质量降低，淬火后硬度不均匀或偏低。防止氧化和脱碳的主要措施是采用保护气氛或可控气氛加热，也可在工作表面涂上一层防氧化剂。

4）硬度不足与软点

钢件淬火硬化后，表面硬度低于应有的硬度，称为硬度不足。表面硬度偏低的局部小区域称为软点。引起硬度不足和软点的主要原因有淬火加热温度偏低、保温时间不足、淬火冷却速度不够以及表面氧化脱碳等。

【励志园地1】

"神刀"蒲元，名不虚传

蒲元是三国时期一位铸、锻工匠，在长期的生产实践中，他积累了丰富的冶炼经验和制造技能，成为当时著名的造刀技术能手，留下许多动人的故事。

《北堂书钞》中的《蒲元别传》记载：蒲元造刀，"白亮"淬火，取之蜀江水。蒲元道："汉水纯弱，不任淬；而蜀江水比较爽烈，适合淬刀"。蒲元一次淬火时，对从成都取水者说道："此水中已掺杂了涪水，不能用。"可是取水者拒不承认，蒲元当即用刀在水中划了两划，然后说道，"水中掺进了八升清水，还敢说没有。"取水者赶忙叩头认罪，道出实情。原来取水者从成都返回，不小心摔倒在地，将取来的水洒出去很多。他生怕回去难以交差，情急之中取了八升清水掺在其中，没料想却被蒲元一眼识破。在场的人无不被蒲元的奇妙技艺所折服。正是由于蒲元在造刀过程中，勤于探索，善于分析，刻苦钻研，开拓创新，不仅掌握了前人有关刀剑冶炼和淬火方面的技术、工艺，而且对淬火冷却介质进行了进一步的科学研究和尝试，所以他能够熟练辨别不同水质对淬火质量的影响，并选择合适的水把钢刀淬到合适的硬度，最终成为了三国时期第一兵器铸造大师。由他造的刀，能劈开装满铁珠的竹筒，令人惊叹，被誉为神刀。

7.5 淬火钢的回火

将淬火后的工件重新加热到 A_1 以下某一温度，保持一定时间，然后冷却到室温的热处理工艺，称为回火。钢在淬火后一般都要进行回火处理，回火决定了钢在使用状态的组织和性能，因此回火是很重要的热处理工序。

回火的目的如下：

(1) 获得工件所要求的力学性能。工件经淬火后，具有高的硬度，但塑性和韧性却显著降低。为了满足各种工件的不同性能要求，可通过适当回火来改变淬火组织，获得所要求的力学性能。

(2) 稳定工件尺寸。淬火工件中的马氏体和残余奥氏体都是不稳定组织，在室温下会自发地发生分解,从而引起工件尺寸和形状的改变。通过回火使淬火组织转变为稳定组织,从而保证工件在以后的使用过程中不再发生尺寸和形状的改变。

(3)消除或减少淬火内应力。工件淬火后存在很大的内应力,如不及时回火,往往会使工件发生变形甚至开裂。

7.5.1 淬火钢回火时组织和性能的变化

淬火马氏体与残余奥氏体在回火过程中,会逐渐向稳定的铁素体和渗碳体(或其他结构碳化物)的两相组织转变。随着回火温度的不同,淬火钢的组织和性能将发生以下转变:

1. 马氏体的分解（≤200℃）

在80℃以下回火时,淬火钢中没有明显的组织转变,此时只发生马氏体中碳原子的偏聚。在80~200℃范围内回火时马氏体开始分解。马氏体中过饱和碳原子以亚稳定的碳化物（化学式Fe_2C,称为ε碳化物)形式析出,故降低了马氏体中碳的过饱和度。由于这一阶段温度较低,从马氏体中仅析出了一部分过饱和碳原子,故它仍是碳在α-Fe中的过饱和固溶体。析出的亚稳定碳化物（Fe_2C)极为细小并弥散于过饱和α固溶体相界面上,且与α固溶体保持共格(两相界面上的原子,恰好是两相晶格的共用结点原子)关系。

这一阶段的回火组织是由过饱和的α固溶体与其晶格相联系的ε碳化物所组成,这种组织称为回火马氏体(图7-26)。由于该组织中ε碳化物极为细小弥散度极高,所以在小于200℃回火时,钢的硬度并不降低,但由于ε碳化物的析出,晶格畸变程度降低,使淬火应力有所减小。

图7-26 回火马氏体显微组织

2. 残余奥氏体的分解（200~300℃）

残余奥氏体本质上与原过冷奥氏体并无不同。在相同的等温温度下,残余奥氏体的回火转变产物与原过冷奥氏体的转变产物相同,即在不同温度下可转变为马氏体、贝氏体和珠光体。

实验证明,当回火温度在200~300℃时,残余奥氏体发生明显转变,在此区间转变产物为下贝氏体。应当指出,在此温度范围内,马氏体分解可延续到350℃左右,因而淬火应力进一步减小，硬度无明显下降。

3. 碳化物转变（250~450℃）

250℃以上ε碳化物逐渐向渗碳体转变，到400℃全部转变为高度弥散分布的、极细小渗碳体。因碳化物的不断析出，α固溶体的碳的质量分数已降到平衡成分，即实际上已转变成铁素体，但形态仍为针状。这时钢的组织由针状铁素体和高度弥散分布极细小的渗碳体组成，称为回火托氏体，如图7-27所示。这时钢的硬度降低，淬火应力基本消除。

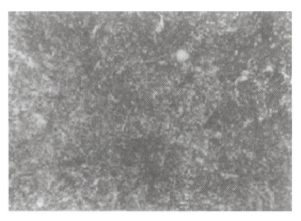

图7-27　回火托氏体显微组织

4. 渗碳体的聚集长大和α相再结晶（450~700℃）

450℃以上，高度弥散分布的、极细小渗碳体逐渐球化成粒状渗碳体，并随温度升高，渗碳体颗粒逐渐长大。在渗碳体球化、长大的同时，铁素体在500~600℃发生再结晶，也就是铁素体由针状转变为多边形晶粒。这种在多边形铁素体基体上分布着粗粒状渗碳体的组织称为回火索氏体，如图7-28所示。如将温度进一步升高到650℃~A_1温度区间，粒状渗碳体进一步粗化，这种由多边形铁素体和较大粒状渗碳体组成的组织称为回火珠光体。此时淬火应力完全消除，硬度明显下降。

图7-28　回火索氏体显微组织

由上可知，淬火钢在回火时的组织转变，是在不同温度范围内进行的，但多半又是交叉重叠进行的，即在同一回火温度，可能进行几种不同的转变。淬火钢回火后的性能取决于组织的变化，随着回火温度的升高，强度、硬度降低，而塑性、韧性升高，如图 7-29 所示。温度越高，其变化越明显。为防止回火后重新产生应力，一般回火后采用空冷，冷却方式对回火后的性能影响不大。

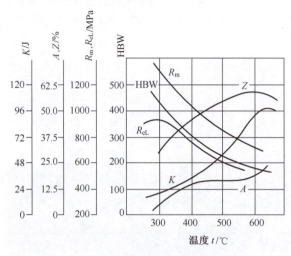

图 7-29　碳钢力学性能与回火温度的关系

7.5.2　回火的种类及应用

根据对工件性能要求的不同，生产中按回火温度的高低可将回火分为以下 3 种。

（1）低温回火（150~250℃）。低温回火所得组织为回火马氏体，其目的是在保持淬火钢的高硬度和高耐磨性的前提下，降低其淬火内应力和脆性，以免使用时崩裂或过早损坏。它主要用于各种高碳的切削刃具、量具、冷冲模具、滚动轴承以及渗碳件等，回火后硬度一般为 58~64HRC。

（2）中温回火（350~500℃）。中温回火所得组织为回火托氏体，其目的是获得高的屈服强度、弹性极限和较高的韧性。它主要用于各种弹簧和热作模具的处理，回火后硬度一般为 35~50HRC。

（3）高温回火（500~650℃）。高温回火所得组织为回火索氏体，习惯上将淬火与高温回火相结合的热处理称为调质处理，其目的是获得强度、硬度和塑性、韧性都较好的综合力学性能，广泛用于汽车、拖拉机、机床等的重要结构零件，如连杆、螺柱、齿轮及轴类。回火后硬度一般为 200~330HBW。

应当指出，钢经正火和调质处理后的硬度值很相近，但重要的结构零件一般都进行调质处理而不采用正火。这是由于调质处理后的组织为回火索氏体，其中渗碳体呈粒状，而正火得到的索氏体中渗碳体呈层片状。因此，钢经调质处理后不仅强度较高，而且塑性与韧性更显著地超过了正火状态。45 钢（20~40mm）经调质处理与正火后的力学性能的比较见表 7-4。

调质处理一般作为最终热处理，也可以作为表面淬火和化学热处理的预先热处理。因为调质后钢的硬度不高，便于切削加工并能获得较好的表面粗糙度。

表7-4　45钢经调质和正火后的力学性能比较

热处理方法	力学性能				组织
	R_m/MPa	A/%	K/J	HBW	
调质	750~850	20~25	64~96	210~250	回火索氏体
正火	700~800	15~20	40~64	163~220	索氏体+铁素体

除了以上3种常用的回火方法外，某些高合金钢还在A_1以下20~40℃进行高温软化回火。其目的是获得回火珠光体，以代替球化退火。

必须指出，回火时间的确定是保证工件穿透加热，以及组织转变能够充分进行。实际上，组织转变所需时间一般不大于0.5h，而穿透加热时间则随温度、工件的有效厚度、装炉量及加热方式等的不同而波动较大，一般为1~3h。

7.5.3 钢的回火稳定性及回火脆性

1. 回火稳定性

淬火钢在回火时，抵抗强度、硬度下降的能力称为回火稳定性。通常情况下，回火会导致马氏体的分解，随着回火的温度不同，分别形成回火马氏体、回火屈氏体、回火索氏体。这些回火组织比马氏体硬度要低，因此回火后硬度强度会下降。回火稳定性是零件回火后的硬度与再经相同的回火温度再回火一次后的硬度差，差别越小，回火稳定性越好。

一般钢中的合金元素滞缓马氏体的分解，阻碍碳化物的聚集长大，形成坚硬的碳化物以及阻碍相的回复再结晶。这些影响的结果使淬火钢回火时变得更为稳定，其硬度不易随回火温度的升高而降低，这就是所说的钢的抗回火的稳定性，因而回火时合金钢的回火时间要比碳钢的长。

回火稳定性指随回火温度升高，材料的强度和硬度下降快慢的程度，也称回火抗力或抗回火软化能力。通常以钢的回火温度-硬度曲线来表示，硬度下降慢则表示回火稳定性高或回火抗力大。回火稳定性是与回火时组织变化相联系的，它与钢的热稳定性共同表征钢在高温下的组织稳定性程度。

2. 回火脆性

由图7-30所示钢的冲击韧性与回火温度的关系曲线可见，淬火钢在某些温度区间回火时冲击韧度明显下降。这种淬火钢在某些温度区间回火或从回火温度缓慢冷却通过该温度区间的脆化现象称为回火脆性。回火脆性可分为第一类回火脆性和第二类回火脆性。

由图7-30可知，工件淬火后在300℃左右回火时所产生的回火脆性称为第一类回火脆性或低温回火脆性。第一类回火脆性一旦产生，就不易消除，因此又称为不可逆回火脆性。它

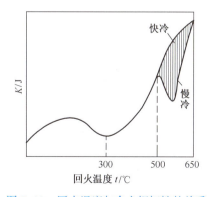

图7-30　回火温度与合金钢韧性的关系

与冷却速度无关，一般认为是由于沿马氏体片或马氏体板条的界面析出硬脆的薄片碳化物所致。另外，P、Sn、Sb、As等杂质元素偏聚于晶界也会引起第一类回火脆性。目前尚无有效的方法来完全消除第一类回火脆性，只有避开这个回火温度范围。

在450~550℃温度范围回火或经更高温度回火后，缓慢冷却通过该温度区间所产生的脆性称为第二类回火脆性。这类回火脆性与冷却速度有关，若回火时采用快速冷却，则不出现回火脆性。如果工件已产生回火脆性，可重新加热至550℃以上，然后快速冷却即可消除脆性。故第二类回火脆性又称为可逆回火脆性。为防止第二类回火脆性的产生，可采用回火后快冷（水或油中冷却）或尽量减少钢中的杂质元素含量以及采用含钨、钼等元素的合金钢。

7.6 钢的表面热处理

一些在弯曲、扭转、冲击载荷、摩擦条件区工作的齿轮等机器零件，它们要求具有表面硬、耐磨，而心部韧、能抗冲击的特性，仅从选材方面去考虑是很难达到此要求的。如用高碳钢，虽然硬度高，但心部韧性不足，若用低碳钢，虽然心部韧性好，但表面硬度低，不耐磨，所以工业上广泛采用表面热处理来满足上述要求。

7.6.1 钢的表面淬火

表面淬火是将工件的表面层淬硬到一定深度，而心部仍保持未淬火状态的一种局部淬火法。

它是利用快速加热使钢件表面奥氏体化，而中心尚处于较低温度即迅速予以快速冷却，表层被淬硬为马氏体，而中心仍保持原来的退火、正火或调质状态的组织。

表面淬火一般适用于中碳钢（$w_C = 0.4\% \sim 0.5\%$）和中碳低合金钢（40Cr、40MnB等），也可用于高碳工具钢、低合金工具钢（如T8、9Mn2V、GCr15等）以及球墨铸铁等。

目前应用最多的是火焰加热和感应加热等表面淬火。

1. 火焰加热表面淬火

火焰加热表面淬火是用乙炔-氧或煤气-氧的混合气体燃烧的火焰，喷射至零件表面上，使它快速加热，当达到淬火温度时立即喷水冷却，从而获得预期的硬度和淬硬层深度的一种表面淬火方法。火焰加热常用的装置如图7-31所示。

火焰表面淬火零件的选材，常用中碳钢如35钢、45钢的以及中碳合金结构钢如40Cr、65Mn等，如果含碳量太低，则淬火后硬度较低；碳和合金元素含量过高，则易淬裂。火焰表面淬火法还可用于对铸铁件如灰铸件、合金铸铁进行表面淬火。

火焰表面淬火的淬硬层深度一般为2~

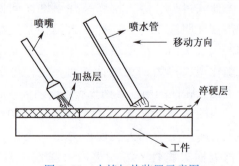

图7-31 火焰加热装置示意图

6mm，若要获得更深的淬硬层，往往会引起零件表面严重的过热，且易产生淬火裂纹。

火焰淬火后，零件表面不应出现过热、烧熔或裂纹，变形情况也要在规定的技术要求之内。

由于火焰表面淬火方法简便，无需特殊设备，可适用于单件或小批生产的大型零件和需要局部淬火的工具和零件，如大型轴类、大模数齿轮、锤子等。但火焰表面淬火较易过热，淬火质量往往不够稳定，工作条件差，因此限制了它在机械制造业中的广泛应用。

2. 感应淬火

它是工件中引入一定频率的感应电流（涡流），使工件表面层快速加热到淬火温度后立即喷水冷却的方法。

1) 工作原理

如图 7-32 所示，在一个线圈中通过一定频率的交流电时，在它周围便产生交变磁场。若把工件放入线圈中，工件中就会产生与线圈频率相同而方向相反的感应电流。这种感应电流在工件中的分布是不均匀的，主要集中在表面层，越靠近表面，电流密度越大；

频率越高，电流集中的表面层越薄。这种现象称为"集肤效应"，它是感应电流能使工件表面层加热的基本依据。

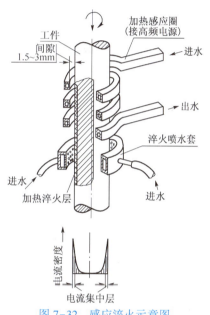

图 7-32 感应淬火示意图

2) 感应加热的分类

根据电流频率的不同，感应加热可分类如下：

(1) 高频感应加热（100~1000kHz），最常用的工作频率为 200~300kHz，淬硬层深度为 0.2~2mm，适用于中小型零件，如小模数齿轮。

(2) 中频感应加热（2.5~10kHz），最常用的工作频率为 2500~8000Hz，淬硬层深度为 2~8mm，适用于大中型零件，如直径较大的轴和大中型模数的齿轮。

(3) 工频感应加热（50Hz），淬硬层深度一般在 10~20mm 以上，适用于大型零件，如直径大于 300mm 的轧辊及轴类零件等。

3) 感应淬火的特点

加热速度快、生产率高；淬火后表面组织细、硬度高（比普通淬火高 2~3HRC）；加热时间短，氧化脱碳少；淬硬层深易控制，变形小、产品质量好；生产过程易实现自动化，其缺点是设备昂贵、维修、调整困难、形状复杂的感应圈不易制造，不适于单件生产。

对于感应淬火的工件，其设计技术条件一般应注明表面淬火硬度、淬硬层深度、表面淬火部位及心部硬度等。在选材方面，为了保证工件感应加热表面淬火后的表面硬度和心部硬度、强度及韧性，一般用中碳钢和中碳合金钢如 40、45、40Cr、40MnB 等，此外合理地确定淬硬层深度也很重要，一般来说，增加淬硬层深度可延长表面层的耐磨寿命，但却增加了脆性破坏倾向，所以，选择淬硬层深度时，除考虑磨损外，还必须考虑工件的综合力学性能，应保证兼有足够的强度、耐疲劳度和韧性。

另外，工件在感应加热前需要进行预先热处理，一般为调质或正火，以保证工件表面在淬火后得到均匀细小的马氏体和改善工件心部硬度、强度和韧性以及切削加工性，并减少淬火变形。工件在感应表面淬火后需要进行低温回火（180~200℃）以降低内应力和脆性，获得回火马氏体组织。

7.6.2 钢的化学热处理

化学热处理是将工件置于活性介质中加热和保温，使介质中活性原子渗入工件表层，以改变其表面层的化学成分、组织结构和性能的热处理工艺。

根据渗入元素的类别，化学热处理可分为渗碳、氮化、碳氮共渗等。

化学热处理的主要目的：除提高钢件表面硬度、耐磨性以及疲劳极限外，也用于提高零件的抗腐蚀性、抗氧化性，以代替昂贵的合金钢。

1. 化学热处理的一般过程

化学热处理由以下3个基本过程组成。

（1）介质（渗剂）的分解。即介质中的化合物分子发生分解释放出活性原子的过程。

例如：

$$CH_4 \rightarrow 2H_2 + [C]$$
$$2NH_3 \rightarrow 3H_2 + 2[N]$$

（2）工件表面的吸收。即活性原子向钢的固溶体中溶解或与钢中的某些元素形成化合物的过程。

（3）原子向钢内的扩散。工件表面吸收的渗入元素原子的浓度高，使该元素原子由表向里迁移。表面和内部浓度差越大，温度越高，则原子的扩散越快，渗层的厚度也越大。

2. 钢的渗碳

将工件放在渗碳性介质中，使其表面层渗入碳原子的一种化学热处理工艺称为渗碳。

渗碳钢都是含0.15%~0.25%的低碳钢和低碳合金钢，如20、20Cr、20CrMnTi、20SiMnVB等。渗碳层深度一般为0.5~2.5mm。

钢渗碳后表面层的碳量可达到0.8%~1.1%范围。渗碳件渗碳后缓冷到室温的组织接近于铁碳相图所反映的平衡组织，从表层到心部依次是过共析组织、共析组织、亚共析过渡层、心部原始组织。

渗碳主要用于表面受严重磨损，并在较大的冲击载荷下工作的零件（受较大接触应力），如齿轮、轴类等。

1）渗碳的方法

渗碳方法有气体渗碳、液体渗碳、固体渗碳，目前常用的是气体渗碳。

（1）气体渗碳。将工件放在温度为900~950℃、密封的渗碳炉中，向炉内滴入易分解的有机液体（如煤油、丙酮、甲醇等）或直接通入渗碳总体（如煤气、石油液化气等），经裂解后得到含 H_2、CO 和 CH_4 的渗碳气体与钢中表面接触后产生活性原子 [C]。

发生的反应：

$$2CO \rightarrow [C] + CO_2 \quad CO + H_2 \rightarrow [C] + H_2O \quad CH_4 \rightarrow [C] + 2H_2$$

产生的活性炭原子溶入钢中，使工件表面渗碳，如图 7-33 所示。气体渗碳的优点是生产率高，劳动条件较好，渗碳气氛易控制，渗碳层均匀，易实现机械化和自动化。

（2）固体渗碳。将工件埋入填满固体渗碳剂的渗碳箱中，用盖和耐火封泥密封后，放入 900~950℃ 加热炉中保温一定时间后，得到一定厚度的渗碳层，如图 7-34 所示。固体渗碳的优点是设备简单，适应性大，在单件、小批量生产的情况下，具有一定的优越性，但劳动效率低，生产条件差，质量不易控制。

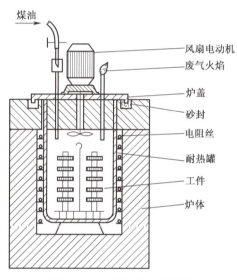

图 7-33　气体渗碳法示意图

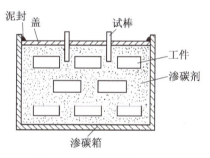

图 7-34　固体渗碳示意图

2）渗碳后的热处理

工件渗碳后，其表面的含碳量最高，通常在 0.8%~1.1% 范围。由表面向中心过渡时，碳量逐渐降低，直至原始含碳量。因此，工件从渗碳温度慢冷至室温后的组织由表面向中心依次为过共析组织、共析组织、过渡区亚共析组织、原始亚共析组织。

对于渗碳层深度：碳钢，以从表面到过渡区亚共析组织一半处的深度作为渗碳层的深度；合金钢，则把从表面到过渡区亚共析组织终止处的深度作为渗碳深度。

工件渗碳后必须进行淬火+低温回火处理，才能达到表面高硬度、高耐磨性、心部高韧性的要求，发挥渗碳层的作用。根据不同要求可选用下列 3 种热处理工艺：

（1）直接淬火法。先将渗碳工件自渗碳温度预冷到某一温度（一般 850~880℃），立即淬入水或油中，然后在 180~200℃ 进行低温回火。

这种方法最简便，可降低成本，提高生产率，且淬火变形小。但是由于渗碳时，工件在高温下长时期保温，奥氏体晶粒易长大，影响淬火后工件的性能，故只适用于本质细晶粒钢制造的工件。此外，在渗碳后缓冷过程中，二次渗碳体沿晶界呈网状析出，对淬火后工件的性能不利。通常大批量生产的汽车、拖拉机齿轮常用此方法。

（2）一次淬火法。工件渗碳后出炉空冷，然后再重新加热到830~860℃进行淬火，最后在180~200℃进行回火。这种方法比直接淬火好，因为工件在重新加热时晶粒已得到细化，因而提高了钢的力学性能。一般适用于比较重要的零件，如高速柴油机齿轮。

（3）二次淬火法。工件渗碳后出炉空冷，然后加热到A_{c3}以上某一温度（一般为850~900℃）油淬，使零件心部组织细化，并进一步消除表层的网状渗碳体，接着再加热到A_{c1}以上某一温度（750~800℃），一般为油淬，最后在180~200℃进行回火。由于二次淬火后工件表层和心部组织均被细化，从而获得较好的力学性能。但此法工艺复杂，成本高，而且工件反复经加热冷却易产生变形和开裂。因此此法只适用于少数对性能要求特别高的工件，在大多数情况下都采用直接淬火或一次淬火。

渗碳工件经"淬火+低温回火"处理后的表层组织为"针状回火马氏体+二次渗碳体+少量的A′"，其硬度为58~64HRC，而心部组织，则随钢的淬透性而定。对于普通碳钢如15、20，其心部组织为"F+P"，硬度相当于10~15HRC；对于低碳合金钢如20CrMnTi，其心部组织为"回火马氏体(低碳)+F"，硬度为35~45HRC，具有较高的心部强度和足够高的塑性和韧性。

3. 钢的氮化

向钢件表面渗入氮，形成含氮硬化层的化学热处理过程称为氮化。

氮化实质就是利用含氮的物质分解产生活性[N]原子，渗入工件的表层。

应用较广泛的是气体氮化法，即把工件放入密封箱式（或井式）炉内加热（温度500~580℃），并通入氨气，使其分解：

$$2NH_3 \rightarrow 2[N]+3H_2$$

分解出的活性氮原子被工件表面吸收，通过扩散传质，得到一定深度的渗氮层。

N溶于铁素体形成含氮铁素体（α相），当含氮量超过饱和溶解度时，就会形成$\gamma'(Fe_4N)$和(Fe_2N)两种氮化物。此外，N还可与钢中合金元素Cr、Mo、Al形成CrN、MoN、AlN等氮化物，这些氮化物具有高硬度、高耐磨性、高耐蚀性。

氮化缓冷后渗层组织从表面到心部按Fe-N相图依次为$\varepsilon \rightarrow \varepsilon+\gamma' \rightarrow \gamma' \rightarrow \gamma'+\alpha \rightarrow$心部原始组织。

氮化用钢通常是含Al、Cr、Mo等合金元素的钢，如38CrMoAlA是一种比较典型的氮化钢，此外还有35CrMo、18CrNiW等也经常作为氮化钢。合金元素Al、Cr、Mo、V、Ti极易与氮元素形成颗粒细密，分布均匀，硬度高且稳定的各种氮化物如AlN、CrN、MoN、TiN、VN等，这些氮化物的存在对氮化钢的性能起着主要的作用。

与渗碳相比、氮化工件具有以下特点：

（1）氮化前需经调质处理，以便使心部组织具有较高的强度和韧性。

（2）表面硬度可达65~72HRC，具有较高的耐磨性。

（3）氮化表面形成致密氮化物组成的连续薄膜，具有一定的耐腐蚀性。

（4）氮化处理温度低，渗氮后不需再进行其他热处理。

氮化处理适用于耐磨性和精度都要求较高的零件或要求抗热、抗蚀的耐磨件，如发动机的汽缸、排气阀、高精度传动齿轮等。

4. 碳氮共渗

钢的碳氮共渗，就是将碳、氮同时渗入工件表层的化学热处理过程。按渗剂不同，碳氮共渗可分成气体、液体和固体3种，国内多采用气体法。按共渗温度不同，又可分为低温（500~560℃）、中温（800~880℃）和高温（900~950℃）3种。

碳氮共渗是渗碳和渗氮工艺的综合，兼有两者的长处，这种工艺有逐步代替渗碳的趋势。主要优点如下：

（1）渗层性能好。共渗层比渗碳层的耐磨性和疲劳强度更高，比渗氮层有更高的抗压强度和较低的表面脆性。

（2）渗入速度快。由于氮的渗入不仅降低了渗层的临界点，同时还增加了碳的扩散速度。

（3）变形小。碳氮共渗温度比渗碳低，晶粒不会长大，适宜于直接淬火，可以减小变形。

（4）不受钢种限制。各种钢铁材料都可以进行碳氮共渗。

碳氮共渗的缺点是共渗层较薄，易产生黑色组织。

1）低温气体氮碳共渗

低温气体氮碳共渗也称"气体软氮化"。低温气体氮碳共渗以渗氮为主，其主要目的是提高钢的耐磨性和抗咬合性。常用氨气和渗碳气体的混合气、尿素等作共渗剂。共渗温度为520~570℃，由于处理温度低，实质上以渗氮为主。但因为有活性炭原子与活性氮原子同时存在，渗氮速度大为提高。一般保温时间为13~15h，渗层深度为0.01~0.02mm。工件经氮碳共渗后，其共渗层的硬度比纯气体氮化低，但仍具有较高的硬度、耐磨性和高的疲劳强度，渗层韧性好而不易剥落，并有减摩的特点，在润滑不良和高磨损条件下，有抗咬合、抗擦伤的优点，耐磨性也有明显提高。由于处理温度低、时间短，所以零件变形小。

2）中温气体碳氮共渗

中温气体碳氮共渗以渗碳为主，其工艺与渗碳相似。中温气体碳氮共渗的主要目的是提高钢的硬度、耐磨性和疲劳强度。最常用的方法是在井式气体渗碳炉内滴入煤油，并通入氨气。在共渗温度下，煤油和氨除了前述的渗碳和氮化的作用外，它们之间相互作用还生成了[C]和[N]活性原子，活性炭、氮原子被工件表面吸收并向内扩散形成共渗层。一般共渗温度为820~860℃，保温时间取决于要求的共渗层深度。

工件经共渗处理后，需进行淬火和低温回火，才能提高表面硬度和心部强度。由于共渗温度不高，钢的晶粒不会长大，故一般都采用直接淬火。

碳氮共渗件淬火并低温回火后，渗层组织为含碳、氮的"回火马氏体+少量的碳氮化合物+少量残余奥氏体"。心部组织为低碳或中碳回火马氏体。淬透性差的钢也可能出现极细珠光体和铁素体。

与渗碳相比，共渗层的硬度与渗碳层接近或略高，耐磨性和疲劳强度则优于渗碳层，且具有处理温度低、变形小、生产周期短等优点。目前，常用于处理形状较复杂、要求热处理变形小的小型零件，如缝纫机、纺织机零件及各种轻载齿轮等。

7.7 热处理新技术

1. 可控气氛热处理

在炉气成分可控制的炉内进行的热处理称为可控气氛热处理。

作为炉中气氛,可用把燃料气(天然气、煤气、丙烷)按一定比例空气混合后,通入发生器进行加热,或者靠自身的燃烧反应而制成的气体;也可用液体有机化合物(如甲醇、乙醇、丙酮等)滴入热处理炉内所得到气氛,用于渗碳、碳氮共渗、软氮化、保护气氛淬火和退火等。

(1) 制备气氛的气源。我国在掌握和推广可控气氛过程中,在解决气氛问题上走过了漫长的道路。最早的吸热式气氛发生炉主要用液化气,即纯度较高的丙烷或丁烷。近年已证实,我国的天然气资源丰富,为用甲烷制备吸热式气氛创造了良好的条件。

(2) 设备。能密封的炉型;自动化程度高,生产柔性大,适用性强的多用炉生产线等;因而发展前途广,市场需求大。

(3) 可控气氛在热处理中的应用。高温渗碳是渗碳技术发展趋势之一。提高渗碳温度可以显著提高生产率和节省能耗。为此研究开发可用于1000℃以上的电辐射管材料是当务之急,低压渗碳技术的开发和完善为实现高温渗碳(1040℃)创造了条件。钢件的渗碳层深度要求一般都较保守,有时也很盲目。有必要研究决定渗碳层深度的力学因素,探讨减少渗层规定的可能性。

2. 真空热处理

将金属工件在1atm[①]以下(负压)加热的金属热处理工艺称为真空热处理。20世纪20年代末,随着电真空技术的发展,出现了真空热处理工艺,当时还仅用于退火和脱气。真空热处理可用于退火、脱气、固溶热处理、淬火、回火和沉淀硬化等工艺。在通入适当介质后,也可用于化学热处理。研究表明,由于工件是在 0.0133~1.33Pa 真空度的真空介质中加热的,因此工件表面无氧化脱碳现象。此外,真空加热主要是辐射传热,加热速度缓慢,工件截面温差小,可显著减小工件的变形。真空热处理,特别是真空淬火是随着航天技术的发展而迅速发展起来的新技术,它具有无污染、无氧化脱碳、质量高、节约能源、变形小等一系列优点。由于在真空中加热,零件中存在的有害物质、气体等均可除去,所以提高了性能和使用寿命。如 AISI430 不锈钢螺栓,真空加热比氢气保护下加热强度提高 25%,模具的寿命可提高 40%。真空渗碳温度可达1000℃,其扩散期只需一般气体渗碳的1/5,所以整个渗碳时间可以显著缩短,渗层均匀,有效层厚。对于形状复杂、小孔多的工件渗碳效果更为显著,并可节约大量能源。此外,真空热处理加热均匀、升温缓慢,其加工余量减小,变形仅为盐浴加热的1/5~1/10。目前,我国大部分省市均已不同程度地推广应用真空热处理工艺,处理的钢种涉及高速工具钢、模具钢、弹簧钢、滚动轴承钢及各种结构钢零件、各种非铁金属及其合金等。自 20 世纪 70 年代初,我国研制出大型真空油淬炉以来,真空热处理炉的制造已

---

① 1atm = 101.325kPa。

由仿制发展到适于国情的创新，从品种单一到多样化系列，从简单手动到复杂程控，从数量少到数量多，达到了较高水平，具有相当的先进性和可靠性。

3. 循环热处理

对于提高模具的使用寿命，较适宜的热处理方法是循环超细化热处理，循环热处理只进行加热、冷却工序，是一种比较简便易行的晶粒细化方法。

循环热处理的基本热处理工艺是：采用温度高于 A_{c1} 和低于 A_{r1} 的两个盐浴炉，先将工件放入高于 A_{c1} 的高温盐浴炉中加热到正常淬火温度，然后迅速转到另一盐浴炉内冷却到 A_{r1} 以下 30~50℃，如此反复循环，最后一次由 A_{c1} 以上温度淬火。淬火后在 200℃ 回火 2h。

曾报道用循环热处理方法细化铸造 Ti-46Al-8.5Nb-0.2W 合金，使其粗大的层片组织转变为均匀细小的等轴组织。对碳素工具钢材料（T8A，其主要化学成分为 0.86%C、0.30%Si、0.25%Mn、0.02%S、0.023%P、0.10%Cr、0.08%Ni、余量 Fe）采用摆动式循环快速加热-冷却淬火工艺，也实现了晶粒超细化。检测表明，经循环热处理后的工件，马氏体细小，碳化物和残留奥氏体呈球状颗粒均匀分布。

4. 气相沉积技术

气相沉积技术根据沉积方式的不同可分为化学气相沉积法和物理气相沉积法两种。

1）化学气相沉积法

化学气相沉积法是指在高温下将炉内抽成真空或通入氢气，然后通入反应气体并在炉内产生化学反应，使工件表面形成覆层的方法，简称 CVD 法。化学气相沉积法可进行钛、钽、锆、铌等碳化物和氮化物的沉积。化学气相沉积反应温度高，并需要通入大量氢气，操作不当易产生爆炸，而且工件易产生氢脆，排出的废气含有 HCl 危害气体，近年来发展了物理气相沉积方法。

2）物理气相沉积法

通过蒸发、电离或溅射等过程产生金属粒子，这些金属粒子在工件表面形成金属涂层或与反应气反应形成化合物涂层，从而强化工件表面的工艺过程，称为物理气相沉积法或 PVD 法。由以上定义可知，物理气相沉积主要通过 3 种途径实现反应气与金属界面的界面反应，即金属蒸发产生金属粒子，通过等离子体使金属离解产生金属粒子，通过溅射产生金属粒子。该过程中所产生的离子在电场的作用下轰击工件表面并沉积在工件表面，通过扩散与基体形成冶金结合的界面。同 CVD 法相比，PVD 法的优点主要有：涂层材料的选择自由度更大（金属、合金、金属间化合物及陶瓷均可），沉积涂层的工艺温度较低（一般都在 600℃ 以下），成膜后表面精度高（可不必再对表面进行加工），沉积速度快，无公害等。

5. 形变热处理

形变热处理是将材料塑性变形与热处理有机结合起来，同时发挥材料形变强化和相变强化作用的综合热处理工艺。这种方式不仅可以获得比普通热处理更优异的强韧化效果，而且能提高材料的综合力学性能，并可以简化工序，利用余热，节约能源及材料消耗，经济效益显著。形变热处理应用广泛，从结构钢、轴承钢到高速钢都适用。目前，工业上应用最多的是锻造余热淬火和控制轧制。美国采用控制轧制来生产高硬度装甲钢板，可提高抗弹性能。我国兵器工业系统开展了火炮、炮弹零件热模锻余热淬火、炮管旋转精锻形变热处理、枪弹钢芯斜轧余热淬火等实验研究，取得了很好的效果。

6. 高能束表面热处理

高能束热处理的热源通常是激光、电子束、离子束、电火花、超高频感应冲击、太阳能和同步辐射等。它们共同的特征是：供给材料表面的功率密度不小于 $10^3 W/cm^2$。高能束发生器输出功率密度为 $10^3 W/cm^2$ 以上的能束，并定向作用在金属表面，使其产生物理、化学或相结构转变，从而达到金属表面改性的目的，这种热处理方法称为高能束热处理。

当高能束辐射在金属材料表面时，无论是光能（激光束），还是电能（电子束和离子束）均被材料表面吸收，并转化成热能。该热量通过热传导机制在材料表层内扩散，造成相应的温度场，从而导致材料的性能在一定范围内发生变化。高能束热处理的特点如下：

（1）高能束热源作用在材料表面上的功率密度高、作用时间极其短暂，加热速度快，处理效率高。

（2）高能束加热的面积可根据需要任意选择，大面积可用叠加扫描法。

（3）高能束热源属非接触式，且束斑小，热影响区小，变形小。

（4）高能束热处理靠工件自身冷却淬火，不需介质。

（5）高能束加热的可控性好，便于自动化处理。

（6）高能束热源可远距离传输或通过真空室。

1）激光热处理

激光是 20 世纪 60 年代出现的重大科技成就之一。激光是用相同频率的光诱发而产生的。由于激光具有高亮度、高方向性和高单色性等很有价值的特殊性能，所以一经问世就引起了各方面的重视。20 世纪 70 年代制造出大功率的激光器以后，相继出现了一些激光处理的表面强化新技术，如激光淬火、激光合金化、激光涂层以及激光冲击硬化等。这里只介绍激光淬火。

激光淬火就是用激光束照射工件表面，工件表面吸收其红外线而迅速达到极高的温度，超过钢的相变点，随着激光束离开，工件表面的热量迅速向心部传递而造成极大的冷却速度，靠自激冷却而使表面淬火的处理技术。激光淬火的优点有：硬化深度、面积可以精确控制，适应的材料种类较广，可解决其他热处理方法不能解决的复杂形状工件的表面淬火，不需要真空设备等。激光淬火的缺点主要有：电光转换效率低，仅 10% 左右，零件表面需预先黑化处理，以提高光能的吸收率，而黑化处理成本较高，一次性投资较高。

2）电子束热处理

电子束热处理是利用高能量密度的电子束加热，进行表面淬火的新技术。电子束是由电子枪热阴极（灯丝）发出的电子，通过高压环形阳极加速，并聚焦成束使电子束流打击金属表面，达到加热的效果。被处理零件的加热深度，是加热加速电压和金属密度的函数，当功率为 150kW 时，在铁中的理论加热深度为 0.076mm，而在铝中则为 0.178mm。

一般来讲，电子束表面淬火的原理，同一般表面淬火没有什么区别。然而，由于电子束加热速度和冷却速度都很快，在相变过程中，奥氏体化时间很短，故能获得超细晶粒组织，这是电子束表面淬火最大特点。

【励志园地2】

甘做一块朴实的砖

"一线院士"潘健生，男，1935年生，长期从事金属材料的表面热处理及其计算机模拟的研究及工程应用，热处理工艺与设备专家，上海交通大学教授，中国工程院院士。他甘做一块朴实的砖。匠心，不只是工匠的专属。对事业的执着之心，应该在每个人心里生发。他自18岁进入上海交大学习金相热处理至今，潘健生已经在这个领域辛勤耕耘了64年。别人眼中，他是工程院院士、教授。在他自己心里，却是个匠人。怀抱一颗匠心，一丝不苟，他始终在一线与学生、工人共进退；怀有一身匠情，两鬓斑白，他热忱尽献给国家工业制造的进步与发展。专注、钻研，从枯燥中淬炼进步的火花，他甘做国家建设中一块朴实的砖。在他的实验室、办公室里，挂着热处理的分析图片，摆放着许多来自工厂的试样和工件。学生们说，因为潘教授严谨的学术风格和对学生的耐心，他的实验室几乎变成了开放的"咨询中心"。不仅他带的硕士和博士们在这里接受他的指导，上过他课的本科生也喜欢到这里请教问题，还有不少生产企业的技术人员慕名而来；他也经常深入到工厂生产第一线。他所开发的热处理计算机模拟技术，已经为20多家工厂解决了生产中的疑难杂症，创造了可观的经济效益。潘老像块砖一样，默默地为后来者铺设通途。

图7-35 工作中的潘健生院士

【答疑解惑】

一把好剑要做到"刚柔并济"，就要既有很高的硬度，又有很高的韧性，这就需要通过热处理使剑的综合力学性能良好。因此，前面提到的宝剑之所以锋利无比，是因为经过了整体热处理中的淬火和回火处理。淬火是将剑身加热，急浸水中，以此提高剑身的硬度。剑身加热的火候、温度决定剑的刚柔，因此这一工序见真功夫。回火是将剑身再加温，然后自然冷却，从而提高剑身的柔性，达到刚柔并济的目的，这一工序的难度在于把握加热的温度。最后，将宝剑磨光养光，达到寒光逼人的效果。

【知识小结】

（1）热处理的 3 个基本过程：加热、保温、冷却。

（2）钢在加热时的奥氏体形成过程，即奥氏体晶核的形成和长大、残余渗碳体的溶解和奥氏体的均匀化。为了得到细小而均匀的奥氏体晶粒，必须严格控制加热温度和保温时间，以免发生晶粒粗大现象。

（3）钢在加热后必须有保温阶段，不仅为了使工件热透，也是为了使组织转变完全，以及保证奥氏体成分均匀。

（4）过冷奥氏体在等温冷却时的转变过程，即珠光体型转变、贝氏体型转变和马氏体型转变。

（5）钢的整体热处理"四把火"的目的、工艺特点、组织及适用范围等。钢的退火与正火同属于钢的预备热处理，其工艺及作用有许多相似之处，在实际生产中有时可以相互替代。

（6）淬火的目的是获得马氏体，提高钢的力学性能。淬火后钢必须进行回火处理。

（7）热处理的知识结构图。

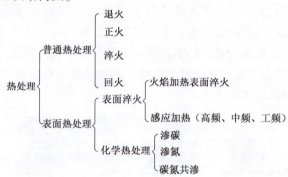

【复习思考题】

7-1 填空题

1. 钢的热处理是将钢在固态下采用适当的方式进行 _____、_____ 和冷却，以获得所需要的组织结构与性能的工艺。

2. 奥氏体的形成由 _____ 和 _____ 两个过程组成。

3. 过冷奥氏体的冷却方式有 _____ 和 _____ 两种。

4. 为了改善碳素工具钢的切削加工性能，其预先热处理工艺应采用 _____。

5. 根据回火加热温度不同，可将其分为 _____、_____、_____ 3 种。

6. 调质是指 _____。

7. 钢淬火的目的是获得 _____。

8. 感应加热表面热处理利用 _____。

9. 淬透性是指 _____。

10. 感应加热表面淬火一般适用于 _____。

11. 钢的化学热处理的过程包括 _____、_____、_____ 3 个过程。
12. 常用于渗碳的钢是 _____ 和 _____。
13. 低温气体氮碳共渗也称 _____。

7-2 选择题

1. 冷却转变停止后仍未转变的奥氏体称为（   ）。
   A. 过冷奥氏体   B. 残留奥氏体   C. 低温奥氏体   D. 马氏体
2. 确定碳钢淬火温度的主要依据是（   ）。
   A. M_s 线   B. C 曲线   C. M_f 线   D. Fe-Fe$_3$C 相图
3. 钢在一定条件下淬火后，获得淬硬层深度的能力称为（   ）。
   A. 淬硬性   B. 淬透性   C. 耐磨性   D. 硬度
4. 化学热处理与其他热处理方法的主要区别是（   ）。
   A. 加热温度   B. 组织变化
   C. 改变表面化学成分   D. 没有区别
5. 钢的回火处理在（   ）之后进行。
   A. 正火   B. 退火   C. 淬火   D. 调质

7-3 判断题

1. 共析钢加热为奥氏体，冷却时所形成的组织主要取决于钢的加热温度。（   ）
2. 低碳钢或高碳钢为便于进行机械加工，可预先进行球化退火。（   ）
3. 钢的实际晶粒度主要取决于钢在加热后的冷却速度。（   ）
4. 过冷奥氏体的冷却速度越快，钢冷却后的硬度越高。（   ）
5. 钢中合金元素越多，则淬火后硬度度越高。（   ）
6. 同一钢种在相同的加热条件下，水淬比油淬的淬透性好，小件比大件的淬透性好。（   ）

7-4 问答题

1. 为什么高碳钢在淬火时容易出现开裂？
2. 常用的淬火方法有哪些？说明它们的主要特点。
3. 淬透性和淬硬性有什么联系和区别？
4. 渗碳处理应该注意哪些问题？

第 8 章　碳钢与合金钢

【学习目标】

知识目标

（1）了解钢的分类。
（2）掌握结构钢和工具钢的成分、组织、性能、牌号、热处理工艺及应用。
（3）熟悉不锈钢的成分、组织、性能、牌号、热处理工艺及应用。

能力目标

（1）能够识别钢的牌号，推断出其类别、含碳量及合金元素含量。
（2）能够明辨合金元素对钢的热处理工艺性能和力学性能影响。
（3）能够为典型零件选材和热处理方法。

素质目标

（1）具有强烈的民族自豪感，增强文化自信。
（2）具有爱国意识、科技报国的民族精神。
（3）具有耐心细致、认真严谨、刻苦钻研的科学精神。

【知识导入】

2019年12月17日，中国首艘自建航母"山东"舰（图8-1）在海南正式交付海军。山东舰的交付，标志着中国海军正式有了第一艘纯国产的航空母舰。和辽宁舰相比，山东舰服役的最大的意义在于，它标志着中国已经完全掌握了现代大型航母的建造

图 8-1　山东舰

第 8 章　碳钢与合金钢

技术，而且是100%纯国产建造，完全不依赖于任何国外的技术和工业协助，这标志着中国成为全球第二个拥有完全航母研发和建造技术的国家，现在我们能够独立完成航母的研制和建造，这无疑是中国军工的又一大进步。如今航母是真真正正的海上钢铁堡垒，航母作为海上浮动的机场，作用重大。那么，它到底用到什么样的材料呢，这些材料具有哪些性能要求呢？

【知识学习】

钢是以铁、碳为主要成分的合金，它的含碳量一般小于2.11%。钢在工业生产中的用量最大，是经济建设中极为重要的金属材料。实际生产中为什么会有多钢种，因为碳钢价格低廉，便于获得，容易加工，具有较好的力学性能和工艺性能，可以满足一般工程结构、普通机械零件及工具的使用要求。但碳钢随含碳量显著变化，淬透性低、强度和屈强比较低，回火稳定性差，不能满足特殊性能要求，所以出现了合金钢。合金钢是在碳钢的基础上有意加入某些合金元素而得到的钢种。与碳钢相比，合金钢的性能显著提高和改变，能提供多种性能，满足不同的用途。

8.1　钢的分类

钢按化学成分分为碳素钢（简称碳钢）与合金钢两大类。碳钢是由生铁冶炼获得的合金，除铁、碳为其主要成分外，还含有少量的锰、硅、硫、磷等杂质。碳钢既具有一定的力学性能，又有良好的工艺性能，且价格低廉。因此，碳钢获得了广泛的应用。但随着现代工业与科学技术的迅速发展，碳钢的性能已不能完全满足需要，于是人们研制了各种合金钢。合金钢是在碳钢基础上，有目的地加入某些元素（称为合金元素）而得到的多元合金。与碳钢比，合金钢的性能有显著的提高，故应用日益广泛。钢的分类方法很多，具体分类见表8-1。

表8-1　钢的分类

分类方法	分类名称	说　明
按化学成分分	碳素钢	碳素钢是指钢中除铁、碳外，还含有少量锰、硅、磷等元素的铁碳合金，按其含碳量的不同可分为： （1）低碳钢——含碳量 $0.0218\% < w_C < 0.25\%$。 （2）中碳钢——含碳量 $0.25\% \leq w_C \leq 0.6\%$。 （3）高碳钢——含碳量 $0.6\% \leq w_C \leq 2.11\%$
	合金钢	为了改善钢的性能，在冶炼碳素钢的基础上，加入一些合金元素而炼成的钢，如铬钢、锰钢、铬锰钢、铬镍钢等。按其合金元素的总含量，可分为： （1）低合金钢——合金元素的总含量≤5%。 （2）中合金钢——合金元素的总含量5%～10%。 （3）高合金钢——合金元素的总含量>10%
按冶炼设备分	转炉钢	用转炉吹炼的钢，可分为底吹、侧吹、顶吹和空气吹炼、纯氧吹炼等转炉钢；根据炉衬的不同，又分酸性和碱性两种
	平炉钢	用平炉炼制的钢，按炉衬材料的不同分为酸性和碱性两种，一般平炉钢多为碱性
	电炉钢	用电炉炼制的钢，有电弧炉钢、感应炉钢及真空感应炉钢等。工业上大量生产的，是碱性电弧炉钢

续表

分类方法	分类名称	说　明
按浇注前脱氧程度分	沸腾钢	属脱氧不完全的钢，浇注时在钢锭模里产生沸腾现象。其优点是冶炼损耗少、成本低、表面质量及深冲性能好；缺点是成分和质量不均匀、抗腐蚀性和力学强度较差，一般用于轧制碳素结构钢的型钢和钢板
	镇静钢	属脱氧完全的钢，浇注时在钢锭模里钢液镇静，没有沸腾现象。其优点是成分和质量均匀；缺点是金属的收得率低，成本较高。一般合金钢和优质碳素结构钢都为镇静钢
	半镇静钢	脱氧程度介于镇静钢和沸腾钢之间的钢，因生产较难控制，目前产量较少
按钢的品质分	普通钢	钢中含杂质元素较多，一般含硫量 $w_S \leqslant 0.05\%$，含磷量 $w_P \leqslant 0.045\%$，如碳素结构钢、低合金结构钢等
	优质钢	钢中含杂质元素较少，含硫及磷量 w_S、w_P，一般均不大于 0.04%，如优质碳素结构钢、合金结构钢、碳素工具钢和合金工具钢、弹簧钢、轴承钢等
	高级优质钢	钢中含杂质元素极少，一般含硫量 $w_S \leqslant 0.03\%$，含磷量 $w_P \leqslant 0.035\%$，如合金结构钢和工具钢等。高级优质钢在钢号后面，通常加符号"A"或汉字"高"，以便识别
按钢的用途分	结构钢	(1) 建筑及工程用结构钢简称建造用钢，它是指用于建筑、桥梁、船舶、锅炉或其他工程上制作金属结构件的钢，如碳素结构钢、低合金钢、钢筋钢等。 (2) 机械制造用结构钢是指用于制造机械设备上结构零件的钢。这类钢基本上都是优质钢或高级优质钢，主要有优质碳素结构钢、合金结构钢、易切削结构钢、弹簧钢、滚动轴承钢等
	工具钢	一般用于制造各种工具，如碳素工具钢、合金工具钢、高速工具钢等。如按用途又可分为刃具钢、模具钢、量具钢
	特殊钢	具有特殊性能的钢，如不锈耐酸钢、耐热不起皮钢、高电阻合金、耐磨钢、磁钢等
	专业用钢	这是指各个工业部门专业用途的钢，如汽车用钢、农机用钢、航空用钢、化工机械用钢、锅炉用钢、电工用钢、焊条用钢等
按制造加工形式分	铸钢	铸钢是指专用于制造钢质铸件的钢材。铸钢主要用于制造一些形状复杂、难以进行锻造或切削加工成形而又要求较高的强度和塑性的零件
	锻钢	锻钢是指采用锻造方法而生产出来的各种锻材和锻件。锻钢件的质量比铸钢件高，能承受大的冲击力作用，塑性、韧性和其他方面的力学性能也都比铸钢件高，所以凡是一些重要的机器零件都应当采用锻钢件
	热轧钢	热轧钢是指用热轧方法而生产出来的各种热轧钢材。大部分钢材都是采用热轧轧成的，热轧常用来生产型钢、钢管、钢板等大型钢材，也用于轧制线材
	冷轧钢	冷轧钢是指用冷轧方法而生产出来的各种冷轧钢材。与热轧钢相比，冷轧钢的特点是表面光洁、尺寸精确、力学性能好。冷轧常用来轧制薄板、钢带和钢管
	冷拔钢	冷拔钢是指用冷拔方法而生产出来的各种冷拔钢材。冷拔钢的特点是精度高、表面质量好。冷拔主要用于生产钢丝，也用于生产直径在 50mm 以下的圆钢和六角钢，以及直径在 76mm 以下的钢管

【励志园地 1】

钢铁大国造就世界奇迹

2018 年 10 月 23 日,港珠澳大桥开通仪式在珠海举行,并于同年 10 月 24 日上午 9 时正式通车。港珠澳大桥全长 55km,从 2004 年提出规划到完成通车,历时 14 年;大桥从设计到建材应用,规划使用寿命为 120 年,可抵御 8 级地震、16 级台风。这么伟大的一项工程落成,是我们国人的骄傲。港珠澳大桥既是世界上最长跨海大桥,又是世界最长的钢结构桥梁,港珠澳大桥仅主梁钢板用量就达 42 万 t,相当于 10 座鸟巢的重量,可用来修建近 60 座埃菲尔铁塔。它是"一国两制"框架下粤港澳三地首次合作共建的超大型跨海通道。港珠澳大桥因其超大的建筑规模、空前的施工难度和顶尖的建造技术而闻名世界。它的建成通车,极大缩短香港、珠海和澳门三地间的时空距离;作为中国从桥梁大国走向桥梁强国的里程碑之作,该桥被业界誉为桥梁界的"珠穆朗玛峰",被英媒《卫报》称为"现代世界七大奇迹"之一,这不仅代表了中国桥梁建造的先进水平,更是中国国家综合国力的体现。

8.2 碳 钢

碳钢是指 $w_C \leqslant 2.11\%$,并含有少量硅、锰、硫、磷等杂质元素的铁碳合金。碳钢具有一定的力学性能和良好的工艺性能,并且价格低廉,在工业中应用广泛。

8.2.1 杂质元素在钢中的作用

1. 锰

锰来自炼钢原料(生铁和脱氧剂锰铁)。锰有较好的脱氧能力,可使钢中的 FeO 还原成铁,改善钢的质量;锰与硫能生成 MnS,可减轻硫的有害作用;锰大部分溶于铁素体中产生固溶强化,提高钢的强度和硬度,一部分锰能溶于渗碳体中形成合金渗碳体。锰在钢中是一种有益元素。碳钢中 w_{Mn} 为 0.25%~0.8%,当锰含量不高时,对钢性能影响不大。

2. 硅

硅也是来自生铁和脱氧剂。硅能与钢液中的 FeO 生成炉渣,消除 FeO 对钢质量的影响;硅能溶于铁素体中产生固溶强化,提高钢的强度和硬度,硅在钢中也是一种有益元素。镇静钢中 w_{Si} 为 0.1%~0.4%,沸腾钢中 w_{Si} 为 0.03%~0.07%,当硅含量较低时,对钢性能影响不大。

3. 硫

硫是在炼钢时由矿石和燃料带入的杂质。硫不溶于铁,以 FeS 的形式存在钢中。FeS 与 Fe 形成低熔点共晶体,熔点为 985℃,分布在奥氏体晶界上,当钢在 1000~1200℃进行热加工时,由于晶界处共晶体熔化,导致钢开裂,这种现象称为热脆。为此，除严格控制钢中硫的含量外，可在钢液中增加锰的含量，锰和硫能形成有一定塑性、熔点高（1620℃）的 MnS 以避免热脆。硫在钢中是有害元素。

4. 磷

磷是由矿石带入钢中的杂质。通常磷能全部溶于铁素体中，提高钢的强度、硬度，但使塑性、韧性急剧下降，尤其在低温时更为严重，这种现象称为冷脆。磷是钢中有害元素，应严格控制其含量。

8.2.2 碳素结构钢

1. 普通碳素结构钢

普通碳素钢的牌号用 "Q+数字+字母+字母" 表示，"Q" 为屈服点的 "屈" 字汉语拼音首写字母，数字表示最小上屈服强度。数字后面的第一个字母为钢的质量等级符号（A、B、C、D），表示钢材质量等级不同，从 A 到 D 含 S、P 的量依次降低，则钢的质量从 A 级~D 级依次提高。第二个字母表示脱氧方法符号（F、Z），"F" 表示沸腾钢，"Z" 为镇静钢（不标 "F" 表示镇静钢），TZ 表示特殊镇静钢。例如，Q235-AF 表示上屈服强度≥235MPa 的 A 级沸腾钢，Q235-C 表示上屈服强度≥235MPa 的 C 级镇静钢。普通碳素结构钢的牌号、化学成分和力学性能见表 8-2。

表 8-2 普通碳素结构钢牌号、化学成分和力学性能（摘自 GB/T 700—2006）

牌号	等级	化学成分/%					力学性能				脱氧方法
		C	Mn	Si	S	P	R_{eH}/MPa 厚度（或直径）≤16mm	R_m/MPa	A/% 厚度（或直径）≤40mm	KV_2（纵向）/J（温度/℃）	
Q195	—	0.12	0.50	0.30	0.040	0.035	≥195	315~430	≥33	—	F、Z
Q215	A	0.15	1.20	0.35	0.050	0.045	≥215	335~450	≥31	—	F、Z
	B				0.045					27（20℃）	
Q235	A	0.22	1.40	0.35	0.050	0.045	≥235	370~500	≥26	—	F、Z
	B	0.20			0.045	0.045				27（20℃）	
	C	0.17			0.040	0.040				27（0℃）	Z
	D				0.035	0.035				27（−20℃）	TZ
Q275	A	0.24	1.50	0.35	0.050	0.045	≥275	410~540	≥22	—	F、Z
	B	0.21			0.045	0.045				27（20℃）	Z
	C	0.22			0.040	0.040				27（0℃）	Z
	D	0.20			0.035	0.035				27（−20℃）	TZ

普通碳素结构钢一般情况下都不经加热锻造或热处理，而是在热轧状态下直接使用。通常 Q195 和 Q215 含碳量低，焊接性能好，塑性、韧性好，易于加工，具有一定强度，常用于轧制成薄板、钢筋、焊接钢管等，用于桥梁、建筑等钢结构。Q235 既可

用于较高的建筑构件，也可以用于制作一般的机器零件。Q275 钢强度较高，塑性、韧性较好，可进行焊接。通常轧制成型钢、条钢和钢板作结构件以及制造连杆、键、销和简单机械上的齿轮、轴节等。

2. 优质碳素结构钢

优质碳素结构钢的牌号用两位数字表示，这两位数字表示钢中平均碳含量（以万分之几计）。例如，45 钢，表示平均碳含量 w_C = 0.45%。优质碳素结构钢按照锰含量的不同，可以分为普通锰钢（w_{Mn} = 0.25%~0.80%）和较高锰钢（w_{Mn} = 0.7%~1.2%）。较高锰含量的优质碳素结构钢的牌号为 45Mn，主要用于制造比较重要的机器零件。

（1）低碳钢。10 钢、15 钢、20 钢、25 钢等具有良好的塑性、韧性和良好的锻压、焊接性能。常用于制造受力不大、塑性韧性要求较高的零件，如螺栓、螺母及焊、接容器等。15 钢、20 钢常用于制作尺寸较小、负荷较轻、表面要求耐磨、心部强度要求不高的渗碳零件，如齿轮、活塞销等。

（2）中碳钢。35 钢、40 钢、45 钢、50 钢等属于调质钢，经热处理后具有良好的综合力学性能，即具有较高的强度和较高的塑性、韧性，常用的 45 钢主要用于制作轴、齿轮等零件。

（3）高碳钢。60 钢、65 钢、70 钢等经淬火和回火后具有较高的强度、弹性和一定耐磨性，可用于制造弹簧、钢丝绳和农机耐磨件等。优质碳素结构钢的牌号、化学成分、热处理和力学性能见表 8-3。

表 8-3 优质碳素结构钢的牌号、化学成分、热处理和力学性能（摘自 GB/T 699—2015）

牌号	化学成分/%			热处理温度/℃			力学性能				
	C	Si	Mn	正火	淬火	回火	R_m/MPa	R_{eL}/MPa	A/%	Z/%	KU_2/J
08	0.05~0.11	0.17~0.37	0.35~0.65	930	—	—	325	195	33	60	—
10	0.07~0.13			930	—	—	335	205	31	55	—
15	0.12~0.18			920	—	—	375	225	27	55	—
20	0.17~0.23			910	—	—	410	245	25	55	—
25	0.22~0.29		0.50~0.80	900	870	600	450	275	23	50	71
30	0.27~0.34			880	860		490	295	21	50	63
35	0.32~0.39			870	850		530	315	20	45	55
40	0.37~0.44			860	840		570	335	19	45	47
45	0.42~0.50			850	840		600	355	16	40	39
50	0.47~0.55			830	830		630	375	14	40	31
55	0.52~0.60			820	820	—	645	380	13	35	—
65	0.62~0.70			810	—	—	695	410	10	30	—
15Mn	0.12~0.18		0.70~1.00	920	—	—	410	245	26	55	—
45Mn	0.42~0.50			850	840	600	620	375	15	40	39
60Mn	0.57~0.65			810	—	—	695	410	11	35	—
70Mn	0.67~0.75		0.90~1.20	790	—	—	785	450	8	30	—

8.2.3 碳素工具钢

碳素工具钢的含碳量 $w_C=0.65\%\sim1.35\%$，一般需热处理后使用。这类钢经热处理后具有较高的硬度和耐磨性，主要用于制作低速切削刃具，以及对热处理变形要求低的一般模具、低精度量具等。

碳素工具钢的牌号用"T"（"碳"字汉语拼音首字母）和数字组成。数字表示钢的平均碳含量（以千分之几计）。如 T8 钢，表示平均含碳量 $w_C=0.8\%$ 的碳素工具钢。

碳素工具钢的牌号、化学成分、力学性能和用途见表 8-4。

表 8-4 碳素工具钢的牌号、成分、力学性能和用途（摘自 GB/T 1299—2014）

牌号	化学成分/%			硬度			用途举例
	C	Mn	Si	退火状态 HBW 不大于	试样淬火 淬火温度/℃ 和冷却剂	HRC 不小于	
T7	0.65~0.74	≤0.40	≤0.35	187	800~820 水	62	淬火，回火后，常用于制造能承受振动、冲击，并且在硬度适中情况下有较好韧性的工具，如冲头、木工工具、大锤等
T8	0.75~0.84	≤0.40	≤0.35	187	780~800 水	62	淬火回火后，常用于制造要求有较高硬度和耐磨性的工具，如冲头、木工工具、剪刀、锯条等
T8Mn	0.80~0.90	0.40~0.60	≤0.35	187	780~800 水	62	性能和用途与 T8 钢相似，但加入锰，提高了淬透性，故可用于制造截面较大的工具
T9	0.85~0.94	≤0.40	≤0.35	192	760~780 水	62	用于制造一定硬度和韧性的工具，如冲模、冲头等
T10	0.95~1.04	≤0.40	≤0.35	197	760~780 水	62	用于制造耐磨性要求较高，不受剧烈振动，具有一定韧性及具有锋利刃口的各种工具，如刨刀、车刀、钻头、丝锥等
T12	1.15~1.24	≤0.40	≤0.35	207	760~780 水	62	不受冲击，高硬度耐磨的工具，如锉刀、刮刀、丝锥、精车刀、量具

8.2.4 铸钢

由熔融的碳钢直接浇铸而成构件或机械零件，称为铸钢件（简称铸钢）。碳素铸钢的含碳量一般在 0.15%~0.60% 范围内，含碳量过高则塑性很差，具有较大的应力和冷裂倾向，不适用于锻造。其牌号用"ZG+数字+数字"表示，"ZG"表示铸钢两字的汉语拼音的首写字母，两组数字分别表示铸钢的上屈服强度和抗拉强度。例如，牌号为 ZG230-450 表示屈服强度为 230MPa、抗拉强度为 450MPa 的铸钢。

铸造碳素钢的牌号、化学成分、力学性能及应用举例见表 8-5。

表 8-5　工程用铸造碳钢的牌号、化学成分、力学性能及应用举例
（摘自 GB/T 11352—2009）

牌号	化学成分/%（≤）				室温力学性能（≥）					用途举例
	C	Si	Mn	P、S	R_{eH} ($R_{p0.2}$) /MPa	R_m /MPa	A/%	Z/%	KV_2 /J	
ZG200 -400	0.20	0.60	0.80	0.35	200	400	25	40	30	良好的塑性、韧性和焊接性，用于受力不大的机械零件，如机座、变速箱壳等
ZG230 -450	0.30	0.60	0.90	0.35	230	450	22	32	25	一定的强度和好的塑性、韧性、焊接性。用于受力不大、韧性好的机械零件，如外壳、轴承盖等
ZG270 -500	0.40	0.60	0.90	0.35	270	500	18	25	22	较高的强度和较好的塑性，铸造性良好，焊接性尚好，切削性好。用于轧钢机机架、箱体等
ZG310 -570	0.50	0.60	0.90	0.35	310	570	15	21	15	强度和切削性良好，塑性、韧性较低。用于载荷较高的大齿轮、缸体等
ZG340 -640	0.60	0.60	0.90	0.35	340	640	10	18	10	有高的强度和耐磨性，切削性好，焊接性较差，流动性好，裂纹敏感性较大。用作齿轮、棘轮等

铸钢零件在铸造加工后，晶粒粗大，化学成分不均匀，并存在较大的残余应力，故不宜直接使用。因此，铸钢零件一般采用正火或退火处理，以改善组织，消除残余应力，从而提高零件的力学性能。重要的铸钢零件应进行调质处理；要求表面耐磨性高的零件可进行"表面淬火+低温回火"。但是，铸钢件的力学性能和相应的锻钢件相比，仍存在一些缺陷，如夹砂、气孔、缩松等，这是因为铸钢件不能采用热处理来改善这些缺陷。

铸钢件通过浇铸的方法进行加工。通常情况下，ZG200-400 和 ZG230-450 抗压性能和屈服强度不是太高，常用于制作机座、变速箱壳体等；ZG270-500 常用于制作飞机机架、水压机的工作缸等；ZG310-570 和 ZG340-640 常用于制作联轴器、汽缸、起重机中的齿轮和重要机件。

8.3　合　金　钢

合金钢按照其用途可以分为三大类。

（1）合金结构钢。合金结构钢包括普通低合金高强度结构钢和机械用结构钢两类。
普通低合金高强度结构钢：桥梁用钢、船舶用钢、车辆用钢等。
机器用结构钢：渗碳钢、调质钢、弹簧钢、轴承钢、易切削钢等。

（2）合金工具钢。合金工具钢包括刃具钢、模具钢和量具钢等。

（3）特殊性能钢。特殊性能钢指的是具有特殊的物理或化学特性的钢，包括不锈钢、耐热钢和耐磨钢等。

8.3.1 合金元素在钢中的作用

1. 合金元素与铁的作用

合金元素溶入铁素体或奥氏体后，由于它与铁原子半径和晶格类型有差异，在铁素体或奥氏体内引起晶格畸变，产生固溶强化，从而提高铁素体或奥氏体的强度和硬度，降低其韧性和塑性。

硅、锰、镍等与铁素体晶格不同的元素，溶于铁素体后引起的晶格畸变较大，固溶强化作用大；铬、钨、钼等与铁素体晶格相同的元素，溶于铁素体后引起的晶格畸变较小，固溶强化作用小，如图 8-2 所示。

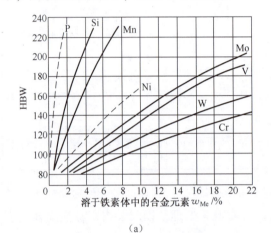 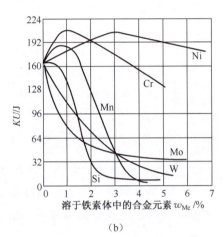

图 8-2 合金元素对铁素体力学性能的影响

(a) 合金元素对硬度的影响；(b) 合金元素对韧性的影响。

钢中合金元素含量越多，铁素体晶格畸变越严重，其强度、硬度越高，而韧性、塑性则有所降低。但镍、铬等元素比较特殊，当在铁素体的含量为 $w_{Cr}<2\%$，$w_{Ni}<5\%$ 时，在显著强化铁素体的同时，尚能提高其韧性，因此在合金钢中通常均含有一定量的铬、镍合金元素。

2. 合金元素与碳的作用

大多数合金元素与碳形成合金碳化物。与碳形成碳化物的合金元素称为碳化物形成元素，如钛、钒、钨、钼、铬、锰、铁等，不与碳形成碳化物的合金元素称为非碳化物形成元素，如镍、硅、铝、氮等。根据合金元素与碳亲和力的大小不同，可将碳化物形成元素分为强碳化物形成元素、较强碳化物形成元素和弱碳化物形成元素。

铌、钛、钒等是强碳化物形成元素，它们在钢中形成强碳化物，分别是 NbC、TiC、VC。这类碳化物熔点高、硬度高和稳定性高，与其他碳化物相比，在热处理时很难溶于奥氏体，回火到较高温度时才能从马氏体中析出，难以聚集长大。当以均匀细小的颗粒弥散分布在固溶体基体上时，则有弥散强化作用，能显著提高钢的强度、硬度和耐磨性，而不降低韧性。如高速工具钢制作刃具，经合理热处理后具有高硬度、高的耐磨性和红硬性。

铬、钨、钼等是较强碳化物形成元素,在钢中其含量较低时,一般形成稳定性较差的合金渗碳体,如$(Fe、Cr)_3C$、$(Fe、W)_3C$等。当其含量较高时,则形成稳定性较高的合金碳化物,如Cr_7C_3、Cr_3C_6、Fe_3W_3C、Fe_3Mo_3C等。

锰是弱碳化物形成元素,溶于渗碳体中形成合金渗碳体$(Fe、Mn)_3C$,其稳定性和性能与渗碳体Fe_3C差不多。

3. 合金元素对 Fe-Fe₃C 相图的影响

合金元素对 Fe-Fe₃C 相图的影响主要表现在对奥氏体相区、相变温度、共析成分等的影响。

1) 合金元素对单相奥氏体区的影响

一般来说,具有面心立方晶格的锰、镍、铜元素和氮元素,扩大 Fe-Fe₃C 相图中的奥氏体相区,当锰或镍元素含量较高时,可使钢在室温下得到单相奥氏体组织,例如 1Cr18Ni9Ti 高镍奥氏体不锈钢和 ZGMn13 高锰耐磨钢。

具有体心立方晶格的铬、钼、钨、钛等元素,缩小 Fe-Fe₃C 相图中的奥氏体相区,当铬元素含量较高时,可使钢在室温下得到单相铁素体组织,例如 Cr17、Cr25 等铁素体不锈钢。图 8-3 所示为锰、铬对 Fe-Fe₃C 相图的影响。

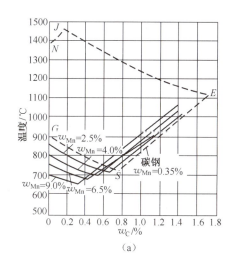
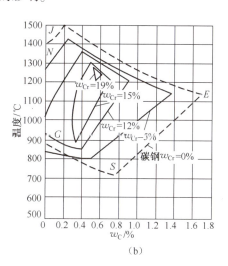

(a)

(b)

图 8-3 合金元素锰、铬对 Fe-Fe₃C 相图的影响
(a) 锰的影响;(b) 铬的影响。

单相奥氏体和单相铁素体具有抗蚀、耐热等性能,是不锈、耐蚀、耐热钢中常见的组织。

2) 合金元素对相变温度、S 点、E 点的影响

由于合金元素对单相奥氏体区的影响,因而导致 Fe-Fe₃C 相图的相变温度、S 点、E 点发生变化。

扩大奥氏体相区的元素使 Fe-Fe₃C 相图的共析温度下降;缩小奥氏体相区的元素使 Fe-Fe₃C 相图的共析温度上升。图 8-4 所示为合金元素对共析温度的影响。大多数低合金钢与合金钢的奥氏体化温度比相同含碳量的碳钢高。

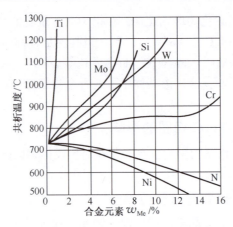

图 8-4 合金元素对共析温度的影响

大多数合金元素均使 S 点、E 点左移。这表明合金钢的共析体的 $w_C<0.77\%$，含碳量相同的碳钢与合金钢具有不同的组织和性能。例如，钢中 $w_{cr}=13\%$，共析体约为 $w_C=0.3\%$，当 $w_C>0.3\%$ 的高铬钢，如钢中平均 $w_C=0.4\%$ 的 4Cr13，已为过共析钢；钢中 $w_C=(0.7\sim0.8)\%$ 的 W18Cr4V 高速钢，在铸态下已具有共晶组织（莱氏体）。

4. 合金元素对钢的热处理的影响

合金钢一般都是经过热处理后使用的，主要是通过改变钢在热处理过程中的组织转变来显示合金元素的作用。合金元素对钢的热处理的影响主要表现在对加热、冷却和回火过程中相变等方面。

1) 合金元素对钢加热时奥氏体化的影响

钢在加热时，充分奥氏体化的过程主要与碳、合金元素的扩散以及碳化物的稳定程度有关。合金元素对奥氏体化过程的影响体现在以下两个方面：

（1）大多数合金元素（除镍、钴以外）都不同程度地减缓钢的奥氏体化过程。这是因为合金元素一方面减慢碳的扩散，另一方面与碳形成碳化物，合金碳化物较稳定且不易分解，使奥氏体化过程大大减缓。因此，合金钢在热处理时，为了保证奥氏体化过程的充分进行，必须提高加热温度或延长保温时间。

（2）几乎所有的合金元素（除锰以外）都能不同程度阻碍奥氏体晶粒的长大。尤其是强碳化物形成元素钛、钒、铌、锆等与碳形成强碳化物 TiC、VC、MoC 等，因其熔点高，在加热时很难溶解，强烈地阻碍奥氏体晶粒的长大，细化晶粒，提高韧性。此外，一些晶粒细化剂如 AlN 等在钢中可形成弥散质点分布于奥氏体晶界上，阻止奥氏体晶粒的长大，细化晶粒。所以，与相应的碳钢相比，在同样加热条件下，合金钢的组织较细，力学性能更高。较强碳化物形成元素铬、钨、钼可较强阻碍奥氏体晶粒的长大；非碳化物形成元素镍、硅、铝等对奥氏体晶粒的长大影响不大。锰是促进奥氏体晶粒长大的元素，故锰钢有较强的过热倾向，热处理时应严格控制加热温度和保温时间。

2) 合金元素对过冷奥氏体冷却转变的影响

（1）大多数合金元素（除钴以外）溶入奥氏体后，都能不同程度提高过冷奥氏体的稳定性，使 C 曲线位置右移，减小临界冷却速度，从而提高钢的淬透性。所以，合金钢的淬透性优于碳钢,即合金钢采用冷却能力较低的淬火剂淬火,如采用油淬,以减小零件的淬火变形和开裂倾向。

对于非碳化物形成元素和弱碳化物形成元素,如镍、锰、硅等,会使 C 曲线右移,如图 8-5(a)所示。而对较强和强碳化物形成元素,如铬、钨、钼、钒等,溶于奥氏体后,不仅使 C 曲线右移,提高钢的淬透性,而且能改变 C 曲线的形状,把珠光体转变与贝氏体转变明显地分为两个独立的区域,如图 8-5(b)所示。

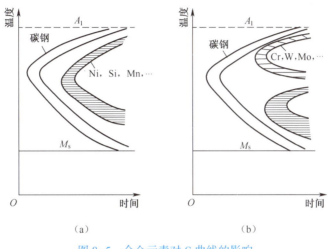

图 8-5 合金元素对 C 曲线的影响

(2)除钴、铝外,多数合金元素溶入奥氏体后,使马氏体转变温度 M_s 和 M_f 点下降。由于马氏体转变温度 M_s 下降(图 8-6),导致淬火后钢中残余奥氏体含量增加(图 8-7),不仅降低淬火钢的硬度,而且影响零件的尺寸稳定性。因此,精密的零件或工具必须进行多次回火或冷处理以减少残余奥氏体。

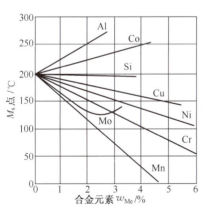
图 8-6 合金元素对 M_s 点的影响

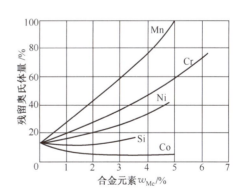
图 8-7 合金元素对残余奥氏体量的影响

3)合金元素对淬火钢回火转变的影响

(1)提高淬火钢回火稳定性。回火稳定性是指在回火过程中随回火温度的提高,淬火钢抵抗软化的能力。由于合金元素阻碍马氏体分解和碳化物聚集长大,从而提高钢的回火稳定性。碳质量分数相同时,合金钢的回火稳定性高于碳钢,即当回火温度相同时，合金钢的强度、硬度比碳钢高（图8-8）。

（2）产生二次硬化。含有较多钨、钼、钒、钛等碳化物形成元素的合金钢，在500~600℃温度范围内回火，由于从马氏体中析出细小而高度弥散分布的强碳化物，使淬火钢的回火硬度有所提高，称此现象称为二次硬化，如图8-9所示。二次硬化实质上是一种弥散强化。另外，某些合金钢在500~600℃回火冷却过程中，部分残留奥氏体将转变为马氏体或贝氏体，提高了钢的硬度，也是产生二次硬化的原因。例如，高速钢在560℃回火时，又析出了新的更细的特殊碳化物，发挥了第二相的弥散强化作用，使硬度又进一步提高。这种二次硬化现象在合金工具钢中具有一定的实用价值。

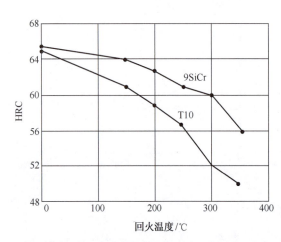

图8-8 9SiCr钢和T10钢硬度与回火温度的关系

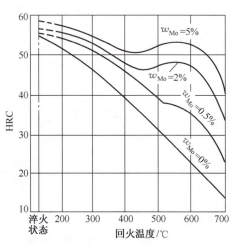

图8-9 合金钢（w_C=0.35%）中加入钼后对回火硬度的影响

（3）产生回火脆性。含铬、镍、锰、硅等元素的合金结构钢，在450~600℃范围内长期保温或回火后缓冷均出现高温回火脆性。这是因为合金元素促进了锑、锡、磷等杂质元素在原奥氏体晶界上的偏聚和析出，削弱了晶界联系，降低了晶界强度而造成的。因此，对这类钢应该在回火后采用快冷的工艺，以防止高温回火脆性的产生。

8.3.2 合金结构钢

1. 常用的合金结构钢的牌号

1）低合金高强度结构钢牌号

低合金高强度结构钢的牌号由代表屈服强度"屈"字的汉语拼音首字母Q、规定的最小上屈服强度数值、交货状态代号、质量等级符号（B、C、D、E、F）4个部分组成。交货状态为热轧时代号可省略；交货状态为正火或正火轧制状态时代号均用N表示；机械轧制时代号用M表示。

2）机械用结构钢牌号

我国机械用合金结构钢中的渗碳钢、调质钢、弹簧钢的牌号，用"两位数字+元素符号+数字…"表示，前两位数字表示钢中平均碳含量（以万分之几计），元素符号表示钢中所含的合金元素，元素符号后面的数字表示该合金元素的含量（以百分之几计）。当合金元素的平均含量<1.5%时，牌号中仅标明元素种类，一般不标明含量；当平均含量在 1.50%～2.49%，2.50%～3.49%……22.50%～23.49%……时，分别表示为 2，3……23……；例如 20MnTiB 表示平均 ω_c=0.2%，平均锰含量、钛含量和硼含量均低于 1.5% 的合金结构钢。

滚动轴承钢的牌号是用"GCr+数字+元素符号+数字…"表示，其中 G 表示"滚"汉语拼音首字母；Cr 表示铬元素符号；第一组数字表示平均铬含量（以千分之几计）；元素符号表示钢中所含的其他合金元素，元素符号后面的数字表示该合金元素的含量（以百分之几计）。例如 GCr15SiMn 表示平均 ω_{Cr}=1.5%、ω_{Si}<1.5%、ω_{Mn}<1.5% 的滚动轴承钢。

易切削结构钢的牌号用"Y+数字+元素符号+数字…"表示。"Y"是"易"的汉语拼音首字母，其后数字表示平均碳含量（以万分之几计），元素符号表示钢中所含的合金元素，元素符号后面的数字表示该合金元素的含量（以百分之几计）。例如，Y40Mn 表示平均 ω_c= 0.40%，ω_{Mn}<1.5% 的易切削结构钢。

2. 低合金高强度结构钢

低合金高强度结构钢是指在低碳钢的基础上加入少量合金元素而形成的钢。钢中 w_C≤0.2%，合金元素总量在 3% 以下，以 Mn 为主加元素，并含有少量的 V、Nb、Ti、Cu 等合金元素。加入 Mn、Si 等元素强化铁素体；加入少量的 V、Nb、Ti 等合金元素形成碳化物、氮化物，可起弥散强化并细晶强化的作用，提高钢的韧性；加入少量的 Cu、P 可提高钢的耐蚀性。

低合金高强度结构钢具有良好的力学性能、较高的抗拉强度和屈服强度、良好的低温韧性、优良的抗大气腐蚀性能和焊接性能，且价格低廉，广泛应用于石油化工、压力容器、建筑、桥梁、车辆、船舶以及军事工程，如船舶、车辆、高压容器、输油输气管道、大型钢结构等。低合金高强度结构钢的应用实例如图 8-10、图 8-11 所示。

图 8-10　2018 年建造的港珠澳大桥

图 8-11　Q460 钢板

用低合金高强度结构钢代替同类的碳素结构钢，可以大量节约钢材，减轻产品自重，提高产品可靠性。如用 Q355 代替 Q235 可节约钢材，尤其是 Q355 钢比 Q235 钢低温韧脆转变温度低，更适合用于北方高寒地区的工程结构件和机械结构件。

常用低合金高强度结构钢的成分、性能和用途见表 8-6。低合金高强度结构钢大多在热轧、正火状态下供应，使用时一般不进行热处理。

表 8-6 常用低合金高强度结构钢（热轧）的力学性能和用途（摘自 GB/T1591—2018）

牌号	质量等级	力学性能				用途
		R_m/MPa 公称厚度或直径 ≤100mm	A/% 公称厚度或直径 ≤40mm（纵向）	R_{eH}/MPa 公称厚度或直径 ≤16mm	KV_2/J（纵向）	
Q355	B、C、D	470~630	22	355	34（20℃）	各种大型船舶，铁路车辆，桥梁，管道，锅炉，压力容器，石油储罐，水轮机涡壳，起重及矿山机械，电站设备，厂房钢架等承受动载荷的各种焊接结构件
Q390	B、C、D	490~650	21	390	34（20℃）	中、高压锅炉汽包，中、高压石油化工容器，大型船舶，桥梁，车辆及其他承受较高载荷的大型焊接结构件。承受动载荷的焊接结构件，如水轮机涡壳
Q420	B、C	520~680	20	420	34（20℃）	大型桥梁、中高压容器、大型船舶、电站设备、大型焊接结构、管道等
Q460	C	550~720	18	460	34（0℃）	中温高压容器、大型焊接结构件及要求强度高、载荷大的轻型结构等

3. 合金渗碳钢

机床、汽车、飞机等机器上的各种齿轮在服役期间，其齿面承受较高的压应力及强烈的摩擦和磨损，轮齿不但承受较高的弯曲力矩，而且还承受较高的交变载荷，尤其是冲击载荷。因此，要求材料应具备较高的力学性能，表面应具有高硬度、耐磨性，而心部具有高的塑性、韧性，即外硬内韧。为满足上述性能要求，常选用合金渗碳钢。合金渗碳钢，是指用于制造渗碳零件（如齿轮、活塞销等）的合金钢。

1）化学成分特点

（1）低碳。为了保证渗碳零件心部具有足够的塑性和韧性，合金渗碳钢的碳含量一般为 0.1%~0.25%。

（2）合金元素。

主加合金元素是铬、锰、镍等，目的提高淬透性，保证钢经渗碳、淬火和低温回火后，心部得到低碳马氏体组织，提高强度和韧性。除此之外，铬能显著提高渗碳层的含碳量，镍可有效地抑制晶粒长大，细化晶粒，提高强韧性。

附加合金元素是钨、钼、钛、钒等，目的是在 900℃ 以上高温渗碳时，钨、钼、钛、钒等合金元素在钢中形成稳定的强碳化物，以阻碍奥氏体晶粒的长大，获得细小的组织，即细晶强化。

2）热处理特点

（1）渗碳零件的加工工艺路线。毛坯锻造→预先热处理→粗机械加工→中间退火→精加工→镀铜（不需要渗碳部分）→最终热处理→退铜→精磨→成品检验。

（2）热处理特点。在毛坯锻造之后进行的预先热处理，主要是为了消除应力，降低硬度，改善钢的切削加工性能。对于低合金钢一般采用正火或退火，对于高合金钢通常采用正火+高温回火。

中间退火（500~600℃）的目的在于消除切削加工的内应力，以减少零件在最终热处理时的变形。

最终热处理是渗碳、淬火和低温回火（180~200℃）。渗碳后零件表层的 w_C = 0.85%~1.0%，渗碳层深度，经淬火和低温回火后表层组织为高碳回火马氏体、合金碳化物和少量的残留奥氏体，硬度可达60~62HRC。心部如淬透，回火后组织为低碳回火马氏体，硬度为40~48HRC；心部如未淬透，回火后组织为托氏体（T）、少量低碳回火马氏体（回火M）和铁素体（F）的复相组织，硬度为25~40HRC，韧性 $K \geqslant 48J$。

3) 常用合金渗碳钢

按照合金渗碳钢的淬透性大小，可分为以下3类：

（1）低淬透性合金渗碳钢。低渗透性合金渗碳钢中合金元素的质量分数小于3%，典型钢种为20Cr、20MnV，这类钢水淬临界直径<25mm，渗碳后可直接淬火，低温回火。心部强韧性较低，只适于制造受冲击载荷较小的耐磨零件，如活塞销、凸轮、滑块、小齿轮等。

（2）中淬透性合金渗碳钢。中淬透性合金渗碳钢中的合金元素质量分数为4%左右，典型钢种为20CrMnTi，这类钢油淬临界直径为25~60mm，主要用于制造承受高速、中等载荷、抗冲击和耐磨损的汽车、拖拉机的变速齿轮、轴等零件。

（3）高淬透性合金渗碳钢。高淬透性合金渗碳钢中合金元素的质量分数为4%~6%，典型钢种为20Cr2Ni4、18Cr2Ni4W，这类钢中含有较多的Cr、Ni、W等合金元素，所以钢的淬透性很好，油淬临界直径>100mm，经渗碳及随后的淬火+低温回火处理，表面有高的强度（$R_m \geqslant 1200MPa$）、硬度和耐磨性，心部的强度、韧性很高，主要用于制造大截面、高载荷、抗冲击的重要齿轮及大型轴类零件，如汽车、飞机、坦克中的曲轴、大模数齿轮等。

常用合金渗碳钢的牌号、成分、热处理、力学性能及用途见表8-7。

4) 应用举例

下面以20CrMnTi合金渗碳钢制作汽车变速箱齿轮（图8-12）为例，分析其热处理工艺规范。

图8-12 齿轮（20CrMnTi）

技术要求：渗碳层厚度1.2~1.6mm，表面含碳量1.0%，齿顶硬度58~60HRC，心部硬度30~45HRC。

表 8-7 常用合金渗碳钢的牌号、成分、热处理、力学性能及用途（摘自 GB/T 3077—2015）

类别	牌号	化学成分/%					热处理			力学性能				钢棒退火或高温回火供应状态硬度 HBW	用途举例
		C	Si	Mn	Cr	其他	第一次淬火温度/℃	第二次淬火温度/℃	回火温度/℃	R_m/MPa	R_{eL}/MPa	A/%	Z/%	KU_2/J		
										不小于					
低淬透性	15Cr	0.12~0.17	0.17~0.37	0.40~0.70	0.70~1.00		880 水、油	770~820 水、油	180 油、空	685	490	12	45	55	≤179	截面不大、心部要求较高强度和韧性、表面承受高磨损的零件，如齿轮、活塞、活塞环、凸轮、联轴节、轴等
	20Cr	0.18~0.24	0.17~0.37	0.50~0.80	0.70~1.00		880 水、油	780~820 水、油	200 水、空	835	540	10	40	47	≤179	截面在30mm以下形状复杂、工作时承受磨损的零件，如机床变速箱齿轮、凸轮、蜗杆、销、爪形离合器等
	20Mn2	0.17~0.24	0.17~0.37	1.40~1.80			850 水、油		200 水、空	785	590	10	40	47	≤187	代替20Cr钢制作渗碳的小齿轮、小轴、低要求的活塞销、齿轮等
中淬透性	20CrMnTi	0.17~0.23	0.17~0.37	1.80~1.10	1.00~1.30	Ti: 0.04~0.10	880 油	870 油	200 水、空	1080	850	10	45	55	≤217	在汽车、拖拉机工业中用于截面在30mm以下、承受高速、中或重载荷以及受冲击、摩擦的重要渗碳件，如齿轮、轴、齿轮轴、爪形离合器、蜗杆等

续表

类别	牌号	化学成分/%					热处理			力学性能				钢棒退火或高温回火供应状态硬度HBW	用途举例
		C	Si	Mn	Cr	其他	第一次淬火温度/℃	第二次淬火温度/℃	回火温度/℃	R_m/MPa	R_{eL}/MPa	A/%	Z/%	KU_2/J	
										不小于					
中淬透性	20MnVB	0.17~0.23	0.17~0.37	1.20~1.60		V:0.07~0.12 B:0.0008~0.0035	860 油		200 水、空	1080	885	10	45	55	≤207	模数较大、载荷较重的中小渗碳件，如重型机床上的齿轮、轴、汽车后桥主动、从动齿轮等
	20Cr2MnMo	0.17~0.23	0.17~0.37	0.90~1.20	1.10~1.40	Mo:0.20~0.30	860 油		200 水、空	1180	885	10	45	55	≤217	大截面渗碳件，如大型拖拉机齿轮、活塞销等
高淬透性	20Cr2Ni4	0.17~0.23	0.17~0.37	0.30~0.60	1.25~1.65	Ni:3.25~3.65	860 油	780 油	200 水、空	1180	1080	10	45	63	≤269	大截面、载荷较高、交变载荷下的重要渗碳件，如大型齿轮、轴等
	18Cr2Ni4W	0.13~0.19	0.17~0.37	0.30~0.60	1.35~1.65	Ni:4.00~4.50 W:0.80~1.20	950 空	850 空	200 水、空	1180	835	10	45	78	≤269	大截面、高强度、良好韧性以反缺口敏感性低的重要渗碳件，如大截面的齿轮、传动轴、曲轴、花键轴、活塞销、精密机床上控制进刀的蜗轮等

（1）20CrMnTi 钢齿轮的加工工艺路线：下料→锻造→正火→加工齿形→渗碳，预冷淬火+低温回火→磨齿。

（2）热处理工艺曲线及分析：20CrMnTi 钢热处理工艺曲线如图 8-13 所示。正火作为预先热处理，其目的是：改善锻造组织；调整硬度（170～210HBW）便于机加工，正火后的组织为索氏体+铁素体。最终热处理为渗碳后预冷到 875℃ 直接淬火+低温回火，预冷的目的在于减少淬火变形，同时在预冷过程中，渗层中可以析出二次渗碳体，在淬火后减少了残余奥氏体量。最终热处理后其组织表面为回火马氏体+颗粒状碳化物+残余奥氏体，而心部的组织分为两种情况：在淬透时为低碳马氏体+铁素体；未淬透时为托氏体+铁素体。

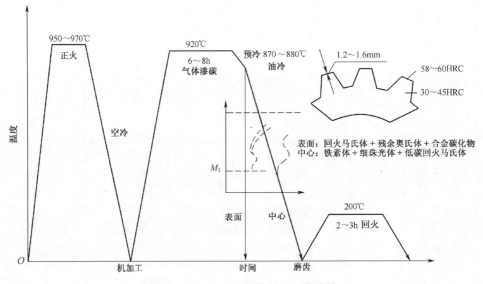

图 8-13　20CrMnTi 钢热处理工艺曲线

20CrMnTi 钢经上述处理后可获得高耐磨性渗层，心部有较高的强度和良好的韧性，适宜制造承受高速中载并且抗冲击、耐磨损的零件，如汽车、拖拉机的后桥、变速箱齿轮、离合器轴和一些重要的轴类零件。

4. 合金调质钢

对于汽车后桥半轴、燃气涡轮发动机的涡轮轴在服役期间，不仅承受复杂、巨大的交变载荷，而且工作温度较高，因此，要求材料应具备良好的综合力学性能，既要求有较高的强度、硬度，又要有较高的韧性、塑性，还要有较高的疲劳极限。为满足上述性能要求，常选用合金调质钢。合金调质钢，是指凡经调质处理后使用的中碳合金钢，它具有良好的综合力学性能，常用于制作机床零件、连杆、曲轴等。

1）化学成分特点

（1）中碳。为了保证钢获得既强又韧的综合力学性能，合金调质钢的碳质量分数一般为 0.25%～0.50%，一般在 0.4% 左右。因为含碳量过高，塑性、韧性不易保证；而含碳量过低，强度、硬度达不到要求。

(2) 合金元素。

主加合金元素是铬、镍、锰、硅等。目的是固溶强化，提高淬透性，淬透性是调质钢的一个重要性能指标。除此之外，铬能提高回火稳定性，镍能有效地抑制晶粒长大，细化晶粒，提高强韧性。

附加合金元素是钨、钼、钒、硼、铝等。目的是细化奥氏体晶粒，提高回火稳定性，抑制高温回火脆性。铝可加速氮化过程。

常用合金渗碳钢的牌号、成分、热处理、力学性能及用途见表 8-7。

2) 热处理特点

(1) 调质零件的加工工艺路线：毛坯锻造→预先热处理→粗机械加工→调质→精加工→成品检验。

(2) 热处理特点。在毛坯锻造之后进行的预先热处理（退火或正火），主要是为了改善锻造后组织、切削加工性能和消除应力。

合金调质钢的最终热处理多是淬火加高温回火，获得回火索氏体组织，从而保证零件具有良好的力学性能，如图 8-14 所示。合金调质钢的淬透性较高，淬火时一般都采用油冷。对于淬透性特别大的合金调质钢，甚至空冷可以淬硬，减少热处理变形缺陷。这是由于冷却速度缓慢，减少内部应力，降低零件热处理变形。合金调质钢高温回火时，为了防止发生回火脆性，回火后应快冷，即水冷或油冷。

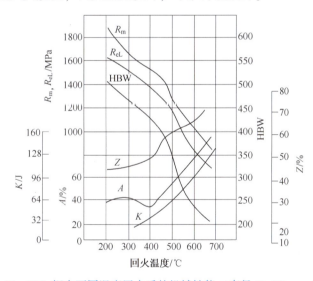

图 8-14 40Cr 钢在不同温度回火后的机械性能（直径 $D=12$ mm，油淬）

对于某些零件（轴、齿轮等）除了要求有良好的力学性能外，还要求零件表面有较好的耐磨性。因此对这些零件在调质后应进行感应淬火和低温回火，或进行化学热处理氮化。

对于 $w_C \leq 0.30\%$ 的合金调质钢也可在中、低温回火状态下使用，其组织分别为回火托氏体和回火马氏体。例如，锻锤锤杆采用中温回火，凿岩机活塞和混凝土振动器的振动头等，都采用低温回火。调质钢在退火或正火状态下使用时，其力学性能与相同含碳量的碳钢差别不大，只有通过调质，才能获得优于碳钢的性能，见表 8-8。

表 8-8 调质钢正火、调质后的力学性能

热处理方法	牌号	热处理工艺	试样尺寸 ϕ/mm	力学性能			
				R_m/MPa	R_{eL}/MPa	A/%	KU_2/J
正火	40	860℃空冷	25	580	340	19	48
	40Cr	860℃空冷	60	740	450	21	72
调质	40	840℃水冷，600℃回火	25	570	335	19	47
	40Cr	850℃油冷，520℃水，油	25	980	785	9	47

3）常用合金调质钢

按合金调质钢的淬透性分为以下 3 类：

（1）低淬透性调质钢。典型钢种为 40Cr 钢、40MnVB 钢等，这类钢水淬临界直径<40mm，广泛用于制造一般尺寸的重要零件，如轴、齿轮、连杆螺栓等。

（2）中淬透性调质钢。典型钢种为 30CrMnSi 钢、35CrMo 钢、40CrMn 钢，这类钢油淬时，其临界淬透直径最大可达 40~60mm，主要用于制造截面较大、承受较重载荷的零件，如曲轴、连杆等。

（3）高淬透性调质钢。典型钢种为 40CrNiMo 钢、40CrMnMoA 钢等，这类钢合金元素总量较多，属于多元复合化，所以它的淬透性特别好，油淬时其临界淬透直径为 60~100mm，有的钢甚至在空气中也能淬透。对于铬镍钢，铬、镍的适当配合，可大大提高淬透性，并能获得比较优良的综合力学性能。用于制造大截面、承受重负荷的重要零件，如汽轮机主轴、压力机曲轴、航空发动机曲轴等。

常用合金调质钢的牌号、成分、热处理、力学性能及用途见表 8-9。

4）应用举例

下面以 40CrNiMo 合金调质钢制作某发动机涡轮外轴（图 8-15）为例，分析其热处理工艺规范。

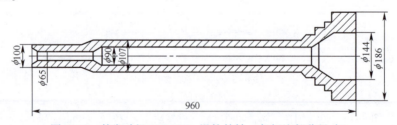

图 8-15 某发动机 40CrNiMo 涡轮外轴（仅标注部分尺寸）

技术要求：热处理变形，弯曲度≤1.0mm。布氏硬度 31.4~34HBW，力学性能指标：R_m≥1100MPa，R_{eL}≥950MPa，A≥12%，Z≥50%，K≥64J。

（1）加工工艺路线：下料→模锻→正火→粗机加工→半精机加工→调质→精机加工→探伤→发蓝→成品检验。

（2）热处理工艺曲线及分析（图 8-16）。

正火的目的是改善锻造组织，消除缺陷，细化晶粒。为了调整硬度、便于切削加工，在正火之后、粗加工之前增加高温回火工序。

表 8-9 常用合金调质钢的牌号、成分、热处理、力学性能及用途（摘自 GB/T 3077—2015）

类别	牌号	化学成分/%					热处理		力学性能 （不小于）					钢材退火或高温回火供应状态硬度 HBW	用途举例
		C	Si	Mn	Cr	其他	淬火温度/℃	回火温度/℃	R_m/MPa	R_{eL}/MPa	A/%	Z/%	KU_2/J		
低淬透性	40Cr	0.37~0.44	0.17~0.37	0.50~0.80	0.80~1.10		850 油	520 水、油	980	785	9	45	47	≤207	制造承受中等载荷和中等速度工作下的零件，如汽车后半轴及机床上齿轮、轴、花键轴、顶尖套等
低淬透性	42SiMn	0.39~0.45	1.10~1.40	1.10~1.40			880 水	590 水	885	735	15	40	47	≤229	在高频淬火及中温回火状态下制造中等载荷、中等速度的齿轮；调质后高频淬火及低温回火状态下要求高硬度、较高耐磨性的零件，如主轴、齿轮
低淬透性	40MnB	0.37~0.44	0.17~0.37	1.10~1.40		B:0.0008~0.0035	850 油	500 水、油	980	785	10	45	47	≤207	代替40Cr钢制造中、小截面重要调质件，如汽车半轴、转向轴、蜗杆以及机床主轴、齿轮等
中淬透性	40CrMn	0.37~0.45	1.17~0.37	0.90~1.20	0.90~1.20		840 油	550 水、油	980	835	9	45	47	≤229	在高速、重载荷下工作的齿轮、齿轮轴、离合器等

续表

类别	牌号	化学成分/%					热处理		力学性能 不小于					钢材退火或高温回火供应状态硬度 HBW	用途举例
		C	Si	Mn	Cr	其他	淬火温度/℃	回火温度/℃	R_m/MPa	R_{eL}/MPa	A/%	Z/%	KU_2/J		
中淬透性	30CrMnSi	0.28~0.34	0.90~1.20	0.80~1.10	0.80~1.10		880 油	540 水、油	1080	835	10	45	39	≤229	重要用途的调质件,如高速高载荷的砂轮轴、齿轮、轴、螺栓、螺母、轴套等
中淬透性	38CrMoAl	0.35~0.42	0.20~0.45	0.30~0.60	1.35~1.65	Mo: 0.15~0.25 Al: 0.70~1.10	940 水、油	640 水、油	980	835	14	50	71	≤229	高级氮化钢,常用于制造磨床主轴、自动车床主轴、精密齿轮、高压阀门、压缩机活塞杆、橡胶及塑料挤出机上的各种耐磨件
高淬透性	40CrMnMo	0.37~0.45	0.17~0.37	0.90~1.20	0.90~1.20	Mo: 0.20~0.30	850 油	600 水、油	980	785	10	45	63	≤217	截面较大、要求高强度和高韧性的调质件,如8t卡车的后桥半轴、齿轮轴、偏心轴、齿轮、连杆等
高淬透性	40CrNiMo	0.37~0.44	0.17~0.37	0.50~0.80	0.60~0.90	Mo: 0.15~0.25 Ni: 1.25~1.65	850 油	600 水、油	980	835	12	55	78	≤269	要求韧性好、强度高及大尺寸的重要调质件,如直径大于250mm的汽轮机械中高载荷的轴类、叶片、曲轴等

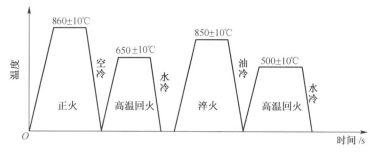

图 8-16 40CrNiMo 合金调质钢热处理工艺曲线

调质工艺采用 850℃加热、油淬，获得马氏体组织，然后在 550℃回火。为防止第二类回火脆性，在回火的冷却过程中应采用水冷，获得最终组织为回火索氏体，它具有良好的综合力学性能，满足技术要求。

5. 合金弹簧钢

1) 合金弹簧钢的性能要求

在各种机械系统中，弹簧的主要作用是通过弹性变形储存能量（弹性变形功），从而传递力（或能）和机械运动或减缓机械振动与冲击，如汽车、火车上的各种板簧和螺旋弹簧、仪表弹簧等，通常在长期的交变应力作用下，承受拉压、扭转、弯曲和冲击条件下工作，因此，弹簧钢应满足以下性能要求：

(1) 具有高的弹性极限，尤其是要有高的屈强比（R_{eL}/R_m），以避免弹簧在高载荷下产生永久变形。

(2) 高的疲劳极限（尤其是缺口疲劳强度），以避免在交变应力的条件下工作的弹簧产生疲劳破坏。

(3) 具有足够的塑性和韧性以及良好的表面质量，有较好的淬透性和低的脱碳敏感性，以便在冷热状态下都能够容易绕卷成型。

2) 化学成分特点

(1) 中、高碳。为了保证钢获得高的弹性极限、疲劳极限，合金弹簧钢的碳含量一般为 0.5%~0.85%，一般在 0.6% 左右。

(2) 合金元素。主加合金元素是硅、锰、铬等，目的是提高弹性极限和淬透性。其中硅的作用更显著。附加合金元素是钒、钨、钼等，目的是细化奥氏体晶粒，提高回火稳定性且不易脱碳和过热，从而保证更高的高温强度和韧性。

3) 热处理特点

(1) 冷拉合金弹簧钢丝的加工工艺路线：下料→冷绕成型→正火→钳修正→淬火、中温回火→喷丸→镀铬→成品检验。

正火的目的是消除内应力，改善组织。淬火、中温回火的目的是获得回火托氏体，硬度控制在 40~50HRC 范围内，以获得较高的弹性极限。

弹簧经热处理后，一般进行喷丸处理，使表面强化并在表面产生残余压应力，以提高疲劳强度。

(2) 热轧合金弹簧钢丝的加工工艺路线：下料→热绕成型→钳修正→淬火、中温回火→喷丸→镀铬→成品检验。

对于热轧后进行退火的合金弹簧钢，多进行冷绕成型，常用来制造中型弹簧。对于热轧后未进行退火的合金弹簧钢，多进行热绕成型，常用来制造大型弹簧、板簧等。

4）常用合金弹簧钢

（1）60Si2Mn 钢。由于加入硅、锰合金元素，显著提高淬透性且优于碳素弹簧钢，广泛用来制作在高应力下工作的重要弹簧以及在 250℃ 以下使用的耐热弹簧，如机车车辆、汽车、拖拉机上的减震板簧和螺旋弹簧、汽缸安全阀簧、止回阀簧等。

（2）50CrV 钢。具有较高的淬透性和最佳的综合力学性能，有一定的耐热性能，弹簧使用温度可达 300℃，常用来制造在 300℃ 以下工作的重要弹簧。

常用合金弹簧钢的牌号、成分、热处理、力学性能及用途见表 8-10。

5）应用举例

以 50CrV 合金弹簧钢制作某飞机的压缩弹簧（图 8-17）为例，分析其热处理工艺规范。

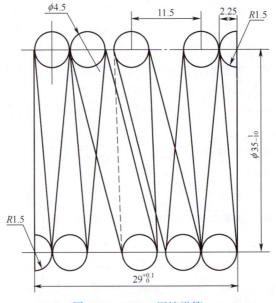

图 8-17　50CrV 压缩弹簧

技术要求：热处理变形偏斜度≤0.7mm，硬度 45~51HRC。

（1）加工工艺路线：下料→冷绕成型（车绕）→正火→钳修整→淬火、中温回火→喷丸→探伤→镀铬→成品检验。

（2）热处理工艺曲线及分析（图 8-18）。

正火的目的是消除内应力，为淬火作好组织准备。淬火、中温回火的目的是获得回火托氏体，硬度控制在 40~50HRC 范围内，以获得较高的弹性极限。

6. 滚动轴承钢

滚动轴承钢是指专门用于制造滚动轴承的钢。滚动轴承是一种高速转动的零件，工作时接触面积很小，不仅有滚动摩擦，而且有滑动摩擦，可承受很高、很集中的周期性交变载荷，常见失效形式是接触疲劳损伤或断裂。因此要求滚动轴承钢应满足以下性能要求。

表 8-10 常用合金弹簧钢的牌号、成分、热处理、力学性能及用途（摘自 GB/T 1222—2016）

牌号	化学成分/%								热处理		R_m/MPa	R_{eL}/MPa	A/%	$A_{11.3}$/%	Z/%	用途举例
	C	Si	Mn	Cr	Ni	Cu	P	S	其他	淬火温度/℃	回火温度/℃						
					不大于											
65Mn	0.62~0.70	0.17~0.37	0.90~1.20	≤0.25	0.35	0.25	0.030	0.030		830 油	540	980	785	—	8	30	截面不大于 25mm 的弹簧，如车厢板簧、弹簧发条等
60Si2Mn	0.56~0.64	1.50~2.00	0.70~1.00	≤0.35	0.35	0.25	0.025	0.020		870 油	440	1570	1375	—	5	20	汽车、拖拉机、机车上的减震板簧和螺旋弹簧，气缸安全阀簧、电力机车用升弓钩弹簧，止回阀簧，还可用作 250℃ 以下使用的耐热弹簧
55CrMn	0.52~0.60	0.17~0.37	0.65~0.95	0.65~0.95	0.35	0.25	0.025	0.020		840 油	485	1225	1080	9	—	20	车辆、拖拉机工业上制作载荷较重、应力较大的板簧和直径较大的螺旋弹簧
50CrV	0.46~0.54	0.17~0.37	0.50~0.80	0.80~1.10	0.35	0.25	0.025	0.020	V: 0.10~0.20	850 油	500	1275	1130	10	—	40	用作较大截面的高载荷重要弹簧及工作温度<350℃ 的阀门弹簧，活塞弹簧，安全阀弹簧等

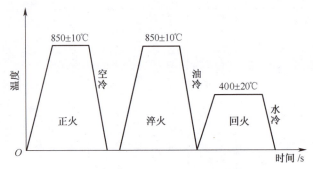

图 8-18 50CrV 钢热处理工艺曲线

（1）具有高而均匀的硬度。
（2）具有高的弹性极限和接触疲劳强度。
（3）具有足够的韧性和一定的抗腐蚀能力。
（4）具有足够的淬透性，以满足大尺寸滚动轴承的要求。

1）化学成分特点

滚动轴承钢是一种高碳低铬钢，含碳量为 0.95%～1.10%，含铬量为 0.4%～1.65%。高碳可保证有高的淬硬性，同时可形成铬的碳化物强化相。铬的主要作用是增加钢的淬透性，使淬火、回火后整个截面上获得较均匀的组织。铬可形成合金渗碳体 $(Fe \cdot Cr)_3C$，加热时降低过热敏感性，得到细小的奥氏体组织。溶入奥氏体中的铬，又可提高马氏体的回火稳定性。高碳低铬的滚动轴承钢，经正常热处理后获得较高且均匀的硬度、强度和较好的耐磨性。对大型滚动轴承，其材料成分中需加入 Si、Mn 等元素，进一步提高淬透性，适量的 Si（0.4%～0.6%）还能明显地提高钢的强度和弹性极限。滚动轴承钢是高级优质钢，成分中的硫含量小于 0.015%，磷含量小于 0.025%，最好用电炉冶炼，并用真空除气。

从化学成分看，滚动轴承钢含碳量高，所以这类钢也经常用于制造各种精密量具、冷冲模具、丝杠、冷轧辊和高精度的轴类等耐磨零件。图 8-19 所示为滚动轴承钢产品——滚珠轴承。

2）热处理特点

下面以 GCr15 轴承钢制作某产品的柱塞套（图 8-20）为例分析其热处理工艺规范。

图 8-19 滚珠轴承

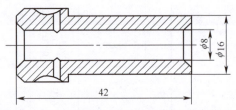

图 8-20 GCr15 精密柱塞套（仅标注部分尺寸）

技术要求：硬度60~65HRC。金相组织为隐针马氏体。

（1）滚动轴承的加工工艺路线：下料→毛坯锻造→预先热处理→粗机械加工→最终热处理→精加工→成品检验。

（2）热处理工艺曲线（图8-21）及分析。

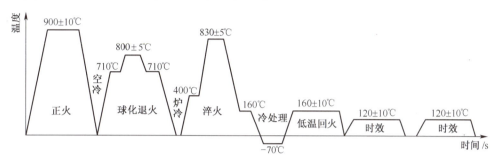

图8-21　GCr15钢热处理工艺曲线

预先热处理是正火、球化退火，钢经下料、锻造后的组织是索氏体+少量粒状二次渗碳体，硬度为255~340HBW，正火后采用球化退火的目的在于获得粒状珠光体组织，调整硬度（207~229HBW）便于切削加工及得到高质量的表面。一般加热到790~810℃烧透后再降低至710~720℃保温3~4h，使组织全部球化。

最终热处理为淬火+冷处理+低温回火，淬火为获得极细的马氏体，满足硬度要求。冷处理是使残留奥氏体继续转变为极细的马氏体，然后立即进行回火（经150~160℃回火2~4h），以去除应力，提高韧性和稳定性，此时组织为极细的回火马氏体、分布均匀细小的粒状碳化物（5%~10%）以及少量残余奥氏体（5%~10%），硬度为62~66HRC。时效可达到尺寸稳定化目的。

生产精密轴承或量具时，由于低温回火不能彻底消除内应力和残余奥氏体，在长期保存及使用过程中，因应力释放、奥氏体转变等原因造成尺寸变化，所以淬火后立即进行一次冷处理，并在回火及磨削后，在120~130℃进行10~20h的尺寸稳定化处理。

3）常用轴承钢

常用滚动轴承钢的牌号、化学成分、热处理及用途见表8-11。

表8-11　滚动轴承钢的牌号、化学成分、热处理及用途

牌号	化学成分ω/%						热处理			用途举例
	C	Cr	Mn	Si	Mo	V	淬火温度/℃	回火温度/℃	回火后硬度/HRC	
GCr15	0.95~1.05	1.40~1.65	0.25~0.45	0.15~0.35	≤0.10	—	830~860	160~180	62~66	壁厚15~35mm、外径＜250mm的各种轴承套圈；20~50mm的滚动体，如钢球、圆锥滚子、圆柱滚子、球面滚子、滚针等
G8Cr15	0.75~0.85	1.30~1.65	0.20~0.40	0.15~0.35	≤0.10		850~860	150~160	61~64	壁厚≤12mm、外径≤250mm的各种轴承套圈；直径≤50mm的钢球，直径≤22mm的圆锥滚子、球面滚子及所有尺寸的滚针

续表

牌号	化学成分 ω/%						热处理			用途举例
	C	Cr	Mn	Si	Mo	V	淬火温度/℃	回火温度/℃	回火后硬度/HRC	
GCr15SiMn	0.95~1.05	1.40~1.65	0.95~1.25	0.45~0.75	≤0.10	—	810~840	170~200	62~64	壁厚≥14mm，外径≤250mm的套圈；直径为20~200mm的钢球；直径≥22mm的滚子，其他同GCr15
GSiMnV	0.95~1.10	—	1.30~1.80	0.55~0.80	—	0.20~0.30	780~810	150~170	≥62	可代替GCr15钢

8.3.3 合金工具钢

合金工具钢是在工具用碳钢的基础上添加合金元素形成的钢，常用于制造刃具、模具、量具等。其牌号用"一位数字（或无数字）+元素符号+数字+…"来表示。当钢中的平均$ω_c<1\%$时，牌号中的第一个数字表示平均碳含量（以千分之几计）；当钢中的平均$ω_c≥1\%$时，牌号前不标出含碳量。元素符号表示钢中所含的合金元素，元素符号后面的数字表示该合金元素的含量（以百分之几计）。例如，9SiCr表示平均$ω_c=0.9\%$、$ω_{Si}<1.5\%$、$ω_{Cr}<1.5\%$的合金工具钢，Cr12表示平均$ω_c≥1\%$、$ω_{Cr}=12\%$的合金工具钢。对低铬（平均铬含量小于1%）合金工具钢，在铬含量（以千分之几计）前加数字"0"，以示区别。例如，平均铬含量为0.6%的低铬合金工具钢的牌号为Cr06。

合金工具钢按用途可分为刃具钢、模具钢、量具钢三大类。同一种合金工具钢往往可兼作多种用途，如CrWMn钢，既可用作刃具钢，也可制作模具和量具。

1. 刃具钢

1) 刃具钢的力学性能

钻头、板牙、丝锥、车刀、铣刀等刃具工作时，刃部与切屑、毛坯之间产生强烈的摩擦，使刃部磨损变钝，同时产生高温（可达500~600℃），因此刃具钢应具备以下优良的力学性能：

（1）高硬度与耐磨性。切削金属材料所用刃具的硬度一般应在60HRC以上，因此刃具钢的最终组织应以高碳回火马氏体为基体，而在此基体上分布着一定数量的均匀、细小的碳化物，又可获得良好的耐磨性。

（2）高的热硬性。热硬性是指钢在高温下保持高硬度（≥60HRC）的能力。热硬性与钢的回火稳定性和碳化物的弥散沉淀有关。钢中加入W、V、Nb、Mo等合金元素将显著提高钢的热硬性。

（3）足够的强度、韧性。足够的强度、韧性可以防刃部在受冲击、振动载荷作用下突然发生断裂或崩刃。

2) 化学成分特点

（1）高碳。为了保证钢获得高硬度（60~65HRC）和形成合金碳化物，合金刃具钢的碳含量一般为0.85%~1.50%。

（2）合金元素。利用多元少量化原则，在钢中加入合金元素铬、钨、锰、硅、钒、钼等，这些合金元素溶入奥氏体可提高钢的淬透性、强度和硬度；形成强碳化物，提高钢的耐磨性，同时改善钢的韧性，提高红硬性等。各种合金元素对钢的力学性能的影响见表 8-12。

表 8-12 各种合金元素在工具钢中的作用

性　能	合金元素（其能力依次递减）	性　能	合金元素（其能力依次递减）
提高耐磨性	V、W、Mo、Cr、Mn	细化晶粒提高韧性	V、W、Mo、Cr
提高淬透性	Mn、Mo、Cr、Si、Ni、V	提高红硬性	W、Mo、Co、V、Cr
减小变形	Mo、Cr、Mn		

3）热处理特点

（1）预先热处理一般采用先正火、然后球化退火，以获得细小颗粒球状珠光体（P），改善切削加工性能。

（2）对于低速切削刀具（丝锥、板牙、铰刀、拉刀等），最终热处理为淬火和低温回火，其组织为细回火马氏体、合金碳化物和少量残留奥氏体，硬度为 60~65HRC。

对于高速切削刀具（车刀、铣刀等），要求很高的红硬性和硬度，最终热处理为淬火和多次高温回火，稳定组织并产生二次硬化。

（3）合金刀具钢淬透性较好，淬火时采用油冷，可显著地减少刃具的变形和开裂。

4）常用合金刀具钢

（1）低合金刃具钢。它是合金元素总量低于 5% 的合金工具钢，例如，9SiCr 钢具有高的淬透性和耐回火性，热硬性可达 300~350℃，主要制造变形小的薄刃低速切削刀具（如丝锥、板牙、铰刀等）。CrWMn 钢具有高的淬透性，淬火变形小，适于制作较复杂的低速切削刃具（如拉刀等）。

常用低合金刃具钢的牌号、化学成分、热处理及用途见表 8-13。

表 8-13 常用低合金刃具钢的牌号、化学成分、热处理及用途（摘自 GB/T 1299—2014）

牌号	化学成分 $\omega/\%$				热处理			用途举例
	C	Cr	Mn	Si	淬火温度/℃	回火温度/℃	回火后硬度/HRC	
9SiCr	0.85~0.95	0.95~1.25	0.30~0.60	1.20~1.60	820~860 油	150~200	61~63	板牙、丝锥、铰刀、搓丝板、冷冲模
Cr06	1.30~1.45	0.50~0.70	≤0.40	≤0.40	780~810 水	160~180	62~64	外科手术刀、剃刀、刮刀、刻刀、锉刀等
Cr2	0.95~1.10	1.30~1.65	≤0.40	≤0.40	830~860 油	160~170	60~62	车刀、插刀、铰刀、钻套、量具、样板等
9Cr2	0.80~0.95	1.30~1.70	≤0.40	≤0.40	820~850 油	150~170	60~62	木工工具、冷冲模、钢印、冷轧辊等

（2）高速钢。它是用于高速切削且加入较多的合金元素的高合金刃具钢，简称高速钢。

高速钢自 20 世纪初问世以来，由于它具有高硬度和耐磨性、高的热硬性和强度、良好的淬透性和一定韧性，所以应用非常广泛。高速钢的主要特点是高速切削时，刀具温度升高到 500~600℃ 时，它仍有良好的切削性能，故俗称"锋钢"。高速钢按所加入的主要合金元素可分为3类，即钨钼系、钨系、钒系高速钢。

W18Cr4V钢是我国目前应用最广的高速钢，其热硬性高，过热和脱碳倾向小，但钢中碳化物偏析严重。主要制作中速切削刀具或结构复杂低速切削的刀具（如拉刀、齿轮刀具等）。

W6Mo5Cr4V2钢由于加入钼元素，降低了碳化物的偏析程度，提高热塑性，同时钼的碳化物细小，故有较好的韧性。它与W18Cr4V钢相比，具有较高的弯曲强度和较好的冲击韧性，但这种钢过热敏感性较大，有氧化、脱碳倾向，热硬性略差，主要制作耐磨性和韧性配合较好的刃具，尤其适于制作热加工成型的薄刃刀具（如麻花钻头等）。

W6Mo5Cr4V2Al钢由于加入铝元素，其硬度、热硬性均比W18Cr4V钢和W6Mo5Cr4V2钢高，但它的磨削性差，刃磨困难，主要用于切削加工合金钢。

5）应用举例

下面以W18Cr4V高速钢制作齿轮滚刀为例分析其热处理工艺规范。

技术要求：刃部硬度63~65HRC。

（1）齿轮滚刀的加工工艺路线：下料→锻造→等温退火→粗加工→淬火、回火→精机加工→成品检验。

（2）锻造、热处理工艺曲线（图8-22）分析。

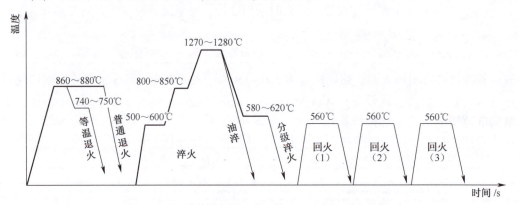

图8-22 高速工具钢（W18Cr4V钢）热处理工艺曲线

W18Cr4V高速钢含有多量的合金元素，E点显著左移，故其铸态组织中有莱氏体，且合金碳化物呈粗大鱼骨状，如图8-23所示。由于粗大鱼骨状的碳化物硬而脆，不能用热处理方法消除，必须采用反复锻打的方法将其击碎，使碳化物细化并均匀分布在基体上。

等温退火的目的是消除内应力，改善切削加工性能，为淬火做好组织准备。退火后组织为索氏体和粒状合金碳化物（图8-24），硬度为207~255HBW。

淬火目的是获得含合金元素较多的合金马氏体和碳化物，最大限度地提高硬度、耐磨性和热硬性。由于高速钢导热性差，为减少淬火加热时的内应力，防止零件变形、开裂，必须采取分级预热，一般采取两次预热，第一次预热温度为500~600℃，第二次预热温度为800~850℃。对于截面小、形状简单的刀具也可采用一次预热方法（预热温度500~600℃）。为使钨、钼、钒尽可能多地溶入奥氏体，以提高热硬性，其淬火温度为1270~1280℃，采用油冷淬火或盐浴中分级冷却，其淬火组织为马氏体、粒状碳化物和残留奥氏体（20%~30%），如图8-25所示。

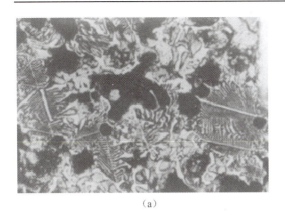 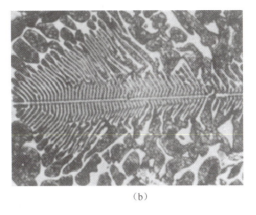

(a) (b)

图 8-23 高速工具钢（W18Cr4V 钢）铸态组织
(a) 低放大倍数；(b) 高放大倍数

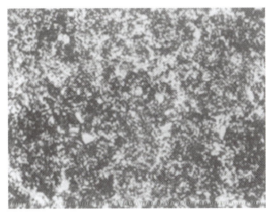

图 8-24 W18Cr4V 退火后的组织

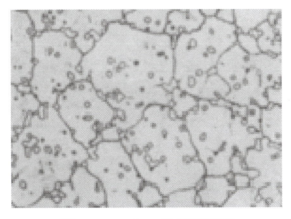

图 8-25 W18Cr4V 淬火后的组织

多次回火目的是显著减少残留奥氏体，提高硬度和热硬性，同时消除淬火内应力，稳定零件尺寸。W18Cr4V 高速钢淬火后，在 560℃ 加热时，从马氏体中析出弥散的特殊碳化物形成"弥散硬化"，提高了钢的硬度（图 8-26），同时从残留奥氏体中析出弥散的合金碳化物,使残留奥氏体中的碳和合金元素含量降低,M_s点升高,在随后的冷却过程中残留奥氏体转变为马氏体,故回火后硬度不仅没有降低,反而有所升高。为了将残留奥氏体量减少到最低,一般应进行3次回火,使残留奥氏体量从20%~30%减少到1%~2%。高速工具钢正常淬火、回火后的组织为回火马氏体、合金碳化物和少量残留奥氏体,如图8-27所示,硬度为63~65HRC。

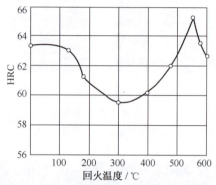

图8-26　W18Cr4V的硬度与回火温度的关系

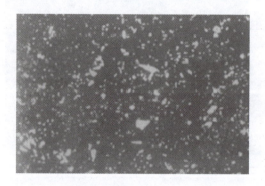

图8-27　W18Cr4V淬火、回火后的组织

常用高速钢的牌号、化学成分、热处理及用途见表8-14。

表8-14　常用高速钢的牌号、化学成分、热处理及用途(摘自GB/T 9943—2008)

牌号	化学成分 ω/%							热处理				用途举例
	C	Mn	Si	Cr	W	V	Mo	淬火温度/℃(箱式炉)	HRC	回火温度/℃	回火后硬度/HRC	
W18Cr4V	0.73~0.83	0.10~0.40	0.20~0.40	3.80~4.50	17.20~18.70	1.00~1.20	—	1260~1280 油	≥63	550~570 (3次)	≥63	制作中速切削用车刀、刨刀、钻头、铣刀等
W6Mo5Cr4V2	0.80~0.90	0.15~0.40	0.20~0.45	3.80~4.40	5.50~6.75	1.75~2.20	4.50~5.50	1210~1230 油	≥63	540~560 (3次)	≥64	制作要求耐磨性和韧性配合的中速切削刀具,如丝锥、钻头等

2. 模具钢

模具钢是用来制造各种模具用的工具钢。根据模具钢的工作条件不同，一般分为冷作模具钢、热作模具钢和塑料模具钢。

1) 冷作模具钢

(1) 性能要求。冷作模具钢是用来制造在常温下使金属变形与分离的模具钢，如冷冲模、冷镦模、冷挤压模以及拉丝模、滚丝模、搓丝板等。以冲孔模（图 8-28）为例，由其工作条件可知，模具的刃口部位承受较大的压力、冲击力和弯曲力等，同时刃口部位与毛坯之间发生摩擦，因此冷作模具钢应满足以下性能要求。

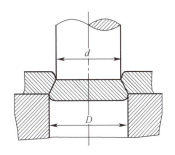

图 8-28 冲孔模示意图

① 具有较高的硬度（58~65HRC）和耐磨性。
② 高的强度、韧性和疲劳极限。
③ 良好的工艺性能。

(2) 常用冷作模具钢及其选用。形状简单、尺寸较小的轻载冷作模具，一般多选用碳素工具钢，如 T8、T10 等；形状复杂的中等冷作模具，一般多选用低合金工具钢，如 9SiCr、CrWMn 钢；形状复杂、精密的中大型冷作模具，一般多选用 Cr12 型冷作模具钢，它主要有 Cr12 和 Cr12MoV 等。Cr12 型冷作模具钢具有高硬度和耐磨性，高的淬透性和回火稳定性且淬火变形小，所以应用广泛。

① 化学成分特点。Cr12 型冷作模具钢碳与铬含量高，w_C = 1.4% ~ 2.3%，w_{Cr} = 11.0% ~ 13.0%，高碳可保证形成足够的合金碳化物，并使马氏体的含碳量高，从而使钢获得高硬度和耐磨性。铬是钢中主要的合金元素，可提高淬透性和耐磨性、减小淬火变形、提高回火稳定性等。

钢中加入少量的钼和钒等，可进一步提高钢的淬透性和稳定性，细化晶粒，改善钢的韧性。

Cr12 型冷作模具钢的化学成分及用途见表 8-15。

表 8-15 Cr12 型冷作模具钢的化学成分及用途（摘自 GB/T 1299—2014）

牌号	化学成分 w/%								用途举例
	C	Si	Mn	Cr	Mo	V	P	S	
							不大于		
Cr12	2.00~2.30	≤0.40	≤0.40	11.50~13.00	—	—	0.030	0.020	用于制作耐磨性高、尺寸较大的模具，如冷冲模、冲头、钻套、量规、螺纹滚丝模、拉丝模、冷切剪刀等
Cr12MoV	1.45~1.70	≤0.40	≤0.40	11.00~12.50	0.40~0.60	0.15~0.30	0.030	0.020	用于制作截面较大、形状复杂、工作条件繁重的各种冷作模具及螺纹搓丝板、量具等

② 热处理特点。Cr12 型冷作模具钢属于莱氏体钢，在毛坯锻造之后进行的预先热处理为等温退火，主要是为了消除应力和改善切削加工性能。最终热处理为淬火和回火，在生产

实践中对Cr12型冷作模具钢采用两种最终热处理工艺方案：一次硬化法和二次硬化法。

一次硬化法——低温淬火和低温回火，Cr12型冷作模具钢的一次硬化法工艺规范如图8-29所示。淬火回火后硬度为61~64HRC，最终组织为马氏体、合金碳化物和少量的残留奥氏体。一次硬化法使冷作模具具有很高的耐磨性，变形很小。所以对于承受形状复杂、重载荷的Cr12型冷作模具，大都采用这种工艺方案。

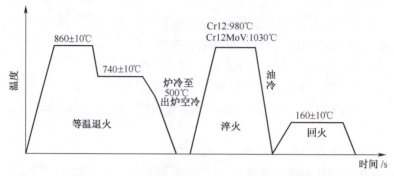

图8-29　Cr12型钢一次硬化法热处理工艺曲线

二次硬化法——高温淬火和高温回火（多次），Cr12型冷作模具钢的二次硬化法工艺规范如图8-30所示。淬火后硬度为45~50 HRC，经2~4次回火后硬度为60~62HRC，最终组织为马氏体、合金碳化物和少量的残留奥氏体。由于在高温回火过程中产生二次硬化，因而提高冷作模具的热硬性和耐磨性，但强韧性稍低。所以二次硬化法适用于承受强烈磨损和在400~500℃温度下使用的Cr12型冷作模具。

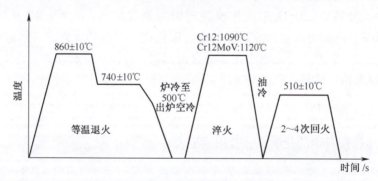

图8-30　Cr12型钢二次硬化法热处理工艺曲线

Cr12型钢的一次硬化和二次硬化后力学性能的比较见表8-16。

表8-16　Cr12型钢的一次硬化和二次硬化后力学性能的比较

淬火			回火				力学性能	
加热温度/℃	冷却	HRC	温度/℃	保温时间/h	次数	HRC	抗弯强度/MPa	冲击吸收能量/J
1040	油淬	63	180~200	1.5	1	59~60	3050	21
1080	油淬	61	180~200	1.5	1	59~60	2820	18
1120	油淬	53	500~520	1	4	59~60	2500	10

2) 热作模具钢

（1）性能要求。热作模具钢用于制造热态下的金属或合金在压力下成型的模具，如热锻模、热挤压模、压铸模等。热作模具工作条件比较复杂，工作时受到强烈摩擦，并承受较高温度和大的冲击力，另外模膛受炽热金属和冷却介质的交替反复作用产生热应力，模膛易龟裂（热疲劳）。因此，热作模具应满足以下性能要求：

① 适宜的硬度和耐磨性。
② 在高温或中温时有足够的强度和韧性。
③ 良好的抗冷热疲劳性、抗高温氧化性和抗热腐蚀性。
④ 淬透性好。

（2）常用热作模具钢及其选用。热作模具钢包括热锻模、热挤压模和压铸模三类，其材料的选用应根据不同类型模具的工作条件、工作状态和模具尺寸等决定。下面主要介绍常用的热锻模具钢和压铸模具钢。

① 常用的热锻模具钢。热锻模是成形固态炽热金属的模具。图 8-31 为齿轮坯热锻模结构及锻件示意图。

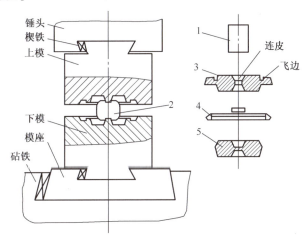

图 8-31　齿轮坯热锻模结构及锻件示意图
1—坯料；2—锻造坯料；3—带飞边和连皮的锻件；4—飞边和连皮；5—锻件。

最常用的热锻模具钢为 5CrMnMo 和 5CrNiMo 等。由于 5CrNiMo 钢的淬透性、强度和韧性均优于 5CrMnMo，所以 5CrNiMo 钢适宜于制造形状复杂、承受高冲击载荷的大型热锻模；而 5CrMnMo 则用于制造中小型热锻模，5CrMnMo 钢和 5CrNiMo 钢的化学成分见表 8-17。

表 8-17　5CrMnMo 钢和 5CrNiMo 钢的化学成分

牌号	化学成分 $w/\%$					
	C	Cr	Mn	Mo	Ni	Si
5CrMnMo	0.50~0.60	0.60~0.90	1.20~1.60	0.15~0.30	—	0.25~0.60
5CrNiMo	0.50~0.60	0.50~0.80	0.50~0.80	0.15~0.30	1.4~1.8	≤0.40

化学成分特点为中碳（$w_C = 0.5\% \sim 0.6\%$），加入合金元素 Cr、Ni、Mo、Mn 等，提高钢的淬透性、耐回火性、抗热疲劳性等。

热处理特点是预先热处理为退火，目的是消除应力、细化晶粒、降低硬度、改善切削加工性能，最终热处理为淬火和回火，组织为均匀的回火索氏体（或回火托氏体）。表 8-18 为 5CrMnMo 钢和 5CrNiMo 钢的淬火规范；表 8-19 为各类热锻模的硬度要求与回火规范。

表 8-18　5CrMnMo 钢和 5CrNiMo 钢的淬火规范

牌号	临界点/℃		淬火		
	A_{c1}	A_{c3}	加热温度/℃	冷却方式	硬度/HRC
5CrNiMo	730	780	830~860	油冷	52~58
5CrMnMo	730	780	820~850		52~58

表 8-19　各类热锻模的硬度要求与回火规范

热锻模类型	硬度要求/HRC	回火温度/℃	回火时间/h	冷却方式	备注
小型（<250mm）	44~48	450~500	3~4	油冷至 100~200℃，空冷	最后应在 180~200℃ 补充回火一次，以消除回火应力
中型（250~400mm）	40~44	500~540	5~6		
大型（>400mm）	36~40	540~580	7~8		

② 常用的压铸模具钢。压铸模是在高压下使熔融金属压铸成型的模具。压铸模工作时与高温的熔融金属接触，不仅温度高而且时间长，同时承受很高的压力（20~120MPa）；此外还受到反复加热和冷却以及金属液流的高速冲刷而产生磨损和腐蚀。因此，压铸模常见的失效形式为热疲劳开裂、热磨损和热熔蚀。常用的压铸模具钢有 3Cr2W8V、4Cr5W2VSi、4Cr5MoSiV1（引进美国的 H13 空淬硬化热作模具钢）等，其中以 3Cr2W8V、H13 钢广泛用于制造铝合金压铸模。

压铸模具钢成分特点是中碳（$w_C = 0.3\% \sim 0.4\%$），并加入 W、Cr、V 等合金元素，以保证钢能获得高韧性和热硬性，并且有较好的回火稳定性、良好的淬透性和抗热腐蚀性抗氧化性等。

热处理特点与热锻模具钢相似。3Cr2W8V 钢压铸模最终热处理工艺为淬火和多次高温回火，组织为均匀的回火索氏体（或回火托氏体）。

常用压铸模具钢的牌号、化学成分、热处理及用途见表 8-20。

表 8-20　常用压铸模具钢的牌号、化学成分、热处理及用途（摘自 GB/T 1299—2014）

牌号	化学成分 w/%									交货状态（退火）/HBW	热处理淬火温度/℃	用途举例
	C	Si	Mn	Cr	W	Mo	V	P	S			
								不大于				
3Cr2W8V	0.30~0.40	≤0.40	≤0.40	2.20~2.70	7.50~9.00	—	0.20~0.50	0.03	0.03	≤255	1075~1125 油	制作压铸模，平锻机上的凸模和凹模，镶块，铜合金挤压模
4Cr5W2VSi	0.32~0.42	0.80~1.20	≤0.40	4.50~5.50	1.60~2.40	—	0.60~1.00	0.03	0.03	≤229	1030~1050 油、空	可用于高速锤用模具与冲头，热挤压用模具及芯棒，有色金属压铸模等

续表

牌号	化学成分 w/%								交货状态（退火）/HBW 不大于	热处理 淬火温度/℃	用途举例
	C	Si	Mn	Cr	W	Mo	V	P	S		
4Cr5MoSiV1（H13）	0.32~0.45	0.80~1.20	0.20~0.50	4.75~5.50	—	1.10~1.75	0.80~1.20	0.03	0.03	205~245	1000盐浴 1004~1016油	用于制造冲击载荷大的锻模，热挤压模，精锻模；铝、铜及其合金压铸模

3）塑料模具钢

（1）性能要求。塑料模具钢是指制造塑料模具用钢。塑料模具按照塑料制件的原材料和成形方法可分为热塑性塑料模具和热固性塑料模具。对于热塑性塑料模具，工作温度一般在150℃以下，承受一定的工作压力和磨损，当塑料制品为聚氯乙烯或氟塑料及阻燃的 ABS 塑料时，由于这些塑料在熔融状态会分解氯化氢（HCl）、氟化氢（HF）和二氧化硫（SO_2）等气体，对模具型腔面有较大腐蚀；对于热固性塑料模具，工作温度一般在160~250℃，工作时模腔承受较大的工作压力（160~200MPa）和一定的冲击载荷，型腔面易磨损和腐蚀。因此，塑料模具钢应具有以下性能。

① 足够的强度和韧性，以使模具能承受工作时的负荷而不致变形。

② 良好的耐磨性和耐腐蚀性，以使模具型腔的抛光表面粗糙度和尺寸精度能保持长期使用而不改变。

③ 良好的加工性能，尤其镜面抛光性能，确保塑料制件的表面质量。

（2）常用塑料模具钢及其选用。塑料模具已向精密化、大型化和多腔化的方向发展，对塑料模具钢的性能的要求越来越高，塑料模具钢的性能应根据塑料种类、制品用途、生产批量、尺寸精度和表面质量的要求而定。塑料模具钢的典型代表为 P20 系列钢和 PCR 钢。

P20 系列钢属于中碳低合金钢，其特点是供应时已预先进行了热处理，并使之达到模具使用态硬度，该硬度变化范围较大，较低硬度为 25~35HRC，较高硬度为 40~50HRC。P20 系列钢是目前国内外应用最广的塑料模具钢之一，主要用于制造形状复杂、精密、大型模具，如大型塑料制品、电视机外壳、洗衣机面板等。

PCR 钢（0Cr16Ni4Cu3Nb，国产型）是一种马氏体沉淀硬化不锈钢，因含碳量低，耐腐蚀性和焊接性都优于马氏体型不锈钢，而接近于奥氏体不锈钢。PCR 钢经固溶处理后可获得单一的板条马氏体组织，硬度为 32~35HRC，具有良好的切削加工性能。经 460~480℃时效处理后，由于马氏体基体析出富铜相，使强度和硬度进一步提高，同时获得较好的综合力学性能，镜面抛光后 $Ra = 0.2\mu m$，然后在 300~400℃ 温度下进行 PVD 表面离子镀处理，可获得大于 1600HV 的表面硬度。因此，PCR 钢适用于制造高耐磨、高精度和耐腐蚀的塑料模，如聚氯乙烯或氟塑料及阻燃的 ABS 塑料等塑料模具。

除此之外，还有 SM45、SM50、SM55、2Cr13、2CrNi3MoAl、06Ni6CrMoVTiAl、1Ni3MnCuMoAl、4Cr2Mn1MoS、9Cr18MoV、3Cr17NiMoV 等，品种类型丰富。典型塑料模具钢的牌号、化学成分、热处理及用途见表 8-21。

表 8-21 典型塑料模具钢的牌号、化学成分、热处理及用途（摘自 GB/T 1299—2014）

牌号	化学成分 w/%									交货状态（退火）/HBW	热处理		用途举例
	C	Si	Mn	Cr	Mo	Ni	P	S	其他		淬火温度/℃	HRC 不小于	
							不大于						
3Cr2Mo (P20)	0.28~0.40	0.20~0.80	0.60~1.00	1.40~2.00	0.30~0.55	—	≤0.025	≤0.025	—	235	850~880 油	52	制作各种塑料模具和低熔点金属压铸模
06Ni6CrMoVTiAl	≤0.06	≤0.50	≤0.50	1.30~1.60	0.90~1.20	5.50~6.50	≤0.025	≤0.025	V: 0.08~0.16 Al: 0.50~0.90 Ti: 0.90~1.30	255	850~880（固溶）油、空 500~540（时效）空	实测	制造高精度塑料模具和轻非铁金属压铸模具等
4Cr13NiVSi	0.35~0.45	0.90~1.20	0.40~0.70	13.00~14.00	—	0.15~0.30	≤0.010	≤0.003	V: 0.25~0.35	235	1000~1030 油	50	适宜制造要求高精度、高耐磨、高耐蚀塑料模具，也用于制造透明塑料制品模具
3Cr17NiMoV	0.32~0.40	0.30~0.60	0.60~0.80	16.00~18.00	1.00~1.30	0.60~1.00	≤0.025	≤0.005	V: 0.15~0.35	285	1030~1070 油	50	适宜制造各种类型的要求高精度、高耐磨，又要求耐蚀性的塑料模具和透明塑料制品模具

3. 量具钢

量具是计量尺寸和形状，同时控制加工精度的测量工具，如游标卡尺、千分尺、万能角度尺、块规、塞规、各种样板等。量具钢是用于制作各种量具的钢，因此，为了保证量具计量和检验时不变形、不易磨损、表面光洁且精度不变，量具钢应具有高硬度和耐磨性，很高的尺寸稳定性、良好的韧性和抗蚀性等。

最常用的量具钢有低合金工具钢（CrWMn、9CrWMn）、轴承钢（GCr15、GCr15SiMn）和碳素工具钢（T8、T10）。表 8-22 列出了常用量具钢的选用和技术要求。

表 8-22 常用量具钢的选用和技术要求

量具名称	钢 号	工作部分回火温度/℃	工作部分硬度/HRC
游标卡尺、千分尺塞规、块规	GCr15、9CrWMn	150~170	58~64
万能角度尺	9CrWMn		
各种样板	T10、GCr15、CrWMn、9CrWMn		
钢尺	65Mn、1Cr13	300~400	>40

根据各类量具钢的化学成分及性能要求，在保证淬硬的前提下，选择相应的淬火加热温度（一般取淬火温度的下限）。淬火冷却大多采用油冷或盐水冷却，不宜采用分级淬火或等温淬火。

为了提高量具的硬度、耐磨性和尺寸稳定性，量具在淬火后 1h 内必须进行冷处理（-70~-80℃），然后进行低温回火。量具在精磨后还必须进行时效处理（120~150℃），以提高量具的尺寸稳定性。

8.3.4 特殊性能钢

特殊性能钢是具有特殊物理、化学性能的钢，能用来制造要求具有一定力学性能，还要求具有特殊性能的零件。

1. 不锈钢和耐热钢的牌号表示方法

不锈钢和耐热钢新牌号表示方法（GB/T221—2008）与旧牌号的最大区别是碳含量的表示方法，用两位或三位阿拉伯数字表示碳含量的最佳控制值，而合金元素的表示方法与合金结构钢和合金工具钢相同，但钢中有意加入的铌、钛、锆、氮等合金元素，虽然含量很低，也应在牌号中标出。

（1）只规定碳含量上限者，用两位阿拉伯数字表示碳含量的最佳控制值（以万分之几计）。当碳含量上限不大于 0.10% 时，以其上限的 3/4 表示碳含量，例如碳含量上限为 0.08%，则碳含量以 06 表示；当碳含量上限大于 0.10% 时，以其上限的 4/5 表示碳含量，例如碳含量上限为 0.20%，则碳含量以 16 表示。例如，碳含量上限为 0.08%，

Cr 含量为 18%~20%，Ni 含量为 8%~11% 的不锈钢，牌号为 06Cr19Ni10。

对于超低碳不锈钢（碳含量不大于 0.030%），用三位阿拉伯数字表示碳含量的最佳控制值（以十万分之几计）。如碳含量上限为 0.020% 时，其牌号中碳含量以 015 表示。例如，碳含量上限为 0.020%，Cr 含量为 17%~19%，Ti 含量为 0.1%~1% 的不锈钢，牌号为 015Cr18Ti。

（2）规定上、下限者，以万分之几计平均碳含量。如当碳含量为 0.16%~0.25% 时，其牌号中的碳含量用 20 表示。例如碳含量为 0.16%~0.25%，Cr 含量为 12%~14% 的不锈钢，牌号为 20Cr13。

2. 不锈钢

不锈钢是指在一定化学介质中（或腐蚀性环境中）具有高度化学稳定性的钢。它的"不锈"性能是相对的，并没有在任何腐蚀介质中都不生锈的不锈钢。

不锈钢为什么会不生锈？这是因为钢中加入合金元素（如铬、镍等），获得单相组织，提高了电极电位并产生钝化的缘故。钝化是指某些金属或合金在特殊环境下失去化学活性，其特性与惰性金属相似。钝化是由于金属与介质作用生成一层很薄的氧化物保护膜，这种膜在一定条件下是致密的，不易溶解且有"自愈"能力（即使损坏，它可以再钝化）。钝化膜的存在，使阳极过程反应受到阻止，从而提高了金属的化学稳定性和抗蚀性。不锈钢按显微组织不同可分为以下 3 类。

1）铁素体不锈钢

铁素体不锈钢是含铬 12%~30% 的铁基合金。加热时组织无明显变化，为单相铁素体组织，故不能用热处理强化，通常在退火状态下使用。这类钢具有一定耐蚀性并耐还原性气体。但是，它的韧性不佳，脆性较大，焊接后使钢的塑性和抗蚀性降低。主要制作化工设备的容器和管道等。常用牌号有 1Cr17 钢等。

2）马氏体不锈钢

马氏体不锈钢是一种既抗腐蚀又能热处理强化的不锈钢。但是它的抗蚀性不如铁素体不锈钢和奥氏体不锈钢。马氏体不锈钢的 $w_C = 0.10\%~0.4\%$。随含碳量增加，钢的强度、硬度和耐磨性提高，但耐蚀性下降。为提高耐蚀性，钢中加入 $w_{Cr} = 12\%~18\%$。这类钢在大气、水蒸气、海水、氧化性酸等氧化性介质中有较好的耐蚀性。主要用于制作要求力学性能较高，并有一定耐蚀性的零件，如汽轮机叶片、阀门、喷嘴、滚动轴承等。一般淬火、回火后使用。常用牌号有 1Cr13、3Cr13 钢等。

3）奥氏体不锈钢

奥氏体不锈钢是铬、镍等元素在 γ-Fe 中形成的间隙固溶体。其成分特点是含碳量很低，含有较高的铬（≥18%）、镍（8%~25%）及其他提高耐蚀性的元素（如钼、铜、硅、铌、钛等）。

奥氏体不锈钢具有优良的抗蚀性能。一般奥氏体不锈钢在蒸汽、潮湿气体、淡水、海水中具有较好的抗蚀性，在氧化性、中性及弱氧化性介质中，其抗蚀性比铁素体不锈钢和马氏体不锈钢好。

奥氏体不锈钢不但有良好的耐蚀性，而且还有良好的力学性能和工艺性能，在室温下具有无磁性的奥氏体组织，塑性好，焊接性能良好，易于冶炼及铸锻热成形，

第 8 章　碳钢与合金钢

但钢的屈强比低，奥氏体不锈钢的切削性能较差。切削加工时，加工硬化倾向大，即使不太大的变形也会引起金属强烈硬化。此外，由于这类钢韧性高，切削加工时易产生粘刀现象以及形成带状切屑，使加工条件变坏，因此加工这类钢需采用小的进刀量。

奥氏体不锈钢的热处理有固溶处理、稳定化处理、消除应力处理 3 种形式。

（1）固溶处理是奥氏体不锈钢主要的热处理形式，就是将钢加热到 1000~1100℃ 的高温，经保温后使碳化物和各种合金元素充分地溶入奥氏体中，得到成分均匀的单一的奥氏体组织，然后迅速水冷，获得过饱和的单相奥氏体，称为固溶热处理。这种处理的铬镍奥氏体不锈钢，其硬度最低，韧性、塑性最高，耐蚀性能最好，是最佳的使用状态。

（2）稳定化处理就是经固溶处理之后，进行 850~950℃ 加热，保温后水（油）冷或空冷。目的是彻底消除含钛或铌的奥氏体不锈钢的晶界腐蚀倾向。

（3）消除应力热处理的主要目的是消除奥氏体不锈钢经冷加工、焊接、热处理后残存的内应力，以消除工件对应力腐蚀开裂的敏感性。这种热处理的加热温度一般在 870℃ 以上。对于不含钛或铌的钢，加热后应快速冷却。以防析出碳化铬及其所导致的晶间腐蚀。对于含钛和铌的钢，可与稳定化处理一并进行，不再另行处理。

奥氏体不锈钢主要用于制作在腐蚀性介质中工作的零件，如管道、容器、医疗器械等。常用的牌号有 12Cr18Ni9 钢和 06Cr19Ni10 钢，06Cr19Ni10 钢作为不锈耐热钢使用最广泛，多用于食品用设备、一般化工设备、原子能工业用设备。

常用不锈钢的牌号、成分、热处理、力学性能和用途，见表 8-23。

【励志园地 2】

薄如蝉翼　"手撕"封锁

2018 年，我国央视曝光了一条好消息，厚度仅为 0.02mm 的"手撕钢"研发成功，由于其厚度是 A4 纸的 1/4，能够轻松撕开，这才有了"手撕钢"的别名，这是我国钢材制造业的一大里程碑式的成就，是我国最薄的不锈钢产品。"手撕钢"比纸薄比黄金贵，称之为"财富密码"和"进步钥匙"，一直以来被日本、德国这些发达国家"卡脖子"。为了打破封锁，我国在 2016 年组建技术攻关团队"摸着石头过河"，在科研人员的不懈努力和工作人员的不断尝试下，研究团队仅仅只用了两年时间，累计完成了 700 多次实验，攻克了 450 多个工艺难题和 170 多个设备难题，实现了国产手撕钢从无到有的突破，并创造了厚度为 0.015mm 的世界纪录。

实际上又何止是超薄手撕钢呢，近年来我国在超导材料、汽车变速器以及人工智能平台等行业都实现了了不起的蜕变，背后是我们中国制造的锐意进取，是中国作为世界第一制造大国的慷慨发声，我们坚信自主创新将会给中国工业提供更大的力量，创造出更耀眼的成绩。

表 8-23 常用不锈钢的牌号、成分、热处理、力学性能及用途（摘自 GB/T 1220—2007 和 GB/T 39191—2020）

类别	新牌号（旧牌号）	化学成分/%					热处理			力学性能					用途举例
		C	Si	Mn	Cr	Ni	退火温度	淬火或固溶温度	回火温度	R_m/MPa	$R_{p0.2}$/MPa	A/%	Z/%	KU_2/J	HBW	
铁素体型	10Cr17（1Cr17）	≤0.12	≤1.00	≤1.00	16.00~18.00	(0.60)	780~850 空冷或缓冷	—		≥450	≥205	≥22	≥50	—	≤183	耐蚀性良好的通用不锈钢，用于建筑装潢、家用电器、家庭用具
马氏体型	12Cr13（1Cr13）	0.08~0.15	≤1.00	≤1.00	11.50~13.50	(0.60)	800~900 缓冷或约750 快冷	1000~1050 油	700~750 快冷	≥540	≥345	≥22	≥55	≥78	≤159	良好的耐蚀性和切削加工性。制作一般用途零件和刃具，例如螺栓、螺母，如日常生活用品等
马氏体型	30Cr13（3Cr13）	0.26~0.35	≤1.00	≤1.00	12.00~14.00	(0.60)		980~1050 油	600~750 快冷	≥735	≥540	≥12	≥40	≥24	≤217	制作硬度较高的耐蚀耐磨刃具、量具、阀座、阀门、喷嘴、医疗器械等
奥氏体型	12Cr18Ni9（1Cr18Ni9）	≤0.15	≤1.00	≤2.00	17.00~19.00	8.00~10.00		1050~1150 空、水		≥520	≥205	≥40	≥60	—	≤187	冷加工后有高的强度，用于建筑装潢材料和生产硝酸、化肥等化工设备零件

3. 耐热钢

耐热钢是指具有热化学稳定性和热强性的钢。热化学稳定性是指高温抗氧化性，即钢在高温下对氧化作用的稳定性。热强性是指钢在高温下对外力的抵抗能力。高温下金属原子间的结合力减弱，强度降低，此时金属在恒定应力作用下，随时间的延长会产生慢慢的塑性变形，称此现象为"蠕变"。蠕变与一般塑性相比，其特点是时间长，产生蠕变的应力有时低于屈服强度，而开始蠕变的温度与金属的熔点密切相关。一般而言，高熔点金属，发生蠕变的温度也高。对于在高温下长期承受载荷的零件，应重视蠕变现象，如锅炉钢管，由于在高温下长期承受一定的应力，产生蠕变会使管径越来越大，管壁越来越薄，最终导致钢管爆破，造成重大事故。

提高钢的化学稳定性的方法和不锈钢类似，即在钢中加入合金元素铬、铝、硅，使其在钢的表面形成致密、稳定的氧化物保护膜 Cr_2O_3、Al_2O_3、SiO_2，并与基体结合牢固，它们在钢表面的形成阻碍了氧化膜的扩散，抑制或避免疏松的 FeO 生成和长大，因此起保护作用，使钢不再继续发生氧化。

提高钢的热强性，防止蠕变，可向钢中加入铬、钼、钨、镍等元素，以提高钢的再结晶温度，或加入钛、铌、钒、钨、钼、铬等元素，形成稳定且均匀分布的碳化物，产生弥散强化，从而提高高温强度。耐热钢按组织不同可分为以下 4 类：

1）奥氏体型耐热钢

这类钢含有较多的铬和镍。铬可提高钢的高温强度和抗氧化性，镍可促使形成稳定的奥氏体组织。此类钢工作温度为 650~700℃，常用于制造锅炉和汽轮机零件。常用牌号有 06Cr19Ni10、06Cr17Ni12Mo2 和 45Cr14Ni14W2Mo 钢等。

2）铁素体型耐热钢

这类钢主要含有铬，以提高钢的抗氧化性。钢经退火后可制作在 900℃ 以下工作的耐氧化零件，如散热器等。常用牌号有 06Cr13Al、10Cr17 和 16Cr25N 钢等。

3）马氏体型耐热钢

这类钢通常是在 Cr13 型不锈钢的基础上加入一定量的钼、钨、钒等元素。钼、钨可提高再结晶温度，钒可提高高温强度。此类钢使用温度<650℃，为保持在使用温度下钢的组织和性能稳定，需进行淬火和回火处理。常用于制作承载较大的零件，如汽轮机叶片等。常用牌号有 12Cr13、42Cr9Si2 和 14Cr11MoV 钢等。

4）沉淀硬化型耐热钢

这类钢是在奥氏体基体上通过第二相沉淀强化的耐热钢。为保证有足够的抗氧化性，铬含量均在 12% 以上，加入足够量的镍以稳定奥氏体组织。第二相沉淀强化元素有钛、铝、铌、钒等，固溶强化元素有钨、钼等。常用牌号有 07Cr17Ni7Al、05Cr17Ni4Cu4Nb 和 06Cr15Ni25Ti2MoAlVB 钢等。

常用耐热钢的牌号、成分、热处理、力学性能及用途见表 8-24。

4. 耐磨钢

耐磨钢主要指在冲击载荷和摩擦条件下产生冲击硬化而具有高耐磨性的高锰钢，也称为奥氏体锰钢。

表 8-24 常用耐热钢的牌号、成分、热处理、力学性能及用途（摘自 GB/T 1221—2007）

类别	新牌号（旧牌号）	化学成分/%						热处理	力学性能				用途举例
		C	Mn	Si	Ni	Cr	其他		R_m/MPa	$R_{p0.2}$/MPa	A/%	Z/%	HBW	
铁素体型	06Cr13Al (0Cr13Al)	≤0.08	≤1.00	≤1.00	11.50~14.50	—	Al: 0.10~0.30	退火：780~830℃ 空冷、缓冷	≥410	≥175	≥20	≥60	≤183	燃气透平压缩机叶片、退火箱、淬火台架等
马氏体型	42Cr9Si2 (4Cr9Si2)	0.35~0.50	≤0.70	2.00~3.00	≤0.60	8.00~10.00		淬火：1020~1040℃ 油冷 回火：700~780℃ 油冷	≥885	≥590	≥19	≥50	≤269 退火后	有较高的热强性，用于<700℃ 内燃机进气阀或轻载荷发动机排气阀
奥氏体型	06Cr17Ni12Mo2 (0Cr17Ni12Mo2)	≤0.08	≤2.00	≤1.00	10.00~14.00	16.00~18.00	Mo: 2.00~3.00	固溶：1010~1150 快冷	≥520	≥205	≥40	≥60	≤187	良好的耐热性和抗蚀性。制作加热炉管、燃烧室筒体、退火炉罩等。也是不锈耐蚀钢
沉淀硬化型	07Cr17Ni7Al (0Cr17Ni7Al)	≤0.09	≤1.00	≤1.00	6.50~7.75	16.00~18.00	Al: 0.75~1.50	沉淀硬化 510℃ 时效	≥1230	≥1030	≥4	≥10	≥388	用作弹簧、热圈及机器部件

1) 奥氏体锰钢的化学成分

其主要化学成分是 $\omega_c = 0.70\% \sim 1.35\%$，$\omega_{Mn} = 6.0\% \sim 19.0\%$，$\omega_s \leq 0.040\%$，$\omega_p \leq 0.060\%$。由于奥氏体锰钢铸件的铸态组织中存在着大量的碳化物，因而表现出硬而脆、耐磨性差的特性，只能"水韧处理"后使用。

2) 奥氏体锰钢的牌号表示方法

奥氏体锰钢的牌号表示方法，具体为ZG+平均碳含量（以万分之几计）+各合金元素及其平均含量（以百分之几计），"ZG"为"铸造"汉语拼音的首字母。例如ZG100Mn13表示平均碳含量为1.00%，Mn的平均含量为13%的铸造锰钢。

3) 奥氏体锰钢的热处理特点

实践证明，奥氏体锰钢只有在全部获得奥氏体组织时才呈现出最为良好的韧性和耐磨性。为了使奥氏体锰钢全部获得奥氏体组织，经常对奥氏体锰钢进行"水韧处理"，其方法是把钢加热至临界点温度以上（1050~1100℃），保温一定的时间，使钢中碳化物全部溶入奥氏体，然后迅速地把钢浸淬于水中进行冷却。由于冷却速度非常快，碳化物来不及从奥氏体中析出，因而保持了均匀的奥氏体状态。水韧处理后，奥氏体锰钢的组织为单一的奥氏体，其硬度并不高，为180~220HBW。当它在受到剧烈的冲击或较大压力作用时，表面层的奥氏体将迅速产生加工硬化，从而使表面层硬度提高到450~550HBW，使表面层获得高的耐磨性，心部则仍维持原来的奥氏体状态。

4) 奥氏体锰钢的用途

奥氏体锰钢广泛应用于既耐磨损又耐冲击的零件。在铁路交通方面，奥氏体锰钢可用于铁道上的辙叉、辙尖、转辙器及小半径转弯处的轨条等。因为奥氏体锰钢件不仅具有良好的耐磨性，而且由于其材质坚韧，不会突然折断；即使有裂纹产生，由于加工硬化作用，也会抵抗裂纹的继续扩展，使裂纹扩展缓慢而易被发觉。另外，奥氏体锰钢在寒冷气候条件下，还有良好的力学性能，不会发生冷脆；奥氏体锰钢用于挖掘机的铲斗、各式碎石机的颚板、衬板，显示出了非常优越的耐磨性；奥氏体锰钢在受力变形时，能吸收大量的能量，受到弹丸射击时也不易穿透，因此奥氏体锰钢也常用于制造防弹钢板以及保险箱钢板等；奥氏体锰钢还大量用于挖掘机、拖拉机、坦克等的履带板、主动轮、从动轮和履带支承滚轮等；由于奥氏体锰钢是非磁性的，也可用于既耐磨损又抗磁化的零件，如吸料器的电磁铁罩。

常用奥氏体锰钢的牌号、成分及力学性能见表8-25。

表8-25 常用奥氏体锰钢的牌号、成分及力学性能（GB/T 5680—2023）

牌号	主要化学成分（质量分数）/%						经水韧处理后的力学性能（不小于）			
	C	Si	Mn	P	S	其他	$R_{p0.2}$/MPa	R_m/MPa	A/%	KU_2/J
ZG100Mn13	0.90~1.05	0.3~0.9	11~14	≤0.060	≤0.040		370	700	25	118
ZG120Mn13Cr2	1.05~1.35	0.3~0.9	11~14	≤0.060	≤0.040	Cr: 1.5~2.5	390	735	20	96
ZG120Mn13W	1.05~1.35	0.3~0.9	11~14	≤0.060	≤0.040	W: 0.9~1.2	370	700	25	118

续表

牌号	主要化学成分（质量分数）/%						经水韧处理后的力学性能（不小于）			
	C	Si	Mn	P	S	其他	$R_{p0.2}$/MPa	R_m/MPa	A/%	KU_2/J
ZG120Mn13CrMo	1.05~1.35	0.3~0.9	11~14	≤0.060	≤0.040	Cr：0.4~1.2 Mo：0.4~1.2	390	735	20	96
ZG120Mn18	1.05~1.35	0.3~0.9	16~19	≤0.060	≤0.040		370	700	25	118

【答疑解惑】

航空母舰作为海上浮动的机场，其使用的钢材种类繁多，但是主要有两种：一种是制造舰体使用的高强度耐腐蚀低磁钢，这种钢主要用于制造航空母舰的舰体，因为航空母舰在海上航行，而且是钢铁制作，钢铁作为金属必然有磁感应，所以通过探测地球磁场的变化就可以在没有雷达的情况下，准确定位航空母舰。为了有效隐蔽自身，航空母舰必须使用低磁钢建造。同时由于航空母舰长期泡在海水里，而海水具有一定的腐蚀性，所以航空母舰舰体用钢还必须具备耐腐蚀的特点。最后，航空母舰吨位大、舰体内部装备有战斗机、大型发动机以及数千名水手船员，所以舰体用钢的强度自然也是一个重要指标。综上所述，航空母舰舰体用钢需要满足高强度、低磁性、耐腐蚀的性能要求。

【知识小结】

（1）钢的分类：按化学成分可将钢分为碳素钢和合金钢；按质量等级分为普通质量钢、优质钢、高级优质钢；按浇注前脱氧程度分为沸腾钢、镇静钢和半镇静钢；按主要用途可分为结构钢、工具钢和特殊性能钢三大类。在这3类钢中，结构钢为重点，其次是工具钢、特殊性能钢。学习重点为：结构钢中的低合金结构钢、调质钢、渗碳钢、弹簧钢、滚动轴承钢，工具钢中的低合金刃具钢、高速钢以及特殊性能钢中的不锈钢。

（2）碳钢中的主要杂质元素：锰、硅、硫、磷。其中锰和硅是钢中的有益元素，硫和磷是钢中的有害元素，硫能引起钢发生热脆现象，磷能引起钢发生冷脆现象。

（3）钢的牌号和表示方法。

（4）合金元素在钢中的作用，包含与铁的作用，与碳的作用。合金元素对铁碳相图的影响和钢的热处理的影响。

（5）各种典型钢种的牌号、化学成分、性能特点、热处理特点和用途。例如合金渗碳钢典型钢种为20CrMnTi，属于低碳，含碳量为0.1%~0.25%，表面具有高硬度、耐磨性，心部具有高的塑性、韧性，即外硬内韧。预先热处理为正火，最终热处理为渗碳后预冷到875℃直接淬火+低温回火。主要用于制造承受高速、中等载荷、抗冲击和耐磨损的汽车、拖拉机的变速齿轮、轴等零件。

（6）特殊性能钢是具有特殊物理、化学性能的钢。主要分为三大类：不锈钢（在一定化学介质中具有高度化学稳定性的钢）、耐热钢（具有化学稳定性和热强性的钢）

和耐磨钢（在冲击载荷和摩擦条件下产生冲击硬化而具有高耐磨性的高锰钢）。

【复习思考题】

8-1 填空题

1. 碳钢中的有益元素是_____、_____，碳钢中的有害元素是_____和_____。
2. 硫存在钢中，会使钢产生_____，磷存在钢中会使钢产生_____。
3. 按用途分类，钢可以分为_____、_____、_____3种。
4. 合金钢按用途分类可分为_____、_____和_____3类。
5. 除_____元素外，其他所有的合金元素都使 C 形曲线向_____移动，使钢的临界冷却速度_____、淬透性_____。
6. 除_____、_____元素以外，几乎所有的合金元素都能阻止奥氏体晶粒长大，起到细化晶粒的作用。
7. 用于制造刃具、_____、量具等合金钢统称为合金工具钢。
8. 刃具钢预先热处理一般采用先_____、然后_____，以获得细小颗粒球状珠光体（P），改善切削加工性能。
9. 模具钢是用来制造各种_____用的工具钢。根据模具钢的工作条件不同，一般分为_____、_____和_____。
10. 量具钢应具有高_____和_____，很高的_____、良好的韧性和抗蚀性等。

8-2 选择题

1. 下列牌号中，属于工具钢的有（　　）。
   A. 20 钢　　　B. 65Mn　　　C. 12Cr13　　　D. T10
2. 下列牌号中，最适合制造车床主轴的是（　　）。
   A. T8　　　B. Q195　　　C. 45 钢　　　D. 65Mn
3. GCr15 钢中碳的平均质量分数为（　　）。
   A. 0.15%　　　B. 1.5%　　　C. 0.015%　　　D. 15%
4. 钢的红硬性是指钢在高温下保持（　　）的能力。
   A. 高强度　　　　　　　　B. 高硬度和高耐磨性
   C. 高抗氧化性　　　　　　D. 高耐蚀性
5. 合金渗碳钢渗碳后必须进行（　　）热处理才能使用。
   A. 淬火+低温回火　　　　B. 退火
   C. 淬火+中温回火　　　　D. 淬火+高温回火
6. 合金调质钢中碳的质量分数一般（　　）。
   A. 小于 0.25%　　　　　　B. 为 0.25%~0.5%
   C. 大于 0.5%　　　　　　　D. 为 1%

8-3 判断题

1. 在相同的回火温度下，合金钢比同样含碳量的碳素钢具有更好高的硬度。（　　）

2. 3Cr2W8V 钢的平均含碳量为 0.3%，所以它是合金结构钢。（   ）

3. 大部分合金钢淬透性都比碳钢好。（   ）

4. 合金工具钢都是高碳钢。（   ）

5. 合金钢只有经过热处理，才能显著提高其力学性能。（   ）

6. 不锈钢的含碳量越高，其耐蚀性越好。（   ）

8-4　问答题

1. 碳钢中常存在杂质有哪些？对钢的力学性能有何影响？
2. 钢按不同的分类方法共分成几类？
3. 为什么中碳钢能广泛用于机械制造业？

第9章 铸 铁

【学习目标】

知识目标

(1) 熟悉铸铁的特点及分类。
(2) 掌握铸铁的石墨化及影响因素。
(3) 熟悉各类铸铁的成分、组织、性能特点、表示、热处理及应用。

能力目标

(1) 能描述铸铁的特点。
(2) 能分析铸铁的石墨化及影响。
(3) 能区分各类铸铁,并会识别和表示。
(4) 能正确使用各类铸铁。

素质目标

(1) 具有艰苦奋斗、不怕困难,勇于斗争的奋斗精神。
(2) 具有实事求是、理论联系实际的工作方法。

【知识导入】

谈到铸铁,很容易让人想到中国人传统用的"大黑铁锅"。它是用模型浇铸制成(图9-1)的灰口铸铁锅,也叫生铁锅。中国是世界上最早使用铁锅,也是应用最广泛的国家。中国铁锅锅体厚实,坚固耐用,稳定性好;材质天然安全有益健康;导热缓慢均匀,能有效帮助食物将鲜味全部释放;具有卓越的保温性能,可以保持食物鲜味和营养不易流失,种种优点使它烹制出了"舌尖上的中国"美味,它是平凡朴实的千年中国味儿的真实写照。然而在2018年2月《舌尖上的中国》第三季热播后,"章丘铁锅"名声大噪,迅速成为网红锅。"章丘铁锅",从名称上看是产自我国山东章丘的铁锅,但它真的是铁锅吗?它与传统大黑铁锅有什么本质区别呢?让我们一起来探个究竟。

图 9-1 大铁锅铸造现场

【知识学习】

9.1 铸 铁 概 述

铸铁是 w_C>2.11%的铁碳合金。它是以铁、碳、硅为主要组成元素,并比碳钢含有较多的锰、硫、磷等杂质元素的多元合金。铸铁件生产工艺简单,成本低廉,并且具有优良的铸造性、切削加工性、耐磨性和减振性等。因此,铸铁件广泛应用于机械制造、冶金、矿山及交通运输等部门。

9.1.1 铸铁的特点

与碳钢相比,铸铁的化学成分中除了含有较高 C、Si 等元素外,而且含有较多的 S、P 等杂质,在特殊性能铸铁中,还含有一些合金元素。这些元素含量的不同,将直接影响铸铁的组织和性能。

1. 成分与组织特点

工业上常用铸铁的成分(质量分数)一般为含碳 2.5%~4.0%、含硅 1.0%~3.0%、含锰 0.5%~1.4%、含磷 0.01%~0.5%、含硫 0.02%~0.2%。为了提高铸铁的力学性能或某些物理、化学性能,还可以添加一定量的 Cr、Ni、Cu、Mo 等合金元素,得到合金铸铁。

铸铁中的碳主要是以石墨(G)形式存在的,所以铸铁的组织是由钢的基体和石墨组成的。铸铁的基体有珠光体、铁素体、珠光体+铁素体 3 种,它们都是钢中的基体组织。因此,铸铁的组织特点,可以看作是在钢的基体上分布着不同形态的石墨。

2. 铸铁的性能特点

铸铁的力学性能主要取决于铸铁的基体组织及石墨的数量、形状、大小和分布。石墨的硬度仅为3~5HBW，抗拉强度约为20MPa，伸长率接近于零，故分布于基体上的石墨可视为空洞或裂纹。由于石墨的存在，减少了铸件的有效承载面积，且受力时石墨尖端处产生应力集中，大大降低了基体强度的利用率。因此，铸铁的抗拉强度、塑性和韧性比碳钢低。

由于石墨的存在，使铸铁具有了一些碳钢所没有的性能，如良好的耐磨性、消振性、低的缺口敏感性以及优良的切削加工性能。此外，铸铁的成分接近共晶成分，因此铸铁的熔点低，约为1200°C，液态铸铁流动性好，此外由于石墨结晶时体积膨胀，所以铸造收缩率低，其铸造性能优于钢。

【励志园地】

大三线的"争气铁"，一切从零开始

2021年06月30日中央电视台《红色印记—百件革命文物的声音档案》节目中，主持人朱广权讲述了三线建设时期贵州水钢生产的第一炉铁水铸铁样品，产于1970年10月1日，被当地人称作是"争气铁"（图9-2）。这块铸铁样品，长12cm、宽3cm、高3cm，黝黑发亮，中间带着一个凹槽。它被静静地摆放在六盘水的首钢水钢创业馆里，透过它仿佛看到荒凉大山里艰苦创业的三线建设者；仿佛听到回荡在山林间的机器轰鸣声。

图9-2 "争气铁"铸铁样品

从1964年开始，大批沿海省市的工厂和全国各地的工程能手、技术骨干、科研专家、解放军战士、刚毕业的大中专学生们背起行囊，满怀激情，肩负使命，走进崇山峻岭、荒沟密林。面对复杂的国际形势，党中央决定将国防、科技、工业、交通等产业逐步迁入三线地区，规模浩大的三线建设拉开帷幕。建设大三线，一切从零开始，从头进行，在施工现场需要开山、修路、运输、安装设备，原料运输，等等。

1966年7月26日，水钢一号高炉动工。工人们用火一般的劳动热情投身工厂建设，没有加班工资，没有工作界限，抬设备，卸车皮，什么都做，没一个叫苦退缩，没一个计较埋怨。1970年10月1日，是水城钢铁厂的节日。这一天，容积568m³的水钢

一号高炉正式出铁，奔腾的铁水，跳跃的铁花儿，格外壮观，人们的欢呼声在群山间久久回荡。

9.1.2 铸铁的分类

1. 按断口颜色分类

（1）灰口铸铁。这种铸铁中的碳大部分或全部以自由状态的石墨形式存在，其断口呈暗灰色，故称为灰口铸铁。此铸铁具有良好的力学性能和工艺性能，应用广泛。

（2）白口铸铁。白口铸铁是组织中完全没有或几乎完全没有石墨的一种铁碳合金，其断口呈白亮色，硬而脆，不能进行切削加工，很少在工业上直接用来制作机械零件。由于其具有很高的表面硬度和耐磨性，又称激冷铸铁或冷硬铸铁。

（3）麻口铸铁。麻口铸铁是介于白口铸铁和灰口铸铁之间的一种铸铁，其断口呈灰白相间的麻点状，性能不好，极少应用。

2. 按化学成分分类

（1）普通铸铁。它是指不含任何合金元素的铸铁，如普通灰口铸铁（简称灰铸铁）、可锻铸铁、球墨铸铁等。

（2）合金铸铁。它是在普通铸铁内加入一些合金元素，用以提高某些特殊性能而配制的一种高级铸铁，如各种耐蚀、耐热、耐磨的特殊性能铸铁。

3. 按生产方法和组织性能分类

（1）灰铸铁。这种铸铁中的碳大部分或全部以自由状态的片状石墨形式存在，其断口呈暗灰色，有一定的力学性能和良好的切削性能，普遍应用于工业中。

（2）孕育铸铁。这是在灰铸铁基础上，采用"变质处理"而成，又称变质铸铁。其强度、塑性和韧性均比灰铸铁好得多，组织也较均匀。主要用于制造力学性能要求较高，而截面尺寸变化较大的大型铸件。

（3）可锻铸铁。可锻铸铁是由一定成分的白口铸铁经石墨化退火而成，比灰铸铁具有较高的韧性，又称韧性铸铁。它并不可以锻造，常用来制造承受冲击载荷的铸件。

（4）球墨铸铁。简称球铁，它是通过在浇铸前往铁液中加入一定量的球化剂和墨化剂，以促进呈球状石墨结晶而获得的。它和钢相比，除塑性、韧性稍低外，其他性能均接近，是兼有钢和铸铁优点的优良材料，在机械工程上应用广泛。

（5）蠕墨铸铁。蠕墨铸铁是由合格化学成分的铁水经蠕化处理而成。其组织中的石墨呈蠕虫状和少量团球状，它的强度、塑性、韧性、抗疲劳性都高于灰铸铁，但又具有灰铸铁的减振、导热性和铸造性能。

（6）特殊性能铸铁。这是一种有某些特性的铸铁，根据用途的不同，可分为耐磨铸铁、耐热铸铁、耐蚀铸铁等。大都属于合金铸铁，在机械制造上应用较广泛。

9.1.3 石墨及铸铁的石墨化

1. 石墨

1) 石墨的基本特征

石墨是碳质元素结晶矿物,它的结晶格架为六边形层状结构,如图9-3所示。每一网层间距3.40Å,同一层网中碳原子的间距为1.42Å,属六方晶系,具有完整的层状解理,解理面以分子键为主,对分子吸引力较弱,故其天然可浮性很好。

石墨质软,黑灰色,有油腻感,可污染纸张。相对硬度为1~2,沿垂直方向随杂质的增加,其相对硬度可增至3~5。相对密度为1.9~2.3。在隔绝氧气条件下,其熔点在3000℃以上,是最耐温的矿物之一。

自然界中纯净的石墨是没有的,其中往往含有SiO_2、Al_2O_3、FeO、CaO、P_2O_5、CuO等杂质,这些杂质常以石英、黄铁矿、碳酸盐等矿物形式出现。此外,还有水、沥青、CO_2、H_2、CH_4、N_2等气体部分。因此对石墨的分析,除测定固定碳含量外,还必须同时测定挥发分和灰分的含量。

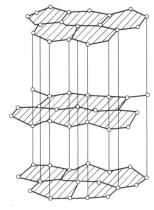

图9-3 石墨晶体结构

2) 石墨的分类

石墨的工艺特性主要取决于它的结晶形态。结晶形态不同的石墨矿物,具有不同的工业价值和用途。工业上,根据结晶形态不同,将天然石墨分为3类。

(1) 致密结晶状石墨。致密结晶状石墨又称块状石墨,如图9-4所示。此类石墨晶体明显,肉眼可见。晶体颗粒直径大于0.1mm,晶体排列杂乱无章,呈致密块状构造。这种石墨的特点是品位很高,一般含碳量为60%~65%,有时达80%~98%,但其可塑性和滑腻性不如鳞片石墨好。

(2) 鳞片石墨。鳞片石墨晶体呈鳞片状,这是在高强度的压力下变质而成的,有大鳞片和细鳞片之分,如图9-5所示。此类石墨的特点是品位不高,一般为2%~3%,或10%~25%,是自然界中可浮性最好的矿石之一,经过多磨多选可得高品位石墨精矿。这类石墨的可浮性、润滑性、可塑性均比其他类型石墨优越,因此它的工业价值最大。

图9-4 块状石墨

图9-5 鳞片石墨

(3) 隐晶质石墨。隐晶质石墨又称非晶质石墨或土状石墨,如图 9-6 所示。这种石墨的晶体直径一般小于 1μm,是微晶石墨的集合体,只有在电子显微镜下才能见到晶形。此类石墨的特点是表面呈土状,缺乏光泽,润滑性也差。品位较高,一般为 60%~80%,少数高达 90% 以上,矿石可选性较差。

3) 石墨的性能

石墨由于其特殊结构而具有以下特殊性质:

(1) 耐高温性。石墨的熔点为 3850±50℃,沸点为 4250℃,即使经超高温电弧灼烧,重量的损失很小,热膨胀系数也很小。石墨强度随温度提高而加强,在 2000℃时,石墨强度提高 1 倍。

图 9-6 隐晶质石墨

(2) 导电、导热性。石墨的导电性比一般非金属矿高 100 倍。导热性超过钢、铁、铅等金属材料。热导率随温度升高而降低,甚至在极高的温度下,石墨成绝热体。

(3) 润滑性。石墨的润滑性能取决于石墨鳞片的大小,鳞片越大,摩擦因数越小,润滑性能越好。

(4) 化学稳定性。石墨在常温下有良好的化学稳定性,能耐酸、耐碱和耐有机溶剂的腐蚀。

(5) 可塑性。石墨的韧性好,可碾成很薄的薄片。

(6) 热震性。石墨在常温下使用时能经受住温度的剧烈变化而不致破坏,温度突变时,石墨的体积变化不大,不会产生裂纹。

2. 铸铁的石墨化

1) Fe-Fe$_3$C 和 Fe-G 双重相图

生产实践和科学实验指出,渗碳体是一个亚稳定的相,石墨才是稳定相。因此,描述铁碳合金组织转变的相图实际上有两个:一个是 Fe-Fe$_3$C 系相图;另一个是 Fe-G 系相图。把两者叠合在一起,就得到一个双重相图,简化了的双重相图如图 9-7 所示。图中实线表示 Fe-Fe$_3$C 系相图,部分实线再加上虚线表示 Fe-G 系相图。显然,按 Fe-Fe$_3$C 系相图进行结晶,就得到白口铸铁,按 Fe-G 系相图进行结晶,就析出和形成石墨,即发生石墨化过程。

2) 石墨化过程

除白口铸铁外,铸铁的组织都是由金属基体和石墨两部分组成的。石墨的形态、大小、数量和分布对铸铁的性能有着重要的影响。石墨的数量多少和基体的类别都与铸铁的石墨化过程有关。

石墨化就是铸铁中碳原子析出和形成石墨的过程。铸铁的石墨化可以有两种方式:一种是铸铁中石墨直接由铁水和奥氏体中析出,例如在生产中经常出现的石墨飘浮现象;另一种是石墨由渗碳体分解得到,例如白口铸铁经石墨化而得到可锻铸铁。研究表明,灰铸铁、球墨铸铁、蠕墨铸铁中的石墨主要是自液体铁水在结晶过程中获得的,而可锻铸铁中的石墨则是由白口铸铁通过加热过程中的石墨化获得的。

按 Fe-Fe$_3$C(G)相图,铸铁的石墨化过程可分为以下 3 个阶段。

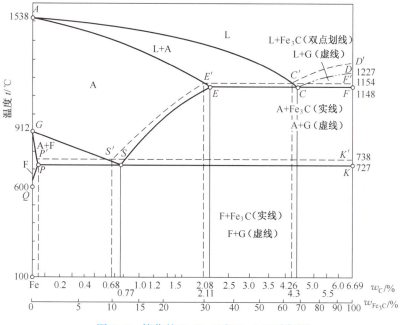

图 9-7 简化的 $Fe-Fe_3C$ 和 $Fe-G$ 双重相图

第一阶段：包括从铸铁液中结晶出一次石墨（过共晶铸铁）和在 1154℃ 通过共晶转变形成的共晶石墨，即

$$L_{C'} \xrightarrow{1154℃} A_{E'} + G_{共晶}$$

第二阶段：在共晶温度和共析温度之间（1154~739℃），奥氏体沿 $E'S'$ 线析出二次石墨。

第三阶段：在 738℃，通过共析转变而析出共析石墨，即

$$A_{S'} \xrightarrow{738℃} F_{P'} + G_{共析}$$

通常，铸铁在高温冷却过程中，由于原子扩散能力较强，故第一、第二阶段石墨化容易进行，凝固后至共析转变前的组织为 A+G。第三阶段石墨化是在较低温度下进行的，在低温时（共析转变温度），碳原子扩散能力较差，石墨化过程往往难以进行。铸铁的最终组织取决于石墨化程度。若石墨化能充分进行，则形成 F+G 的组织；若石墨化部分进行，则形成 F+P+G 的组织；若石墨化被全部抑制，则形成 P+G 的组织。

3）各类铸铁的组织形成条件

在实际生产中，由于化学成分、冷却速度以及孕育处理、铁水过热、铁水净化等状况不同，各阶段石墨化过程进行的程度也会不同，从而可获得各种不同金属基体的铸态组织，如果 3 个阶段石墨化均被抑制，得到的是白口铸铁；第一、第二阶段石墨化充分进行，则得到灰铸铁；第一、第二阶段石墨化部分进行，第三阶段石墨化被抑制，则得到麻铸铁。灰铸铁、球墨铸铁、蠕墨铸铁、可锻铸铁的铸态组织与石墨化进行程度之间的关系见表 9-1。

表 9-1 铸铁组织与石墨化进行程度之间关系

铸铁名称	铸铁显微组织	石墨化进行的程度	
		第一阶段石墨化	第二阶段石墨化
灰铸铁	$F+G_{片}$ $F+P+G_{片}$ $P+G_{片}$	完全进行	完全进行 部分进行 未进行
球墨铸铁	$F+G_{球}$ $F+P+G_{球}$ $P+G_{球}$	完全进行	完全进行 部分进行 未进行
蠕墨铸铁	$F+G_{蠕虫}$ $F+P+G_{蠕虫}$	完全进行	完全进行 部分进行
可锻铸铁	$F+G_{团絮}$ $P+G_{团絮}$	完全进行	完全进行 未进行

9.1.4 影响铸铁石墨化的因素

研究表明，铸铁的化学成分和铸件冷却速度是影响石墨化和铸铁组织的主要因素。

1. 化学成分的影响

碳、硅、锰、硫、磷对石墨化有不同影响。其中碳、硅、磷是促进石墨化的元素，锰和硫是阻碍石墨化的元素。在生产实际中，调整碳、硅的含量是控制铸铁组织和性能的基本措施之一。碳、硅的含量过低，易出现白口，力学性能与铸造性能都较差。碳、硅的含量过高，石墨数量多且粗大，基体内铁素体量多，力学性能下降。因此，在铸铁中，碳、硅的含量一般在下列范围：$w_C = 2.5\% \sim 4.0\%$，$w_{Si} = 1.0\% \sim 3.0\%$。

2. 冷却速度的影响

铸件的冷却速度对石墨化过程也有明显的影响。一般来说，铸件冷却速度越缓慢，即过冷度较小时，越有利于按照 F-G 系相图进行结晶和转变，即越有利于石墨化过程充分进行。反之，当铸件冷却度较快时，即过冷度增大时，原子扩散能力减弱，越有利于按照 $Fe-Fe_3C$ 系相图进行结晶和转变，即不利于石墨化的进行。尤其是在共析阶段的石墨化，由于温度较低，冷却速度增大，原子扩散更加困难，所以在通常情况下，共析阶段的石墨化（第二阶段石墨化）难以完全进行。冷却速度和化学成分（C+Si）对铸铁组织的综合影响如图 9-8 所示。

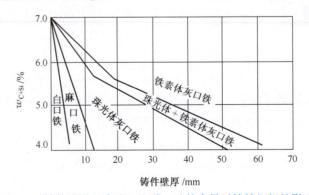

图 9-8 铸件壁厚（冷速）和碳、硅的含量对铸铁组织的影响

9.2 灰 铸 铁

灰铸铁主要是碳以片状石墨形式析出的铸铁,它应用很广,在各类铸铁的总产量中占80%以上。

9.2.1 灰铸铁的成分、组织和性能特点

1. 灰铸铁的成分

灰铸铁的成分大致范围为:$w_C=2.5\%\sim4.0\%$,$w_{Si}=1.0\%\sim3.0\%$,$w_{Mn}=0.25\%\sim1.0\%$,$w_P=0.05\%\sim0.50\%$,$w_S=0.02\%\sim0.20\%$。具有上述成分范围的铁水,在进行缓慢冷却凝固时,将发生石墨化,析出片状石墨。

2. 灰铸铁的组织

灰铸铁的组织是由片状石墨和钢的基体两部分组成的。在光学显微镜下观察,石墨呈不连续的片状,或直或弯。其基体则可分为铁素体、铁素体+珠光体、珠光体3种,组织形貌如图9-9所示。经孕育处理的灰铸铁,由于在结晶时石墨晶核数目增多,石墨片变细,故其显微组织是在细珠光体基体上分布着细小片状石墨。

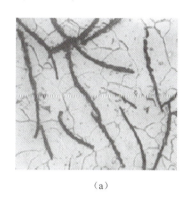

(a) (b) (c)

图9-9 灰铸铁的显微组织
(a) 铁素体灰铸铁;(b) 珠光体灰铸铁;(c) 铁素体+珠光体灰铸铁。

3. 灰铸铁的性能特点

灰铸铁的性能与普通碳钢相比,具有如下特点:

(1) 力学性能低。灰铸铁的抗拉强度是比较低的,这种现象同灰铸铁的组织特征分不开,由于石墨的力学性能很低($R_m=20$MPa,硬度$3\sim5$HBW,$A\to0\%$),因此,灰铸铁的显微组织实际上相当于布满孔洞或裂纹。在拉伸时,由于片状石墨对灰铸铁基体的分割作用和所引起的应力集中效应,故其抗拉强度值远低于钢。

(2) 耐磨性与消震性优。由于铸铁中的石墨有利于润滑及储油,故耐磨性好。同样,由于石墨的存在,灰铸铁的消振性优于钢。

(3) 工艺性能好。由于灰铸铁含碳量高,接近于共晶成分,故熔点比钢低,因而

铸造流动性好。另外,由于石墨使切削加工时易于形成断屑,故灰铸铁的可切削加工性优于钢。

9.2.2 灰铸铁的孕育处理

为提高灰铸铁的力学性能,生产中常采用孕育处理,即在浇注前向铁液中加入一定量的孕育剂(常用的孕育剂为 $w_{Si}=75\%$ 的硅铁合金或 $w_{Si}=60\%\sim65\%$、$w_{Ca}=40\%\sim35\%$ 的硅钙合金。孕育剂的加入量与铁液成分、铸件壁厚及孕育方法等有关,一般为铁液质量的 0.2%~0.7%),以获得大量的、高度弥散的人工晶核,从而得到细小、均匀分布的片状石墨和细化的基体。经孕育处理后获得亚晶灰铸铁,称为孕育铸铁。

孕育铸铁的结晶过程几乎是在全部铁液中同时进行的,可以避免铸件边缘及薄壁处出现白口组织,使铸件各部位截面上的组织和性能均匀一致。孕育铸铁的强度较高,塑性和韧性有所提高,常用于力学性能要求较高、截面尺寸变化较大的大型铸件。

9.2.3 灰铸铁的牌号及应用

1. 灰铸铁的牌号

灰铸铁的牌号以"HT"起首,其后以3位数字来表示,其中"HT"为"灰铁"两字汉语拼音的首字母,数字为其最低抗拉强度值。例如:HT200 表示以 φ30mm 单个铸出的试棒测出的抗拉强度值大于 200MPa。

依照 GB/T 9439—2010,灰铸铁共分为 HT100、HT150、HT200、HT225、HT250、HT275、HT300、HT350 8个牌号。其中,HT100 为铁素体灰铸铁,HT150 为珠光体+铁素体灰铸铁,HT200、HT225 和 HT250 为珠光体灰铸铁,HT275、HT300 和 HT350 为孕育铸铁。

2. 灰铸铁的应用

灰铸铁成本低,应用广泛。主要应用于机床床身、齿轮箱、皮带轮、底座、缸体、盖、手轮等形状复杂且受力不大、耐磨、减振的零件,如图 9-10 所示。其应用主要根据抗拉强度来决定,选择铸铁牌号时必须考虑铸件的壁厚和相应的强度值。例如,某铸件的壁厚40mm,要求抗拉强度值为 200MPa,此时,应选 HT275,而不是 HT200。常用灰铸铁的牌号、性能、组织及应用举例见表 9-2。

表 9-2 灰铸铁的牌号、性能、组织及应用举例(摘自 GB/T 9439—2010)

牌号	铸件壁厚/mm		抗拉强度 R_m(min)/MPa(强制性值) 单铸试棒	铸件本体预期抗拉强度 R_m(min)/MPa	硬度 HBW	显微组织		应用举例
	>	≤				基体	石墨	
HT100	5	40	100	—	≤170	F	粗片状	承受低载荷的不重要零件,如手工铸造用砂箱、盖、下水管、底座、外罩、手轮、手把、重锤等

第9章 铸铁

续表

牌号	铸件壁厚 /mm >	铸件壁厚 /mm ≤	抗拉强度 R_m（min）/MPa（强制性值）单铸试棒	铸件本体预期抗拉强度 R_m(min)/MPa	硬度 HBW	显微组织 基体	显微组织 石墨	应用举例
HT150	5	10	150	155	125~205	F+P	较粗片状	承受中等载荷的一般零件，如底座、手轮、刀架等；冶金业的流渣槽、渣缸等；机车用一般铸件，如水泵壳、阀体、阀盖等；动力机械中的拉钩、框架、阀门、油泵壳等
HT150	10	20	150	130	125~205	F+P	较粗片状	
HT150	20	40	150	110	125~205	F+P	较粗片状	
HT150	40	80	150	95	125~205	F+P	较粗片状	
HT150	80	150	150	80	125~205	F+P	较粗片状	
HT150	150	300	150	—	125~205	F+P	较粗片状	
HT200	5	10	200	205	150~230	P	中等片状	承受较大载荷的较重要零件，如运输机械的汽缸体、缸盖、飞轮等；机床的床身、立柱、横梁等；通用机械承受中等压力的泵体、阀体等；动力机械中的轴承座、缸体、缸套、活塞等；冶金矿山机械中的轨道板、齿轮
HT200	10	20	200	180	150~230	P	中等片状	
HT200	20	40	200	155	150~230	P	中等片状	
HT200	40	80	200	130	150~230	P	中等片状	
HT200	80	150	200	115	150~230	P	中等片状	
HT200	150	300	200	—	150~230	P	中等片状	
HT225	5	10	225	230	170~240	P	较细片状	
HT225	10	20	225	200	170~240	P	较细片状	
HT225	20	40	225	170	170~240	P	较细片状	
HT225	40	80	225	150	170~240	P	较细片状	
HT225	80	150	225	135	170~240	P	较细片状	
HT225	150	300	225	—	170~240	P	较细片状	
HT250	5	10	250	250	180~250	细P	较细片状	
HT250	10	20	250	225	180~250	细P	较细片状	
HT250	20	40	250	195	180~250	细P	较细片状	
HT250	40	80	250	170	180~250	细P	较细片状	
HT250	80	150	250	155	180~250	细P	较细片状	
HT250	150	300	250	—	180~250	细P	较细片状	
HT275	10	20	275	250	190~260	细P	细小片状	承受高载荷的较重要零件，如机床导轨、受力较大的机床床身、立柱机座等；通用机械的水泵出口管、吸入盖等；动力机械中的液压阀体、蜗轮、汽轮机隔板、泵壳、大型发动机缸体、缸盖等 大型发动机汽缸体、缸盖、衬套；水泵缸体、阀体、凸轮等；机床导轨、工作台等摩擦件；需经表面淬的铸件等
HT275	20	40	275	220	190~260	细P	细小片状	
HT275	40	80	275	190	190~260	细P	细小片状	
HT275	80	150	275	175	190~260	细P	细小片状	
HT275	150	300	275	—	190~260	细P	细小片状	
HT300	10	20	300	270	200~275	细P	细小片状	
HT300	20	40	300	240	200~275	细P	细小片状	
HT300	40	80	300	210	200~275	细P	细小片状	
HT300	80	150	300	195	200~275	细P	细小片状	
HT300	150	300	300	—	200~275	细P	细小片状	
HT350	10	20	350	315	220~290	细P	细小片状	
HT350	20	40	350	280	220~290	细P	细小片状	
HT350	40	80	350	250	220~290	细P	细小片状	
HT350	80	150	350	225	220~290	细P	细小片状	
HT350	150	300	350	—	220~290	细P	细小片状	

(a) (b)

图 9-10 灰铸铁铸件
(a) 灰铸铁泵壳；(b) 灰铸铁柱塞阀。

9.2.4 灰铸铁的热处理

灰铸铁的常用热处理方法有消除内应力退火、改善切削加工性退火、表面淬火等。

1. 消除内应力退火

铸件在铸造冷却过程中容易产生内应力，可能导致铸件变形和裂纹。为保证尺寸的稳定，防止变形开裂，对一些大型复杂的铸件，如机床床身、柴油机汽缸体等，往往需要进行消除内应力的退火处理（又称人工时效），工艺规范一般为：加热温度 500～550℃，加热速度一般在 60～120℃/h，经一定时间保温后，炉冷到 150～220℃ 出炉空冷。

2. 改善切削加工性退火

灰铸铁的表层及一些薄截面处，由于冷速较快，可能产生白口，硬度增加，切削加工困难，故需要进行退火降低硬度，其工艺规程依铸件壁厚而定，冷却方法根据性能要求而定，如果主要是为了改善切削加工性，可采用炉冷或以 30～50℃/h 速度缓慢冷却，若需要提高铸件的耐磨性，采用空冷，可得到珠光体为主要基体的灰铸铁。

3. 表面淬火

表面淬火的目的是提高灰铸铁件的表面硬度和耐磨性，其方法除感应加热表面淬火外，铸铁还可以采用接触电阻加热表面淬火。

接触电阻加热表面淬火层的深度可达 0.20～0.30mm，组织为极细的马氏体（或隐针马氏体）和片状石墨，硬度达 55～61HRC，可使导轨的寿命提高 1.5 倍以上。这种表面淬火方法设备简单，操作方便，且工件变形很小。为了保证工件淬火后获得高而均匀的表面硬度，铸铁原始组织应使珠光体基体上分布细小均匀的石墨。

9.3 球墨铸铁

球墨铸铁是通过球化和孕育处理得到球状石墨,有效地提高了铸铁的机械性能,特别是提高了塑性和韧性,从而得到比碳钢还高的强度。工业生产中所谓的"以铁代钢",主要指球墨铸铁。

9.3.1 球墨铸铁的成分、组织与性能特点

1. 球墨铸铁的成分

球墨铸铁的化学成分与灰铸铁相比,其特点是含碳与含硅量高,含锰量较低,含硫与含磷量低,并含有一定量的稀土与镁。由于球化剂镁和稀土元素都起阻止石墨化的作用,并使共晶点右移,所以球墨铸铁的碳当量较高,一般 w_C = 3.6%~4.0%,w_{Si} = 2.0%~3.2%。

2. 球墨铸铁的组织

球墨铸铁的组织特征:球墨铸铁的显微组织由球形石墨和金属基体两部分组成。随着成分和冷却速度的不同,球铁在铸态下的金属基体可分为铁素体、铁素体+珠光体、珠光体和下贝氏体基体4种。在光学显微镜下观察,石墨的外观接近球形,球墨铸铁的显微组织如图9-11所示。

3. 球墨铸铁的性能特点

1) 力学性能

球墨铸铁的抗拉强度、塑性、韧性不仅高于其他铸铁,而且可与相应组织的铸钢相媲美,对于承受静载荷的零件,用球墨铸铁代替铸钢,就可以减轻机器质量。但球墨铸铁的塑性与韧性却低于钢。球墨铸铁中的石墨球越小、越分散,球墨铸铁的强度、塑性与韧性越好;反之则差。球墨铸铁的力学性能还与其基体组织有关。铁素体基体具有高的塑性和韧性,但强度与硬度较低,耐磨性较差。珠光体基体强度较高,耐磨性较好,但塑性、韧性较低。铁素体+珠光体基体的性能介于前两种基体之间。经热处理后,具有回火马氏体基体的硬度最高,但韧性很低;下贝氏体基体则具有良好的综合力学性能。

2) 其他性能

由于球墨铸铁有球状石墨存在,使它具有近似于灰铸铁的某些优良性能,如铸造性能、减摩性、切削加工性等,但球墨铸铁的过冷倾向大,易产生白口现象,而且铸件也容易产生缩松等缺陷,因而球墨铸铁的熔炼工艺和铸造工艺都比灰铸铁要求高。

9.3.2 球墨铸铁的球化处理

球化处理是在浇注之前,往铁水中加入一定量的球化剂和孕育剂,使铸铁中的石墨呈球状析出的处理方法,常用的球化剂有镁、稀土和稀土镁合金,我国普遍采用的是稀土镁合金。

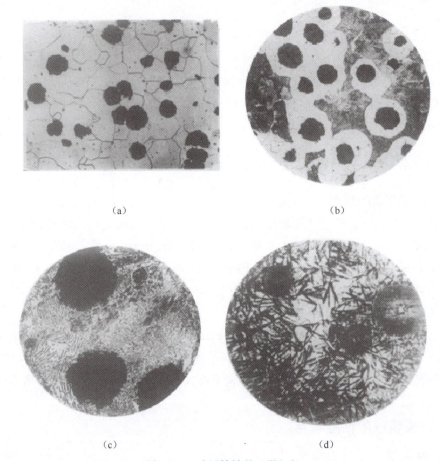

图 9-11 球墨铸铁的显微组织

（a）铁素体球墨铸铁；（b）铁素体+珠光体球墨铸铁；（c）珠光体球墨铸铁；（d）下贝氏体基体球墨铸铁。

球化处理主要包括以下内容：
(1) 铸铁化学成分的选择。
(2) 球化剂的选择、加入量。
(3) 球化处理方法。
(4) 球墨铸铁的孕育处理。
(5) 球化效果的检验。

球墨铸铁球化处理工艺的制订应充分考虑球墨铸铁的牌号及其对组织的要求、铸件几何形状及尺寸、铸型的冷却能力、浇注时间和浇注温度、铁液中微量元素的影响以及车间生产条件等因素。

9.3.3 球墨铸铁的牌号及应用

1. 球墨铸铁的牌号

球墨铸铁牌号的表示方法是用"QT"代号及其后面的两组数字组成，"QT"为"球铁"二字的汉语拼音字头，第一组数字代表最低抗拉强度值，第二组数字代表最低断后伸长率值。例如：QT500-7 表示最低抗拉强度为 500MPa，最低伸长率为 7%的球墨铸铁。

2. 球墨铸铁的应用

球墨铸铁通过热处理可获得不同的基体组织，其性能可在较大范围内变化，加上球墨铸铁的生产周期短、成本低（接近于灰铸铁），因此球墨铸铁在机械制造业中得到了广泛的应用。它成功地代替了不少碳钢、合金钢和可锻铸铁，用来制造一些受力复杂及强度、韧性和耐磨性要求高的零件。如具有高强度与耐磨性的珠光体球墨铸铁，常用来制造拖拉机或柴油机中的曲轴、连杆、凸轮轴，各种齿轮、机床的主轴、蜗杆、蜗轮，轧钢机的轧辊、大齿轮及大型水压机的工作缸、缸套、活塞等；具有高韧性和塑性铁素体基体的球墨铸铁，常用来制造受压阀门、机器底座、汽车的后桥壳等。图 9-12 所示为球墨铸铁产品。常用球墨铸铁的牌号、力学性能及应用见表 9-3。

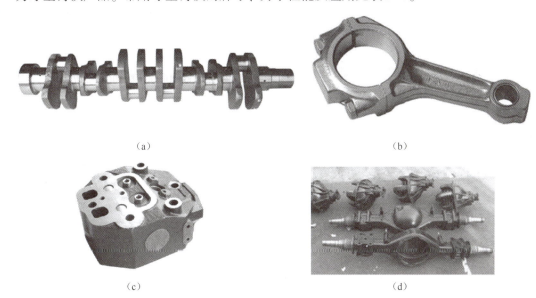

图 9-12 球墨铸铁产品
（a）柴油机曲轴；（b）连杆；（c）机器底座；（d）汽车后桥壳。

表 9-3 常用球墨铸铁的牌号、力学性能及应用（摘自 GB/T 1348—2019）

牌　　号	基体组织	力学性能（铸件壁厚 $t \leqslant 30mm$）			应用举例
		R_m /MPa	$R_{p0.2}$ /MPa	A /%	
		不小于			
QT400-18	F	400	250	18	汽车、拖拉机底盘零件；阀门的阀体和阀盖等
QT450-10	F	450	310	10	
QT500-7	F+P	500	320	7	机油泵齿轮等
QT550-5	F+P	550	350	5	
QT600-3	P	600	370	3	柴油机、汽油机的曲轴；磨床、铣床、车床的主轴；空压机、冷冻机的缸体、缸套
QT700-2	P	700	420	2	
QT900-2	回火索氏体	900	600	2	

9.3.4 球墨铸铁的热处理

球墨铸铁常用的热处理方法有退火、正火、等温淬火、调质处理等。

1. 退火

1) 去应力退火

球墨铸铁的弹性模量以及凝固时收缩率比灰铸铁高，故铸造内应力比灰铸铁约大两倍。对于不再进行其他热处理的球墨铸铁铸件，都应进行去应力退火。去应力退火工艺是将铸件缓慢加热到500~620℃，保温2~8h，然后随炉缓冷。

2) 石墨化退火

石墨化退火的目的是消除白口组织，降低硬度，改善切削加工性以及获得铁素体。球墨铸铁根据铸态基体组织不同，分为高温石墨化退火和低温石墨化退火两种。

（1）高温石墨化退火。为了获得铁素体球墨铸铁，需要进行高温石墨化退火，即将铸件加热到900~950℃，保温2~4h，使自由渗碳体石墨化，然后随炉缓冷至600℃，使铸件发生第二和第三阶段石墨化，再出炉空冷。

（2）低温石墨化退火。当铸态基体组织为珠光体、铁素体而无自由渗碳体存在时，为了获得塑性、韧性较高的铁素体球墨铸铁，可进行低温石墨化退火。低温退火工艺是把铸件加热至共析温度范围附近，即720~760℃，保温2~8h，使铸件发生第二阶段石墨化，然后随炉缓冷至600℃，再出炉空冷。

2. 正火

球墨铸铁正火的目的是获得珠光体组织，并使晶粒细化、组织均匀，从而提高零件的强度、硬度和耐磨性，并可作为表面淬火的预先热处理。正火可分为高温正火和低温正火两种。

1) 高温正火

高温正火工艺是把铸件加热至共析温度范围以上，一般为900~950℃，保温1~3h，使基体组织全部奥氏体化，然后出炉空冷，使其在共析温度范围内，由于快冷而获得珠光体基体。对含硅量高的厚壁铸件，则应采用风冷，或者喷雾冷却，以保正火后能获得珠光体球墨铸铁。

2) 低温正火

低温正火工艺是把铸件加热至共析温度范围内，即820~860℃，保温1~4h，使基体组织部分奥氏体化，然后出炉空冷。低温正火后获得珠光体和铁素体基体球墨铸铁，可以提高铸件的韧性与塑性。

由于球墨铸铁导热性较差，弹性模量又较大，正火后铸件内有较大的内应力，因此多数工厂在正火后，还进行一次去应力退火（常称回火），即加热到550~600℃，保温3~4h，然后出炉空冷。

3. 等温淬火

球墨铸铁等温淬火工艺是把铸件加热至860~920℃，保温一定时间（约是钢的1倍），然后迅速放入温度为250~350℃的等温盐浴中进行0.5~1.5h的等温处理，然后取出空冷。等温淬火后的组织为下贝氏体、少量残余奥氏体、少量马氏体和球状石墨。

4. 调质处理

调质处理的淬火加热温度和保温时间，基本上与等温淬火相同，即加热温度为860~920℃。除形状简单的铸件采用水冷外，一般都采用油冷。淬火后组织为细片状马氏体和球状石墨，然后再加热到550~600℃回火2~6h。

球墨铸铁经调质处理后，获得回火索氏体和球状石墨组织，硬度为250~380HBW，具有良好的综合力学性能，故常用来调质处理柴油机曲轴、连杆等重要零件。球墨铸铁除能进行上述各种热处理外，为了提高球墨铸铁零件表面的硬度、耐磨性、耐蚀性及疲劳极限，还可以进行表面热处理，如表面淬火、渗氮等。

9.4 可锻铸铁

可锻铸铁是指由一定化学成分的铁液浇注成白口坯件，再经退火而成的铸铁。这种铸铁因具有一定的塑性和韧性，所以俗称玛钢、马铁，又称展性铸铁或韧性铸铁。

9.4.1 可锻铸铁的成分、组织与性能特点

1. 可锻铸铁的成分

目前生产中，可锻铸铁的碳含量为$w_C=2.2\%\sim2.8\%$，硅含量为$w_{Si}=1.0\%\sim1.8\%$，锰含量可在$w_{Mn}=0.4\%\sim1.2\%$范围内选择，含硫与含磷量应尽可能降低，一般要求$w_P<0.2\%$、$w_S<0.18\%$。

2. 可锻铸铁的组织

可锻铸铁是将白口铸铁通过石墨化或氧化脱碳退火处理，改变其金相组织或成分而获得有较高韧性的铸铁，其石墨呈团絮状。团絮状石墨的特征是表面不规则，表面面积与体积之比值较大。

按退火方法不同，可锻铸铁分为以下两种类型：

1）黑心可锻铸铁和珠光体可锻铸铁

这种类型的可锻铸铁是在中性介质中，将白口铸铁坯件加热到900~990℃，使铸铁组织转变为奥氏体和渗碳体，经过长时间（30h左右）保温后，渗碳体发生分解而得到团絮状石墨，此为第一阶段石墨化。在随后的缓冷过程中，奥氏体中过饱和的碳将充分析出并附在已形成的团絮状石墨表面，使石墨长大，完成第二阶段石墨化（760~720℃），形成铁素体和石墨，再缓冷至700~650℃，出炉空冷（图9-13中曲线①），最后得到铁素体可锻铸铁，又称黑心可锻铸铁，其显微组织如图9-14（a）所示。如果在第一阶段石墨化后，以较快的速度（100℃/h）冷却通过共析转变温度区（图9-13中曲线②），使第二阶段石墨化不能进行，则得到珠光体可锻铸铁，其显微组织如图9-14（b）所示。

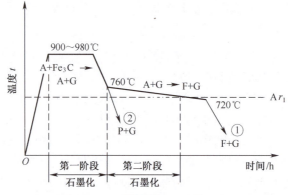

图 9-13 可锻铸铁的石墨化退火

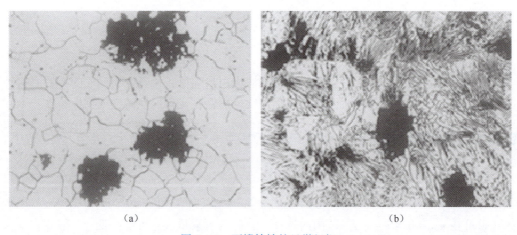

(a) (b)

图 9-14 可锻铸铁的显微组织
(a) 黑心可锻铸铁；(b) 珠光体可锻铸铁。

2）白心可锻铸铁

白心可锻铸铁是将白口铸铁件放在氧化性介质中退火（在石墨化的同时还伴有脱碳过程）而得到的。这种铸铁生产中应用较少，原因是从表层到心部组织不均匀，力学性能尤其是韧性较差，而且要求较高的热处理温度和较长的热处理时间。白心可锻铸铁的薄壁铸件外层为全铁素体，因此具有焊接性，可用于制造薄壁铸件和焊接后不需进行热处理的铸件。

3. 可锻铸铁的性能特点

1）力学性能

可锻铸铁的力学性能优于灰铸铁，并接近于同类基体的球墨铸铁。由于石墨相当于钢基体中的裂纹或空洞，破坏了基体的连续性，减少有效承载截面，且易导致应力集中，因而其强度、塑性及韧性低于碳钢。

2）其他性能

由于石墨的存在，可锻铸铁具有良好的耐磨性、减振性及切削加工性。可锻铸铁具有良好的铸造性能，与球墨铸铁相比，它具有铁水处理简易、质量稳定、废品率低等优点。在生产中，常用可锻铸铁制作一些截面较薄而形状较复杂、工作时受振动而强度、韧性要求较高的零件，因为这些零件如用灰铸铁制造，则不能满足力学性能要求，如用球墨铸铁铸造，易形成白口组织，如用铸钢制造，则因铸造性能较差，质量不易保证。

9.4.2 可锻铸铁的生产过程

第一步，浇注出白口铸件。为了获得纯白口铸件，必须采用碳和硅的含量均较低的铁水。为了后面缩短退火周期，也需要进行孕育处理。常用孕育剂为硼、铝和铋。

第二步，石墨化退火。其工艺是将白口铸件加热至900~980℃保温约15h，使其组织中的渗碳体发生分解，得到奥氏体和团絮状的石墨组织。在随后缓冷过程中，从奥氏体中析出二次石墨，并沿着团絮状石墨的表面长大；当冷却至750~720℃共析温度时，奥氏体发生转变生成铁素体和石墨，最终得到铁素体可锻铸铁。

9.4.3 可锻铸铁的牌号及应用

1. 可锻铸铁的牌号

可锻铸铁牌号中"KT"是"可铁"两字汉语拼音的第一个字母，其后面的"H"表示黑心可锻铸铁，"Z"表示珠光体可锻铸铁，符号后面的两组数字分别表示其最小的抗拉强度值（MPa）和伸长率值（%）。例如：KTH350—10 表示最低抗拉强度为350MPa，最低断后伸长率为10%的可锻铸铁。

2. 可锻铸铁的应用

可锻铸铁的强度和韧性均较灰铸铁高，并具有良好的塑性，常用作汽车与拖拉机的后桥外壳、机床扳手、低压阀门、管接头、农具等承受冲击、振动和扭转载荷的零件；珠光体可锻铸铁塑性和韧性不及黑心可锻铸铁，但其强度、硬度和耐磨性高，常用于制作曲轴、连杆、齿轮、摇臂、凸轮轴等强度与耐磨性要求较高的零件。可锻铸铁产品如图9-15所示。常用可锻铸铁的牌号、力学性能及应用见表9-4。

图9-15 可锻铸铁产品

表 9-4　可锻铸铁的牌号、力学性能及应用（摘自 GB/T 9440—2010）

分类	牌号	试样直径 /mm	R_m /MPa	$R_{p0.2}$ /MPa	A /%	硬度 /HBW	应用举例
			不小于				
铁素体可锻铸铁	KTH300-06	12 或 15	300	—	6	120~150	管道、弯头、接头、三通；中压阀门
	KTH330-08	12 或 15	330	—	8	120~150	各种扳手、犁刀、犁柱；粗纺机和印花机盘头等
	KTH350-10	12 或 15	350	200	10	120~150	汽车、拖拉机：前后轮壳、差速器壳、制动器支架；农机：犁刀、犁柱；其他：瓷瓶铁帽、铁道扣扳、船用电机壳
	KTH370-12	12 或 15	370	—	12	120~150	
珠光体可锻铸铁	KTZ450-06	12 或 15	450	270	6	150~200	曲轴、凸轮轴、连杆、齿轮、摇臂、活塞环、轴套、犁刀、耙片、万向节头、棘轮、扳手、传动链条、矿车轮等
	KTZ550-04	12 或 15	550	340	4	180~230	
	KTZ650-02	12 或 15	650	430	2	210~260	
	KTZ700-02	12 或 15	700	530	2	240~290	
白心可锻铸铁	KTB350-04	12	350	—	4	230	薄壁铸件和焊接后不需进行热处理的铸件，如水暖配件
	KTB400-05	12	400	220	5	220	
	KTB550-04	12	550	340	4	250	

9.5　蠕墨铸铁

蠕墨铸铁是 20 世纪 60 年代发展起来的一种新型铸铁，它是铸造以前加蠕化剂（镁或稀土）随后凝固而制得的。

9.5.1　蠕墨铸铁的成分、组织和性能特点

1. 蠕墨铸铁的成分

蠕墨铸铁的化学成分一般为：$w_C = 3.4\% \sim 3.6\%$；$w_{Si} = 2.4\% \sim 3.0\%$；$w_{Mn} = 0.4\% \sim 0.6\%$；$w_S < 0.06\%$；$w_P < 0.07\%$。

2. 蠕墨铸铁的组织

蠕墨铸铁的组织特征：蠕墨铸铁的显微组织由蠕虫状石墨和金属基体组成。与片状石墨相比，蠕虫状石墨的长厚比明显减小，一般在 210 以内。在光学显微镜下，其形态短而厚、头部较圆，形似蠕虫。在大多数情形下，蠕墨铸铁组织中的金属基体比较容易得到铁素体基体。另外，蠕虫状石墨也往往与球状石墨共存，其显微组织一般如图 9-16 所示。

3. 蠕墨铸铁的性能特点

蠕墨铸铁是一种综合性能良好的铸铁，其力学性能介于球墨铸铁与灰铸铁之间，铸造性能、减振性和导热性都优于球墨铸铁，与灰铸铁相近。例如，蠕墨铸铁的抗拉强度、屈服强度、伸长率、断面收缩率、弹性模量、弯曲疲劳强度均优于灰铸铁，接近于铁素体基体的球墨铸铁；导热性、切削加工性均优于球墨铸铁，与灰铸铁相近。

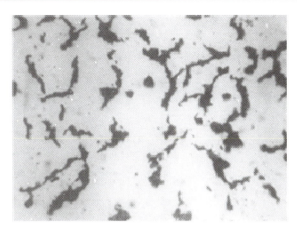

图 9-16 蠕墨铸铁光学显微组织

9.5.2 蠕墨铸铁的蠕化处理

蠕化处理与球化处理相似，采用冲入法。利用球化元素和反球化元素制成复合蠕化剂，使石墨变成非球非片的蠕虫状。稀土镁钛、稀土镁锌等蠕化剂在生产中得到广泛应用。由于蠕化剂的作用，蠕墨铸铁也会出现白口倾向，仍需进行孕育处理。

9.5.3 蠕墨铸铁的牌号及应用

1. 蠕墨铸铁的牌号

蠕墨铸铁的牌号由"RuT"（"蠕"的汉语拼音和"铁"的汉语拼音首字母）和其后一组数字组成，数字表示最低抗拉强度。例如：RuT300 表示最低抗拉强度为 300MPa 的蠕墨铸铁。

2. 蠕墨铸铁的应用

由于蠕墨铸铁兼有球墨铸铁和灰铸铁的性能，因此，它具有独特的用途，在钢锭模、汽车发动机、排气管、玻璃模具、柴油机缸盖、制动零件等方面的应用均取得了良好的效果。特别是东风汽车集团有限公司蠕墨铸铁排气管流水线的投产，标志着我国蠕墨铸铁生产已达到高水平。蠕墨铸铁产品如图 9-17 所示。常用蠕墨铸铁的牌号、性能和用途见表 9-5。

表 9-5 常用蠕墨铸铁的牌号、力学性能和应用（摘自 GB/T 26655—2022）

牌号	力学性能			硬度/HBW	应用举例
	R_m /MPa	$R_{p0.2}$ /MPa	A /%		
	不小于				
RuT300	300	210	2.0	140~210	排气歧管；涡轮增压器壳体；离合器零部件；大型船用和固定式发动机缸盖
RuT350	350	245	1.5	160~220	机床底座、托架和联轴器；离合器零部件；大型船用和固定式柴油机缸体、缸盖

续表

牌号	力学性能 R_m/MPa	$R_{p0.2}$/MPa	A/%	硬度/HBW	应用举例
	不小于				
RuT400	400	280	1.0	180~240	汽车发动机缸体和缸盖;机床底座、托架和联轴器;重型卡车制动鼓;泵壳和液压件;铸锭模
RuT450	450	315	1.0	200~250	汽车发动机缸体和缸盖;气缸套;火车制动盘;泵壳和液压件
RuT500	500	350	0.5	220~260	高负荷汽车缸体;汽缸套

图 9-17 蠕墨铸铁产品

9.6 合金铸铁

随着铸铁在现代工业中的广泛应用,对其性能的要求越来越高,不仅要求具有更高的力学性能,有时还应具有某些特殊的性能,如耐热性、耐蚀性及耐磨性等。为使其具有这些特殊性能,向铸铁中加入合金元素,这种加入了合金元素的铸铁即合金铸铁。

1. 耐热铸铁

灰铸铁的耐热性较差,只能在小于400℃左右的温度下工作。研究表明,铸铁在高温下的损坏形式,主要是在反复加热、冷却过程中,发生相变和内氧化引起铸铁的生长(体积膨胀)和微裂纹的形成。因此,提高铸铁耐热性的途径可以采取如下几方面措施:

(1)合金化。在铸铁中加入硅、铝、铬等合金元素进行合金化,可使铸铁表面形成一层致密的、稳定性很高的氧化膜,阻止氧化气氛渗入铸铁内部产生内部氧化,从而抑制铸铁的生长。同时,通过合金化还可以获得单相铁素体或单相奥氏体基体,使铸铁在工作温度范围内不发生相变,从而减少因相变而引起的铸铁生长和微裂纹。

(2) 球化处理或变质处理。经过球化处理或变质处理，使石墨转变成球状和蠕虫状，提高铸铁金属基体的连续性，减少氧化气氛渗入铸铁内部的可能性，从而有利于防止铸铁内部氧化和生长。

常用耐热铸铁有中硅耐热灰铸铁（HTRSi5）、中硅耐热球墨铸铁（QTRSi5）、高铝耐热球墨铸铁（QTRA122）、低铬耐热灰铸铁（HTRCr）和高铬耐热灰铸铁（HTRCr16）等。

2. 耐蚀铸铁

提高铸铁耐蚀性的主要途径是合金化。在铸铁中加入硅、铝、铬等合金元素，能在铸铁表面形成一层连续致密的保护膜，可有效提高铸铁的抗蚀性。在铸铁中加入铬、硅、钼、铜、镍、磷等合金元素，可提高铁素体的电极电位，以提高抗蚀性。另外，通过合金化，还可以获得单相金属基体组织，减少铸铁中的微电池，从而提高其抗蚀性。

目前，应用较多的耐蚀铸铁为高硅耐蚀灰铸铁，如 HTSSi11Cu2CrR、HTSSi15R、HTSSi15Cr4MoR、HTSSi15Cr4R 等。

3. 耐磨铸铁

有些零件如机床的导轨、托板，发动机的缸套，球磨机的衬板、磨球等，要求更高的耐磨性，一般铸铁满足不了工作条件要求，应当选用耐磨铸铁。耐磨铸铁根据组织可分下面几类：

1) 耐磨灰铸铁

在灰铸铁中加入少量合金元素（如磷、钒、铬、钼、锑、稀土等），可以增加金属基体中珠光体数量，且使珠光体细化，同时也细化了石墨。由于铸铁的强度和硬度升高，显微组织得到改善，使得这种灰铸铁（如磷铜钛铸铁、磷钒钛铸铁、铬钼铜铸铁、稀土磷铸铁、锑铸铁等）具有良好的润滑性和抗咬合、抗擦伤的能力。耐磨灰铸铁广泛应用于制造机床导轨、汽缸套、活塞环、凸轮轴等零件。

2) 抗磨白口铸铁

通过控制化学成分和增加铸件冷却速度，可以使铸件获得没有游离石墨存在，而只有珠光体、渗碳体和碳化物组成的组织。这种白口组织具有高硬度和高耐磨性。如果加入合金元，如铬、钼、钒等，可以促使白口化。含铬大于 12% 的高倍白口铸铁，经热处理后，基体为高强度的马氏体，另外还有高硬度的碳化物，故具有很好的抗磨料磨损性能。抗磨白口铸铁广泛应用于制造犁铧、泵体，各种磨煤机、矿石破碎机、水泥磨机、抛丸机的衬板，磨球、叶片等零件。

3) 冷硬铸铁（激冷铸铁）

对于如冶金轧辊、发动机凸轮轴、气门摇臂及挺杆等零件，要求表面应具有高硬度和耐磨性，心部具有一定的韧性。这些零件可以采用冷硬铸铁制造，冷硬铸铁实质上是一种加入少量硼、铬、钼、碲等元素的低合金铸铁经表面激冷处理获得的。

4) 中锰抗磨球墨铸铁

中锰抗磨球墨铸铁是一种含锰为 4.5%～9.5% 的抗磨合金铸铁。当含锰量在 5%～7% 时，基体部分主要为马氏体。当含锰量增加到 7%～9% 时，基体部分主要为奥氏体。

另外，组织中存在有复合型的碳化物(FeMn)$_3$C。马氏体和碳化物具有高的硬度，是一种良好的抗磨组织。奥氏体具有加工硬化现象，使铸件表面硬度升高，提高耐磨性，而其心部仍具有一定韧性，所以中锰抗磨球铁具有较高力学性能，良好的抗冲击性和抗磨性。中锰抗磨球墨铸铁可用于制造磨球、煤粉机锤头、耙片、机引犁铧、拖拉机履带板等。

【答疑解惑】

铁锅主要分为生铁锅和熟铁锅两类。生铁锅是选用灰口铁熔化用模型浇铸制成的，传热慢且均匀，但锅体厚，纹路粗糙，也容易裂。熟铁锅是用黑铁皮锻压或手工锤打制成，具有锅体薄，传热快，外观精美的特点。章丘铁锅指山东省济南市章丘区传统手工锻造的锅具，其制造需经12道工序，18遍火候，在1000℃左右的高温锤炼，经受万次锻打，直到锅如明镜。从章丘铁锅的特点来看，应该属于熟铁锅。

从材质来看，大黑铁锅是生铁锅，章丘铁锅是熟铁锅。生铁，又称铸铁。一般是指含碳量在2%~4.3%的铁的合金。生铁里除了含碳外，还含有硅、锰及少量的硫、磷等，它可铸不可锻。而一般含碳量小于0.2%的称为熟铁或纯铁。熟铁软，塑性好，容易变形，强度和硬度均较低，用途不广。由于生铁含碳很多，硬而脆，几乎没有可塑性。生铁的断口是粗糙且不规则的，呈现出一粒粒的颗粒感。而熟铁的断口一般是比较光洁且整齐的。从制造过程来看，大黑铁锅是铸铁件，章丘铁锅是锻造件。铸铁件具有优良的铸造性，可制成复杂零件，另外具有耐磨性和消振性良好，价格低等特点。锻造件经过反复锻造，塑韧性好，且锅体薄而轻。除此之外，生铁锅还具有一个特性，当火的温度超过200℃时，生铁锅会通过散发一定的热能，将传递给食物的温度控制在230℃，而熟铁锅则是直接将火的温度传给食物。

对于一般家庭而言，使用生铁锅较好点。但熟铁锅也有优点，第一，由于是熟铁锻成，杂质少，因此，传热比较均匀，不容易出现粘锅现象。第二，由于用料好，锅可以做得很薄，锅内温度可以达到更高。第三，档次高，表面光滑，清洁工作好做。

【知识小结】

（1）铸铁是w_C>2.11%的铁碳合金。

（2）铸铁按生产方法和组织性能分为灰铸铁、孕育铸铁、可锻铸铁、球墨铸铁、蠕墨铸铁和特殊性能铸铁。

（3）灰铸铁的显微组织由片状石墨和金属基体组成，牌号用"HT+最低抗拉强度"表示。

（4）球墨铸铁的显微组织由球形石墨和金属基体两部分组成，牌号用"QT+最低抗拉强度+最低断后伸长率"表示。

（5）可锻铸铁显微组织由团絮状石墨和金属基体组成，牌号用"KT+H（或Z）+最低抗拉强度+最低断后伸长率"表示。

（6）蠕墨铸铁的显微组织由蠕虫状石墨和金属基体组成，牌号用"RuT+最低抗拉强度"表示。

第 9 章 铸铁

【复习思考题】

9-1 填空题

1. 碳在铸铁中的存在形式有_____和_____。
2. 影响铸铁石墨化最主要的因素是_____和_____。
3. 根据石墨形态，铸铁可分为_____、_____、_____和_____。
4. 根据生产方法的不同，可锻铸铁可分为_____和_____。
5. 球墨铸铁是用一定成分的铁水经_____和_____后获得的石墨呈_____的铸铁。
6. HT350 是_____的一个牌号，其中 350 是指_____为_____。
7. KTH300-06 是_____的一个牌号，其中 300 是指_____为_____；06 是指_____为_____。
8. QT900-2 是_____的一个牌号，其中 1200 是指_____为_____；01 是指_____为_____。

9-2 单项选择题

1. 铸铁中的碳以石墨形态析出的过程称为（　　）。
   A. 石墨化　　　B. 变质处理　　　C. 球化处理　　　D. 孕育处理
2. 灰口铸铁具有良好的铸造性、耐磨性、切削加工性及消振性，这主要是由于组织中的（　　）的作用。
   A. 铁素体　　　B. 珠光体　　　C. 石墨　　　D. 渗碳体
3. （　　）的石墨形态是片状的。
   A. 球墨铸铁　　　B. 灰铸铁　　　C. 可锻铸铁　　　D. 蠕墨铸铁
4. 铸铁的（　　）性能优于碳钢。
   A. 铸造性　　　B. 锻造性　　　C. 焊接性　　　D. 淬透性
5. 可锻铸铁是在钢的基体上分布着（　　）石墨。
   A. 粗片状　　　B. 细片状　　　C. 团絮状　　　D. 球粒状
6. （　　）铸铁的性能提高，甚至接近钢的性能。
   A. 孕育铸铁　　　B. 可锻铸铁　　　C. 球墨铸铁　　　D. 合金铸铁
7. 与灰铸铁相比，球墨铸铁最突出的优点是（　　）。
   A. 塑性高　　　B. 韧性好　　　C. 疲劳强度高　　　D. A 和 B
8. 合金铸铁是在灰铸铁或球墨铸铁中加入一定的（　　）制成具有所需使用性能的铸铁。
   A. 碳　　　B. 杂质元素　　　C. 气体元素　　　D. 合金元素

9-3 判断题

1. 铸铁中碳存在的形式不同，则其性能也不同。（　　）
2. 厚铸铁件的表面硬度总比铸件内部高。（　　）
3. 球墨铸铁可以通过热处理改变其基体组织，从而改善其性能。（　　）
4. 通过热处理可以改变铸铁的基本组织，故可显著地提高其机械性能。（　　）

5. 可锻铸铁比灰铸铁的塑性好,因此可以进行锻压加工。(   )

6. 可锻铸铁只适用于薄壁铸件。(   )

7. 白口铸铁件的硬度适中,易于进行切削加工。(   )

8. 从灰铸铁的牌号上可看出它的硬度和冲击韧性值。(   )

9. 球墨铸铁中石墨形态呈团絮状存在。(   )

10. 黑心可锻铸铁强韧性比灰铸铁差。(   )

9-4　问答题

1. 简述灰铸铁的性能特点。
2. 与灰铸铁相比,球墨铸铁的机械性能有哪些特点?

第 10 章 有色金属材料

【学习目标】

知识目标

(1) 掌握铝合金的性能特点、分类、牌号及应用。
(2) 掌握铝合金固溶处理和时效强化的原理及意义。
(3) 掌握镁合金、钛合金的性能特点、分类、牌号及应用。
(4) 熟悉铜合金的性能特点、分类、牌号及应用。

能力目标

(1) 能正确识别铝合金、镁合金、钛合金、铜合金的牌号及性能特点。
(2) 能根据工件的特点初步合理选择有色金属材料。

素质目标

(1) 具有坚定的理想信念、强烈的家国情怀、民族自信和民族自豪感。
(2) 具有追赶超越、不断创新、艰苦奋斗的工匠精神。
(3) 具有敢于创新、求真务实的精神和造福人类的意识。

【知识导入】

飞机是指具有机翼、一具或多具发动机的靠自身动力驱动前进,能在大气中飞行的自身密度大于空气的航空器。对飞机来说,其制造材料要求具有较高的比强度和比刚度,结构减重非常重要。目前,飞机的蒙皮、梁、肋、隔框、乘员舱、前机身、中机身、后机身、垂尾、襟翼、升降副翼和水平尾翼等零部件通常是用铝合金制造的。例如波音 767 客机的铝合金用量占到了机体结构质量的 81%。

2022 年 9 月,我国 C919 大型客机(图 10-1)喜获型号合格证!这型承载着国家意志、民族梦想、人民期盼的大飞机的新成绩,标志着我国具备自主研制世界一流大型客机能力,是我国大飞机事业发展的重要里程碑。C919 大飞机的前机身、中机身、中后机身、机头与机翼等结构件几乎全是用铝合金制造,铝材用量占全机结构总重的 65%,其中机身蒙皮、长桁、地板梁、滑轨、边界梁、地板支撑结构等部件首次使用第三代铝锂合金制造,助力 C919 综合减重 7%,达到了国际先进水平。

那么,为什么飞机的诸多零部件用铝合金来制造?作为最轻合金的镁合金的用量为什么远不及铝合金呢？在超声速飞机上主要使用哪种轻合金呢？

图 10-1　C919 大型客机

【知识学习】

在工业生产中，通常将金属分为两种，即黑色金属和有色金属。前者包括铁、铬、锰及其合金；后者泛指黑色金属以外的金属。因此，有色金属品种繁多，性质各异，用途广泛。习惯上按其密度、价格、在地壳中的储量等又分为 5 类，即轻有色金属（铝、镁、钛等）、重有色金属（铜、镍、铅、锌等）、稀有金属（钨、钼、铌等）、贵金属（金、银、铂等）和半金属（硅、锗等），其中的铝合金、镁合金、钛合金以及铜合金的用量广泛。这几类金属各具特点，在工业生产中争奇斗艳，被广泛应用于航空航天、交通运输、石油化工、电子等领域。

10.1　铝及铝合金

铝合金是用量仅次于钢铁的金属材料。据调查，在铝合金市场中，有 23% 用量消耗于建筑业和结构业，22% 用于运输业，21% 用于容器和包装，而电气工业占 10%。在航空工业中，铝合金的用量也占有绝对优势。图 10-2 所示为某型飞机上铝合金的应用情况。

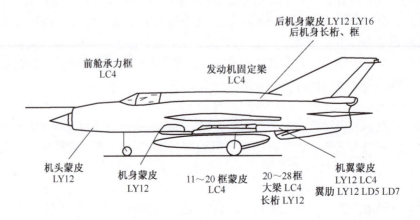

图 10-2　某型飞机上铝合金的应用情况

10.1.1 纯铝

1. 纯铝的性能简介

（1）纯铝为银白色，很轻，它的密度为 2.2g/cm³，约是铁或铜的 1/3。

（2）熔点低，导电性和导热性较好，仅次于银、铜和金，居第四位。室温时，铝的导电能力约为铜的 62%，若按单位质量计算材料的导电能力，铝的导电能力约为铜的 200%。

（3）具有面心立方晶格，塑性好（Z = 82%），能通过冷热压力加工制成各种型材，如丝线箔等。图 10-3 所示为铝合金型材制品。

（4）抗大气、海水腐蚀性能好，因为铝的表面能生成一层极致密的氧化铝薄膜，它能有效地隔绝铝和氧的接触，防止铝表面的进一步氧化。

图 10-3　铝合金型材制品

（5）没有磁性，可用来制作船上用的罗盘、天线、操舵室的器具等。

（6）对光的反射率高，高纯度铝经过电解抛光后为 94%，比银（92%）还高。对热辐射和电波也有很好的反射性能，可用于照明器具、反射镜、屋顶瓦板、抛物面天线、冷藏库、冷冻库、投光器、冷暖器的隔热材料的制作。

（7）强度很低，抗拉强度仅为 50MPa，虽然可通过冷作硬化的方法强化，但仍不能直接用于制作结构材料。

2. 纯铝的牌号及应用

纯铝分为变形纯铝和铸造纯铝。GB/T 16474—2011 规定变形纯铝的牌号用 1×××表示，第 2 位为数字或字母，第 3、4 位为数字。1 表示纯铝系，第 2 位为数字则表示合金元素或杂质极限含量的控制情况，"0"表示其杂质极限含量无特殊控制要求，1~9 的自然数表示应对 1~9 种杂质或合金元素加以控制，第 2 位为字母则表示原始纯铝（A）或改型情况（B~Y），第 3、4 位为铝的最低百分含量中小数点后 2 位。例如，1350 表示要控制 3 种杂质，铝含量不低于 99.50% 的变形纯铝；1A95 表示铝的最低百分含量为 99.95% 的原始变形纯铝。若 4 位数字牌号后缀 1 个英文大写字母（除 I、O、Q 外，从 A 开始依次选用），则表示新注册的、与已注册的某牌号成分相似的纯铝，如 1050A。GB/T 8063—2017 规定铸造纯铝的牌号由 "Z+铝的元素符号+数字"组成，Z 为"铸"字汉语拼音的首字母，数字表示铝的平均百分含量。例如，ZAl99.95 表示 w_{Al} = 99.95% 的铸造纯铝。

变形纯铝塑性好，可进行各种压力加工，制成板材、箔材、线材、带材及型材，但强度低。也适用于制造电缆、电器零件、蜂窝结构、装饰件及日常生活用品。铸造纯铝主要作为冶金母材。

10.1.2 铝合金及其强化

1. 铝合金概述

由于工业纯铝强度太低（$R_m = 90 \sim 120 \mathrm{MPa}$），不能用于制作受力的结构件，因而发展了铝合金。铝合金是在纯铝中加入合金元素配制而成的，常加入的元素主要有 Cu、Mn、Si、Mg、Zn 等，此外还有 Cr、Ni、Ti、Zr 等辅加元素。铝合金不仅保持纯铝的熔点低、密度小、导热性良好、耐大气腐蚀以及良好的塑性、韧性和低温性能，且由于合金化，使铝合金大都可以实现热处理强化，强度大大提高。某些铝合金强度可达 $400 \sim 600 \mathrm{MPa}$。因此，广泛用于航空、航天、机械制造、日常用品等领域。

铝中加入的合金元素与 Al 所形成的相图大都具有二元共晶相图的特点，如图 10-4 所示。根据合金的成分和生产工艺的不同，可将铝合金分为变形铝合金和铸造铝合金两类。成分小于 D' 点的合金，在加热时均能形成单相固溶体组织，合金塑性好，适于压力加工，故归为变形铝合金。成分大于 D' 点的合金，由于凝固时发生共晶反应，熔点低，流动性好，称为铸造铝合金。

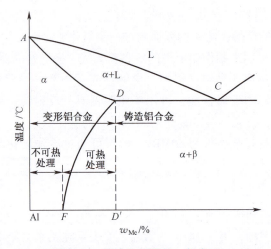

图 10-4 铝合金相图的一般类型

在变形铝合金中，成分小于 F 点的，由于从室温到液相出现前，均为单相 α 固溶体，其成分不随温度变化而变化，故不能进行热处理强化，称为不能热处理强化的铝合金。而成分位于 F 和 D' 之间的合金，其固溶体成分随温度而变化，可进行固溶强化和时效处理强化，称为能热处理强化的铝合金。

2. 铝合金的强化途径

固态铝无同素异构转变，因此不能像钢一样借助于热处理进行相变强化。合金元素对铝的强化作用主要表现为固溶强化、时效强化和细化组织强化。铝合金的强化途径主要有以下几种：

1) 冷变形强化

对合金进行冷变形，能增加其内部的"缺陷"（如晶界），从而阻碍位错的运动，使合金强度提高。这是不能热处理强化的变形铝合金的重要强化方法。

2) 固溶强化

由 Al-Cu、Al-Mg、Al-Mn、Al-Si 和 Al-Zn 等二元合金相图可知,靠近 Al 端均能形成有限固溶体,并且都有较大极限溶解度,而且其溶解度是随温度下降而降低的,见表 10-1。由于 Cu、Mg、Mn、Si 和 Zn 等合金元素在 Al 中的极限溶解度均大于 1%,这些合金元素进入纯铝中形成铝基固溶体,导致铝的晶格发生畸变,增加了位错运动的阻力,从而提高了铝的强度。但由于在一些铝的简单二元合金中,如 Al-Zn、Al-Ag 合金系,组元间常常有相似的物理化学性质和原子尺寸,固溶体晶格畸变程度低,导致固溶强化效果不好。因此,铝合金的强化不能单纯依靠合金元素的固溶强化作用。

表 10-1 常用合金元素在 Al 中的溶解度 (单位:质量分数%)

元 素	Zn	Mg	Cu	Mn	Si
极限溶解度	32.8	14.9	5.65	1.82	1.65
室温溶解度	0.05	0.34	0.20	0.05	0.05

3) 时效强化

单纯的固溶强化效果是有限的,要想使铝合金获得较高的强度,还得配合其他强化手段。时效强化是铝合金强化的一种重要手段,它是对合金进行固溶处理加时效处理的过程,又称为沉淀强化。

将成分位于 F 和 D' 之间的合金加热到单相区保温一定时间后,快速水冷得到过饱和 α 固溶体的热处理操作称为固溶处理或淬火。淬火后获得的过饱和 α 固溶体是不稳定的,有分解出强化相过渡到稳定状态的倾向。将淬火后的合金置于室温或较高温度下,随着停留时间的延长,其强度、硬度会明显升高,这种现象称为时效。时效处理分为自然时效和人工时效。在室温下进行的时效,称为自然时效;在加热条件下进行的时效,称为人工时效。

铝合金的时效强化与钢的淬火、回火有着根本的区别。钢淬火后得到含碳过饱和的马氏体组织,强度、硬度显著升高而塑性韧性急剧下降,回火时马氏体发生分解,强度、硬度降低,塑性和韧性提高。而铝合金淬火(固溶处理)后虽然得到的也是过饱和固溶体,但塑性和韧性较好,强度、硬度却并未马上得到提高,它是经过时效处理后强度、硬度才得到了明显提高。

铝合金的时效强化与其在时效过程中所产生的组织有关。下面以 Al-4%Cu 合金为例说明组织变化与时效的关系。图 10-5 是 Al-Cu 二元合金相图。从图中可以看出,铜在铝中有相当大的溶解度。在 548℃时,铜在 α 相中的极限溶解度为 5.65%,随着温度的下降,固溶度急剧减小,到室温时约为 0.05%。该合金在室温时的平衡组织为 α+θ ($CuAl_2$)。将 Al-4%Cu 合金加热到固溶度线以上保温后,并迅速淬火,由于 $CuAl_2$ 来不及析出,从而得到过饱和的 α 固溶体组织。此时测量的抗拉强度大致为 250MPa。若将此淬火后的合金在室温放置,经过 4~5 天后测得的强度接近 400MPa。图 10-6 所示为 Al-4%Cu 合金的自然时效曲线。在淬火后的最初几小时内,合金的强度不增加或增加很少，该段时间称为孕育期。铝合金在孕育期具有较高的塑性，很容易进行各种冷变形成形，如铆接、弯曲、矫直、卷边等。

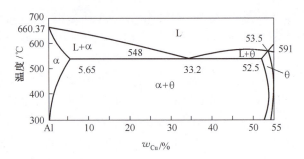

图 10-5　Al-Cu 二元合金相图

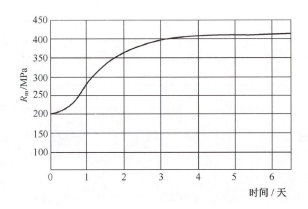

图 10-6　Al-4%Cu 合金的自然时效曲线

图 10-7 为 Al-4%Cu 合金在不同温度下的时效曲线，可以看出该合金的最佳时效温度是 20℃，温度过低，时效后强度低；温度过高，时效速度快，但强度峰值低。时效温度过低，或时效时间不充足，合金的强度不够，称为亚时效；时效温度过高，或时效时间过长，将使合金软化，称为过时效。图 10-8 表示了 Al-4%Cu 合金在不同时效阶段的组织。

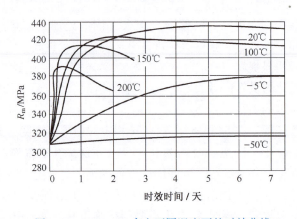

图 10-7　Al-4%Cu 合金不同温度下的时效曲线

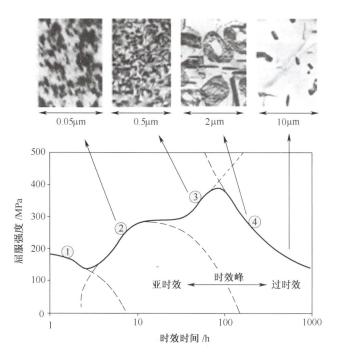

图 10-8　Al-4%Cu 合金在不同时效阶段的组织

为什么铝合金在时效过程中会产生显著的时效硬化现象呢？主要与铝合金在时效过程中所产生的组织有关。原来在时效时，由于过饱和 α 固溶体不是直接沉淀析出平衡相的，而是经历了一些中间过渡阶段。以 Al-Cu 合金为例，其时效序列为：α（过）→ α+G·P 区→α+θ″→α+θ′→α+θ（$CuAl_2$）。其中，G·P 区是一种富溶质原子区，对 Al-Cu 合金来说，就是富 Cu 原子区，如图 10-9 所示。θ″相和 θ′相都是中间过渡相，θ 相是平衡相。由于 G·P 区、θ″相等晶格常数与母相 Al 不同，但它们又与母相共格，故在 G·P 区和 θ″相周围便产生了相当大的应力场（图 10-10），使合金中位错运动的阻力增大。另外，由于这种 G·P 区和 θ″过渡相体积很小，数目很多，形成的应力场数目很多，因此合金的抗拉强度显著升高。

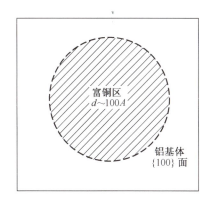

图 10-9　G·P 区示意图

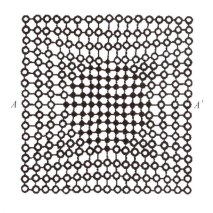

图 10-10　G·P 区周围的晶格畸变示意图

4) 细晶强化

纯铝和铝合金在浇注前进行变质处理,即向合金熔液中加入变质剂,可以有效地细化晶粒,从而提高合金强度,这种方法称为细化晶粒强化(简称细晶强化)。细化组织可以是细化铝合金固溶体基体,也可以是细化过剩相。对于纯铝和变形铝合金,常用的变质剂为 Ti、B、Nb、Zr 等元素。对于铸造铝合金(例如在铝硅合金),常用 Na、钠盐或 Sb 作变质剂来细化组织。图 10-11 是 Al-Si 二元合金相图。w_{Si} = 10%~13% 的铝硅合金,铸造后几乎全部得到共晶组织（α+Si）。但是在一般情况下,共晶组织由粗针状硅晶体和 α 固溶体组成,如图 10-12（a）所示。暗色针状为硅晶体,亮色为 α 固溶体,故使强度和塑性都变差。生产中为了提高其力学性能,常采用变质处理。即在浇注前向合金液中加入占合金重量 2%~3% 的变质剂（常用 2/3NaF+1/3NaCl 的钠盐混合物）以使合金组织细化,显著提高合金的强度和塑性。因变质剂使共晶点移向右下方,故变质后的组织为均匀细小的共晶体和初生 α 固溶体,如图 10-12（b）所示。暗色基体为细粒状共晶体,亮色为初晶 α 固溶体。

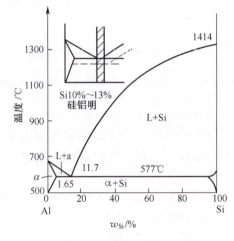

图 10-11　Al-Si 二元合金相图

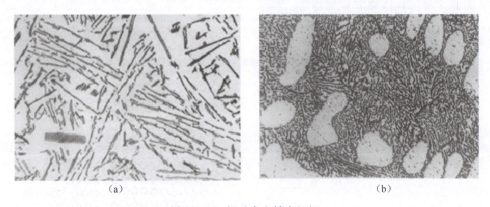

图 10-12　铝硅合金铸态组织
(a) 变质前；(b) 变质后。

10.1.3 铝合金的分类、牌号及应用

根据相图，铝合金可分为变形铝合金与铸造铝合金两大类，具体分类如下：

1. 变形铝合金

1）变形铝合金的分类及牌号

变形铝合金可按其性能特点分为防锈铝合金、硬铝合金、超硬铝合金和锻铝合金4类，它通常是指由铝合金铸锭经冷、热加工后形成的各种规格的板、棒、带、丝、管状等型材。

1996年以前，我国执行GB340—76，变形铝合金的牌号由字母加数字组成。防锈铝合金牌号采用"铝"和"防"的汉语拼音的第一个大写字母"LF"加顺序号表示，如LF5、LF21等；硬铝合金的牌号用"铝"和"硬"的汉语拼音的第一个大写字母"LY"加顺序号表示，如LY11、LY12等，超硬铝合金的牌号用"铝"和"超"的汉语拼音的第一个大写字母"LC"加顺序号表示，如LC5、LC6等；锻造铝合金其牌号是以"铝"和"锻"的汉语拼音的第一个大写字母"LD"加顺序号表示如LD2、LD5等。

GB/T 16474—1996（2011年修订为GB/T 16474—2011）规定，在国际牌号注册组织注册的变形铝及铝合金，直接采用国际通行的4位数字体系牌号，其他则采用4位字符体系牌号。4位数字体系和4位字符体系牌号中的第1位均为数字，表示变形铝及铝合金的组别，见表10-2。

表10-2 变形铝及铝合金的组别

组　　别	牌号系列	是否可热处理强化
纯铝（铝含量不小于99.00%）	1×××	
以铜为主要合金元素的铝合金	2×××	是
以锰为主要合金元素的铝合金	3×××	
以硅为主要合金元素的铝合金	4×××	
以镁为主要合金元素的铝合金	5×××	
以镁和硅为主要合金元素并以Mg_2Si相为强化相的铝合金	6×××	是
以锌为主要合金元素的铝合金	7×××	是
以其他合金元素为主要合金元素的铝合金	8×××	是
备用合金组	9×××	

变形铝合金的牌号用2×××至8×××表示。

（1）变形铝合金4位数字体系牌号。4位数字体系牌号中的第2、3、4位均为数字。合金牌号中第2位数字表示原型（0）或对合金的修改次数（1~9），第3、4位数字用来区分同一系列中的不同合金，如2219（对应LY19，19号硬铝）、5083（对应LF4，4号防锈铝）。4位数字牌号后缀1个英文大写字母（除I、O、Q外，从A开始依次选用），表示新注册的、与已注册的某牌号成分相似的铝合金，如2017A。

(2) 变形铝合金4位字符体系牌号。4位字符体系牌号中的第2位为字母，第3、4位为数字。合金牌号中的字母表示原始合金（A）或改型合金（B~Y，C、I、L、N、O、P、Q、Z字母除外），第3、4位数字用来区分同一系列中的不同合金，如2A11（对应LY11，11号硬铝）、4A11（对应LD11，11号锻铝）、4A01（对应LT1，1号特殊铝）。

2）常用变形铝合金介绍

(1) 防锈铝合金。防锈铝合金包括铝-锰系（3×××系）和铝-镁系（5×××系）。合金中Mn和Mg的主要作用是提高抗蚀能力和塑性，并起固溶强化作用。防锈铝合金锻造退火后组织为单相固溶体，抗腐蚀性优良，还具有良好的焊接性能和塑性，易于压力加工和焊接。但切削性能差，而且不能进行热处理强化，常利用加工硬化提高其强度。常用的Al-Mn系合金有3A21，其抗蚀性和强度高于纯铝，用于制造油罐、油箱、管道、铆钉等需要弯曲、冲压加工的零件。常用的Al-Mg系合金有5A05，其密度比纯铝小，强度比Al-Mn合金高，在航空工业中得到广泛应用，如制造管道、容器、铆钉及承受中等载荷的零件。

(2) 硬铝合金。硬铝合金（2×××系）是Al-Cu-Mg系合金，并含少量Mn。加入铜和镁是为了能生成强化相$CuAl_2$（θ）和Al_2CuMg，使其在时效时发生时效硬化作用。硬铝合金由于具有强烈的时效强化作用，经时效处理后强度和硬度提高很明显而得名，其经自然时效后强度可达到380~490MPa（原始强度为290~300MPa），硬度也明显提高（由70~85HBW提高到120HBW），与此同时仍能保持足够的塑性。常用的硬铝合金有以下几类：

① 低合金硬铝（如2A01、2A10等）。又称铆钉硬铝，合金中含铜量较低，固溶处理后冷态下塑性较好。时效强化速度慢，故可利用孕育期进行铆接，然后以自然时效提高强度。主要用于铆钉的制作。

② 中强度硬铝（如2A11）。又称标准硬铝，这类合金含铜量为3.8%~4.8%（如2A11），与2A12相近，但含镁量较低（0.4%~0.8%），故强度稍低。耐热性也不如2A12，但工艺塑性较好。通过淬火与自然时效可获得好的强化效果，常利用退火后良好的塑性进行冷冲、冷弯、轧压等工艺，以制成锻材、轧衬或冲压件等半成品。通常被用来制作大型铆钉、螺旋桨叶片等重要构件。

③ 耐热硬铝（如2A02）。合金含镁量较高，铜与镁之比在硬铝中最低。具有较高的耐热性，适宜制作高温下工作的零件，如航空发动机内的压气机叶片、盘等。为保证这类零件在工作条件下组织和性能保持稳定，合金在人工时效状态下应用。

④ 高强度硬铝（如2A12、2A06）。高强度硬铝是合金元素含量较高且应用最广的一类硬铝。在这类合金中，镁的含量较2A11高（约1.5%），故强化相含量高，因而具有更高的强度和硬度，自然时效后抗拉强度可达500MPa。但承受塑性加工能力较低，经过适当的处理可以制作航空模锻件和重要的销轴等。板材主要用作飞机蒙皮、壁板的加工，型材可制作飞机隔框、翼梁、长桁等。

硬铝合金有两个重要特性在使用或加工时必须注意：

① 抗蚀性差。特别在海水中尤甚。因此需要防护的硬铝部件，其外部都包一层高纯度铝，制成包铝硬铝材，但是包铝的硬铝热处理后强度比未包铝的低。

② 固溶处理温度范围很窄。2A11 为 505~510℃，2A12 为 495~503℃，低于此温度范围固溶处理，固溶体的过饱和度不足，不能发挥最大的时效效果；超过此温度范围，则容易产生晶界熔化。

（3）超硬铝合金。超硬铝合金（7×××系）是目前室温强度最高的一类铝合金，其强度可达 500~700MPa，因超过高强度的硬铝 2A12 合金（400~430MPa），故称为超硬铝。它是 Al-Zn-Mg-Cu 系合金，并含有少量 Cr 和 Mn，其强化相除 $CuAl_2$ 和 Al_2CuMg 外，还有相当强烈的强化相 $MgZn_2$、AlZnMgCu 等，时效强化效果超过硬铝合金，其热态塑性好，但耐蚀性差。这类铝合金主要用于制造工作温度较低、受力较大的结构件，如飞机大梁、起落架等。需要注意的是，超硬铝合金在空气环境中，会发生沿晶开裂，这种环境引起的晶间开裂现象通常称作应力腐蚀开裂（SCC）。

（4）锻铝合金。又称为锻造铝合金，包括 Al-Mg-Si 系（6×××）、Al-Cu-Mg-Fe-Ni 系（2×××）。Al-Mg-Si 系合金具有中等强度，可锻性好，耐蚀性好，用于形状复杂的锻件和模锻件。如利用 6A02 可制作直升机的旋翼大梁、活塞式发动机的机匣、小型导弹硬壳式弹身（薄壁圆筒）等。6061 被广泛应用于建筑业门窗、台架等结构件及医疗办公、车辆、船舶、机械等方面。Al-Cu-Mg-Fe-Ni 系耐热锻铝合金常用牌号有 2A70、2A80、2A90 等，用于制造 150~225℃下工作的零件，如压气机叶片、超声速飞机蒙皮等。

表 10-3 列出了常用变形铝合金的牌号、化学成分、性能和用途。

3）航空航天用先进铝合金

目前应用于航空航天的铝合金主要是以 Al-Cu 为基的 2×××系高强度硬铝合金、以 Al-Zn 为基的 7×××系超高强度超硬铝合金、以 Al-Li 为基的轻质高模铝合金，均有时效硬化效应。

2×××系合金是最早应用于航空航天领域的可热处理强化铝合金。7×××系铝合金为 Al-Zn 合金，苏联将其定义为 В××，中国在 1996 年前将其定义为超硬铝。含 Zn 的铸造铝合金有很高的热裂倾向，含 Zn 的变形铝合金具有很强的应力腐蚀开裂敏感性，通常添加 Mg、Cu 及微合金元素，形成 Al-Zn-Mg 和 Al-Zn-Mg-Cu 合金系列。

含 Li 的铝合金统称为铝锂合金，它是一类密度小、弹性模量高、比强度和比刚度高的新型铝合金，在航空航天领域有广泛的应用前景。在铝合金中每添加 1% 的锂元素，合金的密度降低 3%，而弹性模量可提高 5%~6%，并可以保证合金在淬火和人工时效后硬化效果显著。相比于常规的 2×××系和 7×××系高强铝合金，铝锂合金不仅具有低密度、高弹性模量、高比强度和高比模量的优点，还兼具低的疲劳裂纹扩展速率、较好的高温及低温性能等特点。Al-Li 合金的应用方向是取代 2219、2024、7075 等常规铝合金，可使构件减重 10%~20%，刚度提高 15%~20%，被认为是航空航天最理想的结构材料。自 1924 年第一种铝锂合金出现以来，目前铝锂合金研制已经发展到了第四代。第一代以 2020、ВАД23 为代表；第二代以 1420、2090 为代表；第三代铝锂合金具有较好的综合性能，目前已实现规模化工业生产，新近开发和改良的 1460、2198、2199、2050 等合金在先进大型客机和航天器上应用广泛；第四代高性能合金正在研制中。从 2009 年起，欧美、俄罗斯等航空航天强国相继将高性能 Al-Li 合金列入飞行器结构材料的重点发展方向。表 10-4 为部分航空航天用铝合金及典型应用。

表 10-3 常用变形铝合金的牌号、化学成分、性能和用途（摘自 GB/T 3190—2020）

类别	新牌号（旧牌号）	化学成分/%								热处理状态	力学性能			用途
		Cu	Mg	Mn	Si	Fe	Zn	其他	Al		R_m/MPa	A/%	HBW	
防锈铝合金	5A05（LF5）	≤0.10	4.8~5.5	0.30~0.6	≤0.50	≤0.50	≤0.20		余量	退火（O）	280	20	70	焊接油箱、油管、焊条、铆钉及中载零件
	5A06（LF6）	≤0.10	5.8~6.8	0.50~0.8	≤0.40	≤0.40	≤0.20	Ti: 0.02~0.10	余量	退火（O）	270	15	—	飞机蒙皮、骨架
	3A21（LF21）	≤0.20	≤0.05	1.0~1.6	≤0.6	≤0.7	≤0.10	Ti: ≤0.15	余量	退火（O）	130	20	30	焊接油箱、铆钉及轻载零件
硬铝合金	2A01（LY1）	2.2~3.0	0.20~0.50	≤0.20	≤0.50	≤0.50	≤0.10	Ti: ≤0.15	余量	固溶处理+自然时效（T4）	300	24	70	中等强度且工作温度不超过100℃的铆钉
	2A11（LY11）	3.8~4.8	0.40~0.8	0.40~0.8	≤0.7	≤0.7	≤0.30	Ti: ≤0.15 Ni: ≤0.10	余量	固溶处理+自然时效（T4）	420	18	100	中等强度结构件，如骨架、叶片、铆钉等
	2A12（LY12）	3.8~4.9	1.2~1.8	0.30~0.9	≤0.50	≤0.50	≤0.30	Ti: ≤0.15 Ni: ≤0.10	余量	固溶处理+自然时效（T4）	470	17	105	高强度结构件及150℃以下工作零件
超硬铝合金	7A04（LC4）	1.4~2.0	1.8~2.8	0.20~0.6	≤0.50	≤0.50	5.0~7.0	Cr: 0.10~0.25 Ti: ≤0.10	余量	固溶处理+人工时效（T6）	600	12	150	主要受力构件，如飞机大梁、桁架、起落架等
	7A09（LC9）	1.2~2.0	2.0~3.0	≤0.15	≤0.50	≤0.50	5.1~6.1	Cr: 0.16~0.30 Ti: ≤0.10	余量	固溶处理+人工时效（T6）	—	—	—	主要受力构件，如蒙皮结构件等
锻铝合金	2A50（LD5）	1.8~2.6	0.40~0.8	0.40~0.8	0.7~1.2	≤0.7	≤0.30	Ti: ≤0.15 Ni: ≤0.10	余量	固溶处理+人工时效（T6）	420	13	105	形状复杂、中等强度的锻件
	2A70（LD7）	1.9~2.5	1.4~1.8	≤0.20	0.35	0.9~1.5	≤0.30	Ni: 0.9~1.5 Ti: 0.02~0.10	余量	固溶处理+人工时效（T6）	415	13	120	高温下工作的复杂锻件及结构件
	2A80（LD8）	1.9~2.5	1.4~1.8	≤0.20	0.50~1.2	1.0~1.6	≤0.30	Ni: 0.9~1.5 Ti: ≤0.15	余量	固溶处理+人工时效（T6）	430	—	6	用于制作叶片、叶轮、盘等高温工作零件
	2A14（LD10）	3.9~4.8	0.40~0.8	0.40~1.0	0.6~1.2	≤0.7	≤0.30	Ti: ≤0.15 Ni: ≤0.10	余量	固溶处理+人工时效（T6）	480	19	135	承受重荷的锻件

第10章 有色金属材料

表10-4 部分航空航天用铝合金及典型应用

合金	典型应用	牌号	应用部位及部件	牌号	典型应用
2014	飞机重型结构，火箭第一级燃料槽与航天器零件	7075	各种机型的机身和机翼的壁板、横梁、框、翼肋、连接件等	2196	替代7175-T3511和2024-T3511，用于制造桁条、机身加强筋板、地板梁等，已应用于C919的前机身、机头、中机身长桁，已用于A380的机翼和机身桁条
2024	机身蒙皮、腹板、框、桁条、铆钉、导弹构件、螺旋桨元件	7A04	Y8和Y12飞机机身和翼部位的蒙皮、壁板、大梁、长桁、隔框、翼肋、起落架等	2098	替代2024-T62，用于制造军机机身
2124	加强框、梁、接头等航空航天器结构件	7175	A320、Z10、EC120等机身和机翼部位的前缘、窗框（舱壁）、整流罩接头、操纵零件等	2198	替代7475-T761和2024-T3，已应用于C919的蒙皮，替代2219-T8合金制造"猎鹰"9号火箭的第一、二级整体燃料箱桶与圆形端盖
2324	机翼下壁板、肋缘	7475	F-15、F-16、B757、B767、Z9、Z10等机型的机身蒙皮、机翼蒙皮、机翼下壁板、翼梁、隔框、舱壁等	2099	替代7175-T73511，用于制造桁条、地板梁、支柱、座椅导轨，已应用于A380的横梁、下翼面的桁条、地板梁等；替代2024-T3511，用于制造机身结构、桁条、火箭舱段
2524	B777、F35、ARJ21等飞机的机身蒙皮	7B04	机身和机翼的蒙皮、壁板、梁、隔框、翼肋、长桁、接头起落架零件等	2199	替代2524-T3薄板，用于制造机身蒙皮、下翼面蒙皮，已应用于B787和C919
2218	飞机发动机活塞、汽缸头，喷气发动机叶轮及压缩机环	7A09	国内现役军机、Z9、Z10、Z11等机身和机翼部位的各类梁、框、隔板、壁板、前起落架等	2050	替代7050-T7451，用于制造飞机机身框梁、翼梁、翼桁、上翼壁板、翼肋
2219	火箭氧化剂槽与燃料槽，超声速飞机蒙皮与结构零件	7050	各种机型的机身梁、框架、壁板和舱壁、机翼蒙皮、加强条、桁条等	2197	
2618	活塞和航空发动机零件	7150	各种机型的机身大梁、机翼翼梁和上壁板、框架、缘条等	2297	替代2124-T851和7050-T7451厚板，用于制造机身框、翼梁、长桁、舱段隔板，已应用于F16和F-35战机
2A17	工作温度225~250℃的航空器零件	7010	A320、B757和B767的机翼上蒙皮，框架、大梁、翼梁、货运滑轨、翼肋等	2397	
2A70	飞机蒙皮，航空发动机活塞、导风轮、轮盘	7055	F-35、B777等要求抗压强度高、耐腐蚀性能好的零部件，如机翼蒙皮、翼肋、大梁、水平尾翼、龙骨梁等	1424	替代2024、Ⅱ16，用于制造蒙皮
2A80	发动机压气机叶片、叶轮、活塞及其他高温工作零件	7049 7049A	A340、ARJ21等的机身和机翼下壁板，起落架液压缸、舰载导弹结构件和零件	1464	替代2219、B95sch、B 96-3gch，用于制造运载火箭和飞机的框、梁、燃料储箱
2A90	航空发动机活塞	7449	专门用于机翼的铝合金，已用于A340、ARJ21机翼下壁板	1469	

【励志园地1】

惊艳世界的中国超强铝合金——7Y69

由于铝合金的众多优质属性,它被广泛应用于汽车、船舶、航天等领域,且一直以来都是各国投入大量财力物力争相研究的合金。近些年来国际上的超强铝合金技术,日本一直都是独占鳌头、美国次之、接下来是欧洲。为了不受制于人,我国科研人员经过数十年呕心沥血的付出,终于在最近研发出了一种属于中国的超强铝合金材料——7Y69。这款号称全世界"抗拉强度最高"的铝合金材料一经问世就博得了各国的广泛关注。

在此之前,欧洲所研制的高强度铝合金的最高抗拉强度达到了840MPa,美国的抗拉强度已经达到了855MPa,日本所研制的铝合金的抗拉强度可以达到惊人的900MPa。但是这次中国研发出的7Y69铝合金的强度则将世界的这一标准直接抬高到917~957MPa之间,一举将中国的铝合金地位提升到了世界第一的位置。更让人感到欣喜的是,7Y69铝合金材料不仅抗拉强度成为了世界第一,它的屈服强度也能够达到874~895MPa,这两项指标达到了世界领先水平,成功摘取世界皇冠!

2. 铸造铝合金

铸造铝合金要求具有良好的铸造性能,因此组织中应有适当数量的共晶体。铸造铝合金元素含量(8%~25%)一般高于变形铝合金。常用的铸造铝合金主要有铝-硅(Al-Si)系、铝-铜(Al-Cu)系、铝-镁(Al-Mg)系和铝-锌(Al-Zn)系4类。铸造铝合金的代号用ZL("铸铝"汉语拼音首字母)+三位数字表示。第一位数字表示主要合金类别,"1"表示铝-硅系,"2"表示铝-铜系,"3"表示铝-镁系,"4"表示铝-锌系;第二、三位数字表示顺序号,如ZL102、ZL401等。铸造铝合金的牌号由Z("铸"字的汉语拼音首字母)和基体金属元素符号(Al)、主要合金元素符号以及表示合金元素含量①的数字组成。例如,ZAlSi12表示$w_{Si}=12\%$的铸造铝合金。常用铸造铝合金的牌号、代号、成分、热处理、力学性能及用途见表10-5。

1) Al-Si系铸造铝合金

通常将Al-Si系铸造铝合金称为硅铝明。它有优良的铸造性能(如流动性好、收缩及热裂倾向小)、一定的强度和良好的耐腐蚀性,应用广泛。

ZL102是简单硅铝明的一种,它经变质处理后,力学性能显著提高,由原来的$R_m=140$MPa、$A=3\%$提高到$R_m=180$MPa、$A=8\%$。具有良好的铸造性能和焊接性能,但不能时效强化。因此该合金仅适于制造形状复杂但强度要求不高的铸件,如水泵壳体、仪表以及一些受力不大的零件。

为提高铝硅合金的强度,常加入能产生时效硬化(或时效强化)的铜、镁等合金元素,称此合金为特殊硅铝明。这种合金在变质处理后还可通过固溶热处理和时效进一步强化。

---

① 在有色金属中,含量指名义含量(即元素平均含量的修约化数值),均以百分之几计。

表 10-5 常用铸造铝合金的牌号、代号、成分、热处理、力学性能及用途（摘自 GB/T 1173—2013）

类别	牌号	代号	化学成分/% Si	Cu	Mg	Zn	Mn	Al	其他	铸造方法①	热处理②	力学性能 R_m/MPa	A/%	HBW	用途
铝硅合金	ZAlSi7Mg	ZL101	6.5~7.5		0.25~0.45			余量		JB	T4	185	4	50	飞机、仪器零件
										SB、JB、RB、KB	T6	225	1	70	
	ZAlSi12	ZL102	10.0~13.0					余量		SB、JB、RB、KB	F	145	4	50	仪表、抽水机壳体等外型复杂零件
										SB、JB、RB、KB	T2	135	4	50	
	ZAlSi9Mg	ZL104	8.0~10.5		0.17~0.35		0.2~0.5	余量		J、JB	T1	200	1.5	65	电动机壳体、汽缸体等
										J、JB	T6	240	2	70	
	ZAlSi5Cu1Mg	ZL105	4.5~5.5	1.0~1.5	0.4~0.6			余量		J	T5	235	0.5	70	风冷发动机汽缸头、油泵壳体
										S、J、R、K	T7	175	1	65	
	ZAlSi12Cu1Mg1Ni1	ZL109	11.0~13.0	0.5~1.5	0.8~1.3			余量	Ni 0.8~1.5	J	T1	195	0.5	90	活塞及高温下工作的零件
										J	T6	245	—	100	
铝铜合金	ZAlCu5Mn	ZL201		4.5~5.3			0.6~1.0	余量	Ti 0.15~0.35	S、J、R、K	T4	295	8	70	内燃机汽缸头、活塞等
										S、J、R、K	T5	335	4	90	
	ZAlCu10	ZL202		9.0~11.0				余量		S、J	F	104	—	50	高温不受冲击的零件
										S、J	T6	163	—	100	
铝镁合金	ZAlMg10	ZL301			9.5~11.0			余量		S、J、R	T4	280	9	60	舰船配件
	ZAlMg5Si1	ZL303	0.8~1.3		4.5~5.5		0.1~0.4	余量		S、J、R、K	F	143	1	55	氨用泵体
铝锌合金	ZAlZn11Si7	ZL401	6.0~8.0		0.1~0.3	9.0~13.0		余量		S、R、K	T1	195	2	80	结构、形状复杂的汽车、飞机、仪器零件
										J	T1	245	1.5	90	
	ZAlZn6Mg	ZL402			0.5~0.65	5.0~6.5	0.2~0.5	余量	Ti 0.15~0.25 Cr 0.4~0.6	J	T1	235	4	70	
										S	T1	220	4	65	

注：① J—金属型铸造；S—砂型铸造；R—熔模铸造；K—壳型铸造；B—变质处理。
② F—铸态；T1—人工时效；T2—退火；T4—固溶处理+自然时效；T5—固溶处理+不完全人工时效；T6—固溶处理+完全人工时效；T7—固溶处理+稳定化处理。

Al-Si 系铸造铝合金常用代号有 ZL102、ZL104、ZL105 等，铸造性能好，具有优良的耐蚀性、耐热性和焊接性能，被广泛用于制造质量小、形状复杂、耐腐蚀和强度要求不高的铸件，如内燃机活塞等。

2）Al-Cu 系铸造铝合金

这类合金的 w_{Cu} = 4% ~ 14%，强度高，耐热性好，常用代号有 ZL201、ZL202、ZL203 等。由于铜在铝中有较大的溶解度，且随温度发生变化，因此可进行时效硬化，但密度大，铸造性能、耐蚀性能差，强度低于 Al-Si 系合金。主要用于制造在较高温度下工作的高强零件，如内燃机汽缸头（图 10-13）、汽车活塞等。

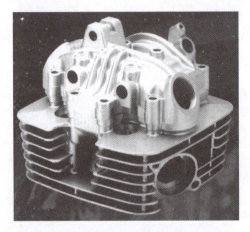

图 10-13　Al-Cu 合金铸造的汽缸头

3）Al-Mg 系铸造铝合金

这类合金密度小（<2.55g/cm³），耐腐蚀性好，强度高，铸造性能差，耐热性低，可以进行时效硬化。常用代号为 ZL301、ZL303 等，主要用于制造外形简单、承受冲击载荷、在腐蚀性介质下工作的零件，如舰船配件、氨用泵体等。

4）Al-Zn 系铸造铝合金

这类合金价格便宜，铸造性能好，经变质处理和时效处理后强度较高，但耐腐蚀性、耐热性差。常用代号有 ZL401、ZL402 等，主要用于制造结构形状复杂的汽车、拖拉机的发动机零件以及形状复杂的仪表元件、飞机零件等，也可用于制造日用品。

用铸造铝合金可以生产形状复杂的铸件，但铸件组织粗大，并有严重偏析，因此淬火温度比变形铝合金高一些，保温时间长一些，以使粗大组织溶解并使固溶体成分均匀。淬火采用水冷且进行人工时效。

10.2　镁及镁合金

镁是银白色轻金属（图 10-14 所示为镁锭），面心立方晶格，无同素异构转变。它在地壳中的储藏量非常丰富，仅次于铝和铁，占第三位。

图 10-14　镁锭

10.2.1　纯镁

1. 纯镁的特点

(1) 密度小（1.74g/cm³），是铝的 2/3，钢铁的 1/4。
(2) 熔点低，导热性和导电性都较差。
(3) 抗蚀性很差，在潮湿的大气、淡水、海水和绝大多数酸、盐溶液中易受腐蚀。
(4) 化学性质很活泼，在空气中容易氧化，尤其在高温，如氧化反应放出的热量不能及时散失，则很容易燃烧。

2. 纯镁的牌号

GB/T 5153—2016 规定，纯镁牌号以 Mg 加数字的形式表示，Mg 后的数字表示 Mg 的质量分数。例如 Mg 99.50（旧牌号 Mg 1）表示镁的最低含量为 99.50%。

3. 纯镁的应用

冶金工业中冶炼球墨铸铁时被用作球化剂，冶炼铜镍合金时被用作脱氧剂和脱硫剂，也可作为化工原料使用。纯镁在燃烧时能够产生高热和强光，因此常被用于制造焰火、照明弹和信号弹等。

10.2.2　镁合金及其特点

镁合金是在纯镁的基础上加入合金元素形成的，是实际应用中最轻的金属结构材料。除了具有纯镁的基本特性外，其比强度和比刚度很高，广泛用于航空、航天、汽车及电子产品制造，被誉为"21世纪的绿色工程结构材料"。镁合金的性能特点如下：

(1) 比强度、比刚度高。镁合金的比强度明显高于铝合金和钢，比刚度与铝合金及钢相当，但远远高于工程塑料，是一般塑料的 10 倍。

(2) 重量轻。镁合金的密度在所有结构用合金中是最小的，为铝合金的 68%，锌合金的 27%，钢铁的 23%，除了用它做 3C 产品的外壳、内部结构件外，它还是汽车、飞机等零件的优秀材料。

(3) 减振性好。由于镁合金弹性模量小，当受外力作用时，弹性变形功较大，即吸收能量较多，所以能承受较大的冲击或振动载荷。飞机起落架轮毂多采用镁合金制造,就是发挥镁合金减振性好这一特性。

(4) 切削加工性好。镁合金具有优良的切削加工性能,可采用高速切削,也易于进行研磨和抛光。

(5) 电磁屏蔽性佳。3C产品的外壳(手机及计算机)要能够提供优越的抗电磁保护作用,而镁合金外壳能够完全吸收频率超过100dB的电磁干扰。

(6) 铸造性能优良。工程中应用最多的是铸件,其中90%以上是压铸件。图10-15为镁合金压铸件。

图10-15 镁合金压铸件

但与铝合金相比镁合金的研究和发展还很不充分,镁合金的应用也还很有限。限制镁合金应用的主要问题如下:

(1) 镁合金在熔炼和加工过程中极易氧化,必须在熔剂覆盖下或在保护气氛中熔炼,因而生产难度大。

(2) 镁合金的耐蚀性较差。镁合金在使用时要采取防护措施,如氧化处理、涂漆保护等。镁合金零件与其他高电位零件(如钢铁零件、铜质零件)组装时,在接触面上应采取绝缘措施(如垫以浸油纸),以防彼此因电极电位相差悬殊而产生严重的电化学腐蚀。

(3) 现有工业镁合金的高温强度、蠕变性能较低,从而限制了镁合金在高温(150~350℃)场合的应用。

(4) 镁合金的常温力学性能,特别是强度和塑性有待进一步提高。

(5) 镁合金的合金系列相对较少,变形镁合金的研究开发滞后。

10.2.3 镁合金的分类、牌号及应用

1. 镁合金的分类

一般来说镁合金的分类方法有3种:根据合金化学成分、成型工艺或者合金中是否含有铝或者是否含锆来分类。

按化学成分,镁合金主要划分为Mg-Al、Mg-Mn、Mg-Zn、Mg-RE等二元系,以及Mg-Al-Zn、Mg-Al-Mn、Mg-RE-Zr等三元系及其他多组元系镁合金。

铝、锆为镁合金中的重要合金元素，对合金起强韧化作用。铝能与镁形成有限固溶体，因其熔点与镁接近，易于熔炼，在提高合金强度和硬度的同时，还能拓宽凝固区，改善合金的铸造性能。目前，锆细化镁合金的机理尚不十分清楚，普遍认为锆可以作为镁合金形核的基底。锆在变形镁合金中可以抑制晶粒长大，因此含锆镁合金在退火或热加工后仍具有较高的力学性能。根据是否含有铝镁合金可以分为含铝镁合金和无铝镁合金。由于大多数镁合金中不含铝而含锆，所以根据是否含有锆镁合金可以分为含锆镁合金和无锆镁合金两大类。

按成型工艺分，镁合金可以分为铸造镁合金和变形镁合金，两者在成分和组织性能上有很大的差别。

2. 铸造镁合金的牌号和应用

铸造镁合金既有牌号又有代号。其代号由字母 Z、M（为"铸"、"镁"的汉语拼音首字母）和阿拉伯数字组成，其中的数字表示合金的顺序号，如 ZM2 表示 2 号铸造镁合金。其牌号以字母"Z"开头，后面列出基体金属元素符号（Mg），主要合金元素符号及其含量，如 ZMgZn5Zr 表示 Zn 含量为 5%，Zr 的含量低于 1% 的铸造镁合金。常用铸造镁合金的牌号、代号、成分、热处理及力学性能见表 10-6。

铸造镁合金主要用于汽车零件、机件壳罩和电气构件等。

ZM1：属于高强度铸造镁合金，流动性较好，但热裂倾向大，不易焊接；抗拉强度和屈服强度高，力学性能、耐蚀性较好。一般应用于长期工作温度不超过 150℃ 的要求抗拉强度、屈服强度大且抗冲击的零件，如飞机轮毂、轮缘、隔框及支架等。

ZM2：流动性好，不易产生热裂纹，焊接性能好，高温性能好，耐蚀性能好，但力学性能比 ZM1 低，用于 200℃ 以下工作的发动机零件及要求屈服强度较高的零件，如发动机机座、蒸馏舱、电机机壳等。

ZM3/ZM4：流动性稍差，形状复杂零件的热裂倾向较大，焊接性较好，其室温力学性能较低但高温性能、耐蚀性较好，一般用于高温工作和要求高气密性的零件，如发动机增压机匣、飞机进气管、扩散器壳体等。

ZM5：航空工业上应用最多的铸造镁合金。具有优良的铸造性能，热裂倾向小，焊接性良好，力学性能较高，但耐蚀性较差，适合于生产各类长期工作温度不超过 150℃ 的铸件。一般用于飞机发动机、仪表及其他高载荷的零件，如机舱连接隔框、舱内隔框等。ZM10 与 ZM5 的特性相似。

ZM6：具有良好的高温力学性能，可在 175~260℃ 内工作。

ZM7：有较高的锌含量，在铸造镁合金中具有最高的室温强度。铸造性能良好，可铸成复杂形状铸件，但其价格较 ZM5、ZM10 高。

YM5：具有良好的力学性能和物理性能，同时兼有优良的铸造性能和耐海水腐蚀性能，应用领域广泛。在汽车工业中制作仪表盘支架、制动器、离合器踏板、进气格栅、驾驶盘及驾驶柱支板、座位支架及底座、电池箱体（电动汽车）等；在纺织及印制机械中，制作高速运动部件；在民用产品中可制作手动或电动工具零件，便携式计算机箱体，移动电话外壳等；在航空、航天工业中是优良的结构材料，如用于制造直升机主传动箱体、齿轮箱体等。

表 10-6 常用铸造镁合金的牌号、代号、成分、热处理及力学性能（摘自 GB/T 1177—2018）

牌号	代号	化学成分/%											铸造方法	热处理[①]	室温力学性能（单铸试样）		
		Mg	Al	Zn	Mn	RE	Zr	Ag	Nd	Si	Fe	Cu	Ni			R_m/MPa	$R_{p0.2}$/MPa	A/%
																不小于		
ZMgZn5Zr	ZM1	余量	≤0.02	3.5~5.5	—	—	0.5~1.0	—	—	—	—	≤0.10	≤0.01	S, J	T1	235	140	5.0
ZMgZn4RE1Zr	ZM2	余量	—	3.5~5.0	≤0.15	0.75~1.75	0.4~1.0	—	—	—	—	≤0.10	≤0.01	S, J	T1	200	135	2.5
ZMgRE3ZnZr	ZM3	余量	—	0.2~0.7	—	2.5~4.0	0.4~1.0	—	—	—	—	≤0.10	≤0.01	S, J	F	120	85	1.5
														S, J	T2	120	85	1.5
ZMgRE3Zn3Zr	ZM4	余量	—	2.0~3.1	—	2.5~4.0	0.5~1.0	—	—	—	—	≤0.10	≤0.01	S, J	T1	140	95	2.0
ZMgAl8Zn	ZM5	余量	7.5~9.0	0.2~0.8	0.15~0.5	—	—	—	—	≤0.30	≤0.05	≤0.10	≤0.01	S, J	F	145	75	2.0
														S, J	T1	155	80	2.0
														S, J	T4	230	75	6.0
															T6	230	100	2.0
ZMgNd2ZnZr	ZM6	余量	—	0.1~0.7	—	—	0.4~1.0	—	2.0~2.8	—	—	≤0.10	≤0.01	S, J	T6	230	135	3.0
ZMgZn8AgZr	ZM7	余量	—	7.5~9.0	—	—	0.5~1.0	0.6~1.2	—	—	—	≤0.10	≤0.01	S, J	T4	265	110	6.0
															T6	275	150	4.0
ZMgAl10Zn	ZM10	余量	9.0~10.7	0.6~1.2	0.1~0.5	—	—	—	—	≤0.30	≤0.05	≤0.10	≤0.01	S, J	F	145	85	1.0
															T4	230	85	4.0
															T6	230	130	1.0
ZMgNd2Zr	ZM11	余量	≤0.02	—	—	—	0.4~1.0	—	2.0~3.0	≤0.01	≤0.01	≤0.03	≤0.005	S, J	T6	225	135	3.0

注：① F—铸态；T1—人工时效；T2—退火；T4—固溶处理+自然时效；T6—固溶处理+完全人工时效

3. 变形镁合金的牌号和应用

最新国标 GB/T 5153—2016《变形镁及镁合金牌号及化学成分》规定：镁合金牌号以英文字母+数字+英文字母的形式表示。前面的英文字母是其最主要的合金组成元素代号（常见元素代号见表 10-7），其后的数字表示其最主要的合金组成元素的大致含量。最后面的英文字母为标识代号，用以标识各具体组成元素相异或元素含量有微小差别的不同合金。例如：AZ41M，A 指含量最高的合金元素 Al，Z 指含量次高的合金元素 Zn，4 指 Al 的含量大致为 4%，1 指 Zn 的含量大致为 1%，M 为标识代号。常用变形镁合金的牌号、成分、材料状态及力学性能见表 10-8。

表 10-7 常见合金组成元素代号

元素代号	元素名称	元素代号	元素名称	元素代号	元素名称
A	铝（Al）	K	锆（Zr）	R	铬（Cr）
C	铜（Cu）	M	锰（Mn）	S	硅（Si）
E	稀土（RE）	N	镍（Ni）	Y	锑（Sb）
F	铁（Fe）	Q	银（Ag）	Z	锌（Zn）

表 10-8 常用变形镁合金的牌号、成分、材料状态及力学性能
（摘自 GB/T 5153—2016 和 GB/T 5156—2022）

组别	新牌号（旧牌号）	主要化学成分/%						材料类型及状态[①]	室温力学性能		
		Mg	Al	Zn	Mn	RE	Zr		R_m/MPa	$R_{p0.2}$/MPa	A/%
									不小于		
MgAl	AZ40M（MB2）	余量	3.0~4.0	0.20~0.8	0.15~0.50	—	—	型材 H112	240	—	5.0
	AZ41M（MB3）	余量	3.7~4.7	0.8~1.4	0.30~0.6	—	—	型材 H112	250	—	5.0
	AZ61M（MB5）	余量	5.5~7.0	0.50~1.5	0.15~0.50	—	—	型材 H112	265	—	8.0
	AZ62M（MB6）	余量	5.0~7.0	2.0~3.0	0.20~0.50	—	—				
	AZ80M（MB7）	余量	7.8~9.2	0.20~0.8	0.15~0.50	—	—				
MgMn	M2M（MB1）	余量	≤0.20	≤0.30	1.3~2.5	—	—				
	ME20M（MB8）	余量	≤0.20	≤0.30	1.3~2.2	0.15~0.35Ce	—	型材 H112	290	—	9.0
MgZn	ZK61M（MB15）	余量	0.05	5.0~6.0	0.10	—	0.30~0.9	型材 T5	310	245	7.0

注：① H112—经热加工成型但不经冷加工而获得一些加工硬化；T5—高温成型+人工时效。

变形镁合金主要用于薄板、挤压件和锻件等。

M2M 和 ME20M 均属于 Mg-Mn 系合金，这类合金虽然强度较低，但具有良好的耐蚀性，焊接性良好，并且高温塑性较好，可进行轧制、挤压和锻造。M2M 主要用于制造承受外力不大，但要求焊接性和耐蚀性好的零件，如汽油和润滑油系统的附件。ME20M 由于强度较高，其板材可制造飞机蒙皮、壁板及内部零件，型材和管材可制造

汽油和润滑系统的耐蚀零件。

AZ40M、AZ41M 及 AZ61M～AZ80M 属于 Mg-Al 系合金，这类合金强度高、铸造及加工性能好，但耐蚀性较差。AZ40M、AZ41M 合金的焊接性较好，AZ61M、AZ80M 合金的焊接性稍差。AZ40M 主要用于制作形状复杂的锻件、模锻件及中等载荷的机械零件；AZ41M 主要用于飞机内部组件、壁板等；AZ61M 可制作板、带及锻件，用于承受较大工作载荷的部件；AZ62M、AZ80M 可制作挤压棒材、型材及锻件。

ZK61M 合金具有很高的抗拉强度和屈服强度，常用来制造在室温下承受较大负荷的零件。例如，飞机机翼、桁架、翼肋等，如作为高温下使用的零件，使用温度不能超过 150℃。

10.2.4 镁合金的热处理

1. 镁合金的热处理特点

镁合金热处理的最主要特点是固溶和时效处理时间长，淬火时不需要进行快速冷却，通常在静止的空气或者人工强制流动的气流中冷却。另外，绝大多数镁合金对自然时效不敏感，淬火后在室温下放置仍然保持淬火状态的原有性能。而且由于镁合金的强烈氧化倾向容易引起燃烧，所以热处理加热炉内应保持一定的中性气氛或通入惰性气体进行保护。

2. 镁合金的热处理方法

镁合金的常用热处理方法有退火、固溶处理和时效处理等，选用何种处理方法与合金成分、产品类型和所预期的性能有关。

（1）人工时效（T1）。可消除镁合金铸锭在塑性变形过程中所产生的加工硬化效应，恢复和提高塑性，也可以消除变形镁合金制品在冷热加工、焊接过程中所产生的残余应力。在生产中，ZK61M 合金一般采用挤压变形或锻造后直接进行人工时效的热处理。ZK61M 合金 T1 状态的平衡组织如图 10-16 所示。

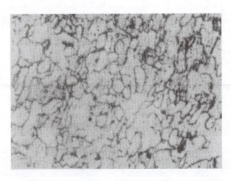

图 10-16　ZK61M 合金 T1 状态的平衡组织

（2）去应力退火（T2）。铸件中的残余应力一般不大，但是由于镁合金的弹性模量较低，因此很小的应力就会使铸件发生明显弹性应变。去应力退火可以在不显著影响力学性能的前提下彻底消除铸件中的残余应力。对某些热处理强化效果不显著的镁合金，如 ZM3，T2 则为最终热处理状态。

（3）淬火（固溶处理）（T4）。可以同时提高合金的抗拉强度和延伸率，ZM5 合金最常用此方法。ZM5 的铸态组织如图 10-17 所示，基体为 δ 固溶体，残留的 $Mg_{17}Al_{12}$ 相处于晶粒边界上，抗拉强度较低。经过淬火处理后的组织如图 10-18 所示，$Mg_{17}Al_{12}$ 溶入 δ 相，得到单相过饱和的 δ 固溶体组织，抗拉强度和延伸率都得到了提高。

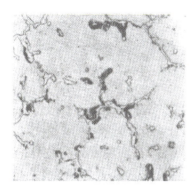 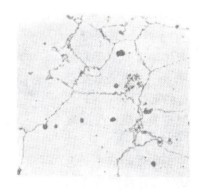

图 10-17　ZM5 合金铸态的组织（×200）　　图 10-18　ZM5 合金淬火后的组织（×200）

（4）淬火（空冷）+人工时效（T6）。可以提高镁合金的屈服强度，但是会降低部分塑性，主要应用于 Mg-Al-Zn 和 Mg-RE-Zr 系合金。

（5）热水淬火+人工时效（T61）。用于 Mg-Zn 系合金和对冷却速度敏感性较高的 Mg-RE-Zr 系合金。T6 处理使强度提高 40%～50%，而 T61 处理可使强度提高 60%～70%，提高强化效果且伸长率保持原有水平。

【励志园地 2】

敢于创新　求真务实 "镁" 美与共

中国是镁资源大国，产量占世界总产量 90%，但镁合金的工程应用并不广泛。上海交通大学教授、博士生导师、中国工程院院士丁文江（图 10-19）从 20 世纪 80 年代接触镁合金研究开始便立志"要做镁材料研究的开拓者！"回国后，他便投身镁合金领域，深耕新型镁合金材料研发 30 多年。他求真务实，提出了"寓精于料，料要成材，材要成器，器要有用"的学术思想，强调有用是材料研究的灵魂，要做有效的科研，而不是泡沫的科研。他带领团队开拓进取、不断创新，成功让中国镁领跑世界。在结构材料领域，丁文江院士团队将镁合金的燃点从 520℃提高至 935℃，研制出可在大气中无保护条件下熔炼的阻燃耐蚀镁合金。该镁合金不但阻燃耐蚀，而且抗拉强度超过 500MPa，可应用于航空航天、汽车等高端制造领域。在医用生物材料领域，他们研发出新一代可控降解的镁合金，该材料"生物相容性、强韧性、降解可控性"三性合一的性能在国际上独树一帜。在能源材料领域，他们发明了氢化镁水解燃料电池等，使无人机的飞行时间从 0.5h 提升至 4～6h，可以连续飞行 300km。美国通用汽车的全镁 V6 发动机缸体、日立公司实现减重 30%的耐热镁合金活塞、波音公司的民机座椅骨架高强镁型材……能够让这些响当当的国际巨头心甘情愿地求助于中国镁，丁文江院士团队厥功至伟。

图 10-19　丁文江院士

10.3　钛及钛合金

钛及钛合金是 20 世纪 50 年代发展起来的一种重要的结构金属，由于具有比强度高、耐蚀性好、耐热性高等突出优点，被广泛用于化工工业和航空工业等领域。例如，美国 F-22 战机约 36%质量的零件用钛合金制造。

10.3.1　纯钛

(1) 钛是银白色的金属，密度小（4.5g/cm³），熔点高（1668℃），热膨胀系数小，热导性差，塑性很好（$A=40\%$、$Z=60\%$），强度、硬度低（$R_m=290$MPa、100HBW）。钛的化学活性很强，在高温状态极易与氢、氧、氮、碳等元素发生作用，使钛的表层污染。因此，钛的熔炼以及其他一些热加工工艺过程，应在真空或惰性气体中进行。

(2) 钛具有同素异构转变，低于 882℃为密排六方晶格，称为 α-Ti；高于 882℃为体心立方晶格，称为 β-Ti。

(3) 钛的力学性能与其纯度有很大关系。微量的杂质即能使钛的塑性、韧性急剧降低。氢、氧、氟对钛都是有害的杂质元素。工业纯钛和一般纯金属不同，它具有相当高的强度，塑性好，具有优良的焊接性能和耐蚀性能，因此可以制成板材、棒材、线材等，也可以用来制造 350℃以下工作的飞机构件，如超声速飞机的蒙皮、构架等。

工业纯钛分为变形纯钛和铸造纯钛。变形纯钛的牌号有 TA0、TA1、TA2、TA3、TA1GELI、TA1G、TA1G-1、TA2GELI、TA2G、TA3GELI、TA3G、TA4GELI、TA4G。铸造纯钛的牌号有 ZTi1、ZTi2、ZTi3。随牌号顺序数字增大，则杂质含量增加。工业纯钛主要用于 350℃以下工作，受力不大的零件。如飞机的骨架，蒙皮，船舶用管道、阀门等，化工用热交换器、离子泵等。

10.3.2　钛合金及其特点

1. 合金元素对钛合金的影响

在纯钛中加入 Al、Mo、Cr、Sn、Mn 和 V 等元素形成钛合金。钛合金和纯钛一样，也具有同素异构转变，转变的温度随加入的合金元素的性质和含量而定。不同合金元素对钛合金的组织和性能影响不同。α稳定元素，如铝、镓、氧、氮、碳等会使α和β的同素异构转变温度升高，如图10-20（a）所示。β稳定元素，如铬、铁、锰、铜、镍、硅、钴等会使同素异构转变温度下降，如图10-20（b）所示。中性元素，如锆、铪和锡等对转变温度的影响不明显，如图10-20（c）所示。

上述3类合金元素中，α稳定元素和中性元素主要对α-Ti起固溶强化。β稳定元素对α-Ti也有固溶强化作用。

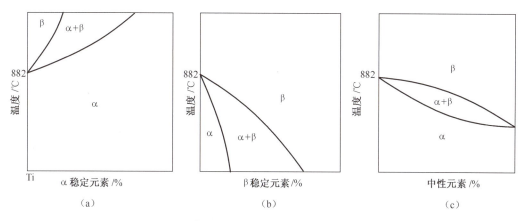

图10-20 合金元素对钛同素异构转变温度的影响

2. 钛合金的特点

1）钛合金的优点

（1）比强度高。比强度是材料在断裂点的强度（通用拉伸强度）与其密度之比。钛合金的密度一般在4.5g/cm³左右，仅为钢的60%，纯钛的强度接近普通钢的强度，一些高强度钛合金超过了许多合金结构钢的强度，因此钛合金的比强度（强度/密度）远大于其他金属结构材料，可制出单位强度高、刚性好、质量轻的零、部件，图10-21所示为钛合金等几种金属材料在不同温度下的比强度之比较。

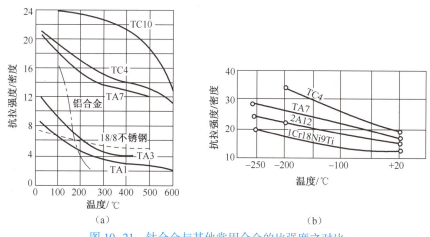

图10-21 钛合金与其他常用合金的比强度之对比
(a) 几种合金的高温比强度；(b) 几种合金的低温比强度。

（2）热强度高。由于钛的熔点高，再结晶温度也高，因而钛合金具有较高的热强度。目前，钛合金已正式在500℃下长期工作，并向600℃的温度发展，一些新型钛合金能在600~800℃的高温下工作，它的耐热性能可以和一般的耐热钢相媲美。

（3）抗蚀性高。由于钛合金表面能形成一层致密、牢固的由氧化物和氮化物组成的保护膜，所以具有很好的抗蚀性能。钛合金在潮湿大气、海水、氧化性酸（硝酸、硫酸等）和大多氨有机酸中，其抗蚀性相当于或超过不锈钢。因此，钛及钛合金作为一种高抗蚀性材料已在化工、造船及医疗等部门得到广泛应用。

（4）低温性能好。钛合金在低温和超低温下，仍能保持其力学性能。低温性能好、间隙元素极低的钛合金，如TA7，在-253℃下还能保持一定的塑性。因此，钛合金也是一种重要的低温结构材料。

2）钛合金的缺点

（1）切削加工性能差。原因是钛的导热性差（仅为铁的1/5，铝的1/13），摩擦因数大，切削时容易升温，也容易粘刀，因此降低了切削速度，缩短了刀具寿命，影响了工件表面粗糙度。

（2）热加工工艺性能差。原因是加热到600℃以上时，钛及其合金极易吸收H_2、N_2、O_2等气体而使其性能变脆。因此，对铸造、锻压、焊接和热处理都带来一定的困难。故热加工工艺过程只能在真空或保护气氛中进行。

（3）冷压加工性能差。由于钛及其合金的屈强比值较高，冷压加工成形时回弹较大，因此冷压加工成形困难，一般需采用热压加工成形。

（4）耐磨性差。硬度较低，抗磨性较差，因此不宜用来制造承受磨损的零件。

10.3.3 钛合金的分类、牌号及应用

1. 按退火组织分类的钛合金

钛合金可按其退火组织分为3类：α钛合金、β钛合金、α+β钛合金，分别用TA、TB、TC加顺序号表示其牌号。在国家标准中，分别称为TA系、TB系和TC系钛合金，工业纯钛也属于TA系钛合金。

（1）α钛合金。在钛中加入铝等α稳定元素和锡、锆等中性元素，可在室温和工作温度下获得单相α组织（以α-Ti为基体的α固溶体），故称为α钛合金，显微组织如图10-22所示。α钛合金有良好的热稳定性、热强性和焊接性，但室温强度比其他钛合金低，塑性变形能力也较差，且不能热处理强化，主要是固溶强化，通常在退火状态下使用。其牌号有TA4、TA5、TA6、TA7、TA8等。TA7是典型合金，可制作在500℃以下工作的零件，如导弹燃料罐、超声速飞机的涡轮机匣、发动机压气机盘和叶片等。图10-23所示为α钛合金卫星框架。

（2）β钛合金。在钛中加入钼、铌、钒等稳定β相的合金元素，可获得稳定的单相β组织（以β-Ti为基体的β固溶体），故称为β钛合金。β钛合金淬火后具有良好塑性，可进行冷变形加工。经淬火时效后，合金强度提高，焊接性好，但热稳定性差。其牌号有TB1、TB2，主要用于350℃以下工作的结构件和紧固件，如飞机压气机叶片、轴、弹簧、轮盘等。

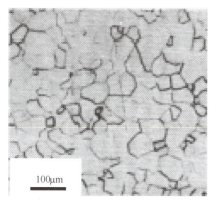
图 10-22 α 钛合金的显微组织

图 10-23 α 钛合金卫星框架

（3）α+β 钛合金。在钛中加入稳定 β 相的元素（Mn、Cr、V 等），再加入稳定 α 相的元素（Al 等），在室温下即获得（α+β）双相组织，故称为 α+β 钛合金，显微组织如图 10-24 所示。α+β 钛合金具有良好的综合性能，组织稳定性好，有良好的韧性、塑性和高温变形性能，能较好地进行热压力加工。α+β 钛合金通过固溶处理及时效进行强化，但由于在较高温度使用时，固溶处理+时效后的组织不如退火后的组织稳定。因此，在航空工业中，这类合金多在退火状态下使用。α+β 型钛合金中的典型代表是 TC4 合金。该合金是国际上一种通用型钛合金，其用量占钛合金总消耗量 50%左右，其室温下抗拉强度为 800~1100MPa，也有足够的塑性，且在 400℃以下组织稳定，热强度较高。图 10-25 所示为 α+β 型钛合金压气机叶片。

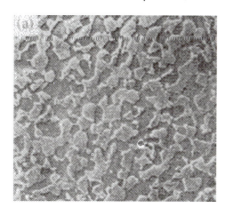
图 10-24 α+β 钛合金的显微组织

图 10-25 α+β 钛合金压气机叶片

2. 按工艺性能分类的钛合金

钛合金按工艺性能可分为变形钛合金、铸造钛合金和粉末冶金钛合金等。

（1）变形钛合金。变形钛合金具有优良的塑性，多用压力加工的方法（如锻造、冲压）生产制品，主要产品为各种板材、棒材或模锻件。国标中的各牌号钛及钛合金，均可谓之变形钛合金。几乎所有牌号的钛合金都可在冷、热状态下进行压力加工，只有少数几个牌号冷加工有些困难，但热加工塑性仍比较好。常用变形钛合金的牌号、成分、特性及用途见表 10-9。

表 10-9 常用变形钛合金的牌号、成分、特性及用途
（摘自 GB/T 3620.1—2016）

类别	牌号	主要化学成分/%							特性	用途
		Ti	Al	Sn	Mo	V	Cr	Fe	Mn		
α钛合金	TA5	余量	3.3~4.7	—	—	—	—	—	—	低温强度低，高温强度和蠕变极限高，抗氧化性和焊接性好	400℃以下腐蚀介质中工作的零件，如飞机蒙皮、骨架，压气机的壳体、叶片
	TA6	余量	4.0~5.5	—	—	—	—	—	—		
	TA7	余量	4.0~6.0	2.0~3.0	—	—	—	—	—		500℃以下长期工作的结构件或模锻件，也可作超低温部件（-253℃）
β钛合金	TB2	余量	2.5~3.5	—	4.7~5.7	4.7~5.7	7.5~8.5	—	—	强度较高，但熔炼工艺复杂	350℃以下工作的板材冲压件和焊接件，如压气机叶片、轮盘、轴等重载荷构件
α+β型钛合金	TC1	余量	1.0~2.5	—	—	—	—	—	0.7~2.0	有良好的综合力学性能，室温强度高，可以锻造、冲压及焊接，可切削加工	400℃以下工作的低温部件，如船舶的耐压壳体，坦克上的履带等
	TC2	余量	3.5~5.0	—	—	—	—	—	0.8~2.0		
	TC3	余量	4.5~6.0	—	—	3.5~4.5	—	—	—		
	TC4	余量	5.50~6.75	—	—	3.5~4.5	—	—	—		
	TC6	余量	5.5~7.0	—	2.0~3.0	—	0.8~2.3	0.2~0.7	—		400℃以下使用的飞机发动机上的结构材料
	TC9	余量	5.8~6.8	1.8~2.4	2.8~3.8	—	—	—	—		500℃以下长期工作的零件，如航空发动机上的压气机盘和叶片
	TC10	余量	5.5~6.5	1.5~2.5	—	5.5~6.5	—	0.35~1.0	—		450℃以下长期工作的零件，如飞机结构零件，起落架支架，导弹发动机外壳等

（2）铸造钛合金。铸造钛合金是可以用铸造方法加工的钛合金，其牌号是以字母"Z"开头，后面跟基体金属元素符号（Ti）、主要合金元素符号及其含量。由于铸造钛合金的抗拉强度和疲劳强度接近变形钛合金，且冲击韧性普遍高于钛锻件，加之铸造能节省大量材料和机械加工费用，因此铸造钛合金是今后的发展趋势。常用铸造钛合金的牌号、成分、特性及用途见表 10-10。

表 10-10 铸造钛合金的牌号、成分、特性及用途（摘自 GB/T 15073—2014）

牌号	代号	主要化学成分/%						特性	用途
		Ti	Al	Sn	Mo	V	Nb		
ZTiAl4	ZTA5	余量	3.3~4.7	—	—	—	—	与 TA5 相似	与 TA5 相近
ZTiAl5Sn2.5	ZTA7	余量	4.0~6.0	2.0~3.0	—	—	—	与 TA7 相似	与 TA7 相似

续表

牌号	代号	主要化学成分/%						特性	用途
		Ti	Al	Sn	Mo	V	Nb		
ZTiMo32	ZTB32	余量	—	—	30.0~34.0	—	—	耐蚀性高	主要用于化学工业中制作受还原性介质腐蚀的各种化工容器和化工机器结构件
ZTiAl6V4	ZTC4	余量	5.50~6.75	—	—	3.5~4.5	—	与TC4相似	中强度、应用最广的铸造钛合金,可在350℃长期工作,多用于制造机匣、壳体、框架等静止航空构件
ZTiAl6Sn4.5Nb2Mo1.5	ZTC21	余量	5.5~6.5	4.0~5.0	1.0~2.0		1.5~2.0	与TC21相似	高强度铸造钛合金,用于重要的航空承载件

3. 按使用性能分类的钛合金

若按性能特点钛合金可分为低强度钛合金、中强度钛合金、高强度钛合金、低温钛合金、高温钛合金及损伤容限型钛合金等。

高温钛合金又称耐热钛合金,能长期在较高温度工作,在服役温度有较高的持久强度、较好的蠕变抗力和热稳定性,常温和高温均有好的抗疲劳性能,还有较好的室温塑性,如Ti60、Ti600、Ti65等。低温钛合金是能长期在低温和极低温环境下工作,在工作温度下表现出良好的强度、塑性和韧性,如TC4ELI、TA7ELI、BT6C、BT14等。一般将抗拉强度在700MPa以下的钛合金归于低强度钛合金,通常具有较高的塑性和较好的耐腐蚀性能,也可归于高塑性钛合金,如TA1~TA6、TA19、TA18、TC1等。中强度钛合金的抗拉强度在700~1000MPa范围,有良好的焊接性能和热稳定性,适于制造焊接结构件和部件,广泛应用于航空航天工业,如TA7、TA17、TC2~TC4、TC6等。高强度钛合金的抗拉强度大于1000MPa,但其存在淬透性较差和容易氧化等问题,主要是TB系列合金,如TB2、TB6、TC18、Ti-B19等。损伤容限型钛合金是指在经受定量的疲劳、腐蚀、意外或离散源损伤,在使用期内其结构仍保持其所要求的剩余强度的能力的钛合金,该类合金非常适应新一代飞机对高减重、高可靠、长寿命的要求,如美国的900MPa级别的中强损伤容限钛合金Ti-6Al-4VELI、1000MPa级别的高强度损伤容限钛合金Ti-6-22-22S钛合金,我国的中强TC4-DT和高强TC21损伤容限型钛合金。

4. 新型钛合金的研究和应用

1) 航空航天用钛合金

(1) 高温钛合金。目前,高温钛合金研发主要集中在600~650℃高温钛合金。我国研制的600℃高温钛合金有Ti60和Ti600,650℃高温钛合金有Ti65。Ti60是一种用稀土金属Nd强化的综合性能良好的近α型热强钛合金,它可长时间在600℃温度下工作,用于航空发动机高压段的压气机盘、鼓筒和叶片等零件。Ti600是一种近α型高温钛合金,该合金通过添加少量的稀土元素使显微组织得到明显改善,进而得到较好的综合力学性能。该合金目前已达到工业化规模。Ti65是一种高合金化高温钛合金,合金元素总含量接近18%,它的热稳定性、抗蠕变和抗疲劳性能的匹配最佳,且具有良好的可锻性、可焊接性和抗氧化性。表10-11为国内600℃高温钛合金（Ti600和Ti60）力学性能与国外的对比。

表10-11　我国与国外部分600℃高温钛合金的典型性能

合金	室温拉伸性能				600℃高温拉伸性能				残余变形量/%	对应的微观组织
	抗拉强度/MPa	屈服强度/MPa	断后伸长率/%	断面收缩率/%	抗拉强度/MPa	屈服强度/MPa	断后伸长率/%	断面收缩率/%		
Ti600	1068	1050	11	13	745	615	16	31	0.03	等轴a+β 转
Ti60	1100	1030	11	18	700	580	14	27	0.1	等轴α+β 转
IMI834	1070	096	14	20	680	550	15	50	0.1	等轴a+β 转
Ti1100	960	860	11	18	630	530	14	30	0.1	片状组织
TG6	1043	942	12.4	22.8	644	505	16.8	39.6	0.15	

（2）高强钛合金。我国高强钛合金的研究主要集中在TB8、TC18高强钛合金、TC21高强高韧损伤容限型钛合金、Ti-B19等，综合性能对比见表10-12。

表10-12　高强钛合金的力学性能

合金	抗拉强度/MPa	屈服强度/MPa	断后伸长率/%	断裂韧性K_{IC}/MPa·mt	裂纹扩展速率
TC18	1050	980	8	55	
TB8	1250	1105	8	50	
TC21	1100	1000	10	70	与β退火的TC4相当
Ti-B19	1250	1100	8	70	
Ti-B20	1300		12	冲击韧性40J（KU）	
Ti-B18	1250		12	冲击韧性36J（KU）	

TB8是一种亚稳定的β型钛合金，主要应用于飞机液压系统、燃油箱、箔材用钛基复合材料的基体以及化工和石油加工工业。TC21钛合金是我国自主研发的新型飞机结构用钛合金，它是一种具有高强、高韧、高可焊性、优异的抗疲劳性等高综合性能的损伤容限型钛合金。与美国的Ti-6-22-22S（已用于F-22飞机）和俄罗斯BT20（苏-27系列飞机广泛应用）钛合金相比，TC21钛合金的综合力学性能更加优异，特别是它具有非常优异的电子束焊接性能，适合制造大型整体框、发动机挂架、梁、接头、起落架部件等重要承力构件。T-B19合金是我国研制的高强高韧耐蚀的近β钛合金，具有较强的热处理强化能力，综合了两相钛合金和β钛合金的优点。它具有较好的强度、塑性、韧性的匹配，加工性能好，而且具有优良的耐海水腐蚀性能，在航空、航天、航海等领域具有广阔的应用前景，特别适用于制作舰载机零部件。

Ti-B18和Ti-B20是我国开发的高强高韧钛合金，其中Ti-B20是一种新型超高强度钛合金，具有强度、塑性和冲击韧性等的良好匹配，在500～600℃的温度范围时效可以获得优良的强度和塑性匹配，合金热加工后直接时效有更高的强化效果。

（3）阻燃钛合金。由于某种原因如剧烈冲击、摩擦导致钛或钛合金机件起火燃烧，造成损伤或烧毁的事件，称为"钛火"。航空发动机钛火一旦发生，就会带来巨大灾难。为解决钛火问题，包括中国在内的多个国家对阻燃钛合金进行了多年深入的研究，已有的钛合金主要为 Ti-V-Cr 系列和 Ti-Cu-Al 系列。我国研制出成本比 Alloy C（美国的 3515TM 合金，名义成分为 Ti-35V-15Cr）低的 Ti40 阻燃钛合金，以及具有自主知识产权的 Ti14 阻燃钛合金。与常规钛合金相比，Ti40 合金除了具有良好力学性能，还具有良好的阻燃性能和高温性能，当温度不高于 500℃ 时，还具有优异的蠕变性能，主要用于飞机发动机关键部件机匣和叶片等的制造。

2）船舶用钛合金

在船舶用钛合金方面，中国研制出具有自己特色的不同强度级别的近 α 型耐蚀钛合金 Ti75、Ti31、Ti-B19、Ti91、Ti70 和 Ti80，见表 10-13 所示。

表 10-13　我国研制的船用耐蚀钛合金

合　金	名义成分（质量分数）/%	强度级别/MPa	断后伸长率/%	性能特点
Ti31	Ti-3Al-1Zr-1Mo-1Ni	630	18	低强高韧耐蚀
Ti75	Ti-3Al-2Mo-2Zr	730	13	中强高韧耐蚀
Ti91	Ti-Al-Fe	700	20	中强塑性、良好冷加工性能、可焊性和良好的透声性能
Ti70	Ti-Al-Zr-Fe	700	20	
Ti80	Ti-Al-V-Mo-Zr	850	12	中强高韧、可焊、抗应力腐蚀

Ti31 合金是 630MPa 级的低强耐蚀钛合金，集较高的强度、高的塑性、良好的成形性、优异的耐蚀性、可焊性于一体，适于制成各种形状法兰、异径三通管、管座及阀门等部件，在舰船、化工、海洋工业和民用行业中获得较广泛的应用。Ti75 是低合金化的 730MPa 级的中强钛合金，具有高的使用强度、优良的工艺塑性、良好的焊接性和耐腐蚀性，适合于制造形状复杂的板材冲压并焊接的零部件，在舰船行业和医用中获得了广泛应用。Ti91 和 Ti70 是我国的两种声纳导流罩钛合金，Ti91 合金具有中等强度、高的塑性、良好的透声性能、冷成形性能、可焊性及耐海水腐蚀等性能的良好匹配，其焊接接头性能达到基材的 0.9，声学性能良好。Ti70 合金具有良好的耐海水腐蚀性和焊接性能。除此之外，还有我国研制的新型 Ti-6.0Al-2.5Nb-2.2Zr-1.2Mo 系近 α 钛合金 STi80 和 Ti-Al-Sn-Zr-Mo-Si-X 系 α+β 型高强高韧损伤容限钛合金 Ti62A，均具有高强、高韧、可焊、耐蚀等综合性能，主要用于深潜器和舰船的耐压壳体。

【励志园地 3】

"奋斗者"号身披"战甲""钛"厉害！

2020 年 11 月 10 日 8 时 12 分，我国自主研发的海洋深潜器"奋斗者"号（图 10-26）成功坐底世界最深处——马里亚纳海沟，坐底深度 10909m，创造了中国载人深潜新纪录，达到世界领先水平。

图 10-26　海洋深潜器"奋斗者"号

以往的深潜器载人舱（图 10-27）使用的是 Ti64（Ti-6Al-4V）材料，α+β 型钛合金，即 TC4。由于它的耐热性、强度、塑性、韧性、成形性、可焊性、耐蚀性和生物相容性均较好，而成为钛合金工业中的王牌合金。但在万米海深的极端压力条件下，按照载人舱的目标尺寸和厚度要求，我们需要强度、韧性等指标上更好的合金，才能实现里程碑式的跨越。

图 10-27　深潜器的载人舱

制造"奋斗者"号载人舱使用的是我国科研工作者经过长达 6 年的不懈努力，探索创新，独创的新型钛合金材料 Ti62A，该合金的研制成功解决了载人舱材料所面临的强度、韧性和可焊性等难题。有了新型钛合金材料，"奋斗者"号顶住了巨大压力，安全潜入了万米深海。

3）生物医用钛合金

钛合金因具有高强度、低密度、无毒性、良好的生物相容性和耐腐蚀性而被用于医学领域中，成为人工关节、骨创伤、脊柱矫形内固定系统、牙种植体、人工心脏瓣膜、介入性心血管支架、手术器械等医用产品的首选材料。最新开发的生物钛合金主要有：Ti-5Al-3Mo-4Zr、Ti-6Al-7Nb、Ti-13Nb-13Zr、Ti-35Zr-10Nb、Ti-16Nb-10Hf、Ti-35.3Nb-5.1Ta-7.1Zr、Ti-12Mo-6Zr-2Fe 等。我国从 20 世纪 70 年代开始就致力于生物医用钛合金等生物材料的研制与开发，研制成功了具有我国自主知识产权的第二代和第三代新型医用钛合金。表 10-14 为我国研发的生物医用钛合金与国外的对比。我国创新研制出的 Ti-2448（Ti-24Nb-4Zr-8Sn）高强度低模量合金医用钛合金，其低的弹性模量使植入物与动物骨的力学相容性显著提高，用它制造的医疗器件已进入批量应用阶段。

表10-14 我国与国外部分生物医用钛合金的典型性能

序号	国家	合金	力学性能					合金类型
			抗拉强度/MPa	屈服强度/MPa	断后伸长率/%	断面收缩率/%	弹性模量/GPa	
1	中国	TAMZ	850	650	15	50	105	α+β
2	中国	TLM1	1000	965	18	70	78	近β
3	中国	TLM2	1060	1020	17	70	79	近β
4	中国	Ti-2448	900	—			20~50	β
5	日本	Ti15Sn4Nb2Ta0.2Pd	990	833	14	49	100	α+β
6	美国	Ti13Nb13Zr	1030	900	15	45	79	近β
7	美国	Ti12Mo6Zr2Fe（TMZF）	1000	1060	18	64	74~85	β
8	德国	Ti5Al2.5Fe	1033	914	15	39	105	α+β
9	瑞士	Ti6Al7Nb	1024	921	14	42	110	α+β

10.3.4 钛合金的热处理

钛合金的热处理主要有退火、淬火时效、化学热处理。

1. 退火

用于各种钛合金，是纯钛和α型钛合金的唯一热处理方式。目的是消除应力，提高塑性及稳定组织。

（1）去应力退火：消除冷变形、铸造及焊接等工艺过程中产生的内应力。退火温度一般为450~650℃。消除应力退火所需时间取决于工件厚度和残余应力大小，冷却方式为空冷。

（2）完全退火：消除加工硬化、稳定组织和提高塑性。退火温度介于再结晶温度和相变温度之间，冷却方式为空冷。

2. 淬火时效

用于α+β、α+化合物和亚稳定β型钛合金，是强化钛合金的热处理方法。淬火温度一般选在α+β两相区的上部范围。时效温度一般为450~550℃，时间为几小时至几十小时。

淬火时效能使合金获得高的强度。例如，通过淬火时效可使Ti-6Al-4V（TC4）的强度提高20%~30%。该合金热处理后的组织如图10-28所示，从图中可见白色α相和黑色亚稳定β相及从β相中弥散析出的α相细针。

钛合金淬火时效时也有马氏体相变，但与钢铁强化机制有区别。

（1）钢淬火所得马氏体硬度高，强化效果大，回火使钢软化。而钛合金淬火所得马氏体硬度不高，强化效果小，回火使钛合金产生弥散强化。

（2）钢只有一种马氏体强化机理，而同一成分的α+β型钛合金有两种强化机理：高温淬火β相中所含β稳定元素小于临界浓度，得到马氏体，时效时马氏体分解产生弥散强化；低温淬火 β 相中所含 β 稳定元素大于临界浓度，得到亚稳定 β+α，再经时效 β 相分解为弥散相使合金强化。

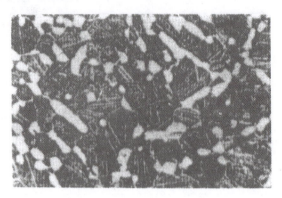

图 10-28 TC4 合金淬火时效后的组织（×500）

10.4 铜及铜合金

铜及铜合金具有优良的导电性能、导热性能、抗腐蚀性能和良好的成型性能，在电气、化工、机械、动力、交通等工业部门得到广泛的应用。

10.4.1 纯铜

纯铜又称紫铜，熔点为 1083℃，结晶后具有面心立方晶格，无同素异构转变，塑性高而强度低，$A=50\%$，强度 $R_m=240$MPa。纯铜有良好的导电性、导热性、抗蚀性和抗磁性。

工业纯铜分冶炼产品（铜锭）及加工产品（铜材）两种。铜锭按杂质含量分为一号铜、二号铜、三号铜、四号铜，它们的代号分别是 Cu-1、Cu-2、Cu-3、Cu-4。加工产品代号有 T1、T2、T3、T4，代号中数字越大，铜的杂质越多，则其导电性越差。

工业纯铜按氧的含量和生产方法的不同可分为下列 3 种：

1. 韧铜

含氧量为 0.02%~0.1% 的纯铜，用符号"T"加数字表示，常有 T1、T2、T3、T4 等，其中顺序号越大，纯度越低。T1、T2 主要用作导电材料和熔制高纯度铜合金，T3、T4 用作一般铜材。

2. 无氧铜

这种铜是在碳和还原性气体保护下进行熔炼和铸造的，含氧量极低，不大于 0.003%。牌号有 TU1、TU2，"U"表示无氧，1 号和 2 号无氧铜主要用于电真空器件及高导电性铜线。

3. 脱氧铜

用磷或锰脱氧的铜，分别称为磷脱氧铜或锰脱氧铜，用符号 TP 或 TMn 表示（如

TP2 表示二号磷脱氧铜），前者主要用于焊接结构方面，后者主要用于真空器件方面。用真空去氧得到的无氧铜，称真空铜（TK）。

10.4.2 铜合金的分类、牌号及应用

铜合金是以铜为基体，加入合金元素形成的合金。铜合金与纯铜比较，不仅强度高，而且具有优良的物理、化学性能，故工业中广泛应用的是铜合金。根据化学成分，铜合金分为黄铜、白铜、青铜、高铜合金4类；根据加工方法可分为压力加工铜合金和铸造铜合金。

1. 黄铜

黄铜是以锌作为主要添加元素的铜合金，具有美观的黄色，统称黄铜。黄铜按含合金元素种类分为普通黄铜和特殊黄铜两种，按成型工艺可以分为压力加工黄铜和铸造黄铜两种。

1）普通黄铜

铜锌二元合金称为普通黄铜或称简单黄铜。图 10-29 所示为 Cu-Zn 二元合金相图。α 相是锌溶入铜中的固溶体，在 456℃时溶解度最大。α 相为面心立方晶格，塑性好，可进行冷、热加工。β 相是以电子化合物 CuZn 为基的无序固溶体，具有体心立方晶格，可进行热加工，但是当温度降到 456~468℃时，β 相会转变成有序的 β′ 相固溶体，很脆，不易进行冷加工。γ 相是以电子化合物 $CuZn_3$ 为基的固溶体，具有六方晶格，非常脆，强度和塑性很低。因此，含锌量超过 50%的铜锌合金无实际使用价值。工业黄铜（w_{Zn}<47%）的退火组织为 α 和 α+β′ 两种组织（图 10-30），分别称单相黄铜和双相黄铜。

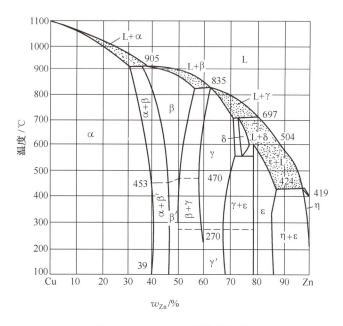

图 10-29　Cu-Zn 二元合金相图

压力加工普通黄铜的牌号：H+数字，数字表示铜含量。例如，H62 表示铜的含量为 62%的压力加工普通黄铜。工业上应用较多的压力加工普通黄铜是 H62、H68 和 H80 黄铜。其中 H62 黄铜被誉为"商业黄铜"，广泛用于制作水管、油管、散热器垫片及螺钉等；H68 黄铜强度较高，塑性好，适于经冷冲压或冷拉深制造各种复杂零件，曾大量用于制造弹壳，有"弹壳黄铜"之称；H80 黄铜因色泽美观，故多用于镀层及装饰品。铸造普通黄铜的牌号是：Z+铜元素符号+锌元素符号及其含量。例如，ZCuZn38 表示 $w_{Zn}=38\%$，其余为铜含量的铸造普通黄铜。铸造普通黄铜的熔点低于纯铜，铸造性能好，且组织致密。主要用于制作一般结构件和耐蚀件。图 10-31 为普通黄铜制品。

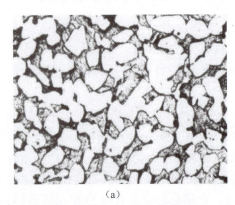
(a)

(b)

图 10-30　单相及双相黄铜的组织

(a) 退火单相黄铜（H68）；(b) 铸态双相黄铜（H62）。

图 10-31　普通黄铜制品

普通黄铜的抗腐蚀性能与纯铜相近，在大气和淡水中是稳定的，但在海水、氨、铵盐和酸类存在的介质中抗蚀性较差。黄铜最常见的腐蚀形式是"脱锌"和"季裂"。

脱锌是指黄铜在酸性或盐类溶液中，由于锌先溶解受到腐蚀，使工件表面残存一层多孔（海绵状）的纯铜，合金因此受到破坏。

季裂是指黄铜零件在潮湿大气中，特别在含铵盐的大气、汞和汞盐溶液中受腐蚀而产生的破坏现象。这种现象一般发生在多雨的春季，因此得名。产生季裂的原因主要是零件内部存在残余的加工应力，产生应力腐蚀破坏造成的。防止季裂的措施是加工后的黄铜零件应在 260~300℃进行去应力退火或用电镀层（如镀锌、镀锡）加以保护。

2) 特殊黄铜

在普通黄铜的基础上，再加入 Al、Mn、Si 和 Pb 等元素的黄铜，称为特殊黄铜。压力加工特殊黄铜的牌号是：H+第二主加合金元素符号+铜含量+除锌以外的各添加元素含量（数字之间以"-"隔开）。例如，HMn58-2 表示 $w_{Cu}=58\%$ 和 $w_{Mn}=2\%$ 的锰黄铜；铸造特殊黄铜的牌号是：Z+铜元素符号+第一主加元素符号（Zn）及含量+其他合金元素符号及含量。例如，ZCuZn16Si4 表示 $w_{Zn}=16\%$、$w_{Si}=4\%$，其余为铜含量的铸造硅黄铜。常用黄铜的牌号、成分、性能及用途见表 10-15。

表 10-15 常用黄铜的牌号、成分、性能及用途
（摘自 GB/T 5231—2022 和 GB/T 1176—2013）

类别	牌号	化学成分 w/%		力学性能			用途举例
		Cu	Zn	R_m/MPa	A/%	HBW	
压力加工普通黄铜	H90	89.0~91.0	余量	260/480	45/4	53/130	双金属片、供水和排水管、证章、艺术品（又称有色金属）
	H68	67.0~70.0	余量	320/660	55/3	—/150	复杂冷冲压件、散热器外壳、弹壳、导管、波纹管、轴套
	H62	60.5~63.5	余量	330/600	49/3	56/164	销钉、铆钉、螺钉、螺母、垫圈、弹簧、夹线板
	H59	57.0~60.0	余量	390/500	44/10	—/163	机械、电器用零件、焊接件及热冲压件
铸造普通黄铜	ZCuZn38	60.0~63.0	余量	295/295	30/30	60/70	一般结构件和耐蚀零件，如端盖、阀座、手柄和螺母等
压力加工特殊黄铜	HSn62-1	61.0~63.0	Sn：0.7~1.1 余量 Zn	400/700	40/4	50/95	与海水和汽油接触的船舶零件（又称海军黄铜）
	HAl59-3-2	57.0~60.0	Al：2.5~3.5 Ni：2.0~3.0 余量 Zn	380/650	50/15	75/155	船舶、电机及其他在常温下工作的高强度、耐蚀零件
	HMn58-2	57.0~60.0	Mn：1.0~2.0 余量 Zn	400/700	40/10	85/175	轮船制造业和弱电用零件
	HPb59-1	57.0~60.0	Pb：0.8~1.9 余量 Zn	400/650	45/16	44/80	热冲压及切削加工零件，如销、螺钉、螺母、轴套
铸造特殊黄铜	ZCuZn16Si4	79.0~81.0	Si：2.5~4.5 余量 Zn	345/390	15/20	90/100	接触海水工作的配件以及水泵、叶轮和在空气、淡水、油、燃料以及工作压力在 4.5MPa 和 250℃ 以下蒸汽中工作的零件
	ZCuZn40Mn3Fe1	53.0~58.0	Mn：3.0~4.0 Fe：0.5~1.5 余量 Zn	440/490	18/15	100/110	轮廓不复杂的耐海水腐蚀的零件，在轮船 300℃ 以下工作的管配件、螺旋桨
	ZCuZn40Pb2	58.0~63.0	Pb：0.5~2.5 Al：0.2~0.8 余量 Zn	220/280	15/20	80*/90*	一般用途的耐磨、耐蚀零件，如轴套、齿轮等
	ZCuZn40Mn2	57.0~60.0	Mn：1.0~2.0 余量 Zn	345/390	20/25	80/90	在空气、淡水、海水、蒸汽（小于 300℃）和各种液体、燃料中工作的零件和阀体、阀杆、泵、管接头以及需要浇注巴氏合金和镀锡零件等

注：力学性能中数字，对压力加工黄铜而言，分母为硬化状态（变形程度 50%），分子为退火状态（600℃）；对铸造黄铜而言，分母为金属型铸造，分子为砂型铸造（或熔模铸造）。"*"表示参考值。

特殊黄铜具有比普通黄铜更高的强度、硬度、抗腐蚀性能和良好的铸造性能。锰黄铜、铝黄铜、锰铁黄铜等常用来制造螺旋桨、压紧螺母等许多重要的船用零件及其他耐磨零件，在造船、电机及化学工业中得到广泛应用。图 10-32 所示为特殊黄铜制品。

图 10-32 特殊黄铜制品

2. 白铜

白铜是以铜为基的 Cu-Ni 合金和 Cu-Ni-Zn 合金。主要由铜和镍组成的二元合金称为简单白铜或普通白铜，牌号用 B（"白"字汉语拼音第一个大写字母）+镍含量表示。如 B5 表示含镍量为 5%的普通白铜。简单白铜具有高的抗腐蚀疲劳性，也具有高的抗海水冲蚀性和抗有机酸的腐蚀性。另外，还具有优良的冷、热加工性能。常用的简单白铜有 B5、B19 和 B30 等牌号，广泛用于制造在蒸汽、海水和淡水中工作的精密仪器、仪表零件和冷凝器、蒸馏器及热交换器管等。

在铜镍二元合金的基础上加入其他合金元素的铜基合金，称为复杂白铜。复杂白铜以"B+第二主加元素化学符号+镍含量+（第二、第三…）主加元素含量（数字间以"-"隔开）"命名。当第二主加元素为锌时，则表示锌为余量的锌白铜，否则表示铜为余量的复杂白铜。如 BMn3-12 表示 $\omega_{Ni}=3\%$、$\omega_{Mn}=12\%$，其余为铜含量的的锰白铜。BZn15-21-1.8 表示 $\omega_{Cu}=62\%$、$\omega_{Ni}=15\%$、$\omega_{Pb}=1.8\%$、锌为余量的含铅锌白铜。常用白铜的牌号、成分、力学性能及用途见表 10-16。

表 10-16 常用白铜的牌号、成分、力学性能及用途（摘自 GB/T 5231—2022）

类别	牌号	化学成分 w/%				力学性能			用途
		Ni（+Co）	Mn	Zn	Cu	加工状态	R_m/MPa	A/%	
普通白铜	B30	29.0~33.0	1.2	—	余量	软	380	23	船舶仪器零件，化工机械零件
						硬	550	3	
	B19	18.0~20.0	0.5	0.3	余量	软	300	30	
						硬	400	3	
	B5	4.4~5.0	—	—	余量	软	200	30	
						硬	400	10	
锌白铜	BZn15-20	13.5~16.5	0.3	余量	62.0~65.0	软	350	35	潮湿条件下和强腐蚀介质中工作的仪表零件
						硬	550	2	

续表

类别	牌号	化学成分 w/%			力学性能			用途
		Ni（+Co）	Mn	Zn	Cu	加工状态	R_m/MPa	A/%	
锰白铜	BMn3-12	2.0~3.5	11.5~13.5	—	余量	软	360	25	弹簧、热电偶丝
						硬	—	—	
	BMn40-1.5	39.0~41.0	1.0~2.0	—	余量	软	400	—	
						硬	600	—	

3. 青铜

除黄铜和白铜以外的其他铜合金称为青铜。其中含锡元素的称为锡青铜，不含锡元素的称为无锡青铜（也称特殊青铜）。无锡青铜包括铝青铜、铍青铜、铅青铜等。青铜按成型工艺可以分为压力加工青铜和铸造青铜两类。

压力加工青铜的牌号为：Q（"青"字汉语拼音首字母）+第一主加元素符号+各添加元素含量（数字间以"-"隔开）。如 QSn4-3，表示 w_{Sn} = 4%、w_{Zn} = 3% 的锡青铜。铸造青铜的牌号是：Z+铜元素符号+第一主加元素符号及含量+其他元素符号及含量。例如，ZCuSn10Zn2 表示 w_{Sn} = 10%、w_{Zn} = 2% 的铸造锡青铜。表 10-17 列出了常用青铜的牌号、成分、性能及用途。

表 10-17 常用青铜的牌号、成分、性能及用途
（摘自 GB/T 5231—2022 和 GB/T 1176—2013）

类别	牌号	化学成分 w/%		力学性能			用途举例
		第一主加元素	其他	R_m/MPa	A/%	HBW	
压力加工锡青铜	QSn4-3	Sn3.5~4.5	Zn：2.7~3.3 余量 Cu	350/550	40/4	60/160	弹性元件、管配件、化工机械中耐磨零件及抗磁零件
	QSn6.5~0.1	Sn6.0~7.0	P：0.10~0.25 余量 Cu	400/750	65/10	80/180	弹簧、接触片、振动片、精密仪器中的耐磨零件
铸造锡青铜	ZCuSn10Zn2	Sn9.0~11.0	Zn：1.0~3.0 余量 Cu	200/250	3/5	80/90	重要的减磨零件，如轴承、轴套、蜗轮、摩擦轮、机床丝杆螺母
	ZCuSn10Pb5	Sn9.0~11.0	Pb：4.0~6.0 余量 Cu	195/245	10/10	685/685	中速和中载荷的耐磨轴承、轴套、蜗轮等
压力加工特殊青铜	QAl7	Al6.0~8.5	余量 Cu	470/980	70/3	70/154	重要用途的弹簧和弹性元件
	QSi3-1	Si2.7~3.5	Mn：1.0~1.5 余量 Cu	375/675	55/3	80/180	弹簧，在腐蚀介质中工作的零件及蜗轮、蜗杆、齿轮、衬套、制动销等
铸造特殊青铜	ZCuAl10Fe3Mn2	Al9.0~11.0	Fe：2.0~4.0 Mn：1.0~2.0 余量 Cu	490/540	13/13	—	重要的耐磨零件（压下螺母、轴承、蜗轮、齿轮、齿圈）及在蒸汽、海水中高强度耐蚀件
	ZCuPb30	Pb27.0~33.0	余量 Cu	—	—	245	大功率航空发动机、柴油机曲轴和高速轴承

1) 锡青铜

以锡为主加元素的铜合金称为锡青铜。锡青铜的力学性能与合金中的含锡量有密切关系，Sn 的质量分数为 5%~7% 的锡青铜，塑性最好，适于冷、热加工。Sn 的质量分数大于 10% 的锡青铜，强度较高，适于铸造。由于锡青铜的结晶温度区间大，流动性差，易产生偏析和形成分散缩孔，因此铸造性能较差。但锡青铜铸造收缩率很小，是有色金属中铸造收缩率最小的合金，可用来生产形状复杂、气密性要求不太高的铸件。图 10-33 所示为用锡青铜制作的管道接头阀。锡青铜在大气、海水、淡水和蒸汽中的抗蚀性比黄铜高，广泛用于蒸汽锅炉、海船的铸件，但锡青铜在亚硫酸钠、氨水和酸性矿泉水中极易被腐蚀。

图 10-33　锡青铜管道接头阀制品

2) 铝青铜

以铝为主加元素的铜合金称为铝青铜。Al 的质量分数 5%~7% 的铝青铜，塑性最好，适于冷加工。Al 的质量分数为 10% 左右的铝青铜，强度最高，常以热加工或铸态使用。铝青铜的液固相线间隔极小，因此有很好的铸造流动性，缩孔集中，容易获得组织致密的铸件。铝青铜具有优良的耐蚀性，在大气、海水、碳酸以及大多数有机酸溶液中的耐蚀性比黄铜和锡青铜好。

3) 硅青铜

以硅为主加元素的铜合金称为硅青铜。工业上应用的硅青铜除含硅外，还含有少量的锰、镍、锌或其他元素。变形硅青铜含硅量为 1%~4%，硅含量增高会出现脆性相。铸造硅青铜的结晶温度范围较小，有良好的流动性，铸造性能好。硅青铜对低浓度、温度不高的碱溶液有高的抗蚀性。

4. 高铜合金

高铜合金又称低合金化铜，是指含有一种或几种微量合金元素以获得某些特殊性能的铜合金。按成型工艺，高铜合金分为加工高铜合金和铸造高铜合金。加工高铜合金的铜含量一般在 96.0%~<99.3% 的范围内，用于冷、热压力加工。铸造高铜合金的铜含量一般大于 94%，用于铸造加工。为了获得某种特殊的性能，铸造高铜合金中可添加银。按主加元素的不同，高铜分为铍铜、镍铜、铬铜、镁铜、铅铜、锡铜、铁铜、锌

铜、钛铜等。

高铜合金的牌号是：T+第一主加元素化学符号+各添加元素含量（数字间以"-"隔开。例如 TCr1-0.15 表示 $w_{Cr}=1\%$，$w_{Zr}=0.15\%$ 的高铜。GB/T 5231—2012 中将铍青铜、部分铬青铜、镁青铜 QMg0.8 和铁青铜 QFe2.5 等编入了高铜系列，例如铍青铜 QBe2 改为铍铜 TBe2，镁青铜 QMg0.8 改为镁铜 TMg0.8，铁青铜 QFe2.5 改为铁铜 TFe2.5 等等。

铍铜经热处理后，可以获得很高的强度和硬度。与此同时，铍铜具有优异的弹性极限、疲劳极限、抗磨性、抗蚀性、导热性、导电性、低温韧性也非常好，同时还有抗磁、受冲击时不产生火花等特殊性能。铍铜主要用于制造各种重要用途的弹簧、弹性元件、钟表齿轮和航海罗盘仪器中的零件、防爆工具和电焊机电极等。

【励志园地4】

灿烂的中国古代青铜器文化

中国古代的青铜器（图10-34）文化十分发达，并以制作精良，气魄雄伟、技术高超而著称于世。我国青铜器时代主要从夏商周开始直至秦、汉，时间跨度约为2000年，这也是青铜器从发展、成熟乃至鼎盛的辉煌期。已发现的中国商代最重的单体青铜礼器——商代的后母戊方鼎、被史学界称为"臻于极致的青铜典范"的商代青铜器——四羊方尊、被誉为"世界铜像之王"的商代青铜大立人像、铭文最多的西周青铜器——毛公鼎、被称为"天下第一剑"的春秋时期的越王勾践剑、中外专家、学者称之为"稀世珍宝"的战国时期曾侯乙编钟、目前发现年代最早、形体最大、保存最完整的铜铸车马——秦代秦始皇陵铜车马，等等，这些青铜器以其独特的器形、精美的纹

图10-34 中国古代的青铜器代表

饰、典雅的铭文、卓越的性能，向人们揭示了先秦时期的铸造工艺，文化水平和历史源流，因此被史学家们称为"一部活生生的史书"。中国的古文明悠久而又深远，青铜器则是其缩影与再现。

【答疑解惑】

铝合金是工业中应用最广泛的一类轻质金属结构材料，通过添加 Cu、Mn、Si、Mg、Zn 等合金元素可以使铝合金的性能大不相同。在航空方面，铝合金可谓重中之重，大量采用铝合金加工而成的复杂整体结构件代替传统的由零件装配而成的部件，不但能减轻飞机的结构质量，提高载质量和航程，而且能保证飞机的性能稳定。镁合金具有高的比强度和比刚度、高阻尼、电磁屏蔽、良好的尺寸稳定性、导热导电性，以及优异的铸造、切削加工性能等优点，但是其燃点低，耐蚀性差；铸件容易形成缩松、热裂纹，成品率低；塑性加工条件难于控制；材料强度偏低，尤其是高温强度和抗蠕变性差等缺点限制了其在航空航天领域的应用，其用量一般远不及铝合金的。飞行速度超过声速的飞机称为超声速飞机，20 世纪 50 年代末，喷气式飞机的速度已超过 2 倍声速，但同时给飞机材料带来了"热障"问题。由于铝合金耐高温性能差，当飞行速度达到 2 倍声速时，其强度便会显著降低；当速度达到 3 倍声速时，铝合金机体会在空中破裂，发生可怕的空难。因此，对于超声速飞机来说，钛合金比铝合金更适合做机体结构材料，它在温度达到 550℃ 时，强度仍无明显的变化，能使飞机在 3~4 倍声速下飞行。

【知识小结】

（1）根据合金的成分和生产工艺的不同，可将铝合金分为变形铝合金和铸造铝合金两类。变形铝合金可以分为不能热处理强化的铝合金和能热处理强化的铝合金。

（2）铝合金的强化途径：冷变形强化；固溶强化；时效强化（重点理解）；细晶强化。

（3）铝合金的时效强化与钢的淬火、回火有着根本的区别，铝合金淬火（固溶处理）后虽然得到的也是过饱和固溶体，但强度、硬度并未马上得到提高，它是经过时效处理后强度、硬度才得到了明显提高。

（4）铝合金的分类、牌号（重点掌握）。

变形铝合金按其性能特点分为防锈铝合金、硬铝合金、超硬铝合金和锻铝合金 4 类。铸造铝合金主要有铝-硅（Al-Si）系、铝-铜（Al-Cu）系、铝-镁（Al-Mg）系和铝-锌（Al-Zn）系 4 类。

（5）镁无同素异构转变。镁合金是实际应用中最轻的金属结构材料。

（6）按化学成分，镁合金主要划分为 Mg-Al、Mg-Mn、Mg-Zn、Mg-RE 等二元系，按成型工艺分，镁合金可以分为铸造镁合金和变形镁合金。镁合金的分类、牌号需重点掌握。

（7）镁合金热处理的最主要特点是固溶和时效处理时间长，淬火时不需要进行快速冷却，通常在静止的空气或者人工强制流动的气流中冷却。镁合金化学性质活泼，热处理时需要气体保护。

（8）钛的化学活性很强，具有同素异构转变。钛合金比强度高，热强度高，抗蚀性高，低温性能好，但可加工性差。

（9）钛合金按退火组织可分为 α 钛合金、β 钛合金、α+β 钛合金，按工艺性能可分为变形钛合金和铸造钛合金。钛合金的分类、牌号需要重点掌握。

（10）纯铜又称紫铜，无同素异构转变。根据化学成分，铜合金分为黄铜（以锌为主加元素）、白铜（以镍为主加元素）、青铜（除黄铜和白铜以外的其他铜合金）3 类；根据加工方法可分为压力加工铜合金和铸造铜合金。

（11）铜合金的分类和牌号规定（重点掌握）。

【复习思考题】

10-1 填空题

1. 根据合金的成分和生产工艺的不同，可将铝合金分为_____和_____两类。
2. 铝合金的强化途径有_____、_____、_____、_____ 4 种。
3. 变形铝合金包括_____、_____、_____和锻铝合金 4 类，其中不能热处理强化的是_____。
4. 常用的铸造铝合金主要有_____系、_____系、_____系和_____系 4 类，其中称为硅铝明的是_____系。
5. 按成型工艺，镁合金可以分为_____和_____。
6. 镁合金热处理的最主要特点是_____。
7. 钛合金按工艺性能可分为_____和_____；按退火组织可分为_____、_____和_____钛合金。其中不能热处理强化的是_____。
8. 钛合金的热处理主要有_____、_____。
9. 纯铜又被称为_____；黄铜是_____元素和_____元素组成的合金，其按含合金元素种类分为_____和_____两种，按成型工艺可以分为_____和_____两种；由铜元素和_____元素组成的合金称为白铜；除黄铜和白铜以外的其他铜合金称为_____，其中含锡元素的称为_____，不含锡元素的称为_____。

10-2 选择题

1. 下列非铁金属中在固态下能发生同素异构转变的是（　　）。
   A. 铝　　　　　B. 镁　　　　　C. 钛　　　　　D. 铜
2. 铝合金的强化方法有（　　）。
   A. 固溶强化　　B. 时效强化　　C. 形变强化　　D. 以上都是
3. 铝合金固溶处理后，硬度（　　）。
   A. 变化不明显　B. 降低　　　　C. 提高
4. Al-Si 铸造铝合金变质处理的目的是（　　）。
   A. 细化组织　　B. 改变晶体结构　C. 改善冶炼质量，减少杂质
5. 以下金属的密度最小的是（　　）。
   A. 铝合金　　　B. 镁合金　　　C. 钛合金　　　D. 铜合金

6. 下列（　　）不是钛合金的性能特点。
    A. 比强度高　　　B. 耐蚀性好　　　C. 耐低温性能好　　　D. 可加工性好
7. 下列不能通过热处理强化的钛合金是（　　）。
    A. α 型钛合金　　　B. β 型钛合金　　　C. α+β 型钛合金
8. 对 α 型钛合金进行退火处理的目的是（　　）。
    A. 为了良好的热稳定性、热强性和焊接性
    B. 为了获得高的强度和硬度
    C. 为了消除应力，提高塑性及稳定组织
9. 下列说法错误的是（　　）。
    A. 钛合金的热处理主要有退火、淬火时效、化学热处理。
    B. 钢淬火所得马氏体硬度高，强化效果大，而钛合金淬火所得马氏体硬度不高，强化效果小。
    C. 钛合金的淬火时效时也有马氏体相变，与钢铁强化机制相同。
    D. 钢淬火后回火使钢软化，而钛合金淬火后回火使其产生弥散强化。
10. 枪械使用的普通弹壳材料是（　　）。
    A. ZG45　　　B. H68　　　C. ZCuZn16Si4　　　D. 2A12

10-3　判断题

1. 铝合金都可以进行热处理强化。（　　）
2. 铝合金淬火后强度、硬度没有马上得到提高，经过时效处理后其强度、硬度才明显提高。（　　）
3. 镁合金使用时要采取防护措施，如氧化处理、涂漆保护等。（　　）
4. 镁合金淬火时不需要进行快速冷却，通常在静止的空气或者人工强制流动的气流中冷却。（　　）
5. 退火是纯钛和 α 型钛合金的唯一热处理方式。（　　）
6. 钢只有一种马氏体强化机理，而同一成分的 α+β 型钛合金有两种强化机理。（　　）
7. 黄铜中锌含量越高，其强度和塑性也越高。（　　）
8. 除黄铜、白铜外，其他铜合金统称为青铜。（　　）
9. 特殊黄铜是不含锌元素的黄铜。（　　）
10. 锡的质量分数小于 10% 的锡青铜塑性差，只适宜铸造。（　　）

10-4　问答题

1. 变形铝合金与铸造铝合金在成分选择上及组织上有何差别？
2. 何谓硅铝明？它属于哪一类铝合金？为什么硅铝明具有良好的铸造性能？
3. 铝合金的淬火与钢的淬火有什么不同？
4. 识别下列合金牌号。

5A05，2A11，7A09，2A80，ZAlSi9Mg，ZAlCu5Mn，ZAlMg5Si1，ZAlZn6Mg，ZMgAl8Zn，YZMgAl9Zn，AZ62M，TA4，TB2，TC4，ZTiAl6V4，H68，ZCuZn38，HSn62-1，ZCuZn16Si4，B19，QSn4-3，ZCuSn10Zn2，TBe2，ZCuPb30

第 11 章 高 温 合 金

【学习目标】

知识目标

(1) 掌握高温合金的概念及分类。
(2) 了解高温合金的高温性能、强化方法及制备工艺。
(3) 掌握高温合金的牌号以及应用。

能力目标

(1) 能正确识别高温合金的牌号及性能特点。
(2) 能根据工件的特点初步合理选择高温合金材料。

素质目标

(1) 具有坚定的理想信念、强烈的民族自豪感。
(2) 树立志存高远、勤于学习、甘于奉献的信念。

【知识导入】

　　航空发动机是一种高度复杂和精密的热力机械，为航空器提供飞行所需动力的发动机。作为飞机的心脏，被誉为"工业之花"，它直接影响飞机的性能、可靠性及经济性，是一个国家科技、工业和国防实力的重要体现。

　　燃气涡轮发动机质量小、体积小、构造简单、推力大，是现代飞机的主要动力装置。其工作过程是：大气中的空气经过进气道被吸入，再由压气机压缩增压后引入燃烧室与燃油混合并燃烧，从而产生大量燃气；燃气进入涡轮进口推动涡轮，驱动压气机循环工作；当燃气从尾喷管高速喷出时，发动机便产生巨大的推力。在燃气涡轮发动机内部，温度、压力分布是变化的，压气机部件工作温度较低，称为发动机的冷端；涡轮部件所受温度最高，与燃烧室、喷口组成发动机的热端，如图 11-1 所示。热端部件通常要在 800℃以上长期工作，这就要求其具有优良的高温性能。此外，一些高温部件，由于振动、气流的冲刷及旋转造成的离心作用，还将承受较大的应力，并且燃气中存在大量的氧、水汽、SO_2、H_2S 等腐蚀性气体，会使高温零件发生氧化和腐蚀现象。

　　因此，要想提高发动机的推力，增加推重比，同时延长发动机的寿命，制造发动零部件（尤其是热端部件）的金属材料就必须具有优越的高温性能。那么什么样的材料才能胜任此重任呢？

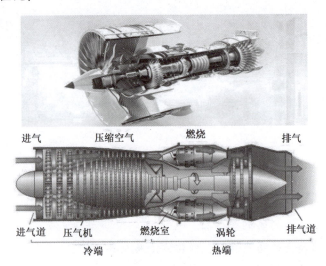

图 11-1　燃气涡轮发动机构造示意图

【知识学习】

11.1　高温合金概述

高温合金是用于航空燃气涡轮、舰船燃气轮机、地面和火箭发动机的重要金属材料，在先进大航空发动机中，高温合金的用量占 40%～60%，因此这种材料被喻为燃气轮机的心脏。

高温合金是指以铁、钴或镍金属为基体，可在较高温度下（>600℃）承受一定应力并具有抗氧化、抗腐蚀、抗蠕变能力的合金。高温合金最根本的特性在于一定温度下所具有的高强度。以普通的建筑用钢材为例，它在室温下强度很高，但在建筑失火燃烧时强度会急剧下降，从而导致建筑坍塌，而高温合金的优势则在于：在高温下它依然能保持极高的强度和硬度以承受较高的载荷，因此又被称为热强合金、超合金。

高温合金具有单一奥氏体基体组织，在各种温度下具有良好的组织稳定性和使用的可靠性，其性能特点如下：

（1）具有较高的高温强度。

（2）良好的抗氧化和抗热腐蚀性能。

（3）良好的抗疲劳性能、断裂韧性、塑性。

高温合金被广泛用于航空、舰艇和工业用燃气轮机的涡轮叶片、导向叶片、涡轮盘、高压压气机盘和燃烧室等高温部件，航天飞行器、火箭发动机、核反应堆、汽车涡轮增压器、石油化工设备以及煤转化装置等零部件的制造。图 11-2 所示为高温合金制品。

图 11-2 高温合金制品

11.1.1 高温合金中的合金元素

普通钢材含有十多种化学元素,而高温合金通常含有超过 30~40 种元素,高温合金之所以能在高温下保持较高的强度和硬度,主要原因在于这些元素在组织中发挥着强化金属性能的作用。目前,高温合金所涉及的合金元素主要有 Fe、Co、Ni、Ti、V、Nb、Ta、Cr、Mo、W、Re、Al、Ce、Y、B 等,高温合金中的合金元素及其作用见表 11-1。

表 11-1 高温合金中的合金元素及其作用

作用		铁基	钴基	镍基
固溶强化		Cr, Mo	Nb, Cr, Mo, Ni, W, Ta	Co, Fe, Cr, Mo, W, V, Ta, Ti
形成碳化物	MC 型	Ti	Ti	W, Ta, Ti, Mo, Nb
	M_7C_3 型		Cr	Cr
	$M_{23}C_6$ 型	Cr	Cr	Cr, Mo, W
	M_6C 型	Mo	Mo, W	Mo, W
形成相	γ'	Al, Ni, Ti		Al, Ti, Nb, Ta
	η	Al, Zr		
	金属间化合物	Al, Ti, Nb	Al, Mo, Ti, W, Ta	Al, Ti, Nb
提高抗氧化性		Cr	Al, Cr	Cr, Al
提高抗硫化性		Cr	Cr	Cr
提高耐腐蚀性		La, Y	La, Y, Th	La, Th, Al, Cr
提高蠕变性能		B		B
改善加工性能			Ni, Ti	
导致晶界偏析			B, Zr	B

除了主要的合金元素外,高温合金中还含有 S、Se、Te、As、Sb、Mg、Hf、Zr 等多种微量元素,有些是人为添加的,有些则是原料中带来的杂质元素。微量元素大致可分为有益元素和有害元素两类。有研究表明:适量的 B、C、Y、La、Ce、Zr 和 Mg 等有益元素可显著提高高温合金的持久性能,而 Si 和 S 等有害微量元素会降低合金的力学性能。

11.1.2 高温合金的分类

1. 高温合金的分类方法

(1) 按合金基体元素种类分可以分为铁基(铁镍基)高温合金、镍基高温合金、钴基高温合金。

(2) 按合金强化类型分可以分为固溶强化型合金、时效沉淀强化型合金。

(3) 按合金材料成形方式分可以分为变形高温合金、铸造高温合金、粉末冶金高温合金、氧化物弥散高温合金等。

(4) 使用特性可以分为高强度合金、高屈服强度合金、抗松弛合金、低膨胀合金、抗热腐蚀合金等。

2. 常用类型高温合金的介绍

下面主要按合金基体元素种类和合金材料成形方式的不同对高温合金的基本知识作以介绍。

1) 铁基(铁镍基)高温合金

铁基高温合金的含镍量达 25%~60%,又称为铁镍基合金。它是由奥氏体不锈钢发展而来,在 18-8 型不锈钢中加入钼、铌、钛等合金元素,使其在 500~700℃ 温度下的持久强度提高。

优点:成本低,可用于制作一些使用温度较低的航空发动机和工业燃气机上的涡轮盘、导向叶片,以及一些承力件、紧固件等。

缺点:铁基高温合金由于沉淀硬化型的组织不稳定,抗氧化性差,高温强度不够,仅可使用于 800℃ 的工作环境。

2) 镍基高温合金

以镍为基体,含镍量大于 50%,可在 700~1000℃ 温度范围内使用。

优点:镍基高温合金可溶解较多的元素,具有较好的组织稳定性,高温强度较高,比铁基高温合金有更好的抗氧化性和抗腐蚀性。

3) 钴基高温合金

含钴量在 40%~60% 的奥氏体高温合金,工作温度可达 730~1100℃。

优点:当温度高于 980℃ 时,其强度很高,抗热疲劳、热腐蚀和耐磨腐蚀性都很佳,适合于航空发动机、工业燃气轮机、舰船燃气轮机的导向叶片和喷嘴导向叶片以及柴油机的喷嘴等。

缺点:一般钴基高温合金镍含量为 10%~22%,铬含量为 20%~30%,其含碳量较高,除此之外含有钨、钼、钽、铌等固溶强化和碳化物形成元素,它是以碳化物为主要强化相的高温合金，缺少共格类的强化相，中温强度不如镍基高温合金。

钴是重要的战略物资，大多数国家缺乏，因此钴基高温合金的发展受到严重限制。

4) 变形高温合金

可以进行冷、热变形加工，工作温度范围-253~1320℃，具有良好的力学性能和综合的强、韧性指标以及较高的抗氧化、抗腐蚀性能。按强化方法的不同分为两类。

（1）固溶强化型合金。使用温度范围为900~1300℃，最高抗氧化温度达1320℃。

（2）时效强化型合金。使用温度为-253~950℃，一般用于制作航空、航天发动机的涡轮盘与叶片等结构件。

变形高温合金主要为航天、航空、核能、石油民用工业提供结构锻件、饼材、环件、棒材、板材、管材、带材和丝材，用于制造燃烧室、尾喷口和部分涡轮盘、高压压气机盘等重要零件。特别是某些薄壁结构，如燃烧室和尾喷口等。

5) 铸造高温合金

可以或只能用铸造方法成形零件的高温合金，其主要特点如下：

（1）成分范围更宽。合金设计主要考虑优化使用性能，如镍基高温合金，调整成分使 γ' 达60%或更高，在85%熔点的温度下，合金仍保持优良性能。

（2）应用领域更广阔。铸造方法可制造出近终形或无余量的具有任意复杂结构和形状的高温合金铸件。

铸造高温合金根据使用温度分为3类：

（1）-253~650℃使用的等轴晶铸造高温合金。具有良好的综合性能，特别是在低温下能保持强度和塑性均不下降。

（2）650~950℃使用的等轴晶铸造高温合金。具有较高的高温力学性能及抗热腐蚀性能。

（3）950~1100℃使用的定向凝固柱晶和单晶高温合金。具有优良的综合性能和抗氧化、抗热腐蚀性能。

6) 粉末高温合金

采用粉末冶金工艺制得的高温合金，由于粉末颗粒细小，冷却速度快，因此合金的成分均匀，无宏观偏析，而且晶粒细小，热加工性能好，金属利用率高，成本低，尤其是合金的屈服强度和疲劳性能有较大的提高。

粉末高温合金可分为普通粉末高温合金和氧化物弥散强化（ODS）高温合金两类。普通粉末高温合金是用雾化高温合金粉末，经热等静压成型或热等静压后再经锻造成型的生产工艺制造的合金产品。760℃-800MPa级普通粉末高温合金可以满足应力水平较高的发动机的使用要求，是高推重比发动机涡轮盘、压气机盘等高温部件的选择材料。氧化物弥散强化高温合金采用独特的机械合金化（MA）工艺，将超细的（小于50nm）在高温下具有超稳定性能的氧化物弥散强化相均匀地分散于合金基体中，而形成的一种特殊的粉末高温合金。机械合金化是用金属粉或中间合金粉与氧化物弥散相混合，在高能球磨机中球磨，使粉末反复焊合、破碎，从而使每一颗粉末成为"显微合金"颗粒。这种新的工艺方法可以制造成分十分复杂的弥散强化高温合金。氧化物弥散强化高温合金的强度在接近合金本身熔点的条件下仍可维持，具有优良的高温蠕变性能、优越的高温抗氧化性能及抗碳、硫腐蚀性能。

11.1.3 高温合金的发展

高温合金问世于20世纪30年代后期的英、德、美等国，经历了几十年的不断发展，目前已经发展到了第三代单晶，性能得到了明显的提高。制造工艺在高温合金的发展过程中起了极大的推动作用。图11-3所示为不同发展阶段高温合金的持久温度与制造工艺的关系。

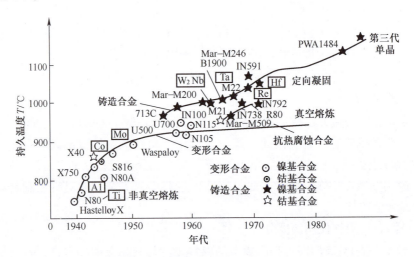

图11-3 不同发展阶段高温合金的持久温度与制造工艺的关系

1）20世纪40年代~50年代中期高温合金的初始阶段

主要是通过调整合金的成分来提高合金的性能。

2）20世纪50年代~60年代真空熔炼技术的应用

通过真空熔炼技术可以去除合金中大部分的有害杂质和气体，精确控制合金成分，发展了铸造高温合金，如Mar-M200、IN100和B1900等高性能的铸造高温合金。

3）20世纪60年代变形高温合金的强化及铸造高温合金的强化

变形高温合金中的铝、钛及其他高熔点元素铬、钼、钨的含量不断提高，使合金的热强度不断提高。

但恰恰是高的热强度，使变形高温合金塑性变形加工时的阻力严重增大，难以进行锻造、轧制等热加工，或者在加工过程中沿较脆弱的界面出现裂纹。变形高温合金已无法继续容纳更多的高熔点元素。而如果采用铸造的方法生产高温部件，那么合金中就可以溶入更多的固溶强化元素和第二相强化元素，从而使合金的热强性进一步提高。燃气涡轮发动机的两个最重要的位置——涡轮导向叶片和工作叶片，原来用变形高温合金板制造，现已被铸造高温合金代替。铸造高温合金的工作温度可以达到1000℃左右，超过变形高温合金50~100℃。图11-4所示为镍基高温合金的组织和性能的发展。

4) 20世纪60年代~90年代铸造高温合金的不断发展

制造新工艺的发展促使铸造高温合金的性能大大提高。定向凝固、单晶合金、粉末冶金、机械合金化和陶瓷过滤等新工艺成为高温合金发展的主要动力，其中定向凝固工艺制备的单晶合金尤为重要，在航空发动机涡轮叶片中应用尤为广泛。

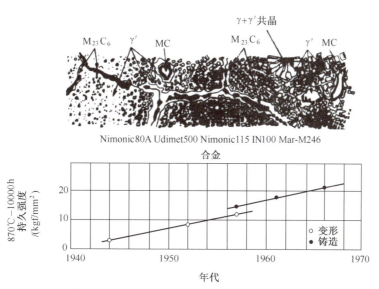

图 11-4 镍基高温合金的组织和性能的发展

铸造高温合金经历了等轴晶、定向柱晶到单晶的 3 个发展阶段。图 11-5 所示为 3 种铸造工艺得到的发动机叶片外形、组织结构、蠕变性能的对比，从左往右依次为普通铸造等轴晶叶片、定向铸造柱状晶叶片和单晶铸造叶片。

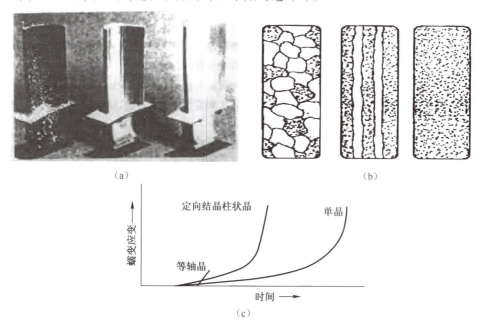

图 11-5 3 种铸造工艺得到的叶片外形、组织结构、蠕变性能的对比
(a) 叶片外形；(b) 组织结构；(c) 蠕变性能。

(1) 普通铸造。在一般条件下铸造零件时，熔融的合金在铸型中逐渐冷却，一开始就由多个晶核产生多个晶粒，随着温度降低，晶粒不断长大，最后充满整个零件。由于合金冷却时散热的方向未加控制，晶粒的长大也是任意的，所以得到的晶粒形状近似球形，称为等轴晶。

普通铸造的等轴晶，晶界上往往存在许多杂质和缺陷，所以晶界往往成为最薄弱的易破坏区域。虽然采用细晶铸造工艺能在一定程度上改善铸造高温合金的持久强度和疲劳性能，但是无论如何净化晶界或提高晶界强度，始终不能改变晶界仍是最薄弱环节的事实。普通铸造获得的是大量等轴晶，晶粒的长度和宽度大致相等，纵向晶界和横向晶界的数量也大致相同，而且横向晶界比纵向晶界更容易断裂。

(2) 定向铸造。为了克服普通铸造等轴晶的缺点，生产中出现了定向凝固技术，且被广泛应用于涡轮叶片的生产。

采用定向凝固技术生产的高温合金基本上消除了垂直于应力轴的横向晶界，并以其独特的平行于零件主应力轴择优生长的柱晶组织以及优异的力学性能而获得长足的发展。例如，Mar-M200 的中温性能尤其是中温塑性很低，作为涡轮叶片在工作中常发生无预兆的断裂。在 Mar-M200 合金的基础上研究成功的定向凝固高温合金 PWA1422 不仅具有良好的中高温蠕变断裂强度和塑性，而且具有比原合金高 5 倍的热疲劳性能，在先进航空、航天发动机上获得广泛的应用。

定向铸造就是利用定向凝固技术通过控制铸型中的散热方向和冷却速度，使熔融金属由叶片的一端向另一端逐渐凝固，使铸件内形成并列的柱状晶，以消除横向晶界的铸造方法。由于开始时有若干晶核同时生成，所以凝固结束后沿叶片的纵向形成排列整齐的几条柱晶。柱状晶组织能使涡轮叶片工作时的最大离心力与柱状晶之间的纵向晶界平行，减少了晶界断裂的可能性。定向柱晶组织更耐高温腐蚀，可使工作温度提高约 50℃，还使疲劳寿命提高 10 倍以上。

高推重比发动机叶片通常采用空心定向凝固。其生产过程是：先同时铸造两个半片，铸出内部复杂的冷却通道，铸造好半片后用扩散连接法焊接到一起，形成完整的叶片，如图 11-6 所示。用铸造高温合金通过精密定向铸造工艺制成的空心或多孔型叶片，通过对流和气膜冷却，工作温度可以提高 100℃，寿命延长 2 倍左右。

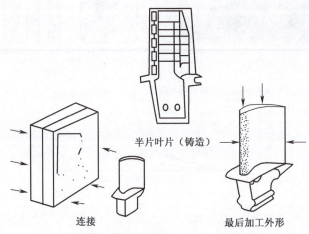

图 11-6 用定向铸造技术生产空心叶片

(3) 单晶铸造。在定向凝固合金基础上发展起来的完全消除晶界和晶界元素的单晶高温合金,热强性能有了进一步的提高。单晶铸造就是利用定向凝固技术获得单晶铸件的方法,其过程的特点是,控制熔融金属在铸型内的散热条件,只允许一个优选的柱晶长大。单晶铸造的涡轮叶片整个叶片只有一个晶粒,完全消除了晶界的有害作用。

单晶铸造工艺广泛使用引晶法,如图 11-7 所示。将熔融金属注入铸型后,与底部激冷板接触的合金首先凝固,形成许多细小的晶粒。继续注入熔融金属,使这些小晶粒沿螺旋选晶器向上生长,大部分晶粒受到阻碍,只有一个晶粒能通过选晶器的狭小通道,继续生长,最后充满整个型腔。控制散热凝固是在铸型向下缓慢移动过程中实现的。采用定向凝固工艺制出的单晶合金,其使用温度接近合金熔点的 90%,至今,各国先进航空发动机均采用单晶高温合金涡轮叶片。

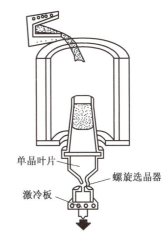

图 11-7　引晶法生产单晶叶片过程示意图

5) 20 世纪 60 年代粉末高温合金的应用

铸造高温合金可以溶入大量的高熔点元素,如钼、钨、铊等。但这些元素密度较高,容易形成偏析,影响合金性能的稳定。而粉末高温合金可以避免元素偏析的缺点。因为用快速凝固法制出的超细粉末,直径只有 10~100μm 甚至更小。每一个粉末颗粒就是一个铸件,因此整体高温合金成分均匀,无宏观偏析,合金化程度可超过铸造合金。

20 世纪 60 年代,美国开始 IN100 粉末高温合金涡轮盘的生产。70 年代开始推广粉末高温合金涡轮盘,如 PW2039、PW4089、CFM56-5C2、GE90 等燃气涡轮发动机涡轮盘。

20 世纪 80 年代以来,出现了将定向凝固叶片或单晶叶片同粉末高温合金涡轮盘结合成整体的工艺。将叶片在粉末盘的成型过程中嵌合,得到整体带叶片盘,疲劳强度可以提高近一倍。

11.2　高温合金的性能要求及提高措施

高温合金的主要性能要求是具有高的热稳定性和热强性。

11.2.1　热稳定性及提高措施

热稳定性又称热安定性,它是指金属材料在高温条件下工作时,抗氧化、抗腐蚀、抗冲刷的能力。常用一定温度下,单位时间内单位面积上金属失去或增加的质量表示,其单位为 $g/(m^2 \cdot h)$。在其他条件相同时,失重或增重越少,材料的热稳定性越高。

1. 影响高温合金热稳定性的因素

1) 高温氧化

在喷气发动机中，燃料的燃烧过程是在大量的剩余空气条件下进行的。高温下干燥的气体分子与金属材料表面，发生界面化学反应，引起高温氧化。例如，在高于570℃的空气中，铁表面生成的化合物有 FeO、Fe_3O_4 和 Fe_2O_3 三种。从表到里各相的顺序是 $Fe_2O_3/Fe_3O_4/FeO$，它们的厚度比例约为 1∶10∶100，如图 11-8 所示。研究表明，FeO 相对于 Fe_3O_4 和 Fe_2O_3 比较疏松，因此氧化层很容易脱落，使得基体金属铁又暴露在氧气氛中，结果导致铁不断地被氧化。所以铁的高温氧化是不断进行的，这就从理论上说明了铁热稳定性差的原因。

2) 腐蚀

除了高温氧化以外，在发动机燃料的燃烧过程中，由于燃料中含有钒、硫等杂质，使燃气流中含有 V_2O_5、SO_2、SO_3 和 H_2S 等腐蚀性成分。在高温条件下，这些腐蚀性介质的作用加剧，从而导致有些零件剧烈腐蚀，图 11-9 所示为严重腐蚀的发动机叶片。

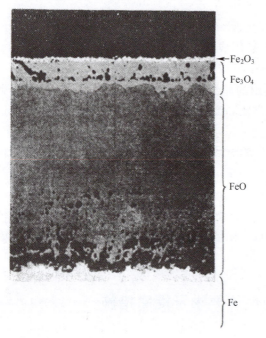 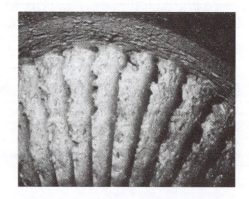

图 11-8　铁在高温空气中生成的氧化层　　图 11-9　严重腐蚀的发动机叶片

3) 大气流的冲刷

发动机工作过程中，高速燃气流的冲刷作用非常强烈，从而导致发动机部件（尤其是发动机叶片）过早的失效，因此要求金属材料有一定的抗冲刷能力。若其表面有坚实、附着牢固的保护膜，则在冲刷作用下不会因膜的脱落而失去保护作用。

2. 提高合金热稳定性的措施

1) 合金化

在高温合金中,铬是提高热稳定性的主要元素。提高铬元素的含量不但可以提高合金的抗氧化性,还可以提高其抗硫化腐蚀的能力。

例如,在空气中加热铁基合金时,由于铬与氧的亲和力大,因此进行选择性氧化,即在合金表面形成 Cr_2O_3 膜。当合金中铬含量在20%以上时,就会形成完整致密的 Cr_2O_3 保护膜;当合金中铬含量超过5%~10%但小于20%时,合金表面虽然形成不了完整的 Cr_2O_3 保护膜,但是能形成尖晶石结构的 $FeO \cdot Cr_2O_3$ 膜。这种膜结构致密、缺陷少、导电性差,有良好的抗氧化能力。$FeO \cdot Cr_2O_3$ 膜和 Cr_2O_3 膜比较,后者的抗氧化能力更优异些。但是有研究表明,铁基合金中的铬含量达到30%时,合金的抗氧化性能虽然明显提高,但高铬含量会干扰合金的 γ' 相强化机理,使其高温力学性能明显下降,因此为兼顾合金的高温力学性能,铁基合金中的铬含量不能过多。当镍基高温合金中含有15%~20%铬时,氧化膜中会生成保护性的 Cr_2O_3 和 $NiCrO_4$ 膜,从而获得抗氧化性。对于钴基合金来说,其铬含量在20%~25%,才能满足形成连续保护膜的条件。表11-2列出了铬含量对镍基、铁基高温合金抗氧化最高温度的影响。

表11-2 铬含量对镍基、铁基高温合金抗氧化最高温度的影响

合金种类	镍基合金		铁基合金		
$w_{Cr}/\%$	15	20	12	22	30
抗氧化的最高温度/℃	1100	1200	800	1000	1100

其次,在高温条件下,燃气中的 H_2S 会使合金发生硫化,其反应式为

$$M+H_2S=MS+H_2$$

生成的硫化物能与合金中的铁、镍、钴元素形成低熔点共晶物(Fe-FeS、988℃;Ni-Ni_3S_2、645℃;Co-CoS、877℃),从而使致密保护膜不容易生成,即使生成也不容易再生,结果合金的腐蚀速度明显加快。研究表明,镍基合金在高温下的硫化还和硫沿合金表层的晶界渗入有关。当硫在晶界上形成 Ni_3S_2 时,能与Ni形成低熔点共晶体,从而在高温下发生熔化,使镍基合金遭到破坏,这种现象称硫化腐蚀。为了提高镍基合金的抗硫化腐蚀能力,人们在镍基合金中增大了铬的含量。由于铬与硫的亲和力比镍大,这样就可减少 Ni_3S_2 的含量,从而达到抗硫化腐蚀的目的。

近年来还试用微量的钇(Y)、镧(La)、铈(Ce)等稀土元素来提高镍基合金的抗硫化腐蚀,它们与硫都有很强的亲和力,可以固定硫,所以能防止硫化腐蚀。

来自燃气中的C也会沿NiCr合金表层的晶界渗入,并与铬形成 $Cr_{23}C_6$,使晶界附近贫铬而降低合金的抗氧化性和抗蚀性。故对以热稳定性要求为主的镍铬合金,可加入少量的钛形成TiC,从而减少 $Cr_{23}C_6$ 的影响。

2) 涂层法

通过提高合金中Cr、Ti等的含量能明显提高合金的热稳定性,但由于这些元素常

常会影响基体金属的力学性能，所以能添加元素的种类和数量受到了限制。为了克服这个缺点，人们研究了抗氧化保护涂层的方法。对涂层的一般要求是：涂层必须含有能在合金表面形成保护膜的元素；涂层与基体必须有相似的热传导和热膨胀系数以免剥落；涂层必须能抗热疲劳、抗蠕变断裂等。

常用的抗氧化保护涂层有扩散涂层和覆盖涂层两类。对于 Fe 基、Co 基、Ni 基等金属的扩散涂层主要是渗 Al、AlCr 和 AlSi 等。当铝通过扩散进入高温合金表面，并产生 FeAl、NiAl 和 CoAl 等化合物时，这些化合物在随后的氧化过程中，能形成保护性膜 Al_2O_3。由于 Al_2O_3 膜在实际应用的高温环境下很容易剥离，从而加快了涂层中 Al 的消耗，导致抗氧化能力很快丧失。因此，在 20 世纪七八十年代先后出现了铝化物改性涂层。其目的是提高铝化物膜的抗剥离能力，并能降低铝化物涂层中 Al 的消耗。常用的改性涂层有两种，即 PtAl 涂层和铝化物中添加稀土元素的涂层。

最常用的覆盖涂层是 MCrAlY 材料（M 代表 Fe、Cr、Ni 等一种或多种元素）。这种涂层可根据其具体成分选用阴极溅射、低压等离子喷涂等工艺方法来实施。

11.2.2 热强性及其提高措施

热强性是指金属材料在高温条件下抵抗塑性变形和断裂的能力，也称高温强度或热强度。高温合金常用的热强度指标有蠕变强度、持久强度、高温瞬时强度、高温机械疲劳强度和热疲劳强度等。表 11-3 所列为高温合金常用的热强度指标。

表 11-3 高温合金常用的热强度指标

热强度指标	符号	定义	符号举例
蠕变强度 /MPa	$R_{\varepsilon,t/T}$ 其中：T—温度， ε—变形量， t—时间	金属材料在一定温度下、一定时间内，产生一定变形量时所承受的应力。蠕变强度的大小反映了金属在高温和应力作用下，抵抗缓慢塑性变形的能力	$R_{0.2,500/800}=200$MPa；试样在 800℃、经过 500h、产生 0.2% 的变形量时的应力是 200MPa
持久强度 /MPa	$R_{u\,t_u/T}$ 其中：T—温度， t_u—时间；	金属材料在一定温度下、一定时间内发生断裂时所承受的最大应力。持久强度的大小反映了金属在高温和应力作用下抵抗断裂的能力	$R_{u\,100/700}=380$MPa；试样在 700℃、经过 100h 时，发生断裂的应力为 380MPa
高温瞬时强度	R_m、$R_{p0.2}$、A、Z	在高温下，测定金属材料的高温瞬时性能指标	零件在高温、短时、超载条件下的性能指标
高温机械疲劳强度/MPa	σ^T_{-1} 其中：T—温度，-1 是对称循环的应力比	在一定温度下测定的材料的疲劳强度	$\sigma^{650}_{-1}=380$MPa；试样在 650℃ 下，应力 380MPa，$N=10^7$ 次对称循环后试样破断
热疲劳强度 /次	$N^{T_1\leftrightarrow T_2}_{0.5}=N$ 其中：T_1、T_2—温度下、上限；0.5—裂纹长度（mm）；N—热应力周期次数	材料在循环应力、循环温度作用下，产生 0.5mm 裂纹的热应力周期次数	$N^{20\leftrightarrow 800}_{0.5}=100$；表示试样在下限温度 20℃，上限温度 800℃，热应力周期 20 次，产生 0.5mm 裂纹

1. 影响合金热强性的因素

（1）热疲劳。随热循环应力的增加，循环温度或平均温度的增加致使热疲劳强度下降甚至断裂的现象。

（2）松弛。零部件在长期应力作用下，其总变形不变而零部件所受的应力随时间的增加而自发地逐渐降低的现象。它是由高温下合金内部组织不稳定引起的。

（3）蠕变。蠕变是指在恒定温度和恒定应力（即低于该温度下的屈服强度的应力）的长期作用下，发生缓慢的少量塑性变形的现象，通常又称为"蠕动"。金属的蠕变可以发生在从绝对零度起直到熔点为止的整个温度范围内，但是只有当温度高于 $0.3T_m$ 时才表现明显。由于高温合金是长期在高温和应力作用下使用，所以它们的蠕变就成为一个突出问题。图 11-10 所示为蠕变断裂实物及显微组织。

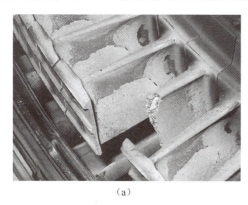
（a）

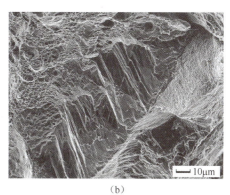
（b）

图 11-10　蠕变断裂实物及显微组织
（a）发动机叶片蠕变断裂；（b）高温合金蠕变断口显微组织。

由图 2-14 可知，金属的蠕变与温度、应力和时间密切相关。温度越高，应力越大，时间越长，蠕变的变形量越大。在这 3 个因素中，任何一个因素发生改变，金属的蠕变变形量将跟着变化。对于高温材料来讲，具有重要意义的是蠕变第一阶段和第二阶段。特别是那些所受应力较大的零件必须具有高的强度，以抵抗蠕变产生的变形和断裂。

2. 提高合金热强性的措施

1) 结构强化

通过改变组织强化合金。铁、镍、钴基奥氏体高温合金的强化，是靠添加多种元素，对奥氏体进行固溶强化、沉淀强化与晶界强化来实现的。

（1）增强基体。选择较高熔点的金属作为高温合金的基体。因为金属的熔点高，原子之间的结合力大，高温下原子的扩散速度小，所以蠕变就不容易进行。表 11-4 所列为工业中常用的高温合金基体金属的熔点。

表 11-4　工业常用高温合金基体金属的熔点

金属名称	Ni	Fe	Co	Cr	Nb	Mo	W
熔点/℃	1453	1538	1492	1890	2468	2625	3410

铬的熔点较高，且抗氧化性能好，但熔炼工艺复杂，脆性大，对缺口很敏感；钼、钨、铌的熔点很高，以它们为基体制成的合金热强性很高，但这些合金的抗氧化性很差，表面防护问题尚未得到满意解决，故还未大规模使用。因而，目前航空发动机常用

的高温合金，都是以铁、镍、钴为基体的合金。其中镍为面心立方结构，没有同素异构转变；化学稳定性较高，抗氧化性高于钴和铁；相稳定性最好，镍或镍铬基体可固溶更多的合金元素而不生成有害的相。因此，镍是最佳的基体金属，使得镍基高温合金成为最佳的高温合金系列，应用最广泛。

（2）固溶强化。固溶强化是通过向合金中添加钴、铬、钨、钼、铌、钽、钛和铝等元素，产生晶格畸变（如钴、钨、钼等），提高原子间结合力，促进原子短程有序及形成偏聚区，阻止位错运动；降低固溶体中元素的扩散能力（如钨、钼可缓减基体金属扩散）；降低合金基体的堆垛层错能（如钴元素），从而提高合金的高温稳定性。试验证明，溶质原子的熔点越高，与基体金属原子半径及化学性质差别越大，固溶强化效果越好。固溶度小的合金元素较固溶度大的合金元素，会产生更强烈的固溶强化作用，但其溶解度小又限制了其加入量；固溶度大的元素可以增加其加入量而获得更大的强化效果。

（3）沉淀强化。沉淀强化是高温合金的第二相强化，又称共格沉淀。它是通过高温固溶后淬火时效的方法，使合金中的过饱和固溶体析出共格第二相 γ'、γ'' 或碳化物等细小颗粒且均匀地分布在基体上，从而阻碍位错的运动，起到强化作用。许多耐热钢和高温合金都以此作为主要的强化方法。铁、镍、钴基高温合金通过添加铝、钛、铌等形成共格稳定的金属间化合物 γ'-Ni_3（Al、Ti）和 γ''-Ni_3（Nb、Al、Ti）等或添加碳、硼、铬、钨、钼、钒、铌等形成各类碳化物和硼化物以获得强化。图11-11所示为镍基高温合金时效处理后的组织。

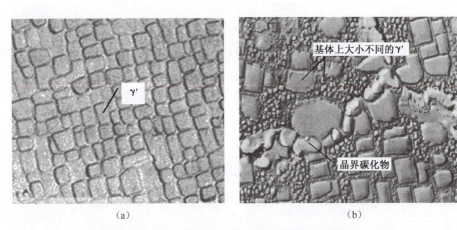

图11-11 镍基高温合金的时效组织
(a) 单个温度下时效的组织；(b) 两个温度下时效的组织。

沉淀强化利用析出的细小强化相本身，以及强化相与基体间的共格畸变对位错运动造成的阻力，来提高金属变形抗力。因此，这种强化效果与强化相的含量、形态、大小、分布状态及本身稳定性有很大关系。研究表明，对于不同的合金，可以通过控制时效温度和时效时间，获得所需的强化相的大小及分布间距，从而得到满意的强化效果。强化相成分越复杂，其稳定性越高，强化相越稳定，聚集长大速度越小，这样它与基体共格的时间就越长，从而使强化效果在更高的温度下保持的时间越长。

（4）晶界强化。对于在低温下工作的合金，晶界能阻碍位错的滑移，细化晶粒将有利于合金的强度提高。但是对于在高温下工作的合金来说，晶界易发生蠕动。因此，针对在高温和应力的长时间作用下，晶界是个薄弱环节的问题，通过减少晶界的粗晶结构（平直晶界），用特殊的方法得到弯曲晶界；控制氮、氧、氢、硫和磷等有害杂质的含量；加入微量元素（如锆、硼、铈等元素）；增加碳化物、氧化物的含量和弥散度等措施来强化晶界。

总之，通过改变合金组织结构是提高合金热强性的重要措施。所有高温合金都含有多种合金元素，有时多达几十种，它们对合金的强化作用不同。表11-5所列为钴基和镍基高温合金中不同的合金元素对合金的强化效果。

表11-5 钴基和镍基合金中不同的合金元素对合金的强化效果

强化方法	效　果	钴基高温合金	镍基高温合金
固溶强化	产生晶格畸变等，阻碍位错运动	Nb、Cr、Mo、Ni、W、Ta	Co、Cr、Fe、Mo、W、Ta
沉淀强化	形成共格稳定金属间化合物（γ'-Ni_3（Al、Ti））		Al、Ti
晶界强化	碳化物强化：MC 形式 M_7C_3 形式 $M_{23}C_6$ 形式 M_6C 形式	Ti Cr Cr Mo、W	W、Ta、Ti、Mo、Nb Cr Cr、Mo、W Mo、W
	控制有害杂质：（提高耐氧化性）（提高抗硫化性）	Al、Cr、Ta Cr	Al、Cr、Ta Cr
	强化晶界元素强化（改善晶界中碳化物的形态）	B、Zr	B、Zr

2）工艺强化

（1）粉末冶金。向高温合金中加入高熔点的钨、钼、钽等元素，凝固时会在铸件内部产生偏析，造成组织不均。但若采用粒度数十至数百微米的合金粉末，经过压制、烧结成形的零件，就可消除偏析，使组织均匀，并节省材料，做到既经济又合理，图11-12所示为粉末冶金涡轮盘。

图11-12　粉末冶金涡轮盘

（2）定向凝固。如前面介绍，由于高温合金中存在多种合金元素，塑性和韧性都很差，通常采用精密铸造工艺成型。铸造结构中的等轴晶粒的晶界垂直于受力方向时，最易产生裂纹。发动机叶片旋转时受到的拉应力和热应力是平行于叶片纵轴的，如果采用定向凝固工艺形成沿纵轴方向的柱状晶粒，就可以消除垂直于应力方向的晶界，从而使叶片的热疲劳寿命提高 10 倍以上。通过严格控制陶瓷壳型冷却梯度方法，做成的单晶涡轮叶片，其承温能力比一般铸造方法获得的工件的承温能力提高 50～100℃，寿命增加 4 倍。图 11-13 所示为镍基高温合金 3 种晶粒形态时的高温性能与合金相对寿命的关系。

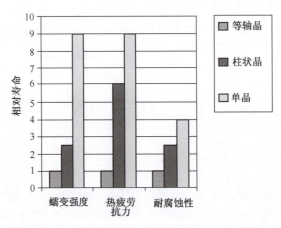

图 11-13 镍基高温合金 3 种晶粒形态时的高温性能与合金相对寿命的关系

（3）形变热处理强化。形变热处理强化是将形变与热处理结合起来优化合金的组织结构、提高合金强度的工艺。除了传统的冷加工强化以外，高温合金常采用中温形变热处理和高温形变热处理。

中温形变热处理：在低于再结晶温度下进行适当的形变，然后再进行时效处理或去应力处理。中温形变造成微观组织与结构不均匀性，有利于第二相在位错等缺陷处析出及减小横向晶界的作用（晶粒拉长），提高合金强度。

高温形变热处理：在再结晶温度以上进行热加工。可以控制晶界相，优化晶界组织，控制合适的晶粒大小及晶界形状，也有利于直接时效处理（没有固溶处理）时均匀细小相的析出，强化析出相与位错的交互作用，从而提高强度。

（4）快速凝固。快速凝固得到的高温合金，合金的组织进一步细化，偏析降低，固溶体基体的过饱和度和缺陷增加，合金的组织得到改善，从而使前述各种强化手段的作用得到充分发挥。原来在一般凝固条件下不能获得良好的组织，在快速凝固条件下则可获得优良的、非平衡态组织。例如在快速凝固条件下，镍基高温合金的主要强化相不仅可以是传统的 γ' 相，而且还可以得到大批的、均匀细小的碳化物及硼化物相、α-Mo 相等。在快速凝固条件下，由于这些均匀细小相的时效析出或共晶析出而对合金起到强化作用。

11.3　高温合金的制备与加工

11.3.1　高温合金的熔炼

当确定了所需高温合金的化学成分，就需要将各种原材料通过熔炼工艺冶炼成确定成分的高温合金锭，包括钢锭和母合金锭。为了保证高温合金具有优异的质量水平，必须严格控制化学成分和提高纯洁度，而这主要取决于冶炼技术。一种质量很差的高温合金铸锭，不可能生产出可靠的热端零部件，因此熔炼工艺在高温合金工艺技术中占有非常重要的地位。

高温合金可以采用多种冶炼方法。按熔炼后杂质的降低程度可以分为一次熔炼、重熔（二次熔炼、三次熔炼）。一次熔炼的设备有电弧炉、感应炉或真空感应炉，重熔设备有电渣炉或真空自耗炉。选用什么样的工艺路线，主要根据高温合金的成分特点进行选取。

合金化程度低，可以选用大气下电弧炉或感应炉熔炼，或者再进行电渣重熔或真空自耗重熔。如果合金化程度很高，通常都采用真空感应炉熔炼，然后再经真空自耗炉或电渣炉进行二次熔炼。一些大锭型优质合金已采用真空感应炉加电渣炉加真空自耗炉三联工艺进行联合熔炼。通过三联工艺中的电渣重熔可以去除真空感应熔炼电极中的部分夹杂物，并为真空自耗炉重熔提供致密、无缺陷的电极，保证了重熔过程的稳定性，进一步改善了纯洁度，降低了宏观偏析倾向。

1. 高温合金的电弧炉冶炼

电弧炉炼钢是利用电极和炉料之间放电产生的电弧热，借助辐射和电弧的直接作用将电能转变为热能，加热并熔化金属和炉渣，冶炼出所需要的钢和合金的一种炼钢方法。图 11-14 为电弧炉冶炼的原理示意图。高温合金在电弧炉冶炼条件下，与其他特殊钢冶炼一样，整个过程是由氧化还原反应所控制的。但由于高温合金的化学元素种类繁多，合金化程度高，而且其中许多元素是易氧化的，同时对杂质元素和气体的含量要求非常严格，因此在大气下采用电弧炉熔炼，钢中 Al、Ti 等活泼元素因烧损而较难控制，元素的烧损以及钢液与耐火材料之间的化学反应都会形成大量的夹杂物，熔炼时严重增碳，原材料的放气和脱氧剂运用不当等导致脱氧不佳。这些都将严重影响高温合金的质量，因而高温合金的电弧炉冶炼工艺具有它独特的特点：

（1）为了减少稀缺贵重元素的氧化烧损，提高收得率，冶炼方法基本采用非氧化法，铝、钛等元素多以中间合金形式加入。

（2）所用原材料要精，低熔点有害杂质元素和气体含量要低，其中有害杂质含量应小于光谱一级纯。所用的原料和辅助材料都要经过烘烤，保证干燥，水分要低，防止气体增加。

（3）采用扩散脱氧和沉淀脱氧相结合的综合脱氧法，且脱氧剂选用脱氧能力强的材料。

2. 高温合金的感应炉冶炼

感应炉冶炼是非真空感应炉（又称常压感应炉）冶炼的简称，是特种冶金中最常用的一种冶炼工艺。它利用电磁感应原理将电能转变为热能来冶炼金属。图 11-15 所示为感应炉的结构示意图。感应炉熔炼能更有效地冶炼一些电弧炉所难以冶炼的合金钢及合金，因此一般特殊钢厂都有感应炉冶炼设备。感应炉对原材料的要求比电弧炉要严格得多。要求所用原材料都要分析化学成分；金属和重金属有害杂质含量要尽可能低；气体含量要少；原材料表面要干净无锈；块度要适中，并存放在干燥处。

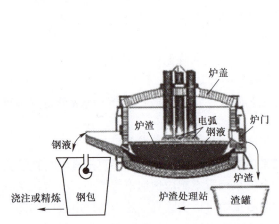

图 11-14　电弧炉冶炼原理示意图　　　图 11-15　感应炉的结构示意图

感应炉与电弧炉相比较，其熔炼的特点为：无接触加热、冷渣和电磁搅拌。具体如下：

（1）采用电磁感应加热来熔化金属，没有碳质电极，在冶炼过程中不会增碳，因此可以冶炼低碳甚至无碳高温合金。

（2）没有电弧作用，金属吸气的可能性小，熔炼出的高温合金气体含量低。

（3）电磁搅拌有利于钢液成分和温度均匀，加速渣、钢反应，并可促进非金属夹杂物脱除。同时能精确控制温度，保证操作稳定性。

（4）高温合金炉料被氧化的机会小，易氧化元素收得率高。

（5）炉渣不能被感应加热，其加热和熔化完全依靠钢液对它的热传导，因此炉渣温度低，流动性差，不具备炉渣脱磷、脱硫、脱碳的条件，在冷渣中某些物理化学反应受到不同程度的限制。

（6）感应炉冶炼用渣量少，熔池-渣界面较小，不利于熔池-渣间的物理化学反应。

（7）精炼只是调整钢水温度、成分及脱氧，冶炼的合金中非金属夹杂物的总量偏高。

（8）坩埚使用寿命低，耐火材料消耗大，冶炼成本较高。

3. 高温合金的真空感应炉冶炼

将感应熔炼炉放在真空中对高温合金进行熔化和精炼的方法称为真空感应熔炼法（VIM）。真空感应炉熔炼高温合金的原理是：利用电磁感应在炉料中产生涡流使合金加热和熔化，并通过真空脱氧、脱氮、杂质元素挥发以及控制熔体与坩埚作用等一系列物理化学反应，冶炼出化学成分准确且纯洁度高的高温合金锭。图 11-16 所示为真空感应熔炼炉结构简图。目前，高合金化优质高温合金几乎都采用真空感应熔炼法作为一次熔炼，然后再进行二次熔炼，甚至三次熔炼。采用真空感应熔炼不仅提高了高温合金质量，改进了热加工性能，而且使高温合金的使用温度得到了提高。

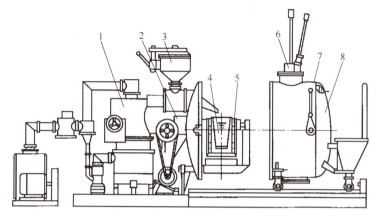

图 11-16　真空感应熔炼炉结构简图
1—真空系统；2—转轴；3—加料装置；4—坩埚；5—感应器；
6—取样和捣料装置；7—测温装置；8—可动炉壳。

真空感应炉熔炼高温合金的一切特点都来自于"真空"二字。这种方法可以避免大气熔炼和浇注时，合金元素特别是较活泼元素易烧损不易控制，以及合金中气体、非金属夹杂物及有害金属杂质含量较高等缺点，具体如下：

（1）在真空下金属材料熔化、精炼、合金化和浇注，避免了与空气相互作用而污染，冶炼出的高温合金纯净度高。

（2）在真空条件下，隔断了金属与空气接触，金属不易氧化，可精确地控制高温合金的化学成分，特别是将与氧、氮亲和力强的活性元素严格控制在很窄范围内。

（3）在真空下冶炼，创造了良好的去气条件，使熔炼的高温合金氢、氧、氮气体含量低。

（4）原材料带入的低熔点有害杂质，在真空下可挥发除去一部分，使材料得到提纯。

（5）在真空条件下，碳的脱氧能力很强，提高几个数量级，其脱氧产物 CO 被不断抽出炉外，使反应不断进行，从而避免了采用金属脱氧所带来的脱氧产物。

（6）炉内的气氛及气压可选择控制。例如通 Ar 气保护时，合金元素氧化烧损少，利用率高，这是真空感应炉熔炼高温合金的一个最显著的特点。

（7）电磁感应搅拌使熔体成分均匀，加速熔体表面反应，缩短熔炼周期。

（8）改善热加工性能，提高成材率。

（9）真空感应冶炼有利于应用返回料，甚至有的比新料还要好。

（10）真空感应炉仍然有不足之处：①仍存在着高温合金熔体与坩埚耐火材料反应，污染熔体；②合金锭的结晶组织与普通铸锭一样，晶粒粗大，不均匀，缩孔大，凝固偏析严重；③不能像非真空熔炼那样易于熔渣脱硫，所以对高硫原材料的使用有所限制；④个别钢种不宜采用真空熔炼，且出钢后坩埚会产生高温氧化，污染下一炉合金，所以不能实现连续生产。

11.3.2 高温合金的重熔

高温合金的重熔是为了进一步降低合金中的杂质元素，提高合金的性能。通常质量要求更高，用于制作涡轮叶片和涡轮盘等重要零件的高牌号高合金化高温合金需要采用真空自耗炉或电渣炉进行二次熔炼，有的甚至需要三次熔炼。

1. 真空自耗炉重熔

真空自耗炉也称真空电弧炉，是利用低电压下电弧热来加热和熔炼金属。

真空自耗炉重熔是将一次熔炼的高温合金制成电极棒，在真空无渣的条件下，利用低压直流电弧作热源，将自耗电极棒逐渐熔化，熔化的高温合金液滴滴入水冷铜结晶器内，再凝固成锭。图11-17所示为真空自耗炉重熔系统示意图。熔滴通过高达5000K的电弧区，向结晶器中过渡，高温合金液在高真空下得到精炼。熔融金属在结晶器内汇集成熔池，继续真空精炼。在金属熔滴形成和下落过程中以及在熔池内，均要发生一系列的冶金反应，如不稳定的氧化物或氮化物的解离或还原，气体（特别是氢和氧）的排除和有害杂质的挥发等，同时受水冷铜制结晶器强制冷却作用，因而易得到定向结晶、组织致密、成分均匀及夹杂物分散均匀的锭材，从而可消除各种宏观和微观组织缺陷，克服了一次熔炼高温合金锭的缺点。所以，真空自耗炉重熔是将提纯净化和改善铸锭结晶组织集中在一道工序完成，使合金的工艺塑性和持久塑性显著改善。

2. 高温合金的电渣炉重熔

电渣重熔作为一种新的冶炼方法，在20世纪60年代获得了飞速发展。为了提高金属质量，电渣重熔工艺已被国内外冶金厂广泛采用。到目前为止，电渣重熔工艺已成为我国生产高温合金的一种主要工艺路线，有近1/2的高温合金牌号采用了这种工艺。

电渣重熔是指在水冷结晶器中利用电流通过熔渣时产生的电阻热将金属或合金重新熔化和精炼，并顺序凝固成钢锭或铸件的一种特种冶金方法。当金属电极埋在渣层中，熔渣由于通电而产生渣阻热使电极逐渐升温以至熔化。熔化先从高温区的表层开始，在电极端部积聚而形成熔滴。过热的熔滴在自身重力的作用下，自电极端部滴落并穿过渣层落入水冷结晶器的金属熔池内，电极不断熔化，水冷结晶器内的金属液体随之增加并由下至上结晶成钢锭。在熔滴穿过渣层下落的过程中，熔融金属与熔渣有很大的接触表面，促进了渣-金属的冶金反应，使金属中杂质得以大量去除。图11-18所示为电渣重熔系统的示意图。

由于电渣重熔在净化高温合金，减少合金中偏析和改善合金锭结晶组织方面具有优越性，所以被广泛应用于高温合金等优质钢的重熔精炼。电渣重熔的高温合金可锻性好，锻材表面质量优良，成材率高。

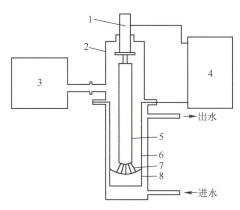 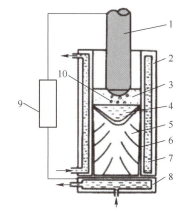

图 11-17 真空自耗炉重熔系统示意图
1—电极夹持器；2—炉室；3—真空泵；
4—供电电源和控制柜；5—自耗电极；6—水冷结晶器；
7—电弧；8—熔炼好的钢锭。

图 11-18 电渣重熔系统示意图
1—自耗电极；2—水冷结晶器；3—渣池；
4—金属熔池；5—钢锭；6—渣壳；7—冷却水；
8—底水箱；9—变压器；10—金属熔滴。

11.3.3 高温合金的加工

1. 高温合金的压力加工

高温合金的压力加工是指在外力作用下，通过塑性变形使变形高温合金形成具有一定形状、尺寸和力学性能的型材、毛坯和零件的加工方法。按加工温度可以分为冷加工、温加工和热加工。

2. 高温合金的熔模精密铸造

高温合金的熔模精密铸造主要针对铸造高温合金的加工。熔模精密铸造又称熔模铸造或失蜡铸造。该方法是用易熔材料制成精确光洁的熔模（模型），在熔模上涂覆多层耐火陶瓷浆料，硬化干燥后形成铸型。然后使铸型中的熔模熔化流出，再将熔融的金属液注入焙烧后的铸型。液态金属在铸型内冷却凝固后成为精确光洁的铸件。高温合金的熔模精密铸造是采用特殊成分的低温蜡或中温蜡制备熔模和多层耐火材料加黏结剂制成陶瓷型壳，然后在真空感应炉内将液态高温合金浇入其中制成高温合金铸件。

3. 高温合金的焊接

航空发动机和燃气轮机的高温结构件，如涡轮叶片和涡轮盘等重要零件，可以通过精密铸造或锻造工艺制备毛坯。而另一些受热和承载的部件，如燃烧室的火焰筒、加力燃烧室的隔热屏和尾喷口调节片等，则需要采用高温合金板材冲压焊接结构。即使是涡轮叶片也需要焊接耐磨层，导向叶片也需焊接成组件等。高效气冷复杂型腔的高温合金铸造对开叶片，更需要采用焊接技术将其连接为一整体，所以高温合金零件的加工离不开焊接技术。

11.4　高温合金的牌号及应用

50多年来，中国高温合金的发展密切结合我国航空和航天发动机的研究和生产，研制了多种牌号高温合金，建立了我国高温合金体系，成为除美、英、俄以外，世界上第四个拥有自己高温合金体系的国家。

11.4.1　高温合金的牌号

1. 牌号形式

我国高温合金牌号的基本形式为前缀（字母）+阿拉伯数字。根据需要，牌号后还可加英文字母表示原合金的改型合金（某种特定工艺、特定化学成分），即后缀（字母）。

1）牌号前缀

表示基本特性类别的汉语拼音字母符号（两位或三位符号）。常见的高温合金的牌号前缀如下：

(1) 变形高温合金 GH。
(2) 等轴晶铸造高温合金 K。
(3) 定向凝固柱状晶高温合金 DZ。
(4) 定向凝固单晶高温合金 DD。
(5) 焊接用高温合金丝 HGH。
(6) 粉末冶金高温合金 FGH。
(7) 弥散强化高温合金 MGH。

2）阿拉伯数字

不同类型的高温合金牌号中数字的位数和含义略有区别。

(1) 变形高温合金和焊接用高温合金丝。前缀后用四位数字表示。第一位数字表示合金的分类号，单号表示固溶强化型，双号表示时效强化型；第二至四位数字表示合金编号，不足位数的合金编号用"0"补齐，"0"放在第一位表示分类号的数字与合金编号之间。第一位数字的含义具体如下：

1—以铁或铁镍（镍含量小于50%）为主要元素的固溶强化型合金类。
2—以铁或铁镍（镍含量小于50%）为主要元素的时效强化型合金类。
3—以镍为主要元素的固溶强化型合金。
4—以镍为主要元素的时效强化型合金。
5—以钴为主要元素的固溶强化型合金。
6—以钴为主要元素的时效强化型合金。
7—以铬为主要元素的固溶强化型合金。
8—以铬为主要元素的时效强化型合金。

(2) 铸造高温合金。前缀后加三位数字。第一位数字为合金分类号；第二、三位数字表示合金编号，不足位数的合金编号用"0"补齐，"0"放在第一位表示分类号的数字与合金编号之间。

(3) 粉末冶金高温合金、弥散强化高温合金。前缀后加四位数字。第二位至第四位数字规定同变形高温合金，第一位数字的含义具体如下：

2—铁或铁镍（镍含量小于50%）为主要元素的合金。

4—镍为主要元素的合金。

6—钴为主要元素的合金。

8—铬为主要元素的合金。

2. 常用牌号

我国各种类型高温合金的常用牌号见表11-6。

表11-6 各种类型高温合金的常用牌号（摘自 GB/T 14992—2005）

合金种类	类别	常见牌号（新牌号/旧牌号）
变形高温合金	铁基（固溶强化型）	GH1015（GH15）、GH1035（GH35）、GH1140（GH140）
	铁基（时效强化型）	GH2038（GH38A）、GH2130（GH130）、GH2302（GH302）
	镍基（固溶强化型）	GH3030（GH30）、GH3044（GH44）、GH3128（GH128）
	镍基（时效强化型）	GH4033（GH33）、GH4049（GH49）、GH4133（GH33A）
	钴基（固溶强化型）	GH5188（GH188）、GH5605（GH605）、GH5941（GH941）
	钴基（时效强化型）	GH6159（GH159）、GH6783（GH783）
铸造高温合金	等轴晶型（铁基）	K211（K11）、K213（K13）、K214（K14）
	等轴晶型（镍基）	K401（K1）、K412（K12）、K477（K77）
	柱状晶型（镍基）	DZ404（DZ4）、DZ405（DZ5）、DZ422（DZ22）、DZ4125（DZ125）
	单晶型（镍基）	DD402（DD402）、DD403（DD3）、DD404（DD4）、DD406（DD6）
焊接用高温合金丝	铁基	HGH1035（HGH35）、HGH2036（HGH36）、HGH2135（HGH135）
	镍基	HGH3030（HGH30）、HGH3044（HGH44）、HGH4033（HGH33）
粉末冶金高温合金	镍基	FGH4095（FGH95）、FGH4096（FGH96）、FGH4097（FGH97）
弥散强化高温合金	铁基	MGH2756（MGH2756）、MGH2757（MGH2757）
	镍基	MGH4754（MGH754）、MGH4755（MGH5K）、MGH4758（MGH4758）

11.4.2 高温合金的应用

高温合金被广泛应用于航空发动机、火箭发动机、燃气轮机、汽油及柴油发动机、核工业以及煤化、冶金等领域的高温零件的制造。

1. 我国常用高温合金

我国从1956年开始试制高温合金，目前已有较成熟的GH系变形高温合金和K系铸造高温合金。常用 GH 系变形高温合金的牌号、化学成分、特性及用途见表 11-7 和表 11-8，常用 K 系铸造高温合金见表 11-9 和表 11-10。

表 11-7　铁基变形高温合金的牌号、成分、特性及用途
（摘自 GB/T 14992—2005）

新牌号 （旧牌号）	主要化学成分/%								特性及用途
	C	Cr	Ni	W	Mo	Al	Ti	Fe	
固溶强化型铁基合金									
GH1015 （GH15）	≤0.08	19.00~ 22.00	34.00~ 39.00	4.80~ 5.80	2.50~ 3.20	—	—	余	良好的高温性能和抗氧化性能。用于工作温度为 550~1000℃的航天、航空、燃气轮机及核电站用的一般承力部件
GH1016 （GH16）	≤0.08	19.00~ 22.00	32.00~ 36.00	5.00~ 6.00	2.60~ 3.30	—	—	余	
GH1035 （GH35）	0.06~ 0.12	20.00~ 23.00	35.00~ 40.00	2.50~ 3.50	—	≤0.50	0.70~ 1.20	余	良好的抗氧化性和冲压性。用于制造火焰筒、加力燃烧室、尾喷筒等零件
GH1040 （GH40）	≤0.12	15.00~ 17.50	24.00~ 27.00	—	5.50~ 7.00	—	—	余	用于制造航空及其他工业用的紧固件等
GH1131 （GH131）	≤0.10	19.00~ 22.00	25.00~ 30.00	4.80~ 6.00	2.80~ 3.50	—	—	余	良好的工艺塑性和焊接性能。用于加力燃烧室零件以及在 700~1000℃下短时间工作的零件
GH1140 （GH140）	0.06~ 0.12	20.00~ 23.00	35.00~ 40.00	1.40~ 1.80	2.00~ 2.50	0.20~ 0.60	0.70~ 1.20	余	具有良好的抗氧化性、高的塑性、足够的热强性和良好的热疲劳性能，同时具有优良的冲压性能和良好的焊接工艺性能。适用于制造在 900℃以下温度工作的燃烧室、加力燃烧室零件
时效强化型铁基合金									
GH2036 （GH36）	0.34~ 0.40	11.50~ 13.50	7.00~ 9.00	—	1.10~ 1.40	—	≤0.12	余	在 650℃以下有高的热强性，并具有良好的热加工及切削加工性能。适用于 650℃以下工作的涡轮盘、隔热板、承力环和紧固零件等
GH2038 （GH38）	≤0.10	10.00~ 12.50	18.00~ 21.00	—	—	≤0.50	2.30~ 2.80	余	适用于使用温度为 550~1000℃的航空、航天、燃气轮机及其他工业用的一般承力部件
GH2130 （GH130）	≤0.08	12.00~ 16.00	35.00~ 40.00	1.40~ 2.20	—	—	2.40~ 3.20	余	高的热强性和良好的工艺塑性及疲劳性能。用于 800~850℃工作的涡轮叶片和其他零件
GH2132 （GH132）	≤0.08	13.50~ 16.00	24.00~ 27.00	—	1.00~ 1.50	≤0.40	1.75~ 2.35	余	适用于使用温度 600~950℃的航天、航空、燃气轮机及其他工业承力部件
GH2135 （GH135）	≤0.08	14.00~ 16.00	33.00~ 36.00	1.70~ 2.20	1.70~ 2.20	2.00~ 2.80	2.10~ 2.50	余	良好的热加工塑性、但切削加工性能较差。用于使用温度 500~1000℃的航天、航空、燃气涡轮机及其他工业用的一般承力件
GH2302 （GH302）	≤0.08	12.00~ 16.00	38.00~ 42.00	3.50~ 4.50	1.50~ 2.50	1.80~ 2.30	2.30~ 2.80	余	高的热强性和良好的工艺塑性．代替 GH4037 做 800~850℃使用的航空发动机涡轮叶片、辐条等零件

表11-8 镍基变形高温合金的牌号、成分、特性及用途
（摘自 GB/T 14992—2005）

新牌号 （旧牌号）	主要化学成分/%								特性及用途
	C	Cr	Ni	Co	W	Mo	Al	Ti	
固溶强化型镍基合金									
GH3030 （GH30）	≤0.12	19.00~ 22.00	余	—	—	—	≤0.15	0.15~ 0.35	强度低，具有优良的抗氧化性和良好的冲压性和焊接性能。用于在500~1000℃下工作的航天、航空、燃气轮机及其他工业用的一般承力件、冲压件、焊接高温承力件
GH3039 （GH39）	≤0.08	19.00~ 22.00	余	—	—	1.80~ 2.30	0.35~ 0.75	0.35~ 0.75	在各种温度下都具有高的塑性和强度，并有良好的抗氧化性和冲压、焊接性能。适用于制造在900℃以下工作的火焰筒、加力燃烧室及其他用冲压和焊接方法制造的零件
GH3044 （GH44）	≤0.10	23.50~ 26.50	余	—	13.00~ 16.00	≤1.50	≤0.50	0.30~ 0.70	性能和GH3030、GH3039相同，但使用温度比GH3039更高。适用于制造950~1100℃下工作的燃烧室、加力燃烧室、冷却叶片的外壳、隔热板、管子等零件
GH3128 （GH128）	≤0.05	19.00~ 22.00	余	—	7.50~ 9.00	7.50~ 9.00	0.40~ 0.80	0.40~ 0.80	使用温度600~950℃，适用于航天、航空、燃气轮机及其他工业用的高温承力件，也适用于制造冲压成型件、焊接的高温承力件
时效强化型镍基合金									
GH4033 （GH33）	0.03~ 0.08	19.00~ 22.00	余	—	—	—	0.60~ 1.00	2.40~ 2.80	使用温度500~1000℃，用于制造航天、航空、燃气轮机及其他工业用的高温承力件、涡轮盘模锻件等
GH4037 （GH37）	0.03~ 0.10	13.00~ 16.00	余	—	5.00~ 7.00	2.00~ 4.00	1.70~ 2.30	1.80~ 2.30	在800~850℃下具有高的热强性和足够的塑性，并具有高的抗疲劳强度。适用于在800~850℃以下工作的燃气涡轮工作叶片及导向叶片
GH4049 （GH49）	0.04~ 0.10	9.50~ 11.00	余	14.00~ 16.00	5.00~ 6.00	4.50~ 5.50	3.70~ 4.40	1.40~ 1.90	是目前成批生产的合金中热强性最高的合金，并具有良好的疲劳强度，缺口敏感性低，但工艺塑性较差。适用于工作温度为850~900℃的燃气涡轮工作叶片
GH4133 （GH33A）	≤0.07	19.00~ 22.00	余	—	—	—	0.70~ 1.20	2.50~ 3.00	良好的抗氧化及冷热加工性能，适用于750℃以下工作的涡轮叶片、涡轮盘、导向片等零部件

表 11-9 铁基铸造高温合金的牌号、成分、特性及用途
（摘自 GB/T 14992—2005）

新牌号（旧牌号）	主要化学成分/%								特性及用途
	C	Cr	Ni	W	Mo	Al	Ti	Fe	
时效强化型铁基合金									
K211（K11）	0.10~0.20	19.50~20.50	45.00~47.00	7.50~8.50	—	—	—	余	用于900℃以下导向叶片
K214（K14）	≤0.10	11.00~13.00	40.00~45.00	6.50~8.00	—	1.80~2.40	4.20~5.00	余	
K213（K13）	<0.10	14.00~16.00	34.00~38.00	4.00~7.00	—	1.50~2.00	3.00~4.00	余	适用于800℃以下的柴油机增压涡轮

表 11-10 镍基铸造高温合金的牌号、成分、特性及用途
（摘自 GB/T 14992—2005）

新牌号（旧牌号）	主要化学成分/%								特性及用途
	C	Cr	Ni	Co	W	Mo	Al	Ti	
时效强化型镍基合金									
K401（K1）	≤0.10	14.00~17.00	余	—	7.00~10.00	≤0.30	4.50~5.50	1.50~2.00	具有良好的铸造工艺性能，用作850~1000℃温度下的燃气涡轮导向叶片或工作叶片
K403（K3）	0.11~0.18	10.00~12.00	余	—	4.50~6.00	4.80~5.50	3.80~4.50	5.30~5.90	2.30~2.90
K405（K5）	0.10~0.18	9.50~11.00	余	—	9.50~10.50	4.50~5.20	3.50~4.20	5.00~5.80	2.00~2.90	具有良好的热强性和较高的塑性，适用于在950℃以下工作的燃气涡轮叶片
K406（K6）	0.10~0.20	14.00~17.00	余	—	—	4.50~6.00	3.25~4.00	2.00~3.00	具有较好的热强性能和工艺性能，适用于在850℃以下工作的燃气涡轮工作叶片或导向叶片
K409（K9）	0.08~0.13	7.50~8.50	余	—	9.50~10.50	≤0.10	5.75~6.25	5.75~6.25	0.80~1.20	适用于在850~900℃以下工作的导向叶片
K412（K12）	0.11~0.16	14.00~18.00	余	—	—	4.50~6.50	3.00~4.50	1.60~2.20	1.60~2.30	适用于在800℃以下工作的导向叶片
K417（K17）	0.13~0.22	8.50~9.50	余	—	14.00~16.00	—	2.50~3.50	4.80~5.70	4.50~5.00	适用于在950℃以下工作的空心涡轮叶片和导向叶片
K419（K19）	0.09~0.14	5.50~6.50	余	—	11.00~13.00	9.50~10.50	1.70~2.30	5.20~5.70	1.00~1.50	适用于在900~1000℃以下工作的涡轮叶片和导向叶片
K438（K38）	0.10~0.20	15.70~16.30	余	—	8.00~9.00	2.40~2.80	1.50~2.00	3.20~3.70	3.00~3.50	适用于850℃以下涡轮叶片和导向叶片，且K438合金还具有较好的抗腐蚀性能
DZ422（DZ22）	0.12~0.16	8.00~10.00	余	—	9.00~11.00	11.50~12.50	—	4.75~5.25	1.75~2.25	具有良好的中、高温综合性能及优异的热疲劳性能，适用于1000℃以下工作的燃气涡轮转子叶片和1050℃以下工作的导向叶片以及其他高温零件

续表

新牌号 (旧牌号)	主要化学成分/%								特性及用途
	C	Cr	Ni	Co	W	Mo	Al	Ti	
时效强化型镍基合金									
DD403 (DD3)	≤0.010	9.00~ 10.00	余	4.50~ 5.50	5.00~ 6.00	3.50~ 4.50	5.50~ 6.20	1.70~ 2.40	具有良好的中、高温性能和组织稳定性，以及优异的抗冷热疲劳性能，适用于1040℃以下工作的燃气涡轮转子叶片和在1100℃以下工作的导向叶片
DD406 (DD6)	0.001~ 0.04	3.80~ 4.80	余	8.50~ 9.50	7.00~ 9.00	1.50~ 2.50	5.20~ 6.20	≤0.10	具有高温强度高、综合性能好、组织稳定及铸造工艺性能好等优点，适用于在1100℃以下工作的涡轮工作叶片和1150℃以下工作的导向叶片等高温零件

2. 高温合金在航空、航天等领域的应用

1）航空发动机各部件工作特点及对材料的要求

（1）燃烧室。燃烧室内燃料燃烧所产生的燃气温度为1500~2000℃，其余的压缩空气在燃烧室周围流动，穿过室壁的槽孔使室壁保持冷却。燃烧筒合金材料承受温度可达800~900℃以上，局部可达1100℃。冷却空气与燃烧的气体混合，使燃气温度降到1370℃以下。可见，燃烧室壁除受高温外，还承受由于内外壁温度不同引起的热应力作用。特别是在起飞、加速和停车时，温度变化更为急剧。由于周期循环加热冷却，热应力可达很大值，冷却孔更易破坏、燃烧室常出现变形、翘曲、边缘热疲劳裂纹等。燃烧室由火焰筒、联焰管和外套等组成。火焰筒和联焰管的工作温度较高，常用GH3030、GH3039、GH3044等制成。

（2）导向叶片。导向叶片是调整从燃烧室出来的燃气流动方向的部件。先进涡轮发动机导向叶片工作温度可高达1100℃，但叶片承受的应力比较低，一般在70MPa以下。对材料要求是：高温强度好，热疲劳抗力大，抗氧化、耐腐蚀，并具有一定的抗冲击强度和组织稳定性，常用GH4133、K401、K409、K412、K417、K640等制成。

（3）动叶片。动叶片是涡轮发动机中工作条件最恶劣的部件。先进航空发动机的燃气进口温度已达1380℃，推力达226kN。涡轮叶片承受气动力和离心力的作用，叶身部分承受拉应力大约140MPa，承受温度为650~980℃；叶根部分承受平均应力为280~560MPa，承受温度约为760℃。因此，动叶片材料要具有足够的高温抗拉强度、持久强度和蠕变强度，要有良好的疲劳强度及抗氧化、耐燃气腐蚀性能和适当的塑性。此外，还要求长期组织稳定性、良好的抗冲击强度、良好的铸造性能及较低的密度。常用GH4037、GH4043、GH4049、K401、K405、K406、K419H、PWA1422、PWA1480等制成。目前我国已成功应用DZ422合金（相当于PWAl422）铸造复杂型腔的定向、空心、无余量涡轮叶片，并在某型发动机上应用，而且也已研制出DD403、DD404、DD406、DD408等合金，其中DD403专门用于制作单晶叶片。

（4）涡轮盘。航空发动机涡轮盘工作温度在760℃左右，轮缘部分可达此温度，而径向盘心温度逐渐降低，一般在 300℃ 左右。轮盘正常运转时，盘子带着叶片高速旋转产生很大的离心力，停车、启动反复进行会形成周期疲劳，常用 GH4033、GH4133 等制成。FGH4095 粉末冶金高温合金，650℃ 的蠕变强度为 1500MPa，1034MPa 应力下持久寿命大于 50h，是当前在 650℃ 工作条件下强度水平最高的一种粉末冶金高温合金，多用于高推重比发动机涡轮盘、压气机盘的制造。

2) 火箭发动机各部件工作特点及对材料的要求

图 11-19 是液体燃料火箭发动机示意图。其中涡轮泵机组的气体发生器处于约 1050℃ 的温度下，由喷嘴中喷出的气体的速度约 2500m/s，气体靠近嘴壁处的温度约 1350℃。燃料箱、泵传送器所用材料，特别需要化学稳定性。液态氟以及作为氧化剂的发烟硝酸和四氧化氮，具有特别强烈的侵蚀性，除了在 1000℃ 以上的工作温度下出于腐蚀而引起的问题之外，流过的气态燃烧产物也产生冲蚀性。

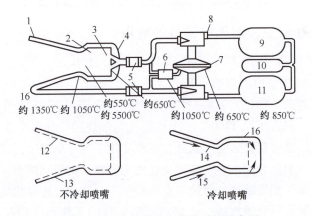

图 11-19　液体燃烧火箭发动机示意图

1—喷嘴；2—燃烧室；3—混合带；4—喷射器；5—主气门；6—气体发生器；
7—涡轮机；8—涡轮泵；9—氧化剂；10—压缩气；11—燃料；
12—涂料；13、14—金属；15—冷却剂；16—气体（约 2500m/s）。

火箭启动时的 1~2s 内，其加速度是地球引力加速度的 5~6 倍，由于加速度增高引起的高度过载，会对材料施加巨大的机械负荷，尽管元件所受应力是短时的，但由于其载荷的大小和方向急剧地发生变化，往往会引起疲劳断裂。火箭本身质量必须尽可能小，因此，金属材料的比强度在火箭制造中具有特别重要的意义。弹道火箭进入大气层时，热流量为 10000~25000kcal/（$m^2 \cdot s$），它在短时间内会引起巨大的温度梯度，长时间作用则会建立起平衡温度，因而对金属材料的耐热性有特殊的要求。常用材料有 GH2038、GH3030、GH3128、GH4033 等。

国外长程大推力火箭发动机采用 Incone1718（相当于国内的 GH4169）合金制造高压导管，国内研制的 GH4169 合金管的疲劳寿命约是 1Cr18Ni9Ti 钢管的 3 倍以上，具有良好弯管和焊接等工艺性能，还可用于发动机涡轮转子和主轴。

GH3030 金丝网多孔发散冷却材料用于火箭发动机、制作喷注器面板，既作防热材料又作结构材料使用。

GH1131 铁基高温合金旋压管用于大型液体火箭发动机涡轮燃气进气导管，还用于 900~1000℃ 使用的大型火箭发动机燃烧室、隔热板、涡轮进气导管，以及航空发动机的加力燃烧室、鱼鳞片等。

GH5188 合金与国际上最高强化型钴基变形合金 HS-188 相当，用于液体火箭姿态控制器发动机头部与身部结合处的高温弹性密封件。

3) 燃气轮机各部件工作特点及对材料的要求

商船、热力机车上和军用舰艇上的燃气轮机的材料要求在较低温度下使用期限很长。其燃烧室、导向叶片、工作叶片、涡轮盘和转子的要求与航空发动机相似。常用材料有 GH1015、GH2038、GH3030、GH3128、K213 等。燃气轮机中的螺栓，有时必须在高达 600~750℃ 的温度下工作，因此对紧固螺栓材料的主要要求是高温时应具有高的屈服强度和抗松弛性能。常用材料有 GH1040、GH2036 等。

K4537 合金是在 800~850℃ 工作温度下长期使用的镍基铸造耐热腐蚀合金，可用于地面燃气轮机和舰用燃气轮机上涡轮叶片的制作。合金 800℃ 的抗拉强度可达 800MPa 以上；在 815℃、430MPa 下的持久寿命大于 100h；800℃、220MPa 下的持久寿命大于 20000h；抗热腐蚀性能相当于国外的 In738 合金，但不含价格昂贵的稀有金属钽，成本低。

GH1333 系高铬铁镍基高温耐蚀合金，工作温度可达 900℃，用于制造燃气轮机火焰筒、过渡段等燃烧部件。

【励志园地】

绵绵爱国情　不渝爱国心

"八载隔洋同对月，一心挫霸誓归国。归来是你的梦，盈满对祖国的情。有胆识，敢担当，空心涡轮叶片，是你送给祖国的翅膀。两院元勋，三世书香。一介书生，国之栋梁。"——在"感动中国 2014 年度人物"颁奖典礼现场，一尊奖杯被放置在空心涡轮叶片和白玫瑰花旁，这尊奖杯的主人就是中国高温合金和新型合金钢的重要开拓者、战略科学家师昌绪（图 11-20）。

图 11-20　师昌绪院士

师昌绪院士青年立下报国之志，克服重重困难回国以平生所学贡献祖国。他一辈子和各种各样的材料打交道，在高温合金、合金钢等领域为中国创造了多项第一，他所研究的材料，被大量应用在战斗机、战机、三峡大坝、宝钢、核电站等各类工程建设上。师昌绪院士丹心报国、学富德高、默默奉献、啃下硬骨头为国解忧。他带领研究组仅用了1年的时间，就攻克了一系列难关，于1965年做出了我国第一片铸造镍基高温合金空心涡轮叶片，并于第二年11月正式投产。空心涡轮叶片的诞生使我国涡轮叶片的发展一步迈上了两个台阶：一是由锻造合金改为真空铸造合金，二是由实心叶片变为空心叶片，这也使我国成为继美国之后世界上第二个成功地采用了精铸气冷涡轮叶片的国家。他有胆识、有全局观念和勇于负责的精神。从"材料人"到"战略科学家"，师昌绪院士的每一个脚步都踏在祖国最需要的地方。

11.5　高温合金的未来

目前已有的高温合金，其使用温度很难突破合金熔点温度的80%（近似1100℃），开发具有更高热稳定性和热强性的高温材料是高温合金未来发展的方向。研究发现，难熔金属合金和金属间化合物比高温合金具有更高的熔点温度、更高的高温稳定性和高温强度。

1. 难熔金属合金

难熔金属的熔点（约2000℃）大大超过高温合金。由这些金属组成的合金，可获得比高温合金更高的高温强度。表11-11所列为一些难熔金属合金与高温合金高温时的强度。

表11-11　一些难熔金属合金与高温合金高温时的强度

合金名称	抗拉强度/MPa			
	1100℃	1320℃	1540℃	1760℃
高温合金	245~350	—	—	—
铌合金	350	168	119	
钼合金	630	385	252	182
钽合金	560	364	210	105
钨合金	700	420	280	210
铬合金	315	119		

从表11-10可知，难熔金属合金可以在更高的使用温度下工作。然而难熔金属合金在温度超过900℃时，就会失去抗氧化性能，这阻碍了它的实际应用，目前采用保护涂层方法来解决；另外，铸造困难，多采用锻件，对铌基和钼基合金的一些简单铸件已获得成功。

采用石墨、硼（硼硅酸）、钨、钼和氧化铝、氧化硅晶须等作为纤维与镍钴高温合金组成复合材料制成的实心涡轮叶片，可使涡轮温度和转速提高。用二氧化钍和碳化铪钨丝增强复合材料，工作温度达1160~1200℃。利用氧化铝毡或单晶纤维增强高熔点钼、钨后，可使钨在 1650℃ 的强度提高 2 倍，可用作火箭的喷口材料。

2. 金属间化合物

有序金属间化合物是一种新型金属基高温材料，一类长程有序结构的化合物，如 Ni_3Al、$NiAl$、Fe_3Al、$FeAl$、$(Fe、Co、Ni)_3V$、Ti_3Al 等，具有优良的高温性能。在一定温度范围内（$(0.5\sim0.8)\,T_{熔点}$），其屈服强度随温度的上升而增加，而且具有良好的抗高温氧化性能以及弹性模量高、刚度大、密度低等良好的综合性能，是很有前途的新一代高温材料。图 11-21 所示为金属间化合物的温度，该类材料的温度介于高温合金与陶瓷材料之间。

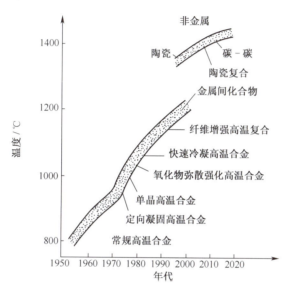

图 11-21　金属间化合物的温度

1）金属间化合物高温材料的分类及牌号

根据基本组成元素，金属间化合物高温材料可分为镍铝系和钛铝系两大类。其牌号与高温合金牌号的基本形式相同，即前缀后加四位数字。金属间化合物高温材料牌号的前缀为"JG"，第一位数字（1 或 4）为合金分类号，"1"表示钛铝系金属间化合物高温材料，"4"表示镍铝系金属间化合物高温材料。第二至四位数字表示合金编号，不足位数的合金编号用"0"补齐。"0"放在第一位表示分类号的数字与合金编号之间。例如，JG1101 表示合金编号为 101 的钛铝系金属间化合物高温材料，JG4006 表示合金编号为 006 的镍铝系金属间化合物高温材料。

2）几种代表性的金属间化合物

绝大多数金属间化合物的晶体结构，都与金属材料的 3 种基本点阵结构，即 BCC、FCC、HCP 有关。下面是几种代表性的金属间化合物。

（1）Ni_3Al 金属间化合物合金。该合金具有面心立方长程有序 LI2 结构，是镍基高温合金中的强化相，目前已研究出 IC-50、IC-218、IC-221、IC-375 等，可以固溶许多元素而不失其长程有序结构。

(2) NiAl 金属间化合物合金。该合金是体心立方 B2 结构，熔点高（1638℃）、密度低（5.868g/cm³），具有良好的抗氧化性能。主要问题是多晶材料的脆性和 500℃ 以上强度较低。由于 NiAl 合金室温下只有 3 个独立的滑移系，塑性较差。目前，塑性的改善主要通过细化晶粒，采用快速凝固、粉末冶金等工艺和合金化。加铁可形成两相组织（Ni，Fe）(Fe，Al) 和（Ni，Fe)₃(Fe，Al)，提高屈服强度，促进滑移，改善塑性。通过机械合金化，加氧化物质点或 TiB_2 质点也可以提高强度，但其脆性至今尚未获得根本的解决。

(3) TiAl 金属间化合物合金。该合金为面心四方有序结构，属稍微变形的面心立方体。合金的密度为 3.7~3.9g/cm³，熔点较高，因此使用温度可达 1000℃。由于晶体对称性低，滑移系少，因此室温时呈脆性，即使单晶 TiAl 合金也很脆。加入锰、钒、铬等合金元素可改善室温脆性，拉伸伸长率最高可达 3% 左右，图 11-22 为 TiAl 合金制品。

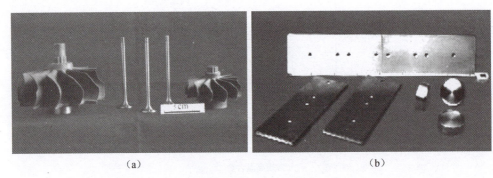

图 11-22　TiAl 合金制品
(a) TiAl 增压涡轮气阀；(b) TiAl 靶材。

(4) Ti_3Al 金属间化合物合金。具有密排六方超点阵结构，密度为 4.2g/cm³，在 800~850℃ 时具有良好的抗氧化性和耐热性能。在室温时只有一个滑移系，因此塑性很差，600℃ 以下产生解理断裂，600℃ 以上塑性增加。增塑最有效的方法是加入 β 稳定元素铌、钒、钼，其中铌的作用最为显著。加入稀土氧化物弥散第二相也可以使 Ti_3Al 合金塑性增加，还可采用快速凝固工艺细化组织以分散滑移。图 11-23 为 Ti_3Al 箔材。

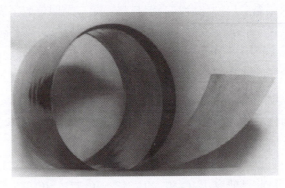

图 11-23　Ti_3Al 箔材

（5）以金属间化合物为基的复合材料（IMC）。IMC 是一种较为理想的高温结构材料，高强度纤维可以承受很高的负荷，进一步提高材料的强度。目前有 SiC/TiAl、Nb、SiC/Ni_3Al、NiAl 为基体的复合材料。图 11-24 所示为铌基合金横截面的后向散射 SEM 显微组织。图 11-25 所示为第一代 MoSiBTiC 合金的 3D 扫描微观组织图，该合金是一种碳化钛（TiC）增强钼硅硼（Mo-S-B）基合金，或称 MoSiBTiC，其高温强度是在 1400~1600℃温度恒定力下确定的，它与前沿顶尖的镍基单晶高温合金相比也很强悍。图 11-26 所示为以金属间化合物为基的复合材料与高温合金强度的比较，可见复合材料具有较优越的性能。

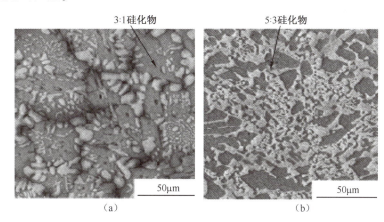

图 11-24　铌基合金横截面的后向散射 SEM 显微组织

（a）Nb-34Ti-16SiV 合金；（b）Nb-23Ti-2Hf-4Cr-3Al-16SiV 合金。

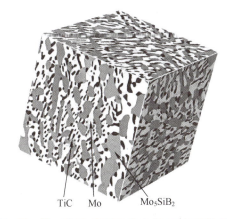

图 11-25　第一代 MoSiBTiC 合金的 3D 扫描微观组织

总之，高温合金以其良好的高温性能在工业生产各个领域的高温部件制造中应用广泛。随着科学技术的不断进步，高温合金的种类会越来越多，具有更高性能的高温材料也将不断出现。

【答疑解惑】

高温合金具有较高的热稳定性和热强性、良好的抗疲劳性能、断裂韧性和塑性，在高温下具有良好的抗氧化、抗腐蚀能力，是目前制造航空涡轮发动机热端部件必不可少的关键材料，主要用于制造发动机的涡轮盘、涡轮导向叶片、涡轮工作叶片、燃烧室和加力燃烧室的各种零部件，此外还用于机匣、环件、加力燃烧室和尾喷口等部件。在现代航空发动机中，高温合金的用量占到了发动机总重量的40%～60%，在先进发动机中这一比例超过50%甚至更多。制造航空发动机上最关键的构件——涡轮叶片的主要材料是铸造高温合金；用于制造燃烧室的用量最大、最为关键的材料是变形高温合金；用于制造涡轮盘的主要材料是变形高温合金和粉末高温合金；铸造高温合金是导向叶片的主要制造材料。可以说，没有高温合金，就没有现在的航空工业。

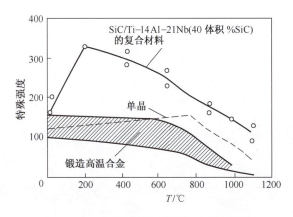

图11-26　复合材料与高温合金强度比较

当然，随着航空发动机技术的不断发展，其日益严苛的使用条件对高温合金的性能提出了更高的要求，国内外科研工作者加大了新型高温材料的探索力度，并取得了一定成效。目前，国际在研的新材料有氧化物弥散强化合金、高温高强钛合金、金属间化合物、高温陶瓷材料、碳/碳复合材料以及高熵合金等。其中高熵合金在高温条件下，具有非常优异的高温稳定性和抗氧化性等，这为一些在极端环境下使用的器件的研发提供了新方向。

【知识小结】

（1）高温合金的定义、组织及性能特点。

（2）高温合金的分类，着重掌握按合金基体元素种类分类、按合金强化类型分类以及按合金材料成形方式分类，并熟悉每类高温合金的特点。

（3）高温合金按熔炼后杂质的降低程度可以分为一次熔炼、重熔（二次熔炼、三次熔炼）。一次熔炼的设备有电弧炉、感应炉或真空感应炉，合金化程度低可以选用大气下电弧炉或感应炉熔炼，高合金化优质高温合金一般都采用真空感应炉一次熔炼。

（4）高温合金的重熔是为了进一步降低合金中的杂质元素，提高合金的性能，重熔设备有电渣炉或真空自耗炉。

（5）高温合金的主要性能要求是具有高的热稳定性和热强性。热稳定性和热强性的定义、影响因素和提高措施。（着重理解热强性及相关知识）

（6）高温合金的牌号及含义。（重点掌握）

第 11 章 高温合金

【复习思考题】

11-1 填空题

1. 高温合金是指以_____、_____或_____金属为基体，可在较高温度下（>600℃）承受一定应力并具有抗氧化或抗腐蚀能力的合金，且由于_____较高，又被称为"超合金"。

2. 按合金基体元素种类分可以分为：_____、_____、_____；按合金强化类型分可以分为：_____型合金、_____型合金；按合金材料成形方式分可以分为：_____、_____、_____。

3. 高温合金的重熔是为了_____，提高合金的性能。

4. 高温合金的主要性能要求是具有高的_____和_____。

5. 高温合金常用的热强度指标有：_____、_____、高温瞬时强度、高温机械疲劳和_____等。

6. 提高合金热强性的措施有_____和_____两大途径。

7. 填写下列合金的牌号前缀：

变形高温合金_____；普通铸造等轴晶高温合金_____；定向凝固柱状晶高温合金_____；

定向凝固单晶高温合金_____；焊接用高温合金丝_____；粉末冶金高温合金_____；

弥散强化高温合金_____；金属间化合物高温材料_____。

11-2 选择题

1. 高温合金是指以（　　）为基体的合金。
   A. 铁素体　　　　B. 珠光体　　　　C. 钢　　　　D. 铁、钴或镍金属

2. 下列关于高温合金描述错误的是（　　）。
   A. 高温合金在任何高温下都能安全工作，被称为"超合金"
   B. 高温合金具有较高的高温强度
   C. 高温合金良好的抗氧化和抗热腐蚀性能
   D. 良好的疲劳性能、断裂韧性、塑性

3. 下列说法错误的是（　　）。
   A. 铁基高温合金的含镍量达 25%～60%，它是由奥氏体不锈钢发展而来
   B. 镍基高温合金含镍量大于 50%，高温强度较高，比铁基高温合金有更好的抗氧化性和抗腐蚀性
   C. 含钴量在 40%～60% 的奥氏体高温合金，其中温和高温强度均优于镍基高温合金
   D. 钴是重要的战略物资，大多数国家缺乏，因此钴基高温合金的发展受到严重限制

4. 高合金化优质高温合金几乎都采用（　　）法进行一次熔炼。
   A. 电弧炉冶炼　　B. 感应炉冶炼　　C. 真空感应熔炼

5. 重要零件的高牌号高合金化高温合金需要采用（　　）进行重熔。
   A. 电弧炉　　　　B. 感应炉　　　　C. 真空自耗炉或电渣炉
6. 高温合金铸件通常采用（　　）方法铸造。
   A. 砂型铸造　　　B. 熔模铸造　　　C. 金属型铸造
7. 高温合金的主要性能要求是（　　）。
   A. 具有高的热稳定性和热强性
   B. 良好的疲劳性能、断裂韧性、塑性
   C. 具有良好的可加工性
8. 下列说法错误的是（　　）。
   A. 热稳定性指金属材料在高温条件下抗氧化、抗腐蚀、抗冲刷的能力
   B. 热强性是指金属材料在高温条件下抵抗塑性变形和断裂的能力
   C. 在其他条件相同时，失重或增重越少，材料的热稳定性越高
   D. 蠕变是指在高温和恒定应力的长期作用下，发生缓慢的少量塑性变形的现象
9. 航空涡轮发动机上，不采用高温合金的零部件是（　　）。
   A. 燃烧室　　　　　　　　　B. 导向器
   C. 涡轮叶片和涡轮盘　　　　D. 进气道
10. 下列牌号中哪一项为高温合金（　　）。
    A. $Cr_{17}Ni_2$　　B. K403　　C. 9SiCr　　D. TA2

11-3　判断题

1. 高温合金的优势是在高温下它依然能保持极高的强度和硬度。（　　）
2. 高温合金具有单一铁素体基体组织。（　　）
3. 影响高温合金热稳定性的因素是：热疲劳、松弛和蠕变。（　　）
4. 温度越高，应力越大，时间越长，金属蠕变的变形量越大。（　　）
5. 铸造高温合金是可以或只能用铸造方法成形零件的高温合金。（　　）
6. 至今各国先进航空发动机均采用单晶高温合金涡轮叶片。
7. BGH4033是一种变形高温合金。（　　）
8. 难熔金属合金和金属间化合物比高温合金具有更高的熔点温度、更高的高温稳定性和高温强度。（　　）
9. DZ422是一种用于制造涡轮叶片的定向凝固柱状晶高温合金。（　　）
10. 单晶铸造的涡轮叶片整个叶片只有一个晶粒，完全消除了晶界的有害作用。（　　）

11-4　问答题

1. 高温合金的概念及组织与性能特点？
2. 我国高温合金是怎样分类编号的？
3. 强化高温合金晶界的两种方法是什么？
4. 为什么说晶界强化是高温合金的基本问题？
5. 高温合金的工艺强化途径有哪些？

第 12 章　非金属材料

【学习目标】

知识目标

（1）掌握陶瓷的分类、性能及应用。
（2）掌握高分子材料的分类、性能及应用。
（3）掌握复合材料的分类、性能及应用、成型方法。

能力目标

（1）能够运用陶瓷材料、高分子材料及复合材料的知识理解其在航空工程领域的应用场景。
（2）能够根据工件的使用要求，正确选择合适的非金属材料。

素质目标

（1）具有坚定的理想信念以及学术自信。
（2）具有自力更生、努力奋斗的意识。
（3）具有科技报国的决心和使命感。

【知识导入】

说起刹车盘，可能大多数人不太了解，不过，你有没有好奇过，飞机这样的庞然大物，究竟是怎么刹车的？刹车制动性能是民航大飞机最重要的性能之一，刹车盘（图12-1）是飞机的刹车装置，飞机刹车系统一般采用液压制动技术（波音787除外），由发动机为液压泵提供动力，液压泵将低压转换为高压，通过液压管路将压力传输给刹车作动器。刹车作动器推动压紧刹车盘，通过刹车盘间的摩擦，提供阻止机轮滚动的力矩，以减小飞机的滑跑速度。这个听起来简单的刹车盘其实一点儿都不简单。因为飞机着陆时速度很快，蕴含巨大能量，根据能量守恒定律，飞机需要依靠反推装置和刹车装置去吸收掉这个巨

图 12-1　飞机刹车盘

大能量，才能使飞机静止下来。刹车盘在摩擦过程中，把大部分飞机动能转化为热能，那么这种情况下，刹车盘要吸收多大能量呢？按照飞机重 78t、以 200kn 速度着陆来计算的话，这个能量大约是 360MJ，相当于是把 3.6 万 t 苹果举起 1m，或者把这颗小苹果举起 36 万 km——这差不多是地球到月球的距离。说了这么多，可见制造飞机刹车盘的材料是有多么重要了，它既需要扛得住摩擦又得耐得了高温，什么材料能满足这样的条件呢？

【知识学习】

非金属材料是金属材料以外一切材料的泛称。近年来，工程塑料、陶瓷、复合材料等非金属材料正越来越多地应用在各个领域中。非金属材料已不是金属材料的代用品，而是一类独立使用的材料，有时甚至是一种不可取代的材料。

12.1 陶　　瓷

陶瓷是陶器和瓷器的总称。它是一种既传统又现代的工程材料，同时也是人类最早利用自然界所提供的原料制造而成的材料，也称无机非金属材料。陶瓷材料由于具有耐高温、耐腐蚀、硬度高、绝缘等优点，在航空、航天、国防等高科技领域得到越来越广泛的应用。

12.1.1 陶瓷的分类及性能

1. 陶瓷的分类

按原料不同，分为普通陶瓷（传统陶瓷）和特种陶瓷（高温陶瓷）。

2. 陶瓷的性能

1）物理、化学性能

陶瓷的熔点一般高于金属，热硬性高，抗高温蠕变能力强，高温下抗氧化性好，抗酸、碱、盐腐蚀能力强，具有不可燃烧性和不老化性。另外，大多数陶瓷是良好的绝缘体，在低温下具有高电阻率，而且导热能力低，线膨胀系数比金属低。

2）力学性能

（1）硬度高。陶瓷的硬度在各类材料中最高。硬度可参照金属硬度的测定方法测定，其维氏硬度可达到 1000~1500HV，而普通的淬火钢则为 500~800HV。

（2）弹性模量高。陶瓷具有很高的弹性模量，比金属的弹性模量高数倍，比高聚物的高 2~4 个数量级。

（3）低抗拉强度及较高的抗压强度。由于陶瓷内部存在大量的气孔，其作用相当于裂纹。所以陶瓷拉伸时在拉应力作用下气孔使裂纹迅速扩展而导致脆断，故抗拉强度低。而在压缩时，由于压应力作用下气孔不会使裂纹扩展，所以其抗压强度远高于抗拉强度。

（4）优良的高温强度。陶瓷的熔点高于金属，高温时强度优于金属。多数金属在 1000℃以上就丧失强度，而陶瓷在高温下基本保持其室温下的强度和硬度，具有高的蠕变抗力，同时抗氧化的性能好，广泛用作高温材料。

（5）塑性与韧性低。陶瓷拉伸时几乎没有塑性变形，在拉应力作用下产生一定弹性变形后直接脆断。所以陶瓷材料是脆性材料，且冲击韧性、断裂韧性极低。

12.1.2 传统陶瓷

传统陶瓷是指以天然硅酸盐矿物（黏土、长石、石英等）为原料，经与原料加工、成型和高温烧制而成，因此这种陶瓷又称硅酸盐陶瓷。

传统陶瓷质地坚硬，有良好的抗氧化性、耐蚀性和绝缘性，能耐一定高温，成本低，生产工艺简单。但由于含有较多的玻璃相，所以结构疏松，强度较低；在一定温度下会软化，耐高温性能不如高温陶瓷，通常最高使用温度为1200℃。

传统陶瓷可以分为日用陶瓷、工业陶瓷（建筑卫生瓷、化学化工瓷等）两类。日用陶瓷用于制作餐具、茶具、缸、坛、盆、罐、盘、碟、碗等；工业陶瓷大量用于建筑工业装饰板、卫生间装置及器具等制作；电气绝缘材料制作；化工、制药、食品等工业及实验室中耐蚀性和力学性能要求不高的管道设备、耐蚀容器及实验器皿的制作。

12.1.3 高温结构陶瓷

高温结构陶瓷是指用于某种装置、设备或结构物中，能在高温条件下承受静态或动态的机械负荷的陶瓷。其具有高熔点、较高的高温强度、较小的高温蠕变性能、较好的耐热震性以及抗腐蚀、抗氧化和结构稳定性等。

高温结构陶瓷稳定使用温度高达1700℃，有效提高了热效率，并降低了能耗。更重要的是陶瓷材料密度小，仅是高温合金的1/3～1/4，大大降低了构件的质量和旋转件的应力，从而极大地提高了航空发动机的推重比和使用性能，有望成为1650℃以上高温氧化性气氛中长期工作的首选高温结构材料。

1. 分类及性能

按组分分类，高温结构陶瓷可分为以下几种：

1）氧化物陶瓷

指熔点高于1728℃的氧化物（如氧化硅晶体）或某些复合氧化物（如氧化铝、氧化锆、氧化镁、氧化钙和氧化钛等）。它们的主要优点是高温下的化学稳定性好，尤其是抗氧化性能好；缺点是脆性较大，耐机械冲击性差。

2）非氧化物陶瓷

包括氮化物陶瓷、碳化物陶瓷、硼化物陶瓷。其中有发展前途的是氮化硅、碳化硅和氮化硼等材料。与氧化物比较，具有良好的抗热震性。氮化硅与碳化硅还具有较高强度，硬度仅次于金刚石，耐磨性好，是很好的热机材料。采用氮化硅或碳化硅作为燃气轮机和陶瓷发动机的高温部件，与金属部件比较，可承受较高的工作温度，省去水冷却系统，减轻自重，因而节能效果显著。由于氮化硼具有优良的热稳定性，而且对金属熔体有很好的耐蚀性，用它作为水平连续铸钢的分离环，可较氮化硅有更长的使用寿命。

常用高温结构陶瓷的物理力学性能见表12-1。

表12-1 常用高温结构陶瓷的物理力学性能

名 称	密度 /g·cm^{-3}	抗弯强度 /MPa	抗拉强度 /MPa	抗压强度 /MPa	膨胀系数 /10^{-6}℃$^{-1}$
氧化铝陶瓷	3.2~3.9	250~450	140~250	1200~2500	5~6.7
氮化硅陶瓷	2.4~2.6 3.1~3.18	160~206 490~590	141 150~275	1200 —	2.99 3.28
氮化硼陶瓷	2.15~2.2	53~109	25（1000℃）	233~315	1.5~3
氧化镁陶瓷	3.0~3.6	160~280	60~80	780	13.5
氧化铍陶瓷	2.9	150~200	97~130	800~1620	9.5
氧化锆陶瓷	5.5~6.0	1000~1500	140~500	1440~2100	4.5~11

2. 典型高温陶瓷简介

1）氧化铝陶瓷

氧化铝陶瓷是一种以α氧化铝为主晶相的陶瓷材料，氧化铝含量一般为75%~99.9%，通常习惯以氧化铝的含量来分类。氧化铝的含量在75%左右称为"75瓷"，含量在85%左右称作"85瓷"，含量在99%左右称作"99瓷"，含量在99%以上的称作刚玉瓷或纯刚玉瓷。

氧化铝陶瓷的性能及应用见表12-2。图12-2所示为氧化铝陶瓷的典型产品。

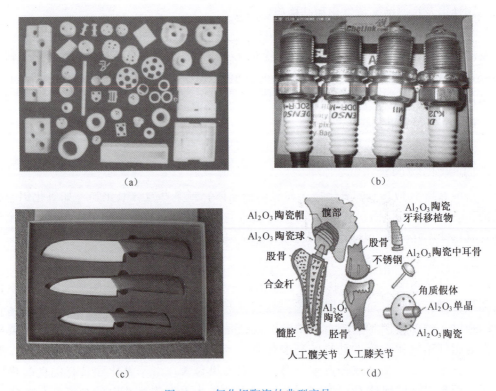

图12-2 氧化铝陶瓷的典型产品
（a）氧化铝装置瓷；（b）氧化铝火花塞；（c）氧化铝刀具；（d）生物材料。

表 12-2 氧化铝陶瓷性能及应用

性　能	用　途
高温机械强度高	用于装置瓷和其他机械构件的制造
电阻率高，电绝缘性好	用于各种基板、管座、火花塞和电路外壳等的制造
硬度高，优良的抗磨损性	用于刀具、磨轮、磨料、拉丝模、挤压模、轴承等的制造
熔点高，抗腐蚀	用于耐火材料、炉管、热电偶保护套等的制造
化学稳定性好	用于人体关节、人工骨等生物陶瓷材料的制造
光学特性	用于高压钠灯及其他新型的灯具，如钾灯、铷灯、铯灯、金属卤化物灯等的制造

2）氧化锆陶瓷

氧化锆陶瓷是新近发展起来的仅次于氧化铝陶瓷的一种很重要的陶瓷，因而越来越受到人们的重视。纯净的 ZrO_2 为白色粉末，含有杂质时略带黄色或灰色。氧化锆有 3 种晶相，分别为单斜晶相、四方晶相和立方晶相。

氧化锆陶瓷的性能应用见表 12-3。图 12-3 所示为氧化锆陶瓷的典型产品。

表 12-3 氧化锆陶瓷的性能应用

性　能	应　用
耐磨性最好	作为磨介，在涂料等行业中广泛应用
硬度高、耐磨性好	用于刀具的制造
耐腐蚀、耐磨性好	用于阀类零件的制造
耐磨性好，硬度高	用于个人用品，如表带、表壳等的制造
光学性能	光纤连接器用陶瓷的制造
生物相容性	生物应用，如人工牙齿

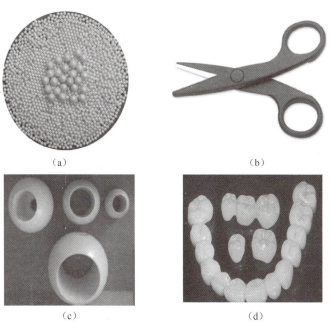

图 12-3　氧化锆陶瓷的典型产品
(a) 磨球；(b) 刀具；(c) 球阀；(d) 人造牙齿。

3）氮化硅陶瓷

氮化硅陶瓷是一种先进的工程陶瓷材料。该陶瓷于19世纪80年代发现，20世纪50年代获得较大规模发展。中国是在70年代初开始研究，到80年代中期已取得一定成绩。

该材料具有高的室温和高温强度、高硬度、耐磨蚀、抗氧化性和良好的抗热冲击及机械冲击性能，被材料科学界认为是结构陶瓷领域中综合性能优良、最有希望替代镍基合金在高科技、高温领域中获得广泛应用的一种新材料。

氮化硅陶瓷的性能应用见表12-4。图12-4所示为氮化硅陶瓷的典型产品。

表12-4　氮化硅陶瓷的性能应用

性　　能	应　　用
高硬度、高强度、高耐热性和抗氧化性	用于陶瓷刀具的制造
耐高温、耐腐蚀、绝缘、自润滑性能好	用于陶瓷轴承的制造
高温强度、低热传导率	用于陶瓷发动机的制造
耐化学腐蚀	用于球阀、高温密封阀、各类水泵的密封件的制造
电绝缘性和透波性好及抗热震性能好	用于雷达天线罩和火箭喷嘴和涡轮叶片的制造

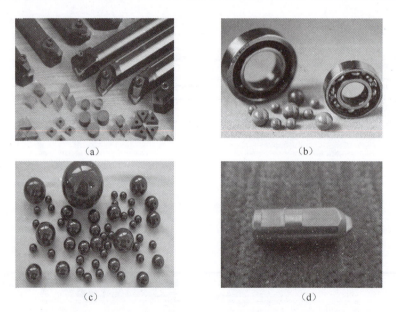

图12-4　氮化硅陶瓷的典型产品
（a）陶瓷刀具；（b）轴承；（c）耐腐蚀陶瓷球；（d）喷油嘴

4）氮化铝陶瓷

氮化铝是共价键化合物，属于六方晶系，呈白色或灰白。氮化铝在2450℃下分解，在2000℃以内的高温非氧化气氛中，稳定性很好，抗热震性也好。氮化铝陶瓷的性能应用见表12-5。图12-5所示为氮化铝陶瓷的典型产品。

表 12-5　氮化铝陶瓷的性能及应用

性　　能	用　　途
高的高温强度，膨胀系数小，导热性能好	用于高温构件和热交换器材料的制造
透光性强	作半透明陶瓷材料使用
耐金属和合金的溶蚀	用于金属熔炼的坩埚、电热偶保护管、浇铸模具的制造
非氧化性气氛中耐高温性能好	耐热砖、耐热夹具，特别适合作 2000℃ 非氧化电炉的炉衬材料
高的热导率和绝缘电阻特性	应用于大规模集成电路基板

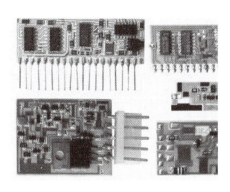
(a)

(b)

图 12-5　氮化铝陶瓷的典型产品
(a) 集成电路板；(b) 氮化铝陶瓷基片。

5）赛隆陶瓷

赛隆陶瓷是 Si_3N_4-Al_2O_3-AlN-SiO_2 系列化合物的总称。β-Si_3N_4 晶格中部分 Si 和 N 被 Al 和 O 取代形成置换型固溶体，保留着 β-Si_3N_4 的结构，但晶胞尺寸增大，形成了由 Si-Al-O-N 元素组成的一系列相同结构的物质，将组成元素排列起来，便作为此新陶瓷的命名。赛隆陶瓷的性能应用见表 12-6。

表 12-6　赛隆陶瓷的性能及应用

性　　能	用　　途
硬度高，耐磨性好	用于轴承、密封件及定位销材料使用
良好的高温力学性能	用于制造热机材料、刀具的制造
光学性能	用于高压钠灯的制作
生物相容性	应用于人工关节

6）碳化硅陶瓷

碳化硅（SiC）俗称金刚砂，又称碳硅石，是一种典型的共价键结合的化合物，自然界几乎不存在。由于 SiC 陶瓷高温强度大，高温蠕变小，硬度高、耐磨、耐腐蚀、耐氧化以及热稳定性好，所以它是 1400℃ 以上良好的高温结构陶瓷材料，在许多领域都有广泛的应用。在航天、航空上主要用于发动机燃料燃烧构件方面（涡轮增压器转子、燃气轮机叶片以及火箭喷嘴）。

碳化硅陶瓷的性能应用见表 12-7。图 12-6 所示为碳化硅陶瓷的典型产品。

表 12-7 碳化硅陶瓷的性能及应用

应用领域	使用环境	用途	性能
石油工业	高温、高液压、研磨	用于喷嘴、轴承、阀片的制造	耐磨
化学工业	强酸、强碱、高温、氧化	用于密封、轴承、泵零件、热交换器、热电偶套管的制造	耐磨、耐蚀、气密性、耐高温腐蚀
汽车、飞机、火箭	发动机燃烧	用于燃烧器部件、火箭喷嘴的制造	低摩擦、高强度、耐热震
机械、矿业	研磨	用于喷砂嘴、内衬、泵零件的制造	耐磨
造纸工业	纸浆	用于密封套、轴承、成型板的制造	耐磨、耐蚀、低摩擦
热处理、熔炼钢	高温气体	用于热偶套管、热交换器、燃烧元件的制造	耐热、耐蚀、气密性
核工业	含硼高温水	用于密封轴套的制造	耐辐射
微电子工业	大功率散热	用于封装材料、基片的制造	高热导、高绝缘
其他	加工成型	用于拉丝成型模的制造	耐磨、耐蚀

(a)　　　　　　　　　　　(b)

图 12-6 碳化硅陶瓷的典型产品
(a) 碳化硅电热板；(b) 碳化硅喷嘴。

7) 碳化硼陶瓷

碳化硼（B_4C）为黑色粉末状，莫氏硬度 9.3，是仅次于金刚石和立方 BN 的最硬的材料，所以具有非常高的研磨能力，其研磨能力超过 SiC 的 50%，比刚玉粉高 1~2 倍。碳化硼陶瓷的性能应用见表 12-8。图 12-7 所示为碳化硼陶瓷的典型产品。

表 12-8 碳化硼陶瓷的性能及应用

性能	用途
超高硬度	用于喷砂嘴的制造
耐磨性好	用于制造机械密封环、轴承、车轴
超硬、密度小	应用于轻型防弹材料，做防弹衣或防弹装甲的制造

(a) (b)

图 12-7 碳化硼陶瓷的典型产品
(a) 碳化硼喷砂嘴；(b) 防弹材料。

12.2 高分子材料

以相对分子质量很大（一般在 1000 以上）的高分子化合物为主要组分的材料称为高分子材料。高分子化合物的原子量很大，原子数很多，但其化学组成并不复杂。高分子化合物都是由一种或几种简单的低分子化合物重复连接而成。由低分子化合物到高分子化合物的转变称为聚合，聚合前的低分子化合物称为单体。因此高分子化合物也称为聚合物或高聚物。高分子材料有塑料、涂料、纤维、胶黏剂、合成橡胶等。

12.2.1 工程塑料

塑料是以天然或合成树脂为主要成分，在一定温度、压力条件下经塑制成型，并在常温下能保持形状不变的高分子材料。按塑料应用范围分为通用塑料和工程塑料两种。

通用塑料是指产量大（占总产量的 75% 以上）、用途广、通用性强、价格低的一类塑料，主要制作生活用品、包装材料和一般小型零件。

工程塑料是指强度、模量和韧性等性能较高，且具有较高的使用温度和较长的使用寿命，可代替金属作结构材料使用的塑料，常被用作工业零件或外壳材料。

1. 工程塑料的组成

1）基质材料

工程塑料的基质材料是各种树脂（包括热固性树脂和热塑性树脂）。

2）添加剂及其作用

（1）填料。填料是用来改善某些物理性能或力学性能，有时填料的使用主要是为了降低材料的造价。填料有粒子状、纤维状、薄片状等。

（2）增强剂。增强剂主要是用来改善力学性能，有时也伴随着改善材料的其他性能。

（3）增塑剂。增塑剂是用来改善塑料的塑性，增加成型加工时的流动性，降低制品的脆性，改善塑料耐寒性的一种助剂。增塑剂的主要功能是通过在聚合物分子间起间隔作用，使不同分子链间的距离增大，从而使分子链旋转需要的能量降低，在低于分解温度时聚合物变得可以流动。增塑剂使工程塑料的软化温度、熔融温度和玻璃化转变温度均降低，使熔体的黏度降低，便于塑料的成型加工，改善塑料的耐寒性、柔韧性等。要求增塑剂挥发性小，与树脂的相容性好。

（4）固化剂。加入到热固性塑料配方中，可以使树脂分子链间产生交联反应，形成三维网状或立体结构大分子的一种助剂。

（5）稳定剂。加入到塑料配料中，能改善树脂的热稳定性、耐光性等性能。

除了以上助剂外，还有着色剂、发泡剂、抗静电剂等。不是每种塑料都要加入上述全部助剂，而是根据塑料品种和使用要求加入所需要的某些助剂。

2. 工程塑料的分类

（1）按聚合物结构单元和重复单元特征可分为聚酯、聚芳杂环化合物、聚酰胺、聚醚和含氟塑料5类。

（2）按长期连续使用温度可分为：①通用工程塑料，包括聚酰胺、聚碳酸酯、聚甲醛、聚苯醚和热塑性聚酯；②特种工程塑料，包括聚酰亚胺、聚砜、聚苯硫醚、聚醚、聚苯酯、聚芳酯等。

（3）按树脂受热时的行为分为热塑性塑料和热固性塑料。

热塑性塑料的分子结构主要是链状的线型结构，其特点是加热时软化，可塑造成型，冷却后则变硬，此过程可反复进行，其基本性能不变。这类塑料有较高的力学性能，且成型工艺简便，生产率高，可直接注射、挤出、吹塑成形，但耐热性、刚性较差，使用温度<120℃。

热固性塑料的分子结构为体型，其特点是初加热时软化，可塑制成型；冷凝固化后成为坚硬的制品，若再加热，则不软化，不溶于溶剂中，不能再成型。这类塑料具有抗蠕变性强，受压不易变形，耐热性较高等优点，但强度低，成型工艺复杂，生产率低。

3. 工程塑料的特性

（1）质量小、相对密度小。工程塑料的相对密度一般为 1.0~2.0，远低于金属，可替代一些传统的金属材料，减轻自重，用于航空飞行器、车辆等领域。

（2）较高的比强度。用玻璃纤维、碳纤维等纤维增强，可以大大提高抗张强度，拉伸强度与相对密度的比值一般为 1500~1700，甚至高达 4000（钢 1600，铝 1500）。

（3）突出的耐磨和自润滑性能。工程塑料摩擦零件，与耐磨金属零件相比，磨耗量低于 1:5。

（4）优良的力学性能。在较宽的温度范围内，许多工程塑料，尤其是增强的工程塑料有优异的抗冲击和耐疲劳性能。

（5）优良的电绝缘性。几乎所有工程塑料都有优良的电绝缘性和耐电弧的特性，可以跻身优良绝缘材料行列。

（6）化学稳定性。对酸、碱和一般有机溶剂都有很好的抗腐蚀性。

（7）较好的制件尺寸稳定性。

（8）有较高的耐热性。一般的工程塑料在不同玻璃纤维增强时，UL（Underwriter

Laboratories Inc.）长期连续使用温度都超过 100℃，特种工程塑料的指标一般都超过 150℃。

（9）优良的吸振、消声和对异物的埋没性能。工程塑料作为运动零部件使用时，没有金属撞击的噪声，有优良的吸振消声性能。

（10）良好的加工性能。工程塑料可以在较低的温度下（通常 400℃ 以下），采用注塑、挤出、吹塑等方法进行加工，制品可采用机械方法再加工，尺寸稳定，成品的互换性强，模具费用低，与加工金属相对，可节省能耗 50% 左右，而且缩短工时，成品率高。

常用的工程塑料的物理力学性能见表 12-9、表 12-10。

表 12-9 常用的工程塑料的物理力学性能（一）

性能指标	塑料名称及代号				
	聚酰胺（尼龙）-66	丙烯腈-丁二烯-苯乙烯	聚砜	聚甲醛（均聚）	聚甲醛（共聚）
	PA-66	ABS	PSU	POM	POM
密度 /(g·cm^{-3})	1.14~1.15	1.03~1.06	1.24~1.61	1.42~1.43	1.41~1.43
吸水率/%	1.5	0.20~0.25	0.3	0.20~0.27	0.22~0.29
抗拉强度/MPa	57~83	21~63	66~68	58~70	62~68
拉伸模量/GPa	—	1.8~2.9	2.5~4.5	2.9~3.1	2.8
断后伸长率/%	40~270	23~60	2~550~100	15~75	40~75
抗压强度/MPa	90~120	18~70	276	122	113
抗弯强度/MPa	60~110	62~97 (1.8~3.0GPa)	99~106 (2.7~5.2GPa)	98 (2.9GPa)	91~92 (2.6GPa)
硬度 HR/HBW	10~118HRR	62~121HRR	69~74HRM	118~120HRR 80~94HRM	120HRR 78~84HRM
成型收缩率/%	1.5~2.2	0.3~0.6	0.4~0.7	2.0~2.5	2.0~3.0
连续耐热温度/℃		130~190		121	80

表 12-10 常用的工程塑料的物理力学性能（二）

性能指标	塑料名称及代号					
	聚碳酸酯	聚氯醚	聚酚氧	聚对苯二甲酸乙二（醇）酯	聚对苯二甲酸丁二（醇）酯	聚四氟乙烯
	PC			PETP	PBTP	PTFE
密度/(g·cm^{-3})	1.18~1.2	1.40	1.17~1.18	1.37~1.38	1.30~1.55	2.1~2.2
吸水率/%	0.2~0.3	0.01	0.13	0.08~0.09	0.03~0.09	0.01~0.02
抗拉强度/MPa	60~88	42~56	55~70	57	52.5~65	14~25

续表

性 能 指 标	塑料名称及代号					
	聚碳酸酯	聚氯醚	聚酚氧	聚对苯二甲酸乙二（醇）酯	聚对苯二甲酸丁二（醇）酯	聚四氟乙烯
	PC			PETP	PBTP	PTFE
拉伸模量/GPa	2.5~3.0	1.1	2.4~2.7	2.8~2.9	2.6	0.4
断后伸长率/%	80~95	60~130	50~100	50~300		250~500
抗压强度/MPa		66~76				
抗弯强度/MPa	94~130	54~78	83~110（2.3~2.8GPa））	84~117	83~103（2.2GPa）	18~20
硬度 HR/HBW	68~86HRM	100HRM	118~123HRR	68~98HRM	118HRR	50~65 HSD
成型收缩率/%	0.5~0.8	0.4~0.6	0.3~0.4		1.5~2.5	1~5（模压）
无负荷最高使用温度/℃	121			79	138	288
连续耐热温度/℃	120		65~80			

4. 常用工程塑料及应用

1）聚酰胺（俗称尼龙）

聚酰胺是指分子主链上交替出现酰胺基团（-NHCO-）的聚合物。英文为Polyamide，缩写为PA。具有很高机械强度，软化点高，耐热，摩擦系数低，耐磨损，自润滑性，吸震性和消音性，耐油，耐弱酸，耐碱和一般溶剂，电绝缘性好，有自熄性，无毒，无臭，耐候性好，染色性差等优点。缺点是吸水性大，影响尺寸稳定性和电性能，纤维增强可降低树脂吸水率，使其能在高温、高湿下工作。尼龙与玻璃纤维亲合性十分良好。

聚酰胺被广泛用于汽车及交通运输业，典型的制品有泵叶轮、风扇叶片、阀座、衬套、轴承、各种仪表板、汽车电器仪表、冷热空气调节阀等零部件，大约每辆汽车消耗尼龙制品达3.6~4kg。聚酰胺在汽车工业的消费比例最大，其次是电子电气领域。

2）聚碳酸酯

聚碳酸酯是一类分子主链中含有-[O-R-O-CO]-链节的高分子化合物及以它为基质而制得的各种材料的总称，其英文名Polycarbonate，简称PC。具有良好的耐热性和耐寒性，热变形温度高达130℃，且受负荷大小影响不大，可在-100~130℃长期使用且有较好的热导率及比热容，其突出的特点是具有优异的抗冲击性和尺寸稳定性，而且无色透明，具有良好透光性。但耐疲劳性和耐磨性较差，易产生应力开裂，而且材料表面硬度较低，耐磨性也不太好。

聚碳酸酯被广泛用于各种安全灯罩、信号灯，体育馆、体育场的透明防护板，采光玻璃，高层建筑玻璃，汽车反射镜、挡风玻璃板、飞机座舱玻璃，摩托车驾驶安全帽。用量最大的市场是计算机、办公设备、汽车、替代玻璃和片材，CD和DVD光盘是最有潜力的市场之一。

3）聚甲醛

聚甲醛是继聚酰胺之后一种综合性能优良的工程塑料，是五大通用工程塑料之一。在国外有"夺钢""超钢"之称。具有很高的硬度和刚性，高的抗蠕变和应力松弛能力，优良的耐磨性；优良的电绝缘性，耐溶剂性和加工性；结晶度高，着色性好，尺寸稳定，吸水率极小。热分解温度较低（235～240℃），是热敏性塑料；有着良好的耐溶剂、耐油类、耐弱酸、弱碱等性能，但耐候性、耐射线辐照性不好。

聚甲醛以低于其他许多工程塑料的成本，正在替代一些传统上被金属所占领的市场，如替代锌、黄铜、铝和钢制作许多部件，已经被广泛应用于电子电气、机械、仪表、日用轻工、汽车等领域。

4）聚苯醚

聚苯醚是由2,6-二取代基苯酚经氧化偶联聚合而成的热塑性树脂。具有低的线膨胀系数和吸水率，硬而韧，很高的强度和模量和突出的蠕变性；较高的耐热性，玻璃化转变温度为210℃，热分解温度可达到350℃，热变形温度为190℃，其最高连续使用温度在120℃；拥有优良的耐水性和耐化学介质性能，电绝缘性优异，不受湿度影响。

主要用于代替不锈钢制造外科医疗器械。在机电工业中可制作齿轮、鼓风机叶片、管道、阀门、螺钉及其他紧固件和连接件等，还用于制作电子、电气工业中的零部件，如线圈骨架及印制电路板等。

5）聚酰亚胺

聚酰亚胺（PI）是一类大分子主链上具有酰亚胺环的芳杂环聚合物，是目前工程塑料中最耐热的品种之一。具有很高的耐热性，短时间内可耐温490℃，长时间可以耐温290℃；具有很好的耐磨损性和摩擦性，很好的电绝缘性、化学惰性、耐辐射性，低温稳定性和阻燃性，但其加工困难，价格高。

在航天、航空、军用品等尖端技术领域，已用作B-2隐身轰炸机的机身基材，部分氟化的PI树脂已应用于新一代战斗机的装置上，如舷窗、机头部部件、座椅靠背、内壁板等；在汽车工业，可作为高温连接件、高功率车灯和指示灯、控制汽车外部温度的传感器（空调温度传感器）和控制空气和燃料混合物温度传感器（有效燃烧温度传感器）、耐高温润滑油侵蚀的真空泵叶轮、非照明用的防雾灯的反光镜等；在医疗卫生领域，外科手术器械的手柄、托盘、夹具、假肢、医用灯反光镜和牙科用具等。

6）聚砜

聚砜是主链上含有砜基和芳环的高分子化合物。刚性和韧性好，可在−100～150℃的温度范围内长期使用；抗蠕变性能优良，可耐酸耐碱、耐盐溶液的腐蚀，耐离子辐射，无毒、绝缘性和自熄性好且容易成型加工。

在机械行业，可用于制作电动机罩、齿轮；在电子电器行业可用于制作电视机和计算机的集成线路板、印制线路板底板等；在医疗器械领域可用于制作外科手术工具盘、喷雾器、心脏阀、起搏器、防毒面罩。

7）氟塑料

凡分子链中含有氟原子的塑料，统称氟塑料。最常用的是聚四氟乙烯塑料。

聚四氟乙烯的摩擦因数小，有着优异的耐高、低温性，长时工作范围宽，同时具有优异的介电和电绝缘性,且不受电场频率的影响,作为塑料之王,其耐化学试剂及耐溶剂性好,另外它不能燃烧;耐大气老化性优,光稳定,耐辐射。

氟塑料因其优异性能,被广泛应用在国民经济的各个领域,如可作化工防腐蚀管道及设备上的衬里和涂层、超纯物质的过滤材料、耐高低温的液压传递软管、耐各种苛刻环境的密封垫圈、各类无油润滑活塞环、无油烹调炊具的脱模涂层、人体血管及心肺脏器的代用品等。

5. 工程塑料的成型工艺和设备

1) 注射成型

注射成型又称注射模塑,是通过注射机来实现的工程塑料生产的一种重要方法。其成型原理如图12-8所示。

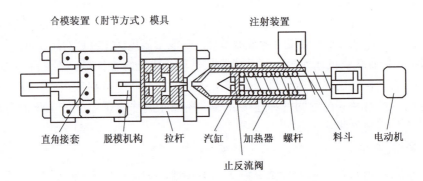

图12-8 注射成型原理

注塑成型过程是首先将准备好的塑料加入注塑机的料斗,然后送进加热的料筒中,经过加热熔融塑化成黏流态塑料,在注塑机的柱塞或螺杆的高压推动下经喷嘴压入模具型腔,塑料充满型腔后,需要保压一定时间,使塑件在型腔中冷却、硬化、定型,压力撤消后开模,并利用注塑机的顶出机构使塑件脱模,最后取出塑件。

注射成型的成型周期短,能一次成型外形复杂、尺寸精度高、带有金属或非金属嵌件的塑件;对成型各种塑料的适应性强。目前,除氟塑料外,几乎所有的热塑性塑料都可用此种方法成型,某些热固性塑料也可采用注塑成型;生产效率高,易于实现自动化生产;不过注塑成型所需设备昂贵,模具结构复杂,制造成本高,所以注塑成型特别适合大批量生产。

2) 挤出成型

挤出成型也称挤出模塑,常用来生产管材、棒材、片材、板材以及薄膜等。一条挤出生产线包括挤出成型机、挤出模具、冷却定型装置、牵引装置、切割或卷取装置及控制系统。挤出成型是将熔融的塑料自模具内以挤压的方式往外推出,而得到与模口相同几何形状的流体,冷却固化后,得到所要的零件。挤出成型原理如图12-9所示。

挤出成型工艺过程指将熔融的塑料自模具内以挤压的方式往外推出,而得到与模口相同几何形状的流体,冷却固化后,得到所要的零件的整个过程,其包括原料的准备、挤出成型过程、塑件的定型与冷却及塑件的牵引、卷取或切割4个步骤。其中原料的准备指将塑料原料干燥、去杂质处理;挤出成型包括挤出机预热、加入塑料、熔融塑化及由机头挤出成型等过程；最后经过冷却定型及牵引得到塑料制品。

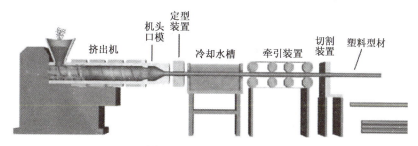

图 12-9　挤出成型原理

3）压缩模塑

压缩模塑又称模压成型或压制成型，是指粉粒状、纤维状的塑料原料置于成型温度的型腔中，经过合模加压，固化成型的一种塑料成型方法。成型原理如图 12-10 所示。

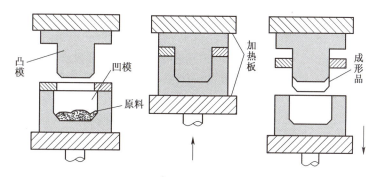

图 12-10　压缩成型原理

模压过程包括加料、合模、排气、保压和固化及脱模 5 个部分，其中加料是采用合理的方法确定加料量；合模指加料后即可合模，合模时间一般从几秒到几十秒不等；排气是合模后加压至一定压力，立即卸压，凸模稍微抬起，连续 1~3 次；保压和固化指在成型压力与温度下保持一定的时间，使交联反应进行到要求的程度；脱模指塑件采用推出机构机自动推出或模外手动推出的方法脱离模具。

模压成型的特点是塑料直接加入型腔，加料腔是型腔的延伸，模具是在塑件最终成型时才完全闭合，压力通过凸模直接传给塑料，操作简单，模具结构简单，生产周期长、效率低。

4）中空成型

中空成型源于古老的玻璃吹瓶工艺，也称吹塑成型，常用来成型包装容器（如各种瓶、桶、箱）。将预先加热至半熔态的管状或片状的塑料坯料送入打开的模具内，然后闭合模具，利用通入的压缩空气，使坯料按模具的内腔形状进行变形，冷却后打开模具，即可取出已成型的塑料制品。吹塑成型适用于制作中空壁薄件及薄膜等。

5）冷压烧结成型

大多数氟塑料熔体在成型温度下具有很高的黏度，事实上是很难熔化的，所以虽说是热塑性塑料，但却不能用一般热塑性塑料的方法成型，只能以类似粉末冶金烧结成型的方法，通称冷压烧结成型。成型时，先将一定量的含氟塑料（大都为悬浮聚合树脂粉料）放入常温下的模具中，在压力作用下压制成密实的形坯（又称锭料、冷坯或毛坯），然后送至烘室内进行烧结，冷却后即成为制品。

6) 真空成型

真空成型也称为吸塑。成型时，将热塑性塑料板（片）材夹持起来，固定在模具上，用辐射加热器加热，加热到软化温度时，用真空泵抽去板（片）材和模具之间的空气，在大气压力作用下，板（片）材拉伸变形，贴合到模具表面，冷却定型后成为塑件。

12.2.2 透明材料

透明高分子材料是指在日常光照中透光率在80%以上的高分子材料。此类材料以其特有的光学性能，在光学部件、包装、建筑、医疗用品、光导纤维和光盘材料等领域得到广泛应用。

1. 透明高分子材料的光学特性

透明高分子材料的光学性能主要有透光率、雾度、折射、双折射和色散等。

（1）透光率。透光率是指透明材料的光通量与入射到材料表面上的光通量之百分率，它是表征透明高分子材料透明程度的一个重要性能指标。一种高分子材料的透光率越高，其透明性就越好。

（2）雾度。雾度又称浊度，是衡量一种透明或半透明材料不清晰或浑浊的程度，是材料内部或表面上的不连续性或不规则性所造成的，它和透光率是评定透明材料的两项主要指标。

（3）折光指数。当一束光线投射到透明材料，由于光在空气和材料这两种介质中传播速度不同便发生折射现象。材料折射的大小，可用折光指数表征，折光指数越大，材料的折射越大。透明高分子材料的折光指数大都在1.5左右，作为透镜使用的高分子材料，希望其折光指数大一点，折光指数越大，其厚度可相应减小。

（4）双折射。它是表征材料光学各向异性的物理量，即平行方向与垂直方向折射率的差值，双折射是产生图像歪影的直接原因。因此，要求光学透明高分子材料无双折射，双折射主要由聚合物的分子结构和分子取向所决定。

（5）色散。材料的折射率还与波长有关，即色散，用阿贝数表示。一般而言，材料的折光指数越大，阿贝数越小，色散越强。

2. 透明高分子材料的应用

光学透明高分子材料以其卓越的性能在不断拓宽它的应用领域和展示它广阔的应用前景，而且目前它在许多应用领域基本替代了无机光学材料。光学透明高分子材料主要应用在以下几个领域：

（1）作为建筑、装饰材料，用于透明屋顶、门窗玻璃、室内外装潢、灯具及广告。

（2）飞机和汽车等风挡及窗玻璃。

（3）作为透镜（包括非球面透镜、Fresnel透镜）、棱镜、反射镜、复制式衍射光栅等光学元件，用于照相机、望远镜、复印机、光盘镜头等光学器件中。如SONY公司和PHILIP公司在制作袖珍光盘上的回放物镜，过去需采用3片球面玻璃透镜，而现在改用非球面光学塑料透镜只要 1 片。

(4) 制作眼镜片和软性与硬性隐形眼镜（又名接触透镜）。如用轻度交联的聚甲基丙烯酸-2-羟乙酯或聚乙烯基吡咯烷酮等亲水性光学透明高分子水凝胶材料制作的软性隐形眼镜，能透水透气，附在角膜外面不影响眼内的新陈代谢，吸水后变软但不改变曲率半径，这种产品目前非常时髦。

(5) 与光电子技术相结合，用作光盘基板和光纤等。

3. 常见的透明高分子材料

1) 聚碳酸酯（PC）

聚碳酸酯透光率为 89%，雾度为 1%，其制品具有尺寸稳定性好、力学性能高、耐冲击等特点，可在 135℃ 长期使用，尤其是其折光指数为 1.586，高于聚甲基丙烯酸甲酯，属于较高的一种。其缺点是表面硬度低、不耐磨损，经紫外线或辐射线照射会变黄，另外双折射比 PMMA 和玻璃高，且双折射对加工成型条件的依赖性较大。

聚碳酸酯一直被用于对透明度和抗冲击强度要求较高的领域，如光学零部件、照明灯具、高速飞机座舱和风挡、激光唱片和数字多功能光盘（DVD）、镜片等。

2) 聚对苯二甲酸乙二醇酯（PET）

PET 是透明的高分子材料，其薄膜大量用于录音带、录像带基材，感光胶片和包装材料，近年来被广泛用于生产中空容器，它的缺点是耐热性差。近年来新推出的聚萘二甲酸乙二醇酯（PEN），作为一种透明材料引起了重视。由于 PEN 化学结构与 PET 相似，因此 PEN 比 PET 具有更优异的阻隔性（特别是阻隔氧气和紫外线）、耐热性（普通非晶态热变形温度达 100℃，而 PET 仅为 70℃）。

3) 聚甲基丙烯酸酯（PMMA）

PMMA 是 20 世纪 30 年代出现的透明塑料，透光率在 92% 以上，雾度 0.2%，具有双折射及对加工条件依赖性小的特点，力学性能和加工性能良好。它的缺点是耐热性低、韧性差，在使用中产生银纹和裂纹。

从 20 世纪 40 年代以来一直是制造飞机座舱窗玻璃的重要材料，此外还被用于制造光学透镜、光纤芯材、建筑物天窗和装饰板等，近年来被用作光盘基材料，仅次于 PC。

甲基丙烯酸甲酯与丁二烯、苯乙烯的共聚物（MBS）是一种冲击韧性很高的透明材料，用它与聚氯乙烯共混后冲击韧性和透明度都有所提高。抗冲击改性丙烯酸树脂，以其优异的光学性能、力学性能和加工性能成为新一代的透明塑料材料。

4) 聚苯乙烯（PS）

聚苯乙烯是一种高透明聚合物，透光率 90%，折射率 1.60，吸水率低，可以用来制造光学零件。但是其表面硬度低，脆性大，容易产生银纹和裂纹，使应用范围受到限制。苯乙烯与一些单体共聚可以改善其性能，并保持良好的透光性。

5) 聚乙烯和聚丙烯

它们都是结晶度高而透明度低的聚合物，只有无规聚丙烯是一种高透明材料，具有适当的硬度，已被大量用于制造一次性注射器。Dow 公司推出的用于生产高密度光盘的聚环己基烯（PCHE），其透光率已达到 91.85%，高于 PC 的 89.8%，并且比 PC 的吸水性低（仅为 PC 的 1/10），因此可省去模压前的脱水工序，尺寸稳定性更高，有望成为未来光盘市场有力的竞争者。

12.2.3 胶黏剂

通过界面的黏附和物质的内聚等作用，能使两种或两种以上的制件或材料连接在一起的天然的或合成的、有机的或无机的一类物质，统称为胶黏剂，又称为黏合剂，习惯上简称为胶。简而言之，胶黏剂就是通过粘合作用，能使被胶粘对象结合在一起的物质。胶黏剂是通用术语，包括其他一些胶水、胶泥、胶浆、胶膏等。

1. 胶黏剂的组成

胶黏剂的组成包括基料（又称为黏料）、固化剂、交联剂、促进剂、增韧剂、增塑剂等。应当指出，并非每种胶黏剂都含有上述各个成分，除了基料是必不可少之外，其他组分则视性能要求和工艺需要决定取舍。

1) 基料

主体高分子材料，是赋予胶黏剂胶粘性的根本成分。

2) 助剂

(1) 固化剂。固化剂是一种可使单体或低聚物变为线型高聚物或网状体型高聚物的物质，固化剂又称为硬化剂或熟化剂，有些场合称交联剂或硫化剂。固化剂对胶黏剂的性能有着重要的影响。对于某些类型的胶黏剂，如环氧树脂、酚醛树脂、脲醛树脂、三聚氰胺甲醛树脂、呋喃树脂等，固化剂是不可缺少的。

(2) 溶剂。溶剂是指能够降低某些固体或液体分子间力，而使被溶物质分散为分子或离子均一体系的液体。溶剂是溶剂型胶黏剂中不可缺少的组分。

(3) 增塑剂。增塑剂是一种能降低高分子化合物玻璃化温度和熔融温度，改善胶层脆性，增进熔融流动性的物质。

(4) 偶联剂。偶联剂就是分子两端含有性质不同基团的功能性化合物，其一端能与无机物表面反应，另一端则与有机物分子反应，以化学键的形式，在两种不同物质之间起着桥梁作用，从而改善了胶黏剂的表面性质，增加了界面粘合性能。

(5) 填料。在胶黏剂组分中不与主体材料起化学反应，但可以改变其性能，降低成本的固体材料称为填料。在胶黏剂中适当地加入填料，可相对减少树脂的用量，降低成本。同时也可改善物理机械性能。

(6) 其他助剂。除了以上助剂外，还有引发剂、促进剂、增稠和增韧剂、阻聚剂和稳定剂、稀释剂、络合剂和乳化剂、消泡剂等其他助剂。

2. 胶黏剂的分类

1) 按胶黏剂的主要黏料性质分类

(1) 无机物制成的胶有硅酸盐类、磷酸盐类、金属氧化物凝胶等。

(2) 有机物胶分为天然胶和合成胶：天然胶包括葡萄糖衍生物、氨基酸衍生物、天然树脂和沥青类；合成胶分为树脂型、橡胶型和混合型类合成胶。

2) 按胶的来源分类

(1) 天然胶黏剂。包括虫胶、淀粉糊、血料子、天然胶浆等。

（2）合成胶黏剂。分热固性树脂胶黏剂、热塑性树脂胶黏剂、橡胶胶黏剂和无机胶黏剂等，如环氧胶、丙烯酸胶、聚氨酯胶、酚醛胶、脲醛胶、有机硅胶、过氯乙烯胶、氯丁橡胶胶黏剂等。

3）按照胶黏剂的用途分类

按照胶黏剂的基本用途，可分为结构胶黏剂、非结构胶黏剂、特种胶黏剂等。结构胶黏剂黏结强度高、耐久性好，用来承受较大负荷的黏结；非结构胶黏剂用于次受力或非受力部位的黏结；特种胶黏剂满足特殊的需要，如耐高温、耐超低温、导电、导热、导磁、密封、水下、医疗、发泡等。

3. 常用胶黏剂介绍

1）环氧树脂胶黏剂

以环氧树脂作为基料加入固化剂和其他助剂组成的胶黏剂称为环氧树脂胶黏剂。环氧树脂胶黏剂黏结力大，黏结强度高，收缩率小，尺寸稳定，电性能优良，耐介质性好，易于改性，工艺性好，使用方便；但韧性不佳，脆性较大，耐热性较差。环氧树脂胶黏剂以其优异的综合性能，获得了十分广泛的应用，可以粘结金属，如钢、铝、铜、不锈钢、铅、镍以及各种合金等；还可以粘结陶瓷、玻璃、木材、纸板、塑料、混凝土、石材、竹材等非金属材料；同时也可进行金属与非金属异种材料间的黏结。

2）聚氨酯胶黏剂

聚氨酯胶黏剂是指在分子链中含有氨基甲酸酯基团（-NHCOO-）和/或异氰酸酯基（-NCO）的胶黏剂。低温和超低温性能特别优良，超过所有其他类型的胶黏剂。其胶合层可在-196℃，甚至-253℃下使用；具有良好的耐磨、耐水、耐油、耐溶剂、耐化学药品、耐臭氧及防霉菌等性能。但在高温、高湿下易水解而降低胶合强度。由于聚氨酯胶黏剂的优异性能，其在汽车、鞋用、包装、建筑、书籍装订等领域有着广泛的应用。

3）丙烯酸酯胶黏剂

以各种类型的丙烯酸酯为基料，经化学反应制得的胶黏剂。丙烯酸酯胶黏剂使用方便，可室温固化，固化速度快，胶层强度高，适用于粘结多种材料，是一种比较理想的胶黏剂。被广泛用于航天、航空、汽车、机械、舰船、电子、电器、仪表等行业的结构粘接、小件装配、大件组装、铭牌粘贴等。

4）酚醛树脂胶黏剂

以甲阶酚醛树脂作为基料再配以助剂得到的胶黏剂称为酚醛树脂胶黏剂。具有优异的胶接强度；较好的耐热、耐老化性；能耐水、耐化学介质和耐霉菌，特别是耐沸水性能；尺寸稳定性好；电绝缘性能优良。酚醛树脂胶黏剂可用于制造胶合板、纤维板和刨花板、建筑模板、集装箱板、复合地板、家具板、室内外多层板等；皮革加工及橡胶制品的非缝合线连接；航空及汽车工业中金属结构件（如蜂窝结构等）的黏结。

4. 胶黏剂的选用

选用胶黏剂时，主要考虑材料的种类、工作温度、受力条件以及工艺性等因素。常用材料适用的胶黏剂见表12-11。

表 12-11 常用材料使用的胶黏剂

胶黏剂	钢铁、铝	热固性塑料	硬聚氯乙烯	软聚氯乙烯	聚乙烯、聚丙烯	聚酰胺	聚碳酸酯	聚甲醛	ABS	橡胶	玻璃、陶瓷	混凝土	木料	皮革
α-氰基丙烯酸酯	良	良	可以	可以	可以	可以	良	—	良	良	良	—	—	—
聚氨酯	良	良	良	可以	可以	可以	良	良	良	良	可以	—	优	优
环氧：胺类固化	优	优	—	—	可以	—	良	良	可以	可以	优	良	良	可以
聚丙烯酸酯	良	良	可以	可以	—	—	良	—	可以	良	良	—	—	良
氯丁橡胶	可以	可以	可以	—	—	—	—	—	可以	优	良	—	良	优
环氧-丁腈	优	良	—	—	—	—	—	—	可以	良	—	—	—	—
酚醛-氯丁	良	—	—	—	—	—	—	—	—	优	—	可以	可以	—
酚醛-缩醛	优	优	—	—	—	—	—	—	—	可以	良	—	—	—
无机胶	可以	—	—	—	—	—	—	—	—	—	优	—	—	—
聚氯乙烯-醋酸乙烯	可以	—	良	优	—	—	—	—	—	—	—	—	良	可以

12.2.4 航空涂料

航空涂料是用于飞机上的涂料。按使用部位不同有飞机蒙皮涂料、飞机舱室涂料、飞机发动机涂料、飞机零部件涂料等。

1. 航空涂料的要求及种类

1）航空涂料的要求

航空器所使用的涂料，对温度的要求很高，在 1 万 m 高空飞机的机身温度往往达到 -60℃以下，而在发动机内部连续工作温度高达 500~700℃。

2）航空涂料的种类

（1）快干型涂料。应用最普遍的涂料，分为色料和清漆，耐热性 170℃以下，有着非常好的化学稳定性。通常作为底涂使用铬酸盐环氧底漆，外表面用脂肪族聚氨酯面漆，内表面用环氧面漆。

（2）烘干型涂料。飞机的发动机部位，只能用耐热烘干型涂料。有机硅耐热涂料可在 150~200℃连续使用，250℃间断使用，加入二氧化钛、铝粉等耐热填料后可耐 550~650℃，含陶瓷粉硅酸盐的有机硅涂料可耐受 780℃高温。

（3）特种型涂料。特种型涂料是应用于日益增多的新材料表面的涂料，如镁合金、玻璃钢、塑料和碳纤维增强工程塑料的表面涂料。

2. 航空涂料的发展现状及趋势

1）国际航空涂料发展

以飞机表面机身涂料为例，机身底、面漆一般为环氧聚氨酯底漆和聚氨酯型面漆。

除此之外，还有聚氨酯底漆，其中环氧聚氨酯底漆具有环氧的附着力和耐磨蚀性及聚氨酯的柔韧性、再涂性，与环氧底漆相比，它的优点是双组分活化期长，再涂性好，干膜厚 $0.4\sim0.5\mu m$，能减轻飞机机身的质量。有些机身体系在脱漆过程中发现比较难脱，所以在铝合金上用一道浸蚀底漆作第一道涂层，再使用防腐蚀用流体的聚氨酯作为二道底漆再覆盖聚氨酯面漆，优点是耐污性较好，且重修时脱漆性能也比较好。一些发达国家经多年开发，已研制出特种聚氨酯涂料，试用于民航客机表面涂装，使用10年，光泽仍能保持80%，并在欧洲地区用此特种漆试喷数架客机，如欧洲某航空公司飞机试飞16个月，空客飞机试飞10个月，光泽均无变化，而一般聚氨酯漆使用同样长时间，光泽由90%降至70%，由此可见，飞机如使用特种面漆，可延长重涂时间，节省时间。

2) 国内航空涂料发展

我国的航空工业自新中国成立之后经历了两个发展阶段。第一阶段是1965年至1975年，在这一阶段以合成型树脂为主，代表性涂料是丙烯酸树脂涂料。这类涂料的特点是单组分，干燥快，施工方便，涂层光热稳定性好，具有较稳定的性能，但耐油和耐化学介质的性能较差。第二阶段是20世纪80年代初期，开始研究固化型涂料，这类涂料形成体形结构，其典型代表为双组分固化聚氨酯涂料，其光色性能好，而且具有优良的耐水、耐油、耐雾、耐湿热和抗化学介质性能。

3) 航空涂料的发展方向

(1) 自干型涂料。北美某公司开发的自动底面分层聚氨酯涂料，达到或超过标准环氧底漆和聚氨酯面漆配套系的性能要求，应用于磷化处理的铝表面已受到好评。涂料无铅和铬，符合环保要求，实质上减少了涂装工作量和溶剂排放量，可制成伪装光泽到高光泽。美国某公司开发的单液型固化用聚氨酯底漆，其涂膜能随飞机振动而弯曲，以防止接近铆钉和其他高应力部位涂层的开裂，哪怕即使面漆层可能损坏时，底漆层也能继续保护底材。该底漆已应用于美国的大部分军用飞机。欧洲某涂料公司开发的飞机内用高固体环氧面漆得到麦道以及波音公司的认可。环氧聚氨酯底漆还符合一些国家的海军标准。一些特殊的环氧涂料则是用来保护飞机某些重要的部件，如起落架、镁齿轮箱体以及热交换器。在特殊应用方面是海洋环境下喷气发动机的空气进气装置。现在，经改进的环氧涂料符合环保要求。

(2) 烘干型涂料。美国某公司一个产品是有机硅加铝粉耐热涂料，连续工作温度为700℃，但是从环保的角度来讲不值得推广。所以一些新型环保涂料应运而生。如牌号为9983是一种加铝粉陶瓷涂料，它是由一种非硅酸盐材料在一定的周期形成瓷性基料，能在700℃以上防止热处理合金和钛材的腐蚀。耐腐水平比镀锌层还要优秀。通过一些简单抛光工艺，该涂层外观可以调整，色调从浅灰到浅银色。另一种涂料在1000℃固化，工作温度900℃，该特种涂料硬度非常之高，用于保护喷气发动机燃烧器喷嘴。还有一种水性硅酸盐无机涂料工作温度650℃，能在高温下长期浸渍于油、燃料、酯类润滑剂和液压流体中。有10种颜色，无铬颜料，可作为阻燃涂料，可以作为在200℃固化烘干涂料。

(3) 特种型涂料。钛钢是作为高温航空发动机的新型材料，但由于"α病症"的腐蚀形式而没有投入使用。某美国公司的一种能在800℃工作的涂料显著减少了这种腐蚀。

【励志园地1】

唯有自力更生　方能不受制于人

　　高分子材料广泛应用于国防军工、航空航天等国民经济的重要领域，我国在很多关键高分子材料领域中仍然存在很多亟待解决的"卡脖子"难题。早在2002年科技部就将深海载人潜水器研制列为国家高技术研究发展计划重大专项，并启动了"蛟龙"号载人深潜器的自行设计与研制工作，从2009年至2012年，"蛟龙"号接连取得1000m级、3000m级、5000m级和7000m级海试成功，并于2012年在马里亚纳海沟创造了下潜7062m的中国载人深潜纪录和世界同类作业型潜水器最大下潜纪录。然而，其中的关键材料之一，即固体浮力材料始终依赖国外进口。中国科学院理化技术研究所张敬杰研究员团队勇于接受研制任务，于2016年开始研制国产化的固体浮力材料。在团队多年研究的基础上，经过半年的艰苦努力，终于实现了高性能固体浮力材料的全面国产化，并最终应用于"万泉"号和"深海勇士"号载人潜水器，大大提升了我国在海洋，尤其是深海探测方面的国际地位。

12.3　复合材料

12.3.1　复合材料概述

　　由两种或两种以上化学成分不同或组织结构不同的物质，经人工合成获得的多相材料称为复合材料。自然界中，许多物质都可称为复合材料，如树木、竹子是由纤维素和木质素复合而成，动物的骨骼是由硬而脆的无机磷酸盐和软而韧的蛋白质骨胶组成的复合材料。人工合成的复合材料一般是由高韧性、低强度、低模量的基体和高强度、高模量的增强组分组成。这种材料既保持了各组分材料自身的特点，又使各组分之间取长补短，互相协同，形成优于原有材料的特性。通过对复合材料的研究和使用表明，人们不仅可复合出具有质轻、力学性能良好的结构材料，也能复合出具有耐磨、耐蚀、导热或绝热、导电、隔音、减振、吸波、抗高能粒子辐射等一系列特殊的功能材料。

　　继20世纪40年代的玻璃钢（玻璃纤维增强塑料）问世以来，近十几年出现了性能更好的高强度纤维，如碳纤维、硼纤维、碳化硅纤维、氧化铝纤维、氮化硼纤维及有机纤维等。这些纤维不仅可与高聚物基体复合，还可与金属、陶瓷等基体复合。这些高级复合材料是制造飞机、火箭、卫星、飞船等航空宇航飞行器构件的理想材料。现在，复合材料已经应用于各工业领域中，21世纪是复合材料大放光彩的时代。

1. 复合材料的命名及性能特点

1）复合材料的命名

根据基体材料和增强材料命名，复合材料的命名一般有以下3种情况：

（1）强调基体时则以基体材料的名称为主，如树脂基复合材料、金属基复合材料、陶瓷基复合材料等。

（2）强调增强体时则以增强体材料的名称为主，如碳纤维增强复合材料、玻璃纤维增强复合材料等。

（3）基体材料名称与增强体材料名称并用，习惯上把增强体材料的名称放在前面，基体材料的名称放在后面，如碳纤维/环氧树脂复合材料，玻璃纤维/环氧树脂复合材料。

国外还常用英文缩写来表示，如 MMC（metal matrix composite）表示金属基复合材料，FRP（fiber reinforced plastics）表示纤维增强塑料。

2）复合材料的性能特点

复合材料虽然种类繁多，性能各异，但不同类型的复合材料却有一些相同的性能特点。

（1）比强度和比模量高。强度和弹性模量与密度的比值，分别称为比强度和比模量（又称比刚度），它们是衡量材料承载能力的一个重要指标。比强度越高，在同样强度下，同一零件的自重越小；比模量越大，在质量相同的条件下零件的刚度越大。这对高速运动的机械及要求减轻自重的构件是非常重要的。表12-12列出了一些金属与纤维增强复合材料性能的比较。由表可见，复合材料都具有较高的比强度和比模量，尤其是碳纤维-环氧树脂复合材料。其比强度比钢高7倍，比模量比钢大3倍。

表12-12　金属与纤维增强复合材料性能比较

材　料	密度/($g \cdot cm^{-3}$)	抗拉强度/10^3MPa	弹性模量/10^5MPa	比强度/10^5($m \cdot kg^{-1}$)	比模量/10^8($N \cdot m \cdot kg^{-1}$)
钢	7.8	1.03	2.1	0.13	27
铝	2.8	0.47	0.75	0.17	27
钛	4.5	0.96	1.14	0.21	25
玻璃钢	2.0	1.06	0.4	0.53	20
高强碳纤维-环氧树脂	1.45	1.5	1.4	1.03	97
高模碳纤维-环氧树脂	1.6	1.07	2.4	0.67	150
硼纤维-环氧树脂	2.1	1.38	2.1	0.66	100
有机纤维PRO-环氧树脂	1.4	1.4	0.8	1.0	57
SiC纤维-环氧树脂	2.2	1.09	1.02	0.5	46
硼纤维-铝	2.65	1.0	2.0	0.38	75

（2）良好的抗疲劳性能。由于纤维增强复合材料特别是纤维-树脂复合材料对缺口应力集中敏感性小、而且纤维和基体界面能够阻止疲劳裂纹扩展和改变裂纹扩展方向，因此复合材料有较高的疲劳极限。实验表明，碳纤维增强复合材料的疲劳极限可达抗拉强度的70%～80%，而金属材料的只有其抗拉强度的40%～50%。

（3）破断安全性好。纤维复合材料中有大量独立的纤维，平均每平方厘米面积上有几千到几万根。当纤维复合材料构件由于超载或其他原因使少数纤维断裂时，载荷就会重新分配到其他未破断的纤维上，因而构件不致在短期内突然断裂，故破断安全性好。

（4）优良的高温性能。大多数增强纤维在高温下仍能保持高的强度，用其增强金属和树脂基体时能显著提高它们耐高温性能。例如，铝合金的弹性模量在400℃时大幅度下降并接近于零，强度也明显降低。但经碳纤维、硼纤维增强后，在同样温度下强度和弹性模量仍能保持室温下的水平，明显起到了增强高温性能的作用。几种增强纤维的强度随温度的变化关系如图12-11所示。

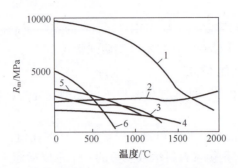

图12-11 几种增强纤维的强度随温度的变化关系
1—氧化铝晶须；2—碳纤维；3—钨纤维；4—碳化硅纤维；5—硼纤维；6—钠玻璃纤维。

（5）减振性好。因为结构的自振频率与材料的比模量平方根成正比，而复合材料的比模量高，其自振频率也高。这样可以避免构件在工作状态下产生共振，而且纤维与基体界面能吸收振动能量，即使产生了振动也会很快地衰减下来，所以纤维增强复合材料具有很好的减振性能。例如，用尺寸和形状相同而材料不同的梁进行振动试验时，金属材料制作的梁停止振动的时间为9s，而碳纤维增强复合材料制作的梁只需2.5s。

2. 复合材料的物理相

对于复合材料来说，有基体、增强体及界面3种重要的物理相。通常有一相为连续相，称为基体；另一相为分散相，称为增强材料。分散相是以独立的形态分布在整个连续相中的，两相之间存在着相界面。分散相可以是增强纤维，也可以是颗粒状或弥散的填料。其中基体有聚合物、金属、陶瓷及碳素4种，常用的聚合物基体材料及特点见表12-13、表12-14，常用的金属基体材料的性能及用途见表12-15。常用的陶瓷基体有玻璃、玻璃陶瓷、氧化物陶瓷、非氧化物陶瓷。常用的碳素基体有热解碳和树脂碳两类。

表12-13 常用热固性树脂基体材料及特点

树 脂	定 义	优 点	缺 点	固 化 剂
不饱和聚酯	分子链含有不饱和键的聚酯高分子	常压常温固化，综合性能好，价格低	体积收缩率大，毒性大，力学性能较低	苯乙烯
环氧树脂	分子中含有两个或以上环氧基的高分子	力学性能、耐化学性能、电性能优良	耐候性差，耐高温性较低	胺类和酸酐类
酚醛树脂	由苯酚和过量甲醛缩聚得到的高分子化合物	耐热、耐腐蚀性好，价格低	成型压力高，空隙含量高，性脆	六亚甲基四胺和三聚氰胺

第12章　非金属材料

表 12-14　常用热塑性树脂基体材料及特点

树　脂	定　义	性　能
聚酰胺	具有许多重复的酰胺基的一类线型聚合物的总称	耐磨性和润滑性好
聚碳酸酯	由光气和双酚A及双酚A与碳酸二苯酯得到的高分子化合物	抗蠕变性好，尺寸稳定，很好的抗冲击性能
聚砜	大分子主链上含有—SO_2—和芳环的高分子化合物	耐高温性好，抗氧化性好

表 12-15　常用金属基体的性能及用途

金　属	性　能	用　途	使用温度
铝及铝合金	密度小，强度高	飞机的机身、蒙皮、压气机等	450℃以下
镁及镁合金	密度小，强度高，抗震减噪性好	飞机轮毂、摇臂、襟翼、舱门和舵面等	450℃以下
钛合金	强度高，耐蚀性好，耐热性好	飞机发动机压气机部件，其次为火箭、导弹和高速飞机的结构件	450~700℃
镍合金	抗氧化，耐高温性好	航空发动机叶片和火箭的高温零件	1000℃以上

增强体主要指玻璃纤维、碳纤维和芳纶纤维等增强纤维，如玻璃纤维无捻粗纱、玻璃纤维布及玻璃纤维毡等。

界面是指基体与增强物之间化学成分有显著变化的、构成彼此结合的、能起载荷传递作用的微小区域。界面的状态和强度也在很大程度上影响复合材料最终的力学性能，界面的机能如下：

（1）传递效应。界面能传递力，起到基体和增强物之间的桥梁作用。

（2）阻断效应。结合适当的界面以阻止裂纹扩展、中断材料破坏。

（3）不连续效应。在界面上产生物理性能的不连续性和界面摩擦出现的现象，抗静电性、电感应性、磁性、耐热性、尺寸稳定性等。

（4）散射和吸收效应。光波、声波、热弹性波、冲击波等在界面产生散射和吸收，如透光性、隔热、隔音性。

（5）诱导效应。增强物的表面结构使聚合物基体与之接触的物质的结构由于诱导作用而发生改变，由此产生一些现象，如强的弹性、低的膨胀性、耐冲击性和耐热性等。

3. 复合材料的分类

复合材料的种类繁多，分类方法也不尽统一。复合材料可由金属材料、高分子材料和陶瓷材料中任两种或几种制备而成。常见的分类方法如图 12-12 所示。

普通玻璃纤维、合成或天然纤维等增强的普通高分子复合材料为常用复合材料。以碳、芳纶、陶瓷等纤维、晶须等高性能增强材料与耐高温聚合物、金属、陶瓷和碳等组合成的复合材料为先进复合材料。

结构复合材料是用于结构零件的复合材料，常见的是纤维增强聚合物基复合材料。功能复合材料是指具有特种物理或化学性能的复合材料。如金属填料复合于塑料中，使其具有导电、导热或磁性等功能。

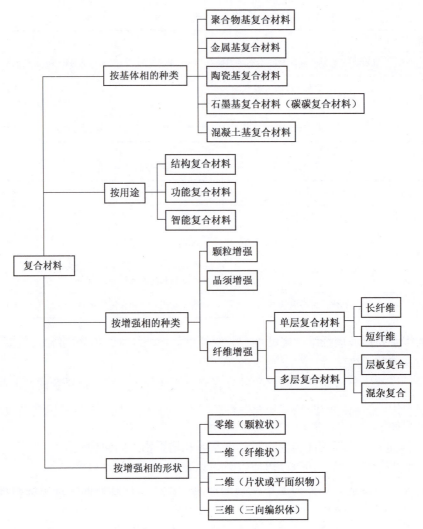

图 12-12　复合材料的分类

智能复合材料是指具有自诊断、自适应、自愈合，并具有自决策功能的高级复合材料。混杂复合材料是两种或两种以上的基体或增强相混杂所构成的复合材料，也包括两种或两种以上的复合材料或复合材料与其他材料进行混合所组成的复合材料。

图 12-13 为部分复合材料的结构示意图。

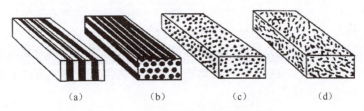

图 12-13　部分复合材料结构示意图
(a) 层叠复合；(b) 连续纤维复合；(c) 颗粒复合；(d) 短切纤维复合。

12.3.2 非金属基复合材料

非金属基复合材料又分为聚合物基复合材料、陶瓷基复合材料、石墨基复合材料、混凝土基复合材料等，其中以纤维增强聚合物基和陶瓷基复合材料最为常用。

1. 聚合物基复合材料

1) 聚合物基复合材料的定义

聚合物基复合材料是以有机聚合物为基体、以连续纤维为增强材料复合而成。纤维的高强度、高模量的特性使它成为理想的承载体。基体材料由于其黏结性能好，把纤维牢固地粘结起来。同时，基体又能使载荷均匀分布，并传递到纤维上去，并允许纤维承受压缩和剪切载荷。纤维和基体之间良好的复合性能显示了各自的优点，并能实现最佳结构设计，具有许多优良特性。基体主要为热固性树脂和热塑性树脂；增强纤维多为玻璃纤维，其次是碳纤维和芳纶纤维。

2) 聚合物基复合材料的发展

聚合物基复合材料是结构复合材料中发展最早、应用最广的一类。20 世纪 40 年代出现了以玻璃纤维增强工程塑料复合材料，即玻璃钢，使机器零件不用金属成了现实。接着玻璃纤维增强尼龙和其他玻璃钢品种相继问世。但玻璃纤维弹性模量低，大大限制了其应用。20 世纪 60 年代又先后出现了硼纤维和碳纤维增强塑料，从而复合材料开始大量应用于航空航天等领域。20 世纪 70 年代初期，聚芳酰胺纤维增强聚合物基复合材料问世，进一步加快了复合材料的发展。20 世纪 80 年代初，在传统热固性树脂复合材料基础上，产生了先进的热塑性复合材料。从此，聚合物基复合材料的工艺及理论不断完善，各种材料在航空航天、汽车、建筑等各领域得到全面应用。

表 12-16 所列为几种典型的聚合物基复合材料的性能，同时给出了钢、铝和钛的相应性能。

表 12-16 几种连续纤维增强塑料与金属性能对比

材料	性能				
	密度 ρ /(g/cm³)	抗拉强度 R_m/GPa	比强度 (R_m/ρ) [GPa/(g/cm³)]	拉伸弹性模量 E/GPa	比弹性模量 (E/ρ) [GPa/(g/cm³)]
玻璃纤维增强塑料	2.0	1.2	0.6	42	21
碳纤维增强塑料	1.6	1.8	1.12	130	81
聚芳酰胺纤维增强塑料	1.4	1.5	1.15	80	57
硼纤维增强塑料	2.1	1.6		220	104
氧化铝纤维增强塑料	2.4	1.7		120	54
碳化硅纤维增强塑料	2.0	1.5	0.65	130	56
钢	7.8	1.4	0.18	206	26
铝	2.8	0.48	0.17	74	26
钛	4.5	1.0	0.21	112	15

3) 聚合物基复合材料分类

聚合物基复合材料可按基体性质分类和按增强相类型分类，如图 12-14 所示。

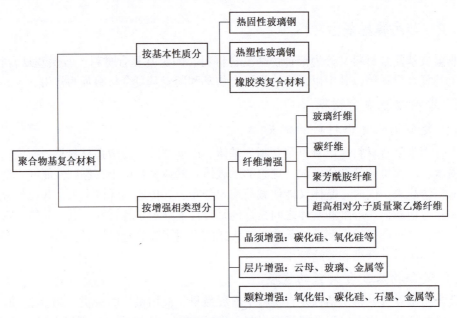

图 12-14 聚合物基复合材料分类

4) 常用聚合物基复合材料性能及应用

(1) 玻璃钢。玻璃钢是以玻璃纤维及其制品(玻璃布、带、毡、纱等)作为增强材料,以合成树脂作为基体材料的一种复合材料。

① 热固性玻璃钢。热固性玻璃钢是以热固性树脂作为基体材料的玻璃纤维增强复合材料。常用的热固性树脂有酚醛树脂、环氧树脂、聚酯树脂和有机硅树脂等。

热固性玻璃钢的主要优点是成形工艺简单、重量轻、比强度高、耐蚀性能好。其主要缺点是弹性模量低(约是结构钢的 1/5~1/10)、耐热度低(低于 250℃)、易老化等。表 12-17 所列为几种常见热固性玻璃钢的性能、特点和用途。

表 12-17 常用热固性玻璃钢的性能、特点和用途

材料类型	密度/(g/cm³)	抗拉强度/MPa	抗压强度/MPa	抗弯强度/MPa	特 点	用 途
环氧树脂玻璃钢	1.73	341	311	520	耐热性较好,150~200℃下可长期工作,耐瞬时超高温价格低工艺性较差收缩率大吸水性大固化后较脆	主承力构件,耐蚀件如飞机、宇航器等
聚酯树脂玻璃钢	1.75	290	93	237	强度高;收缩率小;工艺性好;成本高;某些固化剂有毒性	一般要求的构件如汽车、船舶、化工件
酚醛树脂玻璃钢	1.80	100	—	110	工艺性好,适用各种成形方法制作大型构件,可机械化生产;耐热性差;强度较低;收缩率大,成形时有异味,有毒	飞机内部装饰件、电工材料
有机硅树脂玻璃钢	—	210	61	140	耐热性较好,200~250℃可长期使用;吸水性低;耐电弧性好;防潮;绝缘;强度低	印刷电路板、隔热板等

通常将树脂改性来改善该类玻璃钢的性能。例如:把酚醛树脂和环氧树脂混溶后得到的玻璃钢既有环氧树脂的良好黏结性,又降低了酚醛树脂的脆性,同时还保持了酚醛树脂的耐热性,玻璃钢也具有较高的强度。

热固性玻璃钢的用途很广泛,如可制造机器护罩、车辆车身、绝缘抗磁仪表、耐蚀耐压容器和管道及各种形状复杂的机器构件和车辆配件,不仅能节约大量金属,而且大大提高了性能。

② 热塑性玻璃钢。热塑性玻璃钢是以热塑性树脂作为基体材料的玻璃纤维增强复合材料。尼龙、ABS、聚苯乙烯等都可用玻璃纤维强化,可提高强度和疲劳强度 2~3 倍、冲击韧度 2~4 倍、蠕变抗力 2~5 倍,达到或超过某些金属的强度。表 12-18 所列为常见热塑性玻璃钢的性能和用途。热塑性玻璃钢的强度一般不如热固性玻璃钢,但由于成形性好、生产率高、比强度不低,所以其应用非常广泛。

表 12-18 常见热塑性玻璃钢的性能和用途

材料	密度/(g/cm^3)	抗拉强度/MPa	弯曲模量/(10^2MPa)	特性及用途
尼龙66玻璃钢	1.37	182	91	刚度、强度、减摩性好,制造轴承、轴承架、齿轮等精密件、电工件、汽车仪表及前后灯等
ABS玻璃钢	1.28	101	77	化工装置、管道容器等
聚苯乙烯玻璃钢	1.28	95	91	汽车内饰、收音机机壳、空调叶片等
聚碳酸酯玻璃钢	1.43	130	84	耐磨、绝缘仪表

(2) 碳纤维树脂复合材料。由碳纤维增强材料与树脂基体组成的材料称为碳纤维树脂复合材料或碳纤维增强塑料。该种复合材料中的碳是六方结构的晶体(石墨),底面上的原子以结合力极强的共价键结合,所以碳纤维比玻璃纤维有更高的强度,拉伸强度可达 $6.9\times10^4 \sim 2.8\times10^5$MPa,弹性模量达 $2.8\times10^4 \sim 4\times10^5$MPa,比玻璃纤维高几倍以上。高、低温性能好,2000℃ 以上时,其强度和弹性模量基本不变,-180℃ 以下时脆性也不增高。碳纤维是很理想的增强剂,其具有很高的化学稳定性、导电性和低的摩擦因数。但碳纤维脆性大,与树脂的结合力比不上玻璃纤维。通常用表面氧化处理来改善其与基体的结合力。

碳纤维环氧树脂、酚醛树脂和聚四氟乙烯是常见的碳纤维树脂复合材料。这些材料的性能普遍优于树脂玻璃钢,并在各个领域特别是航空航天工业中得到广泛应用,如宇宙飞船和航天器的外层材料,人造卫星和火箭的机架、壳体,各种精密机器的齿轮、轴承以及活塞、密封圈,化工容器和零件等。这类材料的缺点是价格高、碳纤维与树脂的结合力不够强等。

(3) 硼纤维树脂复合材料。硼纤维树脂复合材料是由硼纤维增强材料与树脂基体组成的材料,又称为硼纤维增强塑料。硼纤维的比强度与玻璃纤维相近,但比弹性模量却高 5 倍左右,而且耐热性更高,无氧化条件下可达 1000℃。因此,20 世纪 60 年代中期发展起来了硼纤维环氧树脂、聚酰亚胺树脂等复合材料。这类材料的抗压强度和剪切强度都很高(优于铝合金、钛合金),且蠕变小、硬度和弹性模量高,尤其是疲劳强度高达 340~390MPa，耐辐射及导热也极好，目前多用于航空航天器、航天器的翼面、仪表盘、转子、压气机叶片、螺旋桨叶的传动轴等。由于该类材料制备工艺复杂、成本高，在民用工业方面的应用不及玻璃钢和碳纤维树脂复合材料广泛。

2. 陶瓷基复合材料

1）陶瓷基复合材料的定义及性能特点

陶瓷材料由于具备优良的综合力学性能、耐磨性能及硬度高、耐蚀性好等特点，所以在许多领域得到广泛应用。但陶瓷脆性大，对裂纹、气孔等很敏感。在陶瓷材料中加入起增韧作用的颗粒、晶须及纤维等增强相形成的材料称为陶瓷基复合材料，它比陶瓷的韧性大大提高。

表 12-19 所列为几种陶瓷基复合材料和整体陶瓷材料、金属材料的断裂韧性、临界裂纹尺寸大小对比。可见，纤维增韧陶瓷复合材料具有很好的韧性，晶须、相变和颗粒增韧复合材料的韧性也有不同程度的改善，并且临界裂纹尺寸也得到增大。

表 12-19 陶瓷基复合材料与整体陶瓷、金属材料性能比较

材料		断裂韧性/($MPa \cdot m^{1/2}$)	临界裂纹尺寸/μm
整体陶瓷	Al_2O_3-TiC	2.7~4.2	12~36
	SiC	4.5~6.0	41~74
颗粒增韧陶瓷	Al_2O_3-SiC 颗粒	4.2~4.5	36~41
	Si_3N_4-TiC 颗粒	4.5	41
相变增韧陶瓷	ZrO_2-MgO	9~12	165~292
	ZrO_2-Y_2O_3	6~9	74~165
	ZrO_2-Al_2O_3	6.5~15	86~459
晶须增韧陶瓷	SiC-Al_2O_3 晶须	8~10	131~204
纤维增韧陶瓷	SiC-硼硅玻璃纤维	15~25	—
	SiC-锂铝硅玻璃纤维	15~25	—
金属材料	铝	33~44	—
	钢	44~66	—

2）陶瓷基复合材料的应用

（1）航空航天领域。用于制作导弹的头锥、火箭的喷管、航天飞机的结构件等。

（2）切削刀具方面。SiC_W 增韧的细颗粒 Al_2O_3 陶瓷复合材料已成功用于工业生产制造切削刀具。WC-300 复合材料刀具具有耐高温、稳定性好、强度高和优异的抗热震性能，熔点为 2040℃，切削速度高。

（3）发动机制件。长纤维增强碳化硅复合材料用于制作超高速列车的制动件，而且取得了传统的制动件所无法比拟的优异的摩擦磨损特性。

（4）燃气轮机的高温部件。普通的燃气轮机高温部件通常是镍基合金或钴基合金，它可使汽轮机的进口温度高达 1400℃，但这些合金的耐高温极限受到了其熔点的限制，因此采用陶瓷材料来代替高温合金已成了目前研究的一个重点内容。

3. 碳基复合材料

1) 碳基复合材料的定义及性能特点

碳基复合材料主要是指碳纤维及其制品（如碳毡）增强的碳基复合材料（又称碳-碳复合材料或 C/C 复合材料），其组成元素为单一的碳，因而这种复合材料具有许多碳和石墨的特点，如密度小、导热性高、热膨胀系数低以及对热冲击不敏感。该类材料还具有优越的力学性能，强度和冲击韧性比石墨高 5~10 倍，且比强度非常高。随温度升高，热导率略有下降，但强度不降低，甚至高于室温强度。断裂韧性高，蠕变低，化学稳定性高，耐磨性好。该材料最高理论温度达 2600℃，因此被认为是最有发展前途的高温材料之一。

碳-碳复合材料的性能主要取决于碳纤维的类型、体积分数和取向等。表 12-20 所列为单向和正交碳纤维增强碳基复合材料的性能。可见，其高强度、高弹性模量主要来自碳纤维。碳纤维在材料中的取向直接影响其性能，一般沿纤维方向强度最高，横向性能较差。正交增强可以减少纵、横两向的强度差异。

表 12-20　单向和正交碳纤维增强碳基复合材料的性能

材料	纤维体积分数/%	性能				
		密度/(g/cm^3)	抗拉强度/MPa	抗弯强度/MPa	弯曲模量/GPa	体胀系数(0~1000℃)/(×10^{-6}/K)
单向增强材料	65	1.7	827	690	186	1.0
正交增强材料	55	1.6	276	—	76	1.0

2) 碳基复合材料的应用

(1) 航天领域的应用。碳/碳复合材料主要用作烧蚀材料和热结构材料，如作为洲际导弹弹头的盖头帽（鼻锥）、固体火箭喷管、人造卫星的结构体、航天飞机的鼻锥和机翼前缘等。

(2) 航空领域的应用。飞机刹车盘是碳/碳复合材料在航空领域的最成功应用。1973 年，英国首次将碳/碳刹车装置用于麦道 VC-10 飞机，1976 年又在"协和号"超声速飞机上成功使用，到 20 世纪 80 年代中后期已广泛用于高速军用飞机和大型民用客机，形成了成熟的市场，用于刹车盘的碳/碳复合材料占到碳/碳复合材料的 60% 以上。目前全球已有 60 余种飞机采用了碳/碳刹车装置，欧美公司生产的民航飞机的刹车系统已基本用碳/碳盘取代了钢盘。2003 年，我国的 B757-200 型飞机国产碳刹车盘零部件制造获中国民用航空局批准。

随着现代航空技术的不断进步，先进航空发动机的推重比越来越大，当其达到 15~20 时，热端部件的工作温度高达 2000℃，这就对材料的比强度和密度提出了更加苛刻的要求，目前除碳/碳复合材料外其他材料都已无能为力，因此世界各发达国家在研制新一代高推重比航空发动机中，都把碳/碳复合材料作为关键材料来竞相发展，国际上称之为"黑色争夺战"。

(3) 其他领域的应用。碳/碳复合材料除了用作飞机的刹车片制造外，还被应用于汽车（如赛车）和高速火车的刹车元件制作。除此之外，由于碳/碳复合材料与人体组织生理上相容，弹性模量和密度可以设计得与人骨相近，并且强度高，因此可用于制作人工骨骼。

12.3.3 金属基复合材料

1. 金属基复合材料的定义及类型

1) 金属基复合材料的定义

金属基复合材料是以金属为基体的复合材料,它与传统的金属材料相比具有较高的比强度与比刚度,而与树脂基复合材料相比,又具有优良的导电性与耐热性,与陶瓷材料相比,其又具有高韧性和高冲击性能。这些优良的性能决定了它从诞生之日起就成了新材料家族中的重要一员。

2) 金属基复合材料的类型

金属基复合材料按增强相的种类、形态分类和按金属基体类型的分类如图12-15所示。

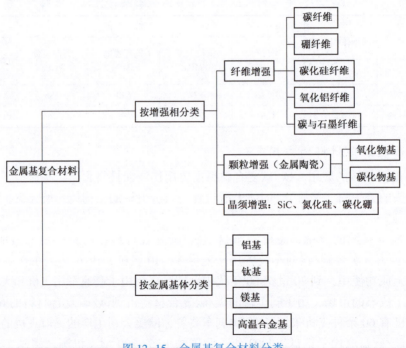

图 12-15 金属基复合材料分类

2. 金属基复合材料的主要性能及应用

1) 金属基复合材料的主要性能

(1) 高比强度、高比模量。金属基复合材料的高比强度和高比模量主要由增强材料提供,尤其是增强纤维,如高性能、低密度的硼纤维、碳纤维、碳化硅纤维等的加入,使得金属基复合材料的比强度和比模量成倍地高于金属基体。

(2) 导电、导热性好。金属基复合材料中金属基体占有很高的体积百分比,一般在60℃以上,因此仍然保持金属所有的良好导热和导电性。

(3) 热膨胀系数小、尺寸稳定性好。增强纤维具有很小的热膨胀系数,导致了金属基复材的热膨胀系数也小，热膨胀系数小，其热变形就小，可以保持良好的尺寸稳定性。

（4）良好的高温性能。金属基体的高温性能比聚合物高很多，增强物在高温下又都具有很高的高温强度和模量。所以金属基复合材料具有比金属基体更高的高温性能。

（5）耐疲劳、断裂韧性高。金属基复合材料的疲劳性能和断裂韧性取决于纤维等增强物与金属基体的界面结合态，增强物在金属基体中的分布以及金属、增强物本身的特性，特别是界面状态，最佳的界面结合状态既可有效地传递载荷，又能阻止裂纹的扩展，提高材料的断裂韧性。

（6）耐磨性好。尤其是陶瓷纤维、晶须、颗粒增强金属基复合材料具有很好的耐磨性。这是因为在基体金属中加入了大量的陶瓷增强物，特别是细小的陶瓷颗粒。陶瓷材料具有硬度高、耐磨、化学性能稳定的优点，用它们来增强金属不仅提高了材料的强度和刚度，也提高了复合材料的硬度和耐磨性。

（7）不吸潮、不老化、气密性好。与聚合物相比，金属基体性质稳定、组织致密，不存在老化、分解、吸潮等问题，也不会发生性能的自然退化，这比聚合物基复合材料优越，在空间使用不会分解出低分子物质污染仪器和环境，有明显的优越性。表12-21列出了几种典型金属基复合材料的性能。

表 12-21　典型金属基复合材料的性能

材料	增强相体积分数/%	密度/(g/cm³)	抗拉强度/MPa	拉伸弹性模量/GPa
硼纤维增强铝	50	2.6	1200~1500	200~220
CVD 碳化硅增强铝	50	2.85~3.0	1300~1500	210~230
碳增强铝	35	2.4	500~800	100~150
碳化硅晶须增强铝	18~20	2.8	500~620	96~138
碳化硅颗粒增强铝	20	2.8	400~510	110

2）金属基复合材料的应用

（1）航天、航空领域的应用。在航天器上，采用硼纤维增强铝基（50% B_f/6061Al）复合材料制作航天飞机轨道器中段（货舱段）机身构架的加强架的管形支柱。SiC 颗粒增强铝基材料，被用于激光反射镜、卫星太阳能反射镜、空间遥感器中扫描用高速摆镜的制作。以 Al-Mg-Sc-Gd-Zr（粉末）合金为基体，以碳化硅和碳化硼为增强体的复合材料，可用于航天飞行器材料及火箭制造方面。在航空领域，25SiC_p/6061Al 复合材料用作飞机上承放电子设备的支架。粉末冶金法制备的碳化硅颗粒增强铝基（6092Al）复合材料用于 F-16 战斗机的腹鳍，代替原有的 2214 铝合金蒙皮，刚度提高 50%，寿命提高 17 倍。采用高能球磨粉末冶金法制备的碳化硅颗粒增强铝基（2009Al）复合材料，用于制造直升机的旋翼系统。挤压态碳化硅颗粒增强变形铝合金基复合材料（6092/SiC/17.5p-T6），可作为风扇出口导叶片，用于所有采用 PW4000 系发动机的波音 777 上。

（2）汽车工业上的应用。Al_2O_3/Al 复合材料用于制备发动机活塞，比原来铸铁发动机重量减轻 5%~10%，导热性提高了 4 倍左右。碳化硅颗粒增强铝基复合材料特别适合做汽车和火车盘形制动器的制动盘。国内，主要采用铝基复合材料制作汽车发动机的活塞和汽缸。

（3）电子封装领域的应用。用于电子封装的金属基复合材料有：高碳化硅颗粒含量的铝基、铜基复合材料，高模、超高模石墨纤维增强铝基、铜基复合材料，金刚石颗粒或多晶金刚石纤维增强铝基、铜基复合材料，硼/铝基复合材料等。

3. 常用金属基复合材料

1）金属陶瓷

金属陶瓷是发展最早的一类金属基复合材料，属颗粒增强的非均质材料。金属和陶瓷可按不同配比组成工具材料、高温结构材料和特殊性能材料。以金属为主时一般作结构材料，以陶瓷为主时多为工具材料。金属陶瓷中的金属通常为钛、镍、钴、铬等及其合金，陶瓷相通常为氧化物（Al_2O_3、ZnO_2、BeO、MgO 等）、碳化物（TiC、WC、TaC、SiC 等）、硼化物（TiB、ZrB_2、CrB_2）和氮化物（TiN、Si_3N_4、BN 等），其中以氧化物和碳化物应用最为成熟。氧化物金属陶瓷多以铬为黏结金属，其热稳定性和抗氧化能力较好、韧性高，特别适合于作高速切削工具材料，有的还可做强耐磨件，如喷嘴、热拉丝模及耐蚀环规、机械密封环等。碳化物金属陶瓷应用最广泛，通常以 Co 或 Ni 作黏结金属，根据质量分数不同可作耐热结构材料或工具材料，作工具材料时被称为硬质合金。表 12-22 所列为常见硬质合金的牌号、成分、性能和用途。

表 12-22　常见硬质合金的牌号、成分、性能和用途

类别	牌号	化学组成/%				力学性能（≥）		密度/(g/cm^3)	用途
		WC	TiC	TaC	Co	硬度/HRA	抗弯强度/MPa		
WC-Co 硬质合金	YG6	97	—	—	3	91	1080	14.9~15.3	加工断续切削的脆性材料铸铁及有色金属和非金属材料
	YG8	94	—	—	6	89.5	1370	14.6~15.0	
	YG3	92	—	—	8	89	1470	14.4~14.8	
WC-Ti-Co 硬质合金	YT30	66	30	—	4	92.5	880	9.4~9.8	用于车、铣、刨的粗、精加工
	YT15	79	15	—	6	91	1130	11.0~11.7	
	YT14	78	14	—	8	90.5	1180	11.2~11.7	
WC-TiC-TaC-Co 硬质合金	YW1	84	6	4	6	92	1230	12.6~13.0	用于难加工的材料耐热钢和合金等的粗、精加工
	YW2	82	6	4	8	91	1470	12.4~12.9	

碳化物金属陶瓷作高温耐热结构材料时常以 Ni、Co 两者的混合物作黏结金属，有时还加入少的难熔金属如 Cr、Mo、W 等。耐热金属陶瓷常用来制造涡轮喷气发动机燃烧室、叶片、涡轮盘及航空航天装置的一些其他耐热件。

2）纤维增强金属基复合材料

20 世纪 60 年代中期硼纤维增强铝基复合材料问世，之后碳化硅纤维、氧化铝纤维及高强度金属丝等增强纤维先后得到开发，基体材料也由铝及铝合金扩展到了镁、钛和镍等合金。硼纤维、陶瓷纤维、碳纤维等增强相都是无机非金属材料，一般密度低、强度和弹性模量高，且耐高温性能好。

这类复合材料具有比强度高、比弹性模量高和耐高温等优点，特别适用于航天飞机

主舱骨架支柱、发动机叶片、尾翼和空间站结构材料，另外它在汽车构件、保险杠、活塞连杆及自行车车架、体育运动器械上也得到了应用。

3) 颗粒和晶须增强金属基复合材料

颗粒和晶须增强金属基复合材料是目前应用最广泛的一类金属复合材料。多以铝、镁和钛合金为基体，以碳化硅、碳化硼、氧化铝颗粒或晶须为增强相。最典型的是 SiC 增强铝合金。这类材料具有极高的比强度和比弹性模量，在军工行业应用广泛，如制造轻质装甲、导弹飞翼、飞机部件。也制造汽车发动机活塞、制动件、喷油嘴件等。表 12-23 列出了几种材料的特点及应用。

表 12-23 颗粒和晶须增强铝基复合材料特点及应用

材　料	应　用	特　点
体积分数为 25% 颗粒增强铝基复合材料	航空结构导槽、角材	代替 7075Al，密度更低，弹性模量更高
体积分数为 17%SiC 颗粒增强铝基复合材料	飞机、导弹用板材	拉伸弹性模量>100GPa
体积分数为 40%SiC 晶须或颗粒增强铝基复合材料	三叉戟、导弹制导元件	代替铍，成本低，无毒
体积分数为 AlO 短纤维增强铝基复合材料	汽车发动机抗磨环	耐磨，成本低
体积分数为 15%Ti 颗粒增强铝基复合材料	汽车制动件、连杆、活塞	弹性模量高

【励志园地 2】

"天工编织技术"守护航天员回家之路

秋浓如酒时一飞冲天，春暖花开季载誉归来。在全世界的瞩目下，"神舟"十三号载人飞船返回舱降落在东风着陆场预定区域，载人飞行任务取得圆满成功。此次"神舟"十三号载人飞行任务中，不少高校贡献了重要力量。天津工业大学纺织未来技术研究中心陈利教授团队用新一代"天工编织技术"守护着航天员的回家之路。

为了保障航天员顺利返回，陈利教授带领团队突破了多项关键技术，为"神舟"十三号返回舱"定制"研发了耐高温多向编织增强材料。当"神舟"十三号载人飞船返回时以每秒数千米的速度与大气层发生剧烈摩擦、燃起 2000 多度的高温火焰时，这种增强材料可以为返回舱关键器件提供优异的结构增强与性能强化，精准满足了返回舱关键器件的防护结构复合材料"耐高温烧蚀、坚固抗冲击"要求，为航天员安全着陆再立新功。

12.3.4　复合材料的成型方法

复合材料目前较常用的成型方法有手糊成型工艺、缠绕成型工艺、真空袋-热压罐成型、模压成型、树脂传递模塑成型及夹层结构成型等。

1. 手糊成型工艺

手糊成型工艺是复合材料最早的一种成型方法，是以手工操作为主。手糊成型工艺流程如图 12-16 所示。

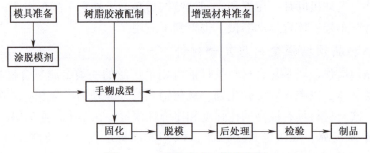

图 12-16　手糊成型工艺流程图

手糊成型工艺的优点是：不受产品尺寸和形状限制，适宜尺寸大、批量小、形状复杂产品的生产；设备简单、投资少、设备折旧费低、工艺简便；易于满足产品设计要求，可以在产品不同部位任意增补增强材料；制品树脂含量较高，耐腐蚀性好。

缺点是：生产效率低，劳动强度大，劳动卫生条件差；产品质量不易控制，性能稳定性不高；产品力学性能较低。

2. 缠绕成型工艺

缠绕工艺是将浸过树脂胶液的连续纤维或布带，按照一定规律缠绕到芯模上，然后固化脱模成为增强塑料制品。

现在普遍采用的是湿法缠绕成型工艺，其工艺流程图如图 12-17 所示。

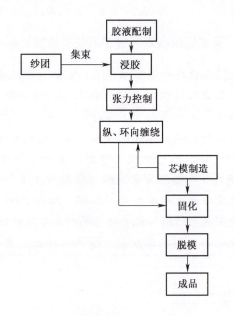

图 12-17　湿法缠绕成型工艺流程图

纤维缠绕成型的主要工艺特点是：制品质量高而稳定，可实现机械化、自动化操作，生产效率高，便于大批量生产，但设备复杂，投资大，技术难度高，工艺质量不易控制。主要用来制造压力容器、储罐及管道等，缠绕复合材料压力容器在航空、航天、造船等领域获得广泛应用。美国纤维缠绕管道总长占整个运输工具的 1/3，所负担供应的能量（包括石油、天然气、煤、电）占全国需用量的 1/2 以上。我国工业生产中也已大量采用纤维缠绕管道。纤维缠绕技术可制造输配电电线杆、天线杆及工程车臂杆。

3. 真空袋-热压罐成型

真空袋-热压罐成型是一种广泛用于成型先进复合材料结构的工艺方法。其主要借助热压罐提供的温度和压力完成复合材料的固化和成型。

工艺过程如下：首先按制件图纸对预浸料下料及铺叠，铺叠完毕后按样板作基准修切边缘轮廓，并标出纤维取向的坐标，然后进行封装。封装的目的是将铺叠好的毛坯形成一真空系统，进而通过抽真空以排出制件内部的空气和挥发物，然后加热到一定温度再对制件施加压力进行预压实（又称预吸胶），最后进行固化。

热压罐法虽然能源利用率低，设备投入昂贵，又必须配有相辅的空压机和压缩空气储气罐及热压罐本身的安全保障系统。但由于其内部的均匀温度和均匀压力，模具相对简单，又适于大面积复杂型面的蒙皮、壁板、壳体的制造，因此航空复合材料结构件大多仍采用该法。

4. 模压成型

将一定量的模压料放入金属对模中加热加压，加热加压的作用是使模压料塑化、流动，充满空腔，并使树脂发生固化反应。

模压成型工艺具有较高的生产效率，适于大批量生产，制品尺寸精确，表面光洁，可以有两个精制表面，价格低廉，容易实现机械化和自动化，多数结构复杂的制品可一次成型，无需有损于制品性能的辅助加工，制品外观及尺寸的重复性好，但压模的设计与制造较复杂，初次投资较高，制品尺寸受设备限制，一般只适于制备中、小型玻璃钢制品。

5. 树脂传递模塑（RTM）

它是将液态热固性树脂（通常为不饱和聚酯）及固化剂，由计量设备分别从储桶内抽出，经静态混合器混合均匀，注入事先铺有玻璃纤维增强材料的密封模内，经固化、脱模、后加工形成制品的方法。

RTM 成型工艺特点是：主要设备（如模具和模压设备等）投资少；生产的制品两面光滑、尺寸稳定、容易组合；允许制品带有加强筋、镶嵌件和附着物，从而获得最佳结构；对树脂和填料的适用性广泛；生产周期短，劳动强度低，原材料损耗小，产品后加工量少。

6. 夹层结构成型

1) 蜂窝夹层结构的制造

（1）一次成型法。将内、外蒙皮和浸渍好树脂的蜂窝芯材按顺序放在模具上，一次胶合固化成型。成形压力 0.01~0.08MPa。此法的优点是生产周期短，成型方便，蜂窝芯材与内外蒙皮胶接强度高，但其缺点是成型技术要求较高。

（2）二次成型法。将内、外蒙皮分别成型，然后与芯材胶结在一起固化成型（芯材可以是先固化好的，也可以是没有固化的）。此法的优点是制件表面光滑，易于保证质量。

（3）三次成型法。外蒙皮预先固化好；与芯材胶合进行二次固化；最后在芯材上胶合内蒙皮进行三次固化。此法优点是表面光滑，成型过程中可进行质量检查，发现问题及时排除，但其缺点是生产周期长。

2) 泡沫夹层结构的制造

（1）预制黏结成型法。此法是先将夹层结构的表面层和泡沫塑料芯材分别制造，然后将它们粘结起来的成型方法。此法的技术关键是寻求合适的胶黏剂和合理的工艺条件。

（2）现场浇注成型法。此法是在结构空腔内浇入发泡混合料，经发泡使泡沫塑料胀满空腔，经固化处理，和玻璃钢结成一个整体夹层结构，一般浇注料量比计算值要多5%。

（3）机械连续成型法。此法是将两表面层用结实、等长的纱线连接，然后浸胶，由喷管喷入发泡料，经固化成型。

【答疑解惑】

飞机机轮刹车可吸收超300MJ能量，温度短时间内快速上升至上千摄氏度以上，因此飞机对刹车盘材料耐高温性及稳定性、减少变形等方面都有严格的要求。什么材料能满足这样的要求呢？答案就是碳/碳复合材料。与钢刹车盘相比，碳/碳复合材料刹车盘的突出优点是：

（1）减轻了刹车装置的重量。碳/碳复合材料刹车盘的密度为$1.75 \sim 1.80 g/cm^3$，与金属刹车盘相比，可节省40%左右的结构重量。刹车力矩平稳，刹车时噪声小，飞机性能明显改进。

（2）提高了刹车盘的使用寿命。在同等使用条件下的磨损量约为金属刹车的1/3～1/7，使用寿命是金属刹车的5～7倍。一般军机上的使用寿命约1000次起落，客机的使用寿命2000～3000次起落。

（3）工作温度高。当使用温度上升到775℃时，碳/碳复合材料的比强度仍保持不变，钢材料则有显著降低。钢刹车盘的使用温度高于900℃时会发生粘结现象，而碳/碳复合刹车材料在2000℃的高温下也不会熔化，不会发生粘结现象，也没有明显的翘曲变形。

（4）刹车平稳。碳/碳复合材料刹车系统中的刹车机轮和防滑控制系统配合使用，可以保证恒定的打滑量并及时释放刹车能量，并且在高温下刹车盘也不易损坏，从而保证了刹车过程的平稳。

碳/碳复合材料现已成为航空制动装置的首选刹车材料。现代的高性能民用客机，如波音747、波音757、波音767、空客系列、麦道系列等都采用碳/碳复合材料制造刹车装置。

【知识小结】

（1）陶瓷是陶器和瓷器的总称。按原料不同，分为普通陶瓷（传统陶瓷）和特种陶瓷（高温陶瓷）。

（2）传统陶瓷是指以天然硅酸盐矿物（黏土、长石、石英等）为原料，经与原料加工、成型和高温烧制而成，因此这种陶瓷又称硅酸盐陶瓷。高温结构陶瓷是指用于某种装置、设备或结构物中，能在高温条件下承受静态或动态的机械负荷的陶瓷。

（3）高分子材料是指分子量很大（一般在 1000 以上）的高分子化合物为主要组分的材料。高分子材料有塑料、涂料、胶黏剂、合成橡胶、纤维等。

（4）复合材料是指由两种或两种以上化学成分不同或组织结构不同的物质，经人工合成获得的多相材料。复合材料 3 种重要的物理相为基体、增强体及界面。

（5）非金属基复合材料又分为聚合物基复合材料、陶瓷基复合材料、石墨基复合材料、混凝土基复合材料等，其中以纤维增强聚合物基和陶瓷基复合材料最为常用。

（6）金属基复合材料是以金属为基体的复合材料，常用的金属基复合材料包括金属陶瓷、纤维增强金属复合材料、颗粒和晶须增强金属复合材料。

（7）复合材料目前较常用的成型方法有手糊成型工艺、缠绕成型工艺、真空袋-热压罐成型、模压成型、树脂传递模塑成型及夹层结构成型等。

【复习思考题】

12-1　填空题

1. 按原料不同，陶瓷可分为＿＿＿＿和＿＿＿＿。
2. 航空涂料的种类包括＿＿＿＿、＿＿＿＿和＿＿＿＿3 种类型。
3. 透明高分子材料的光学性能主要有＿＿＿＿、＿＿＿＿、＿＿＿＿、＿＿＿＿和＿＿＿＿等。
4. 胶黏剂的组成包括＿＿＿＿、＿＿＿＿、＿＿＿＿、＿＿＿＿、＿＿＿＿等。
5. 复合材料按基体相的种类分类可分为＿＿＿＿、＿＿＿＿、＿＿＿＿等。
6. 复合材料 3 种重要的物理相分别指＿＿＿＿、＿＿＿＿和＿＿＿＿。
7. 复合材料常用的成型方法＿＿＿＿、＿＿＿＿、＿＿＿＿、＿＿＿＿等。

12-2　选择题

1. 下列材料中硬度最高的是（　　）。
　　A. 陶瓷　　　　B. 高分子材料　　　C. 金属材料　　　D. 复合材料
2. （　　）是以天然或合成树脂为主要成分，在一定温度、压力条件下经塑制成型，并在常温下能保持形状不变的高分子材料。
　　A. 陶瓷　　　　B. 塑料　　　　　　C. 涂料　　　　　D. 透明材料
3. （　　）是通过注射机来实现的工程塑料生产的一种重要方法。
　　A. 挤出成型　　B. 注射成型　　　　C. 中空成型　　　D. 真空成型
4. （　　）是指透明材料的光通量与入射到材料表面上的光通量之百分率，它是表征透明高分子材料透明程度的一个重要性能指标。
　　A. 雾度　　　　B. 色散　　　　　　C. 透光率　　　　D. 折光指数
5. 一种可使单体或低聚物变为线型高聚物或网状体型高聚物的物质称为（　　）。

    A. 增塑剂   B. 偶联剂   C. 固化剂   D. 溶剂

  6. 以环氧树脂作为基料加入固化剂和其他助剂组成的胶黏剂称为（ ）。

    A. 环氧树脂胶黏剂   B. 聚氨酯胶黏剂

    C. 丙烯酸酯胶黏剂   D. 酚醛树脂胶黏剂

  7. （ ）是以有机聚合物为基体，连续纤维为增强材料复合而成的。

    A. 金属基复合材料   B. 聚合物基复合材料

    C. 陶瓷基复合材料   D. 碳/碳复合材料

  8. 复合材料的成型方法中，（ ）是将浸过树脂胶液的连续纤维或布带，按照一定规律缠绕到芯模上，然后固化脱模成为增强塑料制品的工艺过程。

    A. 手糊成型工艺   B. 模压成型

    C. 真空袋-热压罐成型   D. 缠绕成型工艺

12-3 问答题

1. 简述高温结构陶瓷的定义及其性能特点。
2. 工程塑料的定义及其特性有哪些？
3. 阐述透明高分子材料的定义及其特性。
4. 阐述复合材料的定义及性能特点。
5. 列举常用聚合物基复合材料的性能及应用。

第13章 模具用特殊材料

【学习目标】

知识目标

（1）掌握低熔点合金的概念、分类及其性能特点。
（2）了解低熔点合金及硬质合金在模具中的应用。
（3）了解环氧树脂和聚氨酯橡胶在模具中的应用。

能力目标

（1）能够为低熔点合金模具和聚氨酯橡胶模具选材。
（2）能够初步分析特殊合金的模具结构和非金属材料的模具结构。

素质目标

（1）具有一定的职业精神和创新精神。
（2）具有刻苦钻研、持之以恒的科学精神。

【知识导入】

"工欲善其事，必先利其器"。现代制造业离不开对工业原料的加工，其中最重要的加工工具之一就是硬质合金（图13-1），也被称为"工业的牙齿"。它广泛应用于冶金、机械、地质、煤炭、石油、化工、电子、轻纺及国防军工等领域。硬质合金，听上去与我们的生活关系不大，但其实与它息息相关，它可以成为生活中的切削利器（图13-2），打磨"神器"和钻掘"先锋"。我们平时最常用的手机、计算机，从光滑的背板、圆润的边角到内部的电路板形状、电路板孔等组件；还有看到的LED显示屏、各类先进电光源等，不管是金属材质还是非金属材质，在制造、加工的过程中需要切割、打磨、钻孔等工艺，都需经过硬质合金工具的一番"磨砺"，才能变成所需形状，才能成为合格品。那么，硬质合金是如何制备的呢？

【知识学习】

低熔点合金模具是采用熔点较低的有色金属合金，作为铸模材料，以样件为基础，在熔箱内铸模成形的一种冲压模具。20世纪后期，低熔点合金模具在中国得到了广泛的应用，特别在汽车覆盖件拉深成形模具方面更具有优越性。硬质合金是由难熔金属硬质化合物（硬质相）和粘结金属经粉末冶金方法制成的高硬度材料。硬质合金冲模的结构基本上与钢制冲模结构相同，可制成单工序模，也可制成复合模及连续模。环氧树脂模具和聚氨酯橡胶模具结构简单，成本低，制造方便，工件质量好，无毛刺，适合成形薄而复杂的工件。

图 13-1　硬质合金棒材

图 13-2　硬质合金刀具

13.1　模具用特殊合金

13.1.1　低熔点合金

1. 低熔点合金的概念

它是以低熔点金属 Sn、Pb、Bi、Cd、In 等构成的合金的统称，分共晶类型和非共晶类型两种，前者熔化温度为确定值，后者熔化温度是一个温区，是一类颇具发展潜力的低熔点合金新型材料。

2. 低熔点合金物理特性

（1）低熔点合金为灰白色有光泽金属，是以铋元素为基的一类易熔合金。

（2）低熔点合金熔点有 47℃、70℃、92℃、100℃、120℃、125℃、138℃、152℃、183℃等多种选择；低熔点合金采用水浴法或者油浴法即可熔化。图 13-3 所示为 47℃低熔点合金，图 13-4 所示为 125℃低熔点合金。

（3）低熔点合金室温的强度下为 30MPa，延伸率为 3%，硬度为 25HBW。

图 13-3　47℃低熔点合金

图 13-4　125℃低熔点

3. 低熔点合金应用领域

(1) 在医疗上，主要用来做特定形状的防辐射专用挡块，有效提高了放射医疗的精确度与安全度。

(2) 可以方便用作铸造制模，生产特殊产品用模具、铸造特殊用产品。制模周期短，机加工工时少，优越性明显。

(3) 用于电子电气自动控制，作热敏元件、保险材料、火灾报警装置等，如熔断器。

(4) 在折弯金属管时，精密零件加工时可以作为填充物。

(5) 做金相试样时，作为嵌镶剂。

4. 低熔点合金模具

1) 低熔点合金模具的特点

低熔点合金模具最大的特点是：凸凹模可以通过铸模同时成形；铸模后，凸凹模之间的间隙均匀，使用时不需要调整；可在压机上直接铸模，铸后取出样件，修光型腔，即可使用，并且能压制出合乎要求的工件；铸模合金材料可反复熔铸，或改制其他模具。低熔点合金还具有以下优点。

(1) 制模工艺简单。低熔点合金模具采用铸模成形，省去大量机械加工工作量，特别是对大型覆盖件的形状复杂模具，均不需要大型专用设备，如数控仿形铣床等。与钢模相比，制模工艺简单，降低了模具制造难度，一般工厂均可制造。

(2) 制模周期短。由于铸模工艺较机械加工节省了大量工时，省去了较费工时的研配、调整型腔间隙等工作，与同类钢模相比，制造周期可缩短80%左右。

(3) 成本低。低熔点合金，在模具中占有相当比例，可节省大量钢材。同时合金材料可以长期反复使用，损耗很小，模具失效后，合金材料仍可继续使用。与钢模相比，模具制造成本可降低60%~80%。

(4) 有利于提高产品质量。低熔点合金材料强度较低，因此在冲压过程中不易出现拉伤、划痕等缺陷，有利于提高冲压零件的表面质量。由于合金模具的型腔间隙均匀，加工零件的几何形状和尺寸精度容易保证。低熔点合金模具与钢模制造情况对比见表13-1。

表13-1 低熔点合金模具与钢模制造情况对比

对比项目	低熔点合金模具	钢制模具
成形材料	低熔点有色金属合金	模具钢
制模方式	铸造成形	铸或锻坯——机械加工
制模技术	容易	困难
制模设备	较少、通用	较多、专用
制造成本	低	高
制造周期	短	长
使用寿命	短	长

续表

对 比 项 目	低熔点合金模具	钢 制 模 具
重熔再制	可以	不能
生产批量	中、小批量及新产品试制	大、中批量

2) 低熔点合金模具材料

(1) 低熔点合金模具对材料的要求。熔点低易于熔化,可以方便在压机上进行铸模;必须有一定机械强度,材料强度越高,模具使用寿命就越长;理想胀缩率最好等于零,即凝固时既不膨胀也不收缩;反复熔铸特性稳定。

(2) 低熔点合金模具材料种类。低熔点合金材料的种类很多,但能够用来制模具的材料并不多。常用的低熔点合金模具材料主要有铋锡二元合金、铋锡锑三元合金及铋锡铅锑四元合金。

3) 低熔点合金模具的应用

(1) 广泛应用中小批量生产、新产品试制和冲压工艺试验等方面。

(2) 可用于拉深汽车的大型覆盖件等。

(3) 在板料冲压工艺中也得到广泛应用,如可以压制钢件,还可以压制铝、铜、不锈钢以及钛合金板料件。

4) 低熔点合金模具结构

(1) 完成冲压工作所需的结构零件,包括凸模、凹模、压边圈三部分。低熔点合金的凸模、凹模具一般由合金铸成,凸模一般由凸模架、凸模板、凸模、螺钉和镶块等组成;凹模是合金在熔箱内熔化成形的,也可以是钢制的,其外形尺寸由坯料尺寸决定,略大于坯料尺寸,内腔尺寸按样件要求决定;压边圈可由钢制或合金铸成,压边圈架是压边圈与压机滑块相连的一个框架。

(2) 完成铸模所需要的结构零部件,包括样件、主熔箱、副熔箱、加热器、冷却系统、测温装置等。副熔箱是冷却时调整液面高度用的。

5) 典型的低熔点合金拉深模

低熔点合金的硬度较低,用作拉深模不易擦伤制件表面。图 13-5 所示为一种较典型的低熔点合金拉深模。图中所示是合金凝固后尚未将凸模和凹模分开的状态。该浇铸工艺在压力机外进行。制造时,先在模具中放入按制件实样为依据制造的样件 3(上有小孔,以供合金流过),再放入凸模板 8。然后将已熔化的低熔点合金由浇口 13 浇入模内。凝固后,以样件为分界,留在容框 5 内的即为凹模 2,样件以上与凸模板 8 固定在一起的即为凸模 12。设置螺钉 4 是为了增强凸模板与低熔点合金凸模的连接牢固程度。在凸模和凹模分开后,取出样件,修光型腔,即可使用。由于样件与制件形状尺寸厚度均相同,因此冲压时即能压出合乎要求的制件。对于拉深模也可以将压边圈同时铸出。样件可以重复使用,也可以将冲压出的制件经简单加工作为新的样件。

6) 低熔点合金模具的研究现状及发展趋势

低熔点合金模具以铸造方法代替机械加工制造模具,用该法制造模具工艺简单,是近年来发展较快的新工艺,受到国内外同行的普遍重视。这种模具特别适用于薄板冲压件的弯曲和拉深，尤其对大型而曲面不规则的冷压冲模，因凸凹模间隙均匀能获得强度高而刚性好的冷压件，其功效更为显著。

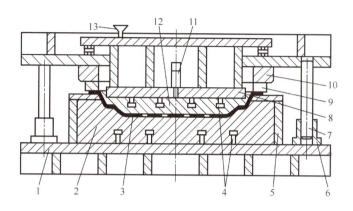

图 13-5　低熔点合金拉深模

1—底座；2—低熔点合金凹模；3—样件；4—螺钉；5—容框；6—导柱固定座；7—导柱；
8—凸模板；9—压边圈；10—压边圈座；11—排气管；12—低熔点合金凸模；13—浇口。

　　快速模具技术是 20 世纪 70 年代在我国兴起的低熔点合金和锌合金的铸造成型技术，主要在金属板材的拉深、弯曲、成形、冲裁等型腔模具加工方面，特别是汽车、农机、轻工、电子等行业的新产品试制以及中小批量生产、板材冲压工艺试验具有明显的优越性。与钢模相比，制模周期缩短 80%~90%，成本降低 50% 左右。近年来，随着快速原型（rapid prototyping，RP）技术的不断发展和日趋完善，给低熔点合金及锌合金快速制模技术注入了新的活力。使传统的制模工艺由设计—样件模型—铸模—成型，改进为直接由 CAD 数据生成模具或过渡型，减少了样件制造、尺寸精度差的问题。目前，能够直接用于快速模具的 RP 工艺有激光选区烧结（SLS）、喷射成型的三维打印（3D-P）、形状沉积制造（SDM）和三维焊接（3D-Welding）等。低熔点合金、锌合金快速模具技术与多点无模成形技术、喷涂成形、电铸模、金属颗粒或纤维增强环氧树脂模具、粉末烧结和等离子熔射成型等工艺相互渗透，取长补短，会更加完善。

　　目前在国内汽车厂最大的低熔点合金模具，铸模熔箱尺寸为 2200mm×1700mm×600mm，用我国新型低熔点合金材料 20t，而且采用我国的材料成形工艺，解决了大体积熔箱凝固体积膨胀不大的问题。该套模具已成为该厂覆盖件生产和改型的主力军。

　　早在 20 世纪 40 年代，国外在飞机近半零件的落压成型生产中就采用过熔点较低的铅锌模，落压一批零件后，将模具重熔再铸新模。由于铅锌模具强度低，容易损坏等缺陷，后改用以锌为基体的锌基四元合金，其与原先的铅锌模没有区别，至今在飞机制造厂仍在大量用于制作各种成型模。

　　20 世纪 50 年代末，英国采用熔点仅 70℃ 的 Jewelite 铋锡合金四元合金制作了汽车散热器水箱的拉延模。1962 年，英国劳伦斯发明第一台自铸低熔点合金模双动液压机，并由宝石工程公司制造出第一台 30t 的试验样机。第二年宝石工程公司和卢瑟尔父子公司制造了 50t 的压床，称为 Jewelform 压床。在 1965 年，又由压床与剪床公司制造了 60t 的自铸模压床，称为 Dualform 压床。目前已系列化生产。

1970年，美国已使用18台自铸模压床进行中、小批量的生产、试制以及板料的成型性能实验工作。1973年日本使用十几台自铸模压床进行汽车零件、照明灯具的成型。目前，英国霍克西德利航空公司，已使用9台自铸模压床进行飞机零件的压制工作。

新中国成立后在飞机的制造中也采用过低熔点铅锌成型模与锌基合金成型模。1961年以前我国几个模具制造单位已采用低熔点固定凸、凹模镶块、导套、浇注成型模的工作部分，修复破裂的凹模以及浇注卸料板的导向部分等。1965年我国曾采用低熔点合金弯曲厚度达6mm的钢板，模具材料采用铅-锡-镉与铋-铅-锡两种合金浇注制模。1973年我国汽车、拖拉机工厂开始采用自铸模的方法制造低熔点合金模，并迅速推广应用到仪表、灯具、日用五金以及玩具等工矿企业。

13.1.2 硬质合金

1. 硬质合金的概念

硬质合金是以高硬度、耐高温、耐磨的难熔金属碳化物（WC、TiC、Cr_2C_3等）为主要成分，用抗机械冲击和热冲击好的铁族金属（Co、Mo、Ni等）作胶黏剂，经粉末冶金方法烧结而成的一种多相复合材料。硬质合金也是由难熔金属硬质化合物（硬质相）和粘结金属经粉末冶金方法制成的高硬度材料。

2. 硬质合金的性能特点

（1）硬度高、热硬性好。

（2）抗压强度高。

（3）耐蚀性和抗氧化性好。

（4）线膨胀系数小，电导率和热导率与铁合金相近。

3. 常用硬质合金

（1）钨钴类硬质合金。成分：碳化钨及钴；代号："YG"+数字，例如，YG6表示含钴量为6%，其余为碳化钨的钴类硬质合金。

（2）钨钴钛类硬质合金。成分：碳化钨、碳化钛和钴；牌号："YT"+数字，例如，YT15表示含TiC的量为15%，其余为碳化钨和钴的钨钴钛类硬质合金。

（3）通用硬质合金。以TaC或NbC取代YT类的一部分TiC，牌号："YW"+顺序号。

4. 硬质合金模具

制造冲模时，利用高硬度、高强度、高耐磨、耐腐蚀、耐高温和膨胀系数小的硬质合金材料制成凸、凹模的冲模，称为硬质合金冲模。作为冲模凸、凹模材料的主要是钨钴类硬质合金。

硬质合金冲模的结构基本上与钢制冲模结构相同，可制成单工序模，也可制成复合模及连续模。但因硬质合金本身有脆性，故冲裁时最好不使硬质合金刃口单边受力，在大批量生产所采用的模具结构，多为连续模结构。

无论采用何种结构形式，硬质合金冲模与一般钢制冲模相比，在结构上应具有如下特点。

（1）模柄。硬质合金冲模多采用浮动式模柄结构，以避免在冲压时压力机的精度对冲压工艺的影响。

（2）模架。硬质合金模具所采用的模架应具有足够的刚性。模板应比一般钢制冲模模板厚 5~10mm，多用 45 钢制造，硬度为 38~420HRC。

（3）导向机构。模具的导向机构动作要平稳可靠、精度要高，一般采用滚珠导柱式模架，并多采用四导柱导向结构。

（4）垫板。为了防止硬质合金在冲压时碎裂，凹模及凸模都应加装淬硬的垫板（材料可用 T7）。

（5）卸料及顶出装置。卸料及顶出装置，应尽量采用固定式卸料板结构，以防止冲压时对凹模的冲击作用。采用弹性卸料板时，要加小导柱对卸料板导向。为避免冲击，卸料板的压料台阶高度 h 应该比导料板厚度 H 小一个料厚，即 $h=H-t-0.05$。

（6）凸、凹模间隙。凸、凹模间隙比钢制冲模要大，一般为料厚的 0.15 倍或取普通冲模间隙的 1.5 倍。

（7）导料板、定位销、导向销要进行热处理淬硬。

（8）凹模镶块结构，要保证与固定板组合后相对稳定。

5. 硬质合金模具的种类

我国硬质合金模具根据用途可分为 4 类：

第一类为硬质合金拉丝模具，这类模具占硬质合金模具的绝大部分。目前拉丝模的主要牌号有 YG8、YG6、YG3，其次是 YG15、YG6X、YG3X，近几年来主要硬质合金生产厂家也研制一些新牌号，如用于高速拉丝的新牌号 YL，还有从国外引进的拉丝模牌号 CS05（YL0.5）、CG20（YL20）、CG40（YL30）、ZK10、ZK20/ZK30。

第二类模具是冷镦冷冲模、整形模，主要牌号有 YC20C、YG20、YG15、CT35 以及株洲硬质合金厂的新牌号 YJT30 和中南工大粉末冶金厂的 M015。

第三类模具是用于磁性材料生产的无磁合金模，还有一些厂在研制生产。如 YSN 系列的 YSN（包括 20、25、30、35、40）以及钢结无磁模牌号 TMF，如自贡硬质合金厂的 YWC 无磁合金。

第四类为热作模，这类合金暂无标准牌号，市场需求在增加，有些厂家正在研制开发，如 YD40 及上海材料所的旋锻模用 CNW。

【励志园地】

唯创新者进

硬质合金装备制造水平对硬质合金的发展起关键和决定作用。60 年来，中国硬质合金装备制造技术进步与发展，经历了产业体系建立时期，大引进、大改造时期，消化吸收、自主创新时期。通过大引进、大改造，消化吸收和自主创新，中国硬质合金装备不断地从中国制造走向中国创造。超细级纳米钨、钴粉末还原炉，球形碳化钨粉末制造装备，水雾化制造硬质合金混合料专用喷雾干燥装备，脱脂、真空烧结、淬火多功能炉等硬质合金生产核心设备实现自主创新。

实践证明，关键、核心技术是买不来的。如果只注重引进，满足于投产、达产，低水平复制或跟踪模仿，忽视消化吸收与自主创新，引进技术难以发挥效益，而且会成为企业的包袱。难以走出"引进—落后—再引进—再落后"的陷阱，只能永远步别人的后尘。

13.2 模具用非金属材料

13.2.1 环氧树脂

环氧树脂是一种分子中含有两个或多个环氧基团的高分子聚合物，由环氧氯丙烷及二酚丙烷在苛性碱催化剂的作用下缩聚而成的液体树脂。环氧树脂是一种无定形黏稠液体，加热呈塑性，没有明显的熔点，受热变软逐渐熔化，并且发黏，不溶于水。环氧树脂本身一般情况下性能稳定，不会硬化，当加入一定量硬化剂后，就会逐渐固化。

1. 环氧树脂的特点

(1) 形式多样。各种树脂、固化剂、改性剂体系几乎可以适应各种应用对形式提出的要求，其范围可以从极低的黏度到高熔点固体。

(2) 固化方便。选用各种不同的固化剂，环氧树脂体系几乎可以在 0~180℃ 温度范围内固化。

(3) 黏附力强。环氧树脂分子链中固有的极性羟基和醚键的存在，使其对各种物质具有很高的黏附力。环氧树脂固化时的收缩性低，产生的内应力小，这也有助于提高黏附强度。

(4) 收缩性低。环氧树脂和所用的固化剂的反应是通过直接加成反应或树脂分子中环氧基的开环聚合反应来进行的，没有水或其他挥发性副产物放出。它们和不饱和聚酯树脂、酚醛树脂相比，在固化过程中显示出很低的收缩性（小于 2%）。

(5) 力学性能。固化后的环氧树脂体系具有优良的力学性能。

(6) 电性能。固化后的环氧树脂体系是一种具有高介电性能、耐表面漏电、耐电弧的优良绝缘材料。

(7) 化学稳定性。通常，固化后的环氧树脂体系具有优良的耐碱性、耐酸性和耐溶剂性。像固化环氧体系的其他性能一样，化学稳定性也取决于所选用的树脂和固化剂。适当地选用环氧树脂和固化剂，可以使其具有特殊的化学稳定性能。

(8) 尺寸稳定性。上述的许多性能的综合，使环氧树脂体系具有突出的尺寸稳定性和耐久性。

(9) 耐霉菌。固化的环氧树脂体系耐大多数霉菌，可以在苛刻的热带条件下使用。

2. 环氧树脂在模具中的应用

环氧树脂模具又称树脂模具，它具有制造周期短、成本低、特别适合形状复杂的制品和产品更新换代快速的工业领域；因此，在国外先进国家已得到广泛的应用，特别在汽车制造业、玩具制造业、家电制造业、五金行业和塑料制品等工业系统使用得更为普及。环氧树脂模具按不同的结构和用途，采用各种性能的环氧树脂、固化剂、增韧剂和填料（铁粉、铝粉、硅微粉、重晶石粉等）等配制成模具树脂，同时以玻璃纤维布和碳纤维布作增强材料而制成的。

3. 环氧树脂模具的种类

1) 环氧树脂冷压类型的模具

（1）弯曲模、成形模、拉延模、切口模等。环氧树脂的复合材料主要用来制造凹凸模，可以浇注成形，也可以低压模压法成形，它可以冲压或拉延 0.8mm 钢板、2mm 以下的铝板，寿命在万次以上不磨损。对于大型拉延模具，例如汽车驾驶室顶盖件，用环氧树脂制造模具显示出更大的优越性，无需大型切削机床。切口模用来制造结构复杂的大型零件，在凹凸模刃口部嵌以钢带。用环氧树脂制造的弯曲成形模具，冲压的零件有吊扇的风叶等，风叶型面尺寸要求很高，因关系到风量和使用效果等，环氧树脂模具固定在 100t 冲床上冲压成形，冲压次数已达 30 余万次，树脂模具还在使用。

（2）落锤模。采用环氧树脂落锤模，可以冲压 2.5mm 厚的铝板、1.5mm 厚的不锈钢板。树脂做的模具，协调性能好，工艺简单，制造周期短，比铝锌模缩短 3/4 时间，还可节省大量的有色金属，降低成本。

（3）铸模。铸模如模型、芯盒、型板等。采用环氧树脂制作铸模的优点：

① 树脂模具制造周期短，如铝模制造周期约 1 个月，而树脂模具制作只需 3~5 天。
② 树脂模具使用寿命长，如铝模用到二千次就要大修，而树脂模可用到二万次。
③ 树脂模具修理简单、方便。
④ 树脂模具质量小，劳动生产率高。

2) 环氧树脂热压类型的模具

（1）注蜡模。用于压注蜡型的模具，一般用金属制作模具，批量小的、要求不高的也采用石膏模。先用注蜡模压注出蜡型，根据蜡型再做成壳模，脱蜡后浇注金属。树脂的注蜡模，强度高，成型方便，粗糙度值小，耐磨性好，导热性稍差一些，在加工成形雕塑的型面时，经济效益就更高了。

（2）塑料注射模。环氧树脂注射模具是国内外正在努力突破的一项新技术。据资料介绍，环氧树脂注射模国外作为一种简易、快速模具，因为它成型快，外形精确，但缺点是耐热性差，因此，在树脂模具设计时应考虑冷却水管道，来提高注塑次数。我国也有研制这类树脂模具，并取得了良好的应用，注塑次数已达万次以上，环氧树脂模具型面无变化。在树脂模具配方设计上的优化和模具结构上的改进，使树脂模具的热态强度、热导率都有较高的水平。因此，如果产品型面为雕塑的型面，机加工简直无法加工的，则更显出环氧树脂模具的优越性。

（3）吹塑模和吸塑模具。这类模具都要求环氧树脂配方固化物要有良好的热态强度和热导率，它最大的优点是成形方便，这些树脂模具都属于开发应用中的模具。

4. 制造环氧树脂模具的工艺方法

（1）浇注工艺制造。按环氧树脂配方比例称量和混合，然后浇注入模型模具，按配方工艺要求，采用室温或高温固化成型，也可采用振动浇注工艺。

（2）层压工艺制造。玻璃纤维或碳纤维增强的环氧树脂模具，在固化时不用压力，在模型里层叠纤维增强材料并层层涂以环氧树脂混合料，称为接触层叠工艺。固化时如在加压下进行，可增加玻璃纤维含量，称加压层压工艺。

（3）短玻璃纤维增强与树脂的混合物，能够在简易的金属模内成形。

13.2.2 聚氨酯橡胶

聚氨酯橡胶（代号 UR）的全称是聚氨基甲酸酯橡胶，是一种性能介于天然橡胶与一般塑料之间的弹性体，是人工合成的一种高分子聚合物。目前应用于金属板料压力加工中的聚氨酯橡胶主要是聚酯浇注型的。它由己二酸、乙二醇、丙二醇缩聚而成的分子量为 2000 左右的端羟基聚酯，进一步与甲苯二异氰酸酯（TDI）合成为分子量较低的端基为异氰基的预聚体，并按端异氰基的含量高低，与 MOCA[4,4-亚甲基双(2-氯苯胺)]熔融混合浇注模压成形，并经二次硫化而获得硬度高低不同的聚氨酯橡胶制品。

1. 聚氨酯橡胶的性能

（1）耐磨性能卓越。耐磨性能是所有橡胶中最高的。实验室测定结果表明，UR 的耐磨性是天然橡胶的 3~5 倍，实际应用中往往高达 10 倍左右。

（2）缓冲减振性好。室温下、UR 减振元件能吸收 10%~20% 振动能量，振动频率越高，能量吸收越大。

（3）耐油性和耐药品性良好。R 与非极性矿物油的亲和性较小，在燃料油（如煤油、汽油）和机械油（如液压油、机油、润滑油等）中几乎不受侵蚀，比通用橡胶好得多，可与丁腈橡胶媲美。缺点是在醇、酯、酮类及芳烃中的溶胀性较大。

（4）摩擦因数较高，一般在 0.5 以上。

（5）耐低温、耐臭氧、抗辐射、电绝缘、粘结性能良好。

（6）常见的国产聚氨酯橡胶牌号有 8260、8270、8280、8290、8295 等，对应的邵氏硬度（A）分别为 67、75、85、90、93。其中 8290、8295 主要用于冲裁模，8260、8270、8280 主要用于弯曲、拉深、胀形等其他模具。用聚氨酯橡胶作为模具工作零件（如凸模、凹模）的模具称为聚氨酯橡胶冲模。这类模具结构简单，制造容易，生产周期短，制模成本低，常用于薄材料制件的小批量生产及新产品试制。较适合聚氨酯橡胶冲模冲压成形的板材厚度见表 13-2。

表 13-2 聚氨酯橡胶冲压加工的板料厚度 （单位：mm）

材 料	落料、冲孔	弯 曲	成 形	拉 深
结构钢	≤1.0~1.5	≤2.0~3.0	≤1.0~1.5	≤1.5~2.0
合金钢	≤0.5~1.0	≤1.5~2.0	≤0.5~1.0	—
铜及其合金	≤1.0~2.0	≤3.0~4.0	≤2.5~3.0	≤2.5~3.0
铝及其合金	≤2.0~2.5	≤3.5~4.0	≤3.0~3.5	≤2.5~3.0
钛合金	≤0.8~1.0	≤1.0~1.5	≤0.5~1.0	—
非金属材料	≤1.5~2.0	—	—	—

2. 聚氨酯橡胶模具

1）聚氨酯橡胶模的冲裁机理

用聚氨酯橡胶模进行冲裁时只需要一个钢质的凸模或凹模。落料时用橡胶模垫作凹模，冲孔时用橡胶模垫作凸模。橡胶模垫应放在容框内。

凸模下行时，压料板先将坯料压紧在容框表面上。当凸模逐渐压入聚氨酯橡胶时，橡胶受挤压后即沿着凸模周围的空隙向着与凸模运动相反方向转移。由此产生的反压力与凸模的正压力在刃口处形成了一对剪应力，它随着凸模压入深度的增大而增大，当超过材料的抗剪强度时，材料便沿着凸模刃口被切断而分离，如图 13-6 所示。

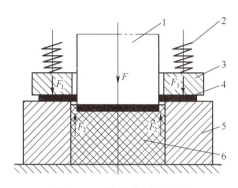

图 13-6　橡胶模冲裁机理
1—凸模；2—弹簧；3—压料板；4—冲压件；5—容框；6—聚氨酯橡胶模。

2) 聚氨酯橡胶模的冲裁变形过程

如图 13-7 所示，聚氨酯橡胶模的冲裁变形过程与一般钢模不同。压力机滑块下行时，装在容框内的聚氨酯橡胶产生弹性变形，以较高的压力迫使被冲板料沿钢质凸模刃口发生弯曲、拉伸等复杂变形，最后在压力的作用下板料断裂分离。在冲裁过程中，由于橡胶始终把板料压在钢模上，故制件平整。此外，因为橡胶紧贴着钢模刃口流动，成为无间隙冲裁，所以冲裁件基本无毛刺。利用这个特点，可以解决冲裁薄板时间隙太小、制模困难的问题。

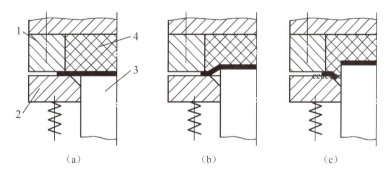

图 13-7　聚氨酯橡胶模的冲裁变形过程
(a) 板料与聚氨酯橡胶接触；(b) 板料受压弯曲、拉伸；(c) 板料断裂分离。
1—容框；2—卸料板；3—凸模；4—聚氨酯橡胶。

根据聚氨酯橡胶冲裁特点，冲裁搭边值应比钢模冲裁时大。冲孔孔径不能太小，否则所需橡胶的单位面积压力太大，冲裁很困难。

3) 聚氨酯橡胶模具的特点

(1) 结构简单，成本低，制造方便。

(2) 工件质量好，无毛刺。

(3) 适合薄而复杂的工件。

(4) 冲压力大于一般模具。压力机的吨位宜选得大一些。最好选用速度较慢的液压机或摩擦压力机。在冲压件外形尺寸较小、厚度薄及冲压深度不大的情况下，也可选用速度较低的普通压力机。

(5) 条料搭边应较大，一般以 3~5mm 为宜。

4) 聚氨酯橡胶模具结构

(1) 落料时用橡胶模垫作凹模，凸模为钢质。冲孔时用橡胶模垫作凸模，凹模为钢质。

(2) 用作冲裁的聚氨酯橡胶的硬度以取邵氏硬度（90~95）A 为宜。橡胶的厚度一般取 12~20mm 为宜，橡胶的变形量一般在 30%以下。

(3) 容框的型腔应与凸模的外形相仿，其单边间隙一般为 0.5~1.5mm。

(4) 冲模应装有压料装置，使材料不发生移动。

(5) 凸模压入橡胶的深度或橡胶突进凹模孔的高度，应达到使材料分离的要求，但不宜太深。

(6) 用橡胶模冲孔时，常在孔内放置顶杆。

[答疑解惑]

硬质合金是以高硬度难熔金属的碳化物与钴或镍等烧结而成的粉末冶金制品，具有硬度高、耐磨、耐热、耐腐蚀、强度高、韧性好等特点，号称"工业牙齿"。目前，主要有碳化烧结一步法合成硬质合金，它是基于放电等离子球磨技术，首先将原始 W、C、Co 粉末采用等离子球磨制备出纳米晶 W-C-Co 复合粉末，球磨时间为 1~3h 左右，然后将所制备的上述复合粉末采用冷压成型制成生坯，最后在真空或低压烧结炉中一步碳化烧结合成 WC-Co 硬质合金块体，该方法所制备的硬质合金称为高性能纳米晶或超细晶 WC-8Co 合金。这种超细晶合金与普通的硬质合金性能比较，材料晶粒尺寸下降到 $0.6\mu m$ 以下时，超细晶合金在提高硬度的前提下，显著提高了强度。

[知识小结]

(1) 低熔点合金分为共晶类型和非共晶类型两种，前者熔化温度为确定值，后者熔化温度是一个温区。低熔点合金模具对材料的要求是：熔点低易于熔化，方便在压机上进行铸模；必须有一定的机械强度，强度越高，模具寿命使用越长。

(2) 典型的低熔点合金模具结构零件包括凸模、凹模、压边圈三部分。凸模和凹模一般由合金铸成，压边圈可由钢制或合金铸成。

(3) 硬质合金是以高硬度、耐高温、耐磨的难熔金属碳化物为主要成分，用抗机械冲击和热冲击好的铁族金属作胶黏剂，经粉末冶金方法烧结而成的一种多相复合材料。通常用钨钴类硬质合金作为冲模凸、凹模材料。

(4) 环氧树脂的复合材料主要用来制造凸凹模，可以浇注成形，也可以低压模压法成形，它可以冲压或拉延 0.8mm 钢板、2mm 以下的铝板，寿命在万次以上不磨损。

(5) 聚氨酯橡胶耐磨性能卓越，其耐磨性能是所有橡胶中最好的；缓冲减震性好；耐低温、抗辐射、粘结性能良好。8290、8295 用于冲裁模，8260、8270、8280 主要用于弯曲、拉深和胀形等模具。

（6）聚氨酯橡胶模具结构：落料时用橡胶模垫作凹模，凸模为钢质。冲孔时用橡胶模垫作凸模，凹模为钢质。

【复习思考题】

13-1　填空题

1. 低熔点合金采用_____法或者_____即可熔化。
2. 常用的低熔点合金模具材料主要有_____二元合金、_____三元合金及_____四元合金。
3. 作为冲模凸、凹模材料的主要是_____硬质合金。
4. 环氧树脂是一种分子中含有两个或多个_____的高分子聚合物，由环氧氯丙烷及二酚丙烷在苛性碱催化剂的作用下缩聚而成的液体树脂。
5. 环氧树脂热压类型的模具有_____、_____、_____、_____。
6. 聚氨酯橡胶的全称是_____，是一种性能介于天然橡胶与_____之间的弹性体，是人工合成的一种高分子聚合物。

13-2　选择题

1. 环氧树脂在船舶领域的应用有（　　）。
   A. 制作增压器叶片　　B. 制作曲轴　　C. 制作机座垫块　　D. 制作连杆
2. 聚氨酯橡胶模具的特点有（　　）。
   A. 结构简单　　　　　B. 工件质量好　C. 成本高　　　　　D. 有毛刺

13-3　问答题

1. 低熔点合金具有哪些优点？低熔点合金模具对材料有哪些要求？
2. 简述聚氨酯橡胶模具的特点。

第 14 章　零件的选材

【学习目标】

知识目标

(1) 熟悉零件选材的一般原则和方法。
(2) 熟悉典型零件的选材步骤。

能力目标

(1) 能为一般零件正确选择材料。
(2) 能为航空结构件正确选择材料。

素质目标

(1) 树立强烈的民族自豪感。
(2) 树立创新意识、绿色环保理念。

【知识导入】

举世瞩目的第 29 届奥运会主会场——国家体育场"鸟巢"（图 14-1）是 2008 年 8 月 8 日全世界关注的焦点，因其极具创造性的建筑手法，被认为是 21 世纪初叶国际建筑界最高水平的体育建筑。作为世界建筑史上具有划时代意义的建筑，"鸟巢"重达

图 14-1　国家体育场"鸟巢"

4.2万吨的钢结构需摆脱外力的支撑,"靠自己站起来",工程浩大自不必说,其材料的选择更是慎之又慎。

据"鸟巢"中方总设计师李兴钢介绍,"鸟巢"主体结构设计使用年限100年,耐火等级为一级,抗震设防烈度8度,地下工程防水等级1级,工程主体建筑结构呈空间马鞍椭圆形,由钢桁架编织式"鸟巢"结构,南北长333m、东西宽298m、高68m。从使用角度来看,国家体育场"鸟巢"同时要满足多项要求,因而在选材方面也要同时考虑多方面的要求;从建造角度来看,材质的选择既要满足使用要求,又要便于建造。那么"鸟巢"的选材是如何综合考虑这些因素的?选材与材料的性能关系又如何?我们一起学习机械零件的选材知识。

【知识学习】

14.1 零件选材的原则和方法

选材是零件设计中的重要工作。选材是否恰当,特别是一台机器中关键零件的选材是否恰当,将直接影响产品的使用性能、使用寿命及制造成本。选材不当,严重的可能导致零件的完全失效而造成事故。

14.1.1 零件选材的一般原则

从零件设计和制造的一般程序来看,先是按照零件工作条件的要求来选择材料,然后根据所选材料的机械性能和工艺性能来确定零件的结构形状和尺寸。在着手制造零件时,也要按所用的材料来制订加工工艺方案。零件选材的一般原则主要有使用性原则、工艺性原则和经济性原则,其中使用性原则是正确选用零件材料的重要且首要原则,它是保证零件正常工作和使用寿命的前提,是零件选材过程的切入点。判断零件选材是否合理的基本标志是:能否满足必需的使用性能;能否具有良好的工艺性能;能否实现最低成本。

1. 使用性原则

使用性原则是指所选用的材料制成零件后,能否保证其使用性能要求。使用性能是材料在使用过程中表现出来的性能,是选材时考虑的最主要根据。不同零件所要求的使用性能是不一样的,有的零件主要要求高强度,有的则要求高的耐磨性,而另外一些甚至无严格的性能要求,仅仅要求有美丽的外观。因此,在选材时首要的任务就是准确地判断零件所要求的主要使用性能。

所选材料的使用性能要求是在对零件的工作条件及失效情况分析的基础上提出的。零件的工作条件往往是复杂的,要从受力状态、载荷性质、工作温度、环境介质等几个方面全面分析。受力状态有拉、压、弯、扭等;载荷性质有静载、冲击载荷、交变载荷等;工作温度可分为低温、室温、高温、交变温度;环境介质为与零件接触的介质,如润滑剂、海水、酸、碱、盐等。为了能更准确地了解零件的使用性能,还必须分析零件的失效方式,从而找出对零件失效起主要作用的性能指标。表14-1列举了一些常用零件的工作条件、主要失效方式及所要求的主要力学性能指标。

表 14-1 常用零件的工作条件、主要失效方式及主要力学性能指标

零件名称	工作条件	主要失效方式	主要机械性能指标
重要螺栓	交变拉应力	过量塑性变形或疲劳破坏	屈服强度、疲劳强度、硬度（HB）
重要传动齿轮	交变弯曲应力，交变接触压应力，受带滑动的滚动摩擦和冲击载荷	齿的折断，过度磨损或出现疲劳麻点	抗弯强度、疲劳强度、接触疲劳强度、硬度（HRC）
曲轴、轴类	交变弯曲应力，扭转应力，冲击载荷磨损	疲劳断裂，过度磨损	屈服强度、疲劳强度、硬度（HRC）
弹簧	交变应力，振动	弹力丧失或疲劳破坏	弹性极限、屈强比、疲劳强度
滚动轴承	点或线接触下的交变压应力，滚动摩擦	过度磨损破坏、疲劳破坏	抗压强度、疲劳强度、硬度（HRC）

2. 工艺性原则

工艺性原则是指所选用的材料能否保证顺利地加工制造成零件。任何零件都是由不同的工程材料通过一定的加工工艺制造出来的，因此材料的工艺性即加工成零件的难易程度，也是选材的重要依据之一。零件的生产方法不同，将直接影响其质量和生产成本。材料的工艺性能包括以下内容：

（1）铸造性能。包含流动性、收缩性、疏松及偏析倾向、吸气性、熔点高低等。

（2）压力加工性能。指材料的塑性和变形抗力等。

（3）焊接性能。包括焊接应力、变形及晶粒粗化倾向，焊缝脆性、裂纹、气孔及其他缺陷倾向等。

（4）切削加工性能。指切削抗力、零件表面粗糙度、排除切屑难易程度及刀具磨损量等。

（5）热处理性能。指材料的热敏感性、氧化、脱碳倾向、淬透性、回火脆性、淬火变形和开裂倾向等。

与使用性能的要求相比，工艺性能处于次要地位；但在某些情况下，工艺性能也可成为主要考虑的因素。当工艺性能和使用性能相矛盾时，有时正是工艺性能的考虑使得某些使用性能显然合格的材料不得不加舍弃，此点对于大批量生产的零件特别重要。因为在大批量生产时，工艺周期的长短和加工费用的高低，常常是生产的关键。例如，为了提高生产效率而采用自动机床实行大批量生产时，零件的切削性能成为选材时考虑的主要问题。此时，应选用易切削钢之类的材料，尽管它的某些性能并不是最好的。

3. 经济性原则

经济性原则是指所选用的材料加工成零件后能否达到价格便宜，成本低廉。材料在满足使用性能与工艺性能条件下，必须考虑材料的经济性问题。选材的经济性不单是指选用的材料本身价格应便宜，更重要的是采用所选材料来制造零件时，可使产品的总成本降至最低，同时所选材料应符合国家的资源情况和供应情况等。

（1）材料的价格。不同材料的价格差异很大，而且在不断变动，因此设计人员应对材料的市场价格有所了解，以便于核算产品的制造成本。

(2) 国家的资源状况。随着工业的发展，资源和能源的问题日益突出，选用材料时应对国家的资源状况有所考虑，特别是对于大批量生产的零件，所用的材料应该是来源丰富并符合我国的资源状况的。例如，我国钼资源缺乏，但钨资源却十分丰富，所以选用高速钢时就要尽量选用钨高速钢，而少选用钼高速钢。另外，还要注意生产所用材料的能源消耗，尽量选用能耗低的材料。

在考虑以上选材基本原则情况下，应考虑产品的实用性和市场需求。如某项产品或某种机械零件的优劣，不仅仅要求能符合工作条件的使用要求，从商品的销售和用户的愿望考虑，产品还应当具有质量小、美观、经久耐用等特点。这就要求在选材时，应突破传统观点的束缚，尽量采用先进科学技术成果，做到在结构设计方面有创新，有特色，在材料制造工艺和强化工艺上有改革，有先进性。另外，一个产品或一个零件的制造，是采用手工操作还是机器操作，是采用单件生产还是采用机械化自动流水作业，这些因素都对产品的成本和质量起着重要的作用。因此，在选材时，应该考虑到所选材料能满足实现现代化生产的可能性。

14.1.2 航空航天件选材的原则

航空航天飞行器长期在大气层或外层空间运行，在极端环境使用还要求有极高可靠性和安全性、优良的飞行性和机动性，除了优化结构满足气动需求、工艺性要求和使用维护要求外，更依赖于材料的优异特性和功能。

为了保证结构安全并充分利用材料的性能，航空航天结构件的设计由"强度设计原则"转变为"损伤容限设计原则"，并逐步过渡到"全寿命周期设计原则"，在设计阶段就要考虑产品寿命历程的所有环节，所有相关因素在产品设计阶段就得到综合规划和优化。要求材料不仅具有高的比强度、比刚度，还要有一定的断裂韧性和冲击韧性、抗疲劳性能、耐高温性能、耐低温性能、耐腐蚀性能、耐老化性能和抗霉菌性能，并有针对性地强化一些性能指标。此外，不同等级的载荷区采用不同的选材判据，根据部件的具体要求选择与之匹配的材料，大载荷区采用强度判据，选用高强材料；中载荷区采用刚度判据，选用高弹性模量材料；轻载荷区主要考虑尺寸稳定性，确保构件尺寸大于最小临界尺寸。

选择和评价结构材料时，要根据服役条件和应力状态，选择合适的力学性能（拉伸、压缩、冲击、疲劳、低温系列冲击）测试方法，针对不同的断裂方式（韧断、脆断、应力疲劳、应变疲劳、应力腐蚀、氢脆、中子辐照脆化等），综合考虑材料强度与塑性、韧性的合理配合。承受拉伸载荷的构件，表层及心部应力分布均匀，所选材料应具有均一组织和性能，大型构件应有良好的淬透性。承受弯曲及扭转载荷的构件，表层及心部应力相差较大，可用淬透性较低的材料。承受交变载荷的构件，疲劳极限、缺口敏感性为选材的重要考核指标。在腐蚀介质中服役的构件，抗腐蚀能力、氢脆敏感性、应力腐蚀开裂倾向、腐蚀疲劳强度等为选材的重要考核指标。高温使用材料还要考虑组织稳定性，低温使用材料还要考虑低温性能。

减重对提高飞行器的安全性、增加有效载荷和续航距离、提高机动性能及射程、降低燃料或推进剂消耗和飞行成本具有实际意义，飞行器速度越快，减重意义越大。战斗机重量减轻15%，则可缩短飞机滑跑距离15%，增加航程20%，提高有效载荷30%。对于导弹或运载火箭等短时间一次性使用的飞行器，要以最小体积和质量发挥等效功能，力求把材料性能发挥到极限程度，选取尽可能小的安全余量而达到绝对可靠的安全寿命。

14.1.3 零件选材的一般方法

材料的选择是一个比较复杂的决策问题。它需要设计者熟悉零件的工作条件和失效形式，掌握有关的工程材料的理论及应用知识、机械加工工艺知识以及较丰富的生产实际经验，通过具体分析，进行必要的试验和选材方案对比，最后确定合理的选材方案。对于成熟产品中相同类型的零件、通用件和简单零件，则大多数采用经验类比法来选择材料。另外，零件的选择一般需借助国家标准、部颁标准和有关手册。下面简单介绍零件选材的一般方法。

（1）分析零件对所选材料的性能要求及失效分析，包括分析零件的工作条件，零件的强度、刚度、稳定性等。

（2）根据工作条件需要和分析，对该零件的设计制造提出必要的技术条件。

（3）根据所提出的技术条件要求和工艺性、经济性方面的考虑。对可供选择的材料进行筛选。现代工程材料分为金属材料、陶瓷材料、高分子材料和复合材料四大类，把所有的工程材料都当作选择对象，根据材料的性能要求进行预选择。

（4）对预选方案材料进行计算，以确定是否能满足上述工作条件的要求。

（5）材料的二次（或最终）选择。二次选择方案也不一定只是一种方案，也可以是若干种方案。

（6）通过实验室试验和工艺性能试验，最终确定合理的选材方案。

（7）在中、小型生产的基础上，接受零件生产和使用考验，以检验选材方案的合理性。

14.2 典型零件的选材

不同零件的毛坯类型不同，常见的毛坯类型为铸件、锻件、焊接件、型材件等。以下为不同毛坯类型的零件选材。

14.2.1 铸件的选材

铸件是指用铸造方法生产的金属零件或毛坯。铸造生产是指熔炼金属，制造铸型，并将熔融金属浇入铸型，凝固后获得一定形状、尺寸和性能的金属零件毛坯的成形方法，能制造各种尺寸和形状复杂的铸件，尤其是内腔复杂的铸件。铸件的轮廓尺寸可小到几毫米、大到几十米；质量可从几克到数百吨。诸如机架、机床床身、水压机横梁等毛坯均为铸件。大多数金属均能用铸造方法制成铸件。对于一些不宜采用锻压或焊接成形的零件（如铸铁件、青铜件），铸造是一种较好的成型方法。

在一般机械中，铸件质量占机械总质量的50%～90%；在金属切削机床中为70%～80%。由于铸件为液态成型，铸件内部组织粗大，常出现缩孔、缩松、夹渣、砂眼等缺陷，其力学性能不如同类材料的锻件好，铸件表面较粗糙且尺寸精度较低。为确保铸件的质量，铸件材料必须具有良好的铸造性能（流动性、充型性、收缩性、偏析性、吸气性等）和热处理性能，以通过铸造、热处理确保铸件能得到足够的机械强度和刚度，无铸造缺陷。常用的铸件材料按其化学成分不同可分为铸铁、铸钢、铝合金铸、铜合金、镁合金、钛合金等，合理选择铸件材料是确保铸件性能的主要条件之一。

1. 汽车发动机缸体（图 14-2）选材分析

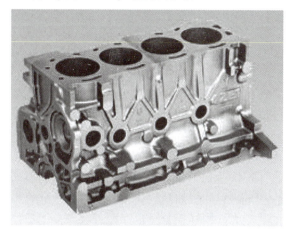

图 14-2　汽车发动机缸体

汽车发动机缸体是发动机的心脏，其工作条件是活塞在汽车发动机缸体内高速往复运动，这就要求材料应具有高强度和高刚度、良好的导热性、低的密度、良好的耐磨性和耐腐蚀性以及低的热膨胀系数，由于汽车发动机缸体形状很复杂且大批量生产，必须采用流动性好、凝固范围窄的合金进行铸造成形，因此选用灰铸铁、蠕墨铸铁和铝合金制造汽车发动机缸体较合理。如一汽集团引进的德国道依茨发动机缸体和大马力的 6DL 缸体等采用灰铸铁 HT300；奥迪 V8、福特、现代、MAN、奔驰以及大众公司等采用蠕墨铸铁生产汽车发动机缸体，这是因为蠕墨铸铁具有高强度、良好的疲劳性能，有利于薄壁化设计的优点，可承受更大的爆发压力，减少缸筒变形，功率提高 10%~20%；选用铝合金制造乘用车缸体，明显减轻缸体质量，汽车能耗降低。

2. 活塞式航空发动机缸体（图 14-3）选材分析

图 14-3　活塞式航空发动机缸体

活塞式航空发动机是为航空器提供飞行动力的往复式内燃机，它通过带动空气螺旋桨等推进器旋转产生推进力，常用于低速、小型、短程飞机中。活塞式航空发动机主要由曲轴、连杆、活塞、汽缸、分气机构和机匣等部件组成，其中汽缸是混合气（汽油和空气）进行燃烧的地方，缸内活塞做高速往复运动。活塞航空发动机的压缩比大约是5~8，压缩比越大，汽缸中的气体被压缩得越厉害，发动机产生的功率也就越大。当压缩气体被点燃后，气体猛烈膨胀，压强急剧增大，可达60~75个大气压，燃烧气体的温度达到2000~2500℃，局部温度可能达到3000~4000℃，燃气加到活塞上的冲击力可达15t。这样的工作条件要求缸体材料除了具备高的比强度和比刚度、优良的导热性和耐磨性外，还必须具备良好的热强性和热稳定性。由于飞机发动机缸体形状很复杂，因此须采用流动性好、凝固范围窄的合金进行铸造成形，选用铝合金、钛合金、镍基高温合金、陶瓷基高温合金等制造飞机发动机缸体较合理。

铝合金的缸体使用越来越普遍，因为铝合金缸体重量轻，导热性良好，冷却液的容量可减小。启动后，缸体很快达到工作温度，并且和铝活塞热膨胀系数完全一样，受热后间隙变化小，可减少冲击噪声和机油消耗。而且和铝合金缸盖热膨胀相同，工作时可减少冷热冲击所产生的热应力。同样铝合金也存在着缺点，就是容易和燃烧时产生的水发生化学反应，耐腐性较差。

14.2.2 锻件的选材

锻件是指将金属材料经过锻造加工而得到的工件或毛坯。工作环境恶劣、受力复杂的重要零件的毛坯常常需要用锻造方法成形。锻造成形是指加热后的固态金属材料在外力的作用下发生塑性变形，从而获得具有一定形状、尺寸和力学性能的零件或毛坯的加工方法。锻件的生产是固态金属在锻造温度下发生塑性变形的结果，远不如液态金属充填模型容易。因此，为确保锻件的质量，所选择的材料必须具有良好的锻造性能和热处理性能，其中材料的锻造性能是保证锻件成形的首要前提。

决定材料锻造性能的主要因素是材料的塑性，通常具有良好塑性的金属材料都适合锻造。例如，低、中碳钢及合金钢、有色金属等。

1. 柴油机曲轴（图14-4）选材分析

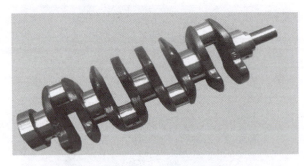

图14-4 柴油机曲轴

柴油机曲轴是柴油机中重要的传动零件，其性能好坏直接影响到柴油机的质量和寿命。它在工作过程中，不仅受到很大的交变扭力、弯曲力、压力、离心力和拉力的共同作用,而且各轴颈在很高的比压下做高速旋状运动,使轴颈和轴承受到高强度的磨损作用。这就要求制造曲轴的材料必须具有足够的强度和刚度、高的疲劳强度、较强的轴颈表面耐磨性和良好的平衡性等特点。柴油机曲轴在使用过程中的主要失效方式有两种,分别是疲劳断裂和轴颈表面的严重磨损。因此,在选择柴油机曲轴材料时,首先要满足柴油机曲轴的力学性能要求,它取决于柴油机设计的强度水平,其次要考虑曲轴的耐磨性及工艺性。常用曲轴材料有球墨铸铁和锻钢两大类。因球墨铸铁的铸造性能好,采用铸造方法加工成曲轴称为铸造曲轴;锻钢的锻造性能好,采用锻造方法加工成曲轴称为锻造曲轴。比较球墨铸铁和锻钢曲轴材料及相应工艺制造的曲轴,锻钢曲轴经热处理后,综合力学性能好,组织致密,疲劳强度高,轴颈表面耐磨性高,生产工艺稳定,但成本高。所以锻造曲轴只用在大型或高性能发动机上。柴油机曲轴一般都是锻造的,选用优质碳钢(如优质45钢)和合金钢(40Cr、42CrMoA、48MnV等)制造柴油机曲轴较合理。

2. 航空发动机涡轮叶片(图 14-5)选材分析

图 14-5 航空发动机涡轮叶片

在航空发动机中,涡轮叶片由于处于温度最高、应力最复杂、环境最恶劣的部位而被列为第一关键件。发动机的特殊结构组成及工作原理对叶片的性能提出了很高的要求,同时发动机内温度、气流和压力影响着叶片使用情况。因而叶片的选材主要考虑高温合金。

高温合金中应用最广、高温强度最高的一类合金是镍基合金。其主要原因:一是镍基合金中可以溶解较多合金元素,且能保持较好的组织稳定性;二是可以形成共格有序的 A_3B 型金属间化合物 $\gamma'[Ni_3(Al,Ti)]$ 相作为强化相,使合金得到有效的强化,获得比铁基高温合金和钴基高温合金更高的高温强度;三是含铬的镍基合金具有比铁基高温合金更好的抗氧化和抗燃气腐蚀能力。

14.2.3 焊接件的选材

焊接件是指焊件由焊接方法连接的构件。焊接是通过加热或加压或二者并用,并且用或不用填充材料,使被焊材料达到原子间的结合,从而形成永久性连接的工艺。

根据焊接过程中金属所处的状态、焊接方法不同，焊接件可分为熔化焊接件、压力焊接件和钎焊接件三大类。由于焊接方法比其他连接方法具有省工、省料、减轻结构质量、提高产品质量等优点，焊接件应用于各工业部门。例如大型高炉、平炉的炉体、厂房的金属桁架、大型舰船的船体和压力容器都是用焊接方法制成的焊接件，起重机、动力锅炉、大型发电机、汽轮机车、汽车、飞机、人造卫星等产品的一些重要零件也都采用焊接方法制成焊接件。焊接件质量好坏主要取决于材料的焊接性能。对于钢材焊接件，其焊接性能的好坏主要取决于它的化学成分，其中影响最大的是碳元素，也就是说金属含碳量的多少决定了它的可焊性。钢中的其他合金元素使材料的可焊性降低，但其影响程度一般都比碳小得多。钢中含碳量增加，淬硬倾向就增大，塑性则下降，容易产生焊接裂纹。通常，把金属材料在焊接时产生裂纹的敏感性及焊接接头区力学性能的变化作为评价材料可焊性的主要指标。所以含碳量越高，可焊性越差。含碳量小于0.25%的低碳钢和低合金钢，塑性和冲击韧性优良，焊后的焊接接头塑性和冲击韧性也很好，焊接时不需要预热和焊后热处理，因此具有良好的焊接性。随着含碳量增加，大大增加焊接的裂纹倾向，所以，含碳量大于0.25%的钢材不用于制造锅炉、压力容器的承压元件。

1. 钢制压力容器（图14-6）选材分析

钢制压力容器用途很广，工作条件差异很大，因此在钢制压力容器设计过程中正确地选择材料，是一件极为复杂而又特别重要的工作。在选择压力容器用钢材时，必须考虑容器的实际工作条件、加工工艺和经济合理性。而被选用钢材的质量和规格应尽最大可能符合我国国家标准、部颁标准或有关技术规定。目前，绝大多数钢制压力容器主要受力部件（壳体、接管等）是用碳钢、普通低合金钢或奥氏体不锈钢制造。

图14-6 钢制压力容器

压力容器用碳钢一般是含磷、硫杂质少、塑性好、焊接性能优异、抗冷脆性能高、时效倾向小的镇静钢，这些钢的碳含量大致为0.1%～0.3%，强度极限为30～50kgf/mm^2，屈服极限为21～30kgf/mm^2。其次，为了使钢材具有较好的冲击韧性值，一般要求常温时冲击韧性不低于5～6kg·m/cm^2，低温时（-40℃）不低于3.5kg·m/cm^2（梅氏试样）或2.6kg·m/cm^2（却贝试样）。压力容器用碳钢主要有Q235A、16Mn钢、20钢、25钢、35钢和45钢等，其中Q235A钢是最便宜的碳钢，焊接性能很好，一般用于常、低压储槽和容器壳体，或者容器支座。

压力容器用普通低合金钢是在碳钢的基础上加入一定量合金元素（主要是Mn）制成的。这些钢都是低碳钢，平均碳含量为0.09%～0.18%，一般不超过0.2%，锰含量一般为0.7%～1.8%。有时为了提高钢的强度和韧性，改善淬透性，还加入少量的钒、钛、铌、钼和硼等元素。压力容器常用的普通低合金钢有16Mn、16MnR、12CrMo、14MnMoNb、15CrMo、15MnMoV、20MnMo等。选择压力容器用普通低合金钢时，首先要考虑机械强度、塑性、焊接性及低温脆性倾向。一般中、低压容器材料用屈服极限为30kgf/mm²和35kgf/mm²级镇静钢或半镇静钢，如16Mn、16MnR等钢。像大型球罐和容器等压力参数较高的中压装置的壳体一般采用屈服极限为40kgf/mm²的钢，如15MnVR等。高压容器采用屈服极限为50kgf/mm²的钢，如14MnMoNb和14MnMoB钢。

压力容器用高合金钢主要是不锈钢。不锈钢按金相组织分类有马氏体不锈钢、铁素体不锈钢、奥氏体不锈钢、奥氏体-铁素体不锈钢四大类。选择不锈钢时，必须根据钢制压力容器的具体工作条件力争节约，不要随意乱用。如内装强腐蚀介质钢制压力容器，应尽量选用无镍和铬或少铬的新型钢种（含Si、Al、V、Mn等元素钢）。要求耐大气腐蚀和海水腐蚀时，可采用含铜的普通低合金钢，如16MnCu、15MnVCu代替不锈钢。对于中温（低于500℃）用钢，可以采用含钼或铝的中、高强度钢代替Cr-Mo钢；对于运输液态天然气船用大型球型容器可用铝合金代替不锈钢，但是在结构设计上要采取相应措施保证强度和刚性。

2. 飞机起落架支柱（图14-7）选材分析

起落架是飞机起飞、降落的关键性部件，它承受着飞机的全部重量。飞机起飞、降落滑行时，由于跑道不可能绝对平整，所以起落架承受着强烈的振动和交变载荷；飞机降落时，与跑道发生冲击，所以又承受着巨大的冲击载荷。每一次起飞和降落，在承受飞机重量的条件下，起落架的振动和冲击等载荷都将经历一次循环。因此，起落架的失效形式主要是疲劳破坏。根据起落架的工作条件，它必须具有以下性能要求.

（1）高的强度，以承受飞机载荷。
（2）高的疲劳强度，以抵抗疲劳破坏。
（3）高的冲击韧性，以抵抗冲击载荷。

起落架的支柱是主要受力部件，是由模锻、机械加工的上接头和下筒焊接而成。因此，材料的选择，在首先考虑抗拉强度要求的同时，还要考虑工艺性。

图14-7 飞机起落架支柱

根据计算，上接头和下筒所选用的材料应具有很高的抗拉强度。显然选用的钢种应属于超高强度钢。在航空常用结构钢中，30CrMnSiNi2A、30CrMnSi以及40CrNiMo的抗拉强度较高，但是后两种钢材的韧性和塑性不及30CrMnSiNi2A。从淬透性方面来分析，30CrMnSiNi2A的淬透深度在3种钢材中最大，当淬火双面冷却时，筒形零件的厚度小于40mm，可以淬透，因而可满足起落架支柱淬透性要求。

起落架支柱是焊接件，所选用钢材应有良好的焊接性。上述3种钢材中，30CrMnSi的焊接性略高于30CrMnSiNi2A，而40CrNiMo的焊接性最差。30CrMnSiNi2A钢可用电弧焊焊接，若用氩弧焊则更易焊接，可以满足焊接生产要求。

上述3种钢中退火状态30CrMnSi的切削加工性最好。但30CrMnSiNi2A钢在不完全退火或正火后可以切削加工。从力学性能和工艺性方面综合考虑，应选用30CrMnSiNi2A。

14.2.4 塑料件的选材

塑料件是指能耐酸、耐碱、耐油,并可以代替金属材料由塑料加工而成的零件。常见材质有 F4(聚四氟乙烯)、尼龙 66、酚醛塑料等。工程塑料件大部分是用注射成型方法加工而成的。

塑料原料丰富,制造加工方便,劳动生产率高,成本低,性能优异,用于制造各种各样的塑料件,成为重要的工程用材料之一。塑料种类很多,目前已达数百余种,其中常用的近 40 种。面对如此繁多的品种,如何选择塑料材料,以满足不同产品及其工艺的要求,是一项较为复杂的系统工程。材料的选择不仅要保证塑料制品的功能和性能,还要考虑加工生产、成本和供应。

塑料的性能测试是指规定的试样在标准的实验条件下进行。实验试样与塑料件的形状和尺寸有很大差异。材料经加工后,绝大多数的塑料件的性能比原始材料低,因此,所选择塑料性能要比塑料件的性能高。

另一方面,一定使用期限的塑料件的性能存在老化变质现象。各种环境条件下塑料件的性能下降因素必须考虑。如塑料件在低温下受到冲击,比原材料的抗冲性能下降 $w\%$;倘若受到化学试剂的侵蚀,性能又会下降 $x\%$;受紫外线辐射影响,又损失 $y\%$ 的性能;由于振动疲劳又会损失 $z\%$ 的性能,因此塑料件在工作寿命期限内,有 $w\%+x\%+y\%+z\%$ 的总老化损失。此总损失在 10% 之内被评估为优良的工作环境。损失 30%~40% 是差的不耐用塑料件,老化总损失>40% 是不允许的塑料件设计。根据工艺安全系数和老化损失系数处理分析,可提出塑料件对原材料性能的数据表,然后对照选用塑料材料品种及品级。材料的选择大致有以下 4 个步骤。

1. 提出塑料件所需性能项目

除了前述的加工性能、力学性能、热性能和物理性能外,还有实现各种功能的专项性能。如包装用制品,须提出透明性、抗化学腐蚀、对气体和液体的渗透性;食品包装还要有食用无害要求;室内的日用塑料件应有阻燃性能要求;室外用品必须有耐候性等各项抗老化性能;电工塑料件要有各种绝缘性能要求;对注射模塑成型制品,应有熔体流动、固化收缩和脱模等有关性能要求。

2. 提出对原材料性能项目的最低数值清单

表 14-2 所列是设计一个刚性热塑性塑料的结构件(已确定塑件注射模塑成型)对原材料性能的要求。

表 14-2 某注射件对原材料性能要求

性能指标	性能要求
拉伸强度	>60MPa
弯曲模量	>1200MPa
热变形温度	>90℃
带缺口悬臂冲击强度	>100kJ/m
断裂伸长率	>5%

3. 初步选定一批候选材料

表 14-3 所列为 8 种候选塑料材料。根据表 14-2 的性能要求，选定 5 种初选材料（表 14-4）。不必将材料手册所列从头至尾逐一考虑，可凭生产经验，以对材料品种的性能先进性和成本的了解，列出所考虑材料的清单，然后淘汰一批。

表 14-3 某注射件的第一次材料选择

塑料材料	拉伸强度/MPa	弯曲模量/MPa	热变形温度/℃	缺口悬臂冲击强度/(kJ/m)	断裂伸长率/%	取舍
聚甲醛	69	2830	136	75	40	×
聚酰胺 66	77	1240	90	123	300	√
聚酰胺 66+30%玻璃纤维	138	6200	252	107	5	√
增韧聚酰胺 66	52	900	70	2140	215	×
聚碳酸酯	62	2340	132	800	110	√
聚碳酸酯+30%玻璃纤维	131	7600	140	107	4	×
改性聚苯醚	66	2480	130	267	60	√
聚苯醚+30%玻璃纤维	117	7600	150	123	5	√

表 14-4 某注射件的第二次材料选择

塑料材料	蠕变模量/MPa	电介强度/(kV/mm)	成型收缩率/%	成本/(元/吨)
聚酰胺 66	430	16	2.0	18000
聚酰胺 66+30%玻璃纤维	570	16	2.0	22000
聚碳酸酯	2200	15	0.7	30000
改性聚苯醚	2300	22	0.6	32000
聚苯醚+30%玻璃纤维	7300	22	0.3	34000

4. 由专门的性能和材料成本最终选定材料

上述塑料件进一步用蠕变模量、电介强度、成型收缩率和材料成本分析比较。对于有刚度要求的塑件，蠕变性能必须考虑并经校核计算。蠕变模量也称表观模量 E_a，是一定温度和使用期限下的模量值。表 14-4 中 5 种材料的 E_a 是以相同温度和使用期限，又以相同的初始载荷应力 σ 在蠕变曲线上查得应变 ε，用 $E_a = \sigma/\varepsilon$ 求得蠕变模量。蠕变曲线可在有关手册查到或实验测得。材料的售价可从互联网等各种途径获悉。表 14-4 中两种玻璃纤维增强塑料，因材料价位高、注射困难而不作考虑。根据塑料件性能要求，PA66 因热变形温度偏低，且成型收缩率偏大而舍去。剩下 PC 和改性 PPO 两种无定形聚合物，成型收缩率都较小，可注射成型较高尺寸精度的塑件。但 PC 熔体黏度高、流动性差；塑件固化后浇口剪断困难，故最终采用改性 PPO 物料。

14.2.5 复材件的选材

复材件是指由复合材料经加工而成的构件。复材件的设计选材是产品结构设计的基础，关系到结构效率、结构完整性和结构成本。在选材时应按具体使用部位，综合考虑强度、韧性、最高工作温度、耐湿/热性能、工艺性、成本、使用经验、材料来源等因素综合权衡折中、择优选用。

复材件选材原则与金属材料是相同的,但必须突出考虑复合材料特有的性能。

1. 复材件的选材原则

(1) 与金属材料一样,设计选材应以满足结构完整性要求、低成本(经济性好)为基点。

(2) 所选材料应满足结构使用环境要求,具有良好的耐环境性(韧性好、耐湿热等)。

① 复合材料使用温度应大于结构最高工作温度,在温度与吸湿叠加严重情况的恶劣(湿/热)环境条件下,复合材料性能不能有显著下降;长期工作温度下,复合材料性能应稳定。

② 具有良好的韧性,对外来物冲击损伤、分层、孔等缺陷/损伤不敏感。

③ 耐燃油、介质、自然老化、砂蚀、雨蚀等方面性能良好。

(3) 所选材料应满足结构特殊性能要求。

① 电磁屏蔽和搭接电阻等电磁性能要求。

② 阻燃、燃烧时烟雾毒性等内部结构装饰材料特性要求。

(4) 所选材料应具有良好的工艺性即预浸料黏性适中、铺敷性好、加压带宽、固化温度低和室温使用寿命与储存期长,以及机械加工性、可修理性良好等。

(5) 具有与不同材料很好的匹配性。

(6) 环境保护要求的投资费用少。

(7) 优先选用已有使用经验的"老"材料,材料品种不宜多,供货渠道可靠、稳定,尽可能立足国内。

2. 设计选材主要考虑的性能

(1) 根据结构最高工作温度及其采用的工艺方法选择树脂基体体系。各类树脂基体的工作温度范围见表14-5。根据性能要求和成本指标选择纤维,对结构件一般选择高强碳纤维复合材料,重要结构件选择中模高强碳纤维复合材料。

表14-5 各类树脂基体的工作温度范围

树脂基体	热固性树脂				
	环氧		双马来酰亚胺	聚酰亚胺	酚醛
	120℃固化	180℃固化			
使用温度/℃	-55~82	-55~105 -55~120	-60~177 -60~232	-60~250 短期达315	-55~140 -55~177 -55~260
树脂基体	热塑性树脂				
	聚醚醚酮		聚苯硫醚	聚醚砜	聚砜
使用温度/℃	250		200	180	170

(2) 重点考虑反映缺陷/损伤和环境因素影响的性能。冲击后压缩强度(Cal),室温、干态下开孔拉伸强度,湿/热条件下压缩强度均表征外来物冲击、缺陷、孔和湿/热

条件下对材料性能的影响。图 14-8 表示材料性能的综合水平。

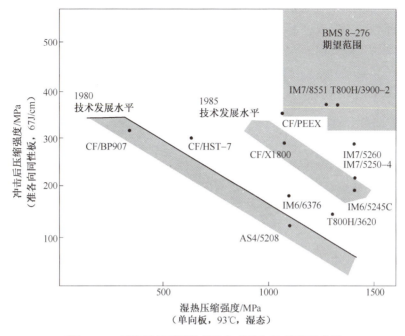

图 14-8　复合材料耐湿热性能与冲击韧性综合示意图

目前第四代战斗机，如欧洲战斗机 EF2000 所用的 IM6/6376、"阵风"号（Rafale）所用的 IM6/5245C 和 F-22 所用的 IM7/250-4，其 Cal 值均在 200~250MPa，而且具有很好的耐湿/热性能。90°拉伸断裂伸长特性是由树脂基体控制的性能，近几年才受到重视，并作为鉴定层间性能的方法。

实践经验表明，芳纶虽具有较好性能，但易吸收水分，耐湿/热性能差，因此不能单独用于主结构件。

（3）重点考虑与固化成型工艺有关参数。设计选材时需按工艺要求选择适用的或专用的树脂体系。以热压罐固化工艺为例，应考虑固化温度、固化时间、后处理温度和时间、加压带宽以及对辅助材料要求等固化工艺参数。最好选择适合共固化成形的材料，以降低成本，还应考虑预浸料储存期。以上设计选材重点在于选择适用的树脂基体。先确定最高使用温度，则可缩小基体的选择范围，进而再细考虑所需复合材料力学性能、工艺性、经济性等特性的细节。复合材料大多以预浸料形式供货，因此，一些生产商提供了预浸料基体选用指南，供使用者参阅。结构选材中，使用经验有显著影响，类似的结构设计原则，不同的设计师会有不同的材料选择。尽管目前机翼蒙皮多采用热固性树脂体系（双马来酰亚胺树脂体系）复合材料，而有的设计师还喜欢热塑性树脂基体复合材料。他们认为，热塑性树脂基体剥离强度高、不易分层、可重复加工，从而可避免加工报废等。目前，热塑性复合材料应用还是十分有限的。原因主要是成本高、加工温度高、尺寸稳定性差。

3. 舰载机（图 14-9）复合材料选材分析

F/A-18 系列飞机是大量使用复合材料的舰载超声速多用途全天候战斗/攻击机。F/

A-18A/B"大黄蜂"于1978年11月首飞。F/A-18E/F"超级大黄蜂"1995年试飞,是21世纪初具有作战能力的舰载飞机。在F-18形成系列飞机的20多年间,随着型号的更新换代,飞机性能不断改进提高,所用的结构材料不断演进,体现了这一时期内复合材料技术的进展和发展方向。F/A-18系列飞机结构材料变化见表14-6。可以看出,结构复合材料的用量较F-15、F-16的占2%~3%,已明显提高到10%。F/A-18E/F飞机结构复合材料用量已达23%。复合材料构件分布如图14-10所示。

图14-9　F/A-18舰载机

表14-6　F/A-18系列飞机结构材料重量百分比　　　　　　　（单位:%）

飞机型号	YF-17	F/A-18A/B	F/A-18C/D	F/A-18E/F
铝	73	49.5	40	29
钛	7	12	13	15
钢	10	15	16	14
复合材料	8	9.5	10	23
其他	2	14	21	19

注:YF-17是1975年选定的美国海军用战斗机的原型机,F-18的设计基础。

图14-10　复合材料在F/A-18舰载机上的应用
（涂黑部分为复材件）

舰载飞机对结构材料选择有特殊要求。

（1）舰载飞机一般采用弹射起飞、重跌着舰。特殊的起飞、着陆,要求结构减重和材料具有高的疲劳强度及断裂韧性。

（2）舰载飞机是在海上恶劣腐蚀条件下停放、飞行的，因此，要求结构材料具有很好的防盐雾、防潮湿、防霉菌的"三防"能力，即优良的耐腐蚀性。

美国海军选择用复合材料制造舰载飞机零部件，除具有减重、隐身等优点外，其优良的耐腐蚀性是重要原因之一。用复合材料代替铝合金制作机翼、机身的蒙皮，是重要的防腐蚀措施之一。F/A-18飞机采用复合材料也考虑了隐身性能要求。F/A-18A/B机翼上采用了AS4/3501-4碳/IF氧蒙皮，减重达20%，同时提高了机翼的疲劳强度和耐腐蚀性。F/A-18C/D上又增加了热塑性复合材料SA4/PEEK结构件应用试验。F/A-18E/F机翼选用新型IM7/977-3，碳增韧环氧复合材料蒙皮，机翼在湿/热条件下，刚度可提高15%，强度提高10%。复合材料蒙皮壁板代替了11块铝板，减少紧固件4000个。部分机身蒙皮选用了碳纤维/双马树脂复合材料。

【励志园地】

"冰丝带"见证绿色、创新的"中国方案"

2022北京冬奥会吸引了全世界人民瞩目中国，奥运健儿在赛场以矫健身姿与高超滑雪技术，让人们看到了背后蕴藏的强大精神力量以及国家的繁荣昌盛，而2022冬奥会核心精神理念是：绿色可持续发展、节俭办赛，要实现这一理念，场馆建设就要从设计理念、技术工艺、材料选取、施工技法等多个方面，实现创新和突破，达到体育场馆设计和建设的国际领先水平。

国家速滑馆"冰丝带"（图14-11）作为2022年唯一一座新建场馆，设计建造时把绿色可持续发展理念放在了头等重要的位置，在结构上选用高性能的结构，在材料上选用高强度材质。设计师们为"冰丝带"选用了国产高钒钢索网结构，是全球体育馆中跨度最大的单层双向正交马鞍形索网结构。建设过程中通过49对承重索和30对稳定索编织成长跨198m、短跨124m的索网状屋面，再铺设1080块4m²×4m²单元屋面板组装而成。速滑馆"冰丝带"建设团队将这张索网称为"天幕"，就像一个巨大的网球拍

图14-11 国家速滑馆"冰丝带"

面"绷"在了场馆的上方,这一创新研发大大节约了屋顶的用钢量,只用了几百吨钢索,就实现了工程的建设目标。

速滑馆"冰丝带"为世界贡献了由中国设计、中国技术、中国材料、中国制造组成的奥运场馆建设"中国方案",特别是近 1.2 万 m^2 的世界最大采用 CO_2 制冰的速度滑冰场馆,在绿色、环保、可持续方面为奥运会树立了新标杆。

【答疑解惑】

"鸟巢"呈空间马鞍椭圆形,结构设计奇特新颖,建筑工程师们在选择材料时同时需要考虑结构的受力条件、制造技术和经济使用性能,还有防火、防水、环保、降噪等要求,最终选用了 Q460 钢板。搭建"鸟巢"的 Q460 钢板有很多独到之处:Q460 是一种低合金高强度钢,它在受力强度达到 460MPa 时才会发生塑性变形,这个强度要比一般钢材大,因此生产难度很大。Q460 钢板是国内在建筑结构上首次使用的钢材,且"鸟巢"结构中使用的钢板厚度达到 110mm,也是以前绝无仅有的,在国际标准中,Q460 钢板的最大厚度也只有 100mm。我国以前使用的这种钢材一般是从卢森堡、韩国、日本进口的,为了给"鸟巢"提供"合身"的 Q460 钢板,从 2004 年 9 月开始,河南舞钢特种钢厂的科研人员开始了长达半年多的科技攻关,前后 3 次试制终于获得成功,使国产 Q460 钢板厚度规格超过国际标准上限,达到 110mm 并满足技术要求,并且具有高强度保证钢结构的支撑能力、在-40℃低温韧性保证钢结构的抗疲劳性能、Z35 抗层状撕裂性能保证钢结构的安全性能、低碳当量保证钢材的焊接性能、低屈强比、高延伸率保证钢结构的抗震性能要求。

【知识小结】

1. 零件选材的一般原则:使用性原则、工艺性原则、经济性原则。
2. 零件选材的一般方法:
(1) 分析零件对所选材料的性能要求及失效分析。
(2) 根据工作条件需要和分析,提出技术条件。
(3) 根据所提出的技术条件要求和工艺性、经济性方面的考虑,按材料的性能要求进行预选择。
(4) 对预选方案材料进行计算,以确定是否能满足上述工作条件的要求。
(5) 材料的二次(或最终)选择。
(6) 通过实验室试验和工艺性能试验,最终确定合理的选材方案。
(7) 在中、小型生产的基础上,接受零件生产和使用考验,以检验选材方案的合理性。

【复习思考题】

14-1 填空题

1. 机械零件选材的基本原则有_____、_____和_____。

2. 飞机发动机缸体要求材料具有_____、_____、_____、_____以及_____。

3. 复合材料具有_____，较高的_____、_____，较好的_____，抗腐蚀、导热、隔热、隔音、减振、耐高（低）温，独特的_____、_____，吸波隐蔽性、材料性能的_____、制备的_____和_____等特点。

14-2 单项选择题

1. 铸件材料要有良好的（   ）。
   A. 铸造性能　　　B. 锻造性能　　　C. 焊接性能　　　D. 热处理性能
2. 锻件选材时首先要满足（   ）。
   A. 铸造性能　　　B. 力学性能　　　C. 焊接性能　　　D. 耐腐蚀性
3. 碳钢焊接件的性能好坏通常用（   ）。
   A. 力学性能　　　B. 含碳量　　　C. 碳当量　　　D. 合金元素含量

附录 数字资源二维码

名　　称	二维码	名　　称	二维码
拉伸实验		单晶体在切应力作用下的变形	
洛氏硬度测量原理		金属纤维组织的形成	
摆锤式冲击试验原理		加工硬化及其作用	
晶格		纯铁的同素异构转变	
晶体的各向异性		金相试样制备——切割	
固溶强化		金相试样制备——镶嵌	
结晶的过冷现象		金相试样制备——研磨	
纯金属的结晶过程		金相试样制备——抛光	
晶内偏析		金相试样制备——浸蚀	
铸锭组织的形成过程		显微镜观察	

附录　数字资源二维码

名　　称	二维码	名　　称	二维码
共析钢的结晶过程		马氏体的形成*	
共晶白口铸铁的结晶过程		钢的退火方法及应用	
热处理车间		网状渗碳体和珠光体加热形成针状马氏体	
多用密封箱式炉		铸造件淬火处理	
奥氏体的形成*		真空热处理	
奥氏体转变为珠光体*		杂质元素在钢中的作用	

＊表示源自优酷视频。

参 考 文 献

[1] 王从曾. 材料性能学 [M]. 北京：北京工业大学出版社，2004.
[2] 李新玲. 金属学与热处理 [M]. 北京：北京理工大学出版社，2010.
[3] 司乃钧，许德珠. 热加工工艺基础 [M]. 北京：高等教育出版社，2001.
[4] 谌峰，王波. 工程材料与热加工工艺 [M]. 西安：西北大学出版社，2010.
[5] 赵西成. 机械工程材料学 [M]. 西安：陕西科学技术出版社，1999.
[6] 丁文溪. 机械工程材料 [M]. 北京：中国传媒大学出版社，2010.
[7] 罗军明，谢世坤，杜大明. 工程材料及热处理 [M]. 北京：北京航空航天大学出版社，2010.
[8] 郑章耕. 工程材料及热加工工艺基础 [M]. 重庆：重庆大学出版社，1997.
[9] 周玉，雷廷权. 陶瓷材料学 [M]. 哈尔滨：哈尔滨工业大学出版社，1995.
[10] 陆小荣，朱永平. 陶瓷工艺学 [M]. 长沙：湖南大学出版社，2005.
[11] 李世普. 特种陶瓷工艺学 [M]. 武汉：武汉理工大学出版社，2007.
[12] 毕见强. 特种陶瓷工艺与性能 [M]. 哈尔滨：哈尔滨工业大学出版社，2008.
[13] 张克惠. 塑料材料学 [M]. 西安：西北工业大学出版社，2000.
[14] 刘亚青. 工程塑料成型加工技术 [M]. 北京：化学工业出版社，2006.
[15] 杨淑丽，阎恒梅. 光学塑料的发展与应用 [J]. 应用光学，1991，12（4）：59-64.
[16] 官建国，袁润章. 光学透明材料的研究进展 I：光学透明高分子材料 [J]. 武汉工业大学学报，1998，20（2）：11-13.
[17] 张丽英. 透明高分子材料的进展及应用 [J]. 化工新型材料，1999，27（11）：37-40.
[18] 程时远，李盛彪，黄世强. 胶黏剂 [M]. 北京：化学工业出版社，2008.
[19] 李子东，李广宇，刘志军. 实用胶黏技术 [M]. 北京：国防工业出版社，2007.
[20] 王荣国，武卫莉，谷万里. 复合材料概论 [M]. 哈尔滨：哈尔滨工业大学出版社，2004.
[21] 陈宇飞，郭艳宏，戴亚杰. 聚合物基复合材料 [M]. 北京：化学工业出版社，2010.
[22] 王汝敏，郑水蓉，郑亚萍. 聚合物基复合材料及工艺 [M]. 北京：科学出版社，2004.
[23] 许德珠. 机械工程材料 [M]. 第2版. 北京：高等教育出版社，2001.
[24] 徐佩弦. 塑料件的设计 [M]. 北京：机械工业出版社，2001.
[25] 杨乃宾，章怡宁. 复合材料飞机结构设计 [M]. 北京：航空工业出版社，2004.
[26] 张文灼，赵宇辉. 机械工程材料与热处理 [M]. 北京：机械工业出版社，2016.
[27] 李红英，汪冰峰等. 航空航天用先进材料 [M]. 北京：化学工业出版社，2019.
[28] 文韬，李敏. 航空工程材料及应用 [M]. 北京：北京理工大学出版社，2022.
[29] 王学武. 金属材料与热处理 [M]. 北京：机械工业出版社，2021.
[30] 吴斌儒，邓远华，张红霞. 金属材料与热处理 [M]. 北京：航空工业出版社，2017.
[31] 李云超. 浅谈铁碳合金相图在生产中的应用 [J]. 农机使用与维修，2003（05）：11.
[32] 程秀全，刘晓婷. 航空工程材料 [M]. 北京：电子工业出版社，2020.
[33] 朱张校. 工程材料 [M]. 北京：高等教育出版社，2006.
[34] 黄永荣. 金属材料与热处理 [M]. 北京：北京邮电大学出版社，2012.
[35] 万轶，顾伟，师平. 机械工程材料 [M]. 西安：西北工业大学出版社，2016.